한국기독교 역사와 문화유산

- 서울, 경기, 강원, 충청 편 -

임찬웅의 역사문화해설 ❹

한국기독교 역사와 문화유산
-서울, 경기, 강원, 충청편-

펴낸날 | 2023년 7월 15일

지은이 | 임 찬 웅
펴낸이 | 허 복 만
펴낸곳 | 야스미디어
등록번호 제10-2569호

편 집 기 획 | 디자인드림
표지디자인 | 디자인일그램

주 소 | 서울시 영등포구 영중로 65, 영원빌딩 327호
전 화 | 02-3143-6651
팩 스 | 02-3143-6652
이메일 | yasmediaa@daum.net
I S B N | 979-11-92979-05-2(03980)

정가 23,000원

본서의 수익금 일부분은 선교사를 지원합니다.

찬웅의 역사문화해설 ④

한국기독교 역사와
문화유산

- 서울, 경기, 강원, 충청 편 -

임찬웅 지음

야스

기독교 유적 순례를 시작하며

"기독교 유적지는 어디일까? 무엇이 기독교 유적일까? 특별히 개신교 유적지는 어디에 있을까? 개신교 유적지가 있기는 한 걸까?"

25년이 넘도록 이 땅에 있는 유적지를 찾아다니면서 묻고 또 물었던 질문입니다. 그런데 가만히 생각해보니 질문만 있었고 찾아볼 생각을 안 했습니다. 몇몇 유명한 교회 외에는 특별한 것이 없을 거라는 고정관념이 나의 행로를 막았던 것 같습니다.

요즘 골목길 탐방이 인기입니다. 북촌, 서촌, 동촌, 반촌, 종로, 부암, 성북동 등 골목길을 다니며 옛 흔적을 찾는 여행입니다. 나는 오래전부터 골목길을 해설하고 다녔습니다. 골목길 탐방 중 가장 먼저 시작한 곳은 정동이었습니다. 덕수궁돌담길-육영공원터-배재학당-정동교회-이화학당-중명전-구러시아공사관 등으로 이어지는 길이었습니다. 그곳에 누적된 역사적 내력을 찾아 열심히 해설했습니다. 그 과정에 아펜젤러, 스크랜튼, 언더우드, 메리 스크랜튼, 헐버트 등에 대한 설명은 최소한 선에서 얼버무리고 넘어갔습니다. 피한 것이 아니라 사실 아는 것이 별로 없었습니다. '아는 만큼 보인다'는 말이 있습니다. 아는 것이 없으니 보이는 것 또한 없었던 것입니다. '사랑하면 알게 된다'는 말도 있습니다. 나는 우리 기독교

역사와 문화를 사랑하지 않았던 것입니다. 그러니 아는 것이 없었던 것이지요.

내가 나를 사랑하지 않으면 누가 나를 사랑하겠습니까? 그리스도인들이 믿음의 선조들을 외면하니, 국사 교과서는 기독교를 지우고 3.1만세운동을 이야기하고 있습니다. 교회를 빼고 어찌 3.1만세운동을 이야기할 수 있겠습니까? 그런데 종교적 색채를 지우고 설명하라고 합니다. 남 탓할 필요 없습니다. 우리가 자초한 면이 큽니다. 지금이라도 우리는 믿음의 선조들이 걸어갔던 발자취를 찾아봐야 합니다. 스스로 자랑스럽게 여겨야 합니다. 그리고 현재를 돌아봐야 합니다. 과거는 현재를 보는 거울입니다.

교우들은 나에게 기독교 유적에 대해서 글을 써보라고 종용했습니다. 당연히 많이 알고 있을 거라는 믿음을 갖고 권유하는 것이었습니다. 고백하자면 그렇지 못했습니다. 물론 조금 더 알고 있는 수준이었지만 특별히 더 많이 안다고 할 수 없었습니다. 이런 권유는 내게 숙제가 되었고 더 이상 미룰 수 없음을 알게 되었을 때, 이것이 하나님께서 나를 문화해설사가 되도록 하신 뜻임을 알게 되었습니다. 이미 많은 분들이 관련 서적을 출판하였기에 먼저 나온 책들과 현지 교회의 도움을 받아 세상에 내놓습니다.

우선 이 책은 중부권(경기도, 인천, 강원도, 충청도)에 있는 기독교 유적을 골라 썼습니다. 처음엔 전국을 한 권에 담으려 했습니다. 그런데 자료를 찾아 분석할수록 불가능하다는 것을 알았습니다. 써야 할 내용이 너무 많았기 때문입니다. '쓸 게 있겠는가?' 라는 허튼 생각을 했던 내가 부끄럽고 한심스러울 정도였습니다. 매우 많아서 두 권으로 나눠 내야 했습니다. 남부권 기독교 유적지 소개도 서둘러 준비할 예정입니다. 한편 중부권에 있지만 이번 책(중부권)에 싣지 못한 많은 기독교 유적에 대해 미안

한 마음도 큽니다. 혹시 또 기회가 된다면 여기에 다루지 못한 곳들도 소개하고 싶습니다.

자료를 구하여 읽고, 분석하고, 추가 자료를 수집하는 과정에 무릎이 꺾이는 것을 알지 못했습니다. 선교사 묘원에서 어린 자녀들의 무덤을 볼 때 먹먹한 가슴을 어찌할 수 없어 비석만 일없이 만지던 날도 있었습니다. 전쟁의 포화 속에서도 서로를 격려하며 믿음을 지켜내고, 죽음의 공포 앞에서도 사랑을 설파했던 목자를 보면서 성경 속에서 하나님의 사람들이 걸어 나와 이 땅에 살고 있었음을 알게 되었습니다. 사랑하는 가족을 하나님의 품에 올려보내고도 담담히 선교의 여정을 멈추지 않았던 선교사들에게 질문을 해 봅니다. "도대체, 왜, 무엇이 당신을 그리도 담대하게 만들었나요? 일제의 간교한 신사참배, 궁성요배, 황국신민서사 요구에도 당당히 거절할 수 있었던 용기는 어디서 왔나요? 총구 앞에서도 하나님을 찬양할 수 있었던 순교자적 믿음의 근원은 무엇인가요? 당신 속에는 도대체 무엇이 있습니까?"

한국교회는 촛대가 옮겨질 위험에 처해있습니다. 140여 년 전에 이 땅에 들어와 복음을 전했던 선교사들과 우리 믿음의 선조들이 남겨 준 신앙 유산들을 돌아보지 않은 결과입니다. 그들이 어떻게 전하고, 지켜온 것인지 알지 못한 결과입니다. '역사를 잊은 민족에게는 미래가 없다'는 말이 있습니다. 지금 한국교회가 새겨들어야 할 말입니다. 성경 속에는 허다한 하나님의 사람들이 있습니다. 아브라함, 이삭, 야곱, 요셉, 모세, 다윗, 다니엘, 엘리야, 이사야, 바울 등 성경 속 인물들 이야기는 수없이 듣고 묵상하고 나누었습니다. 그런데 언제부터인가 옛날이야기처럼 들리기 시작했습니다. 공간적으로 다른 나라 사람이며, 시간적으로 먼 과거에 있기 때문입니다. 성경에만 하나님의 역사가 있는 것은 아닙니다. 이 땅에 새겨진 하나님의 역사는 특별합니다. 왜냐하면 우리와 같은 공간에서, 같은 문화 풍토에서 믿음을 가졌던 분들의 이야기이기 때문입니다. 어쩌면 나의 부모, 조부모, 증조부모, 고조부모의 이야기일 수 있기 때문입니다. '불초(不肖)'라는 말이 있습니다. 부모를 닮지 못하고 못난 사람이 된 경우에 쓰는 말입니다. 부모가 고생해서 생활비를 번다는 것을 알게 된 자녀는 돈은 헛되게 사용하지 않습니다. 우리 선조들이 어떻게 신앙을 지켜왔는지 안다면 대충하지는 못할 것입니다.

선교 유적뿐만 아니라 해당 지역을 소개함으로써 문화와 풍토를 이해하는 데 도움을 드리고자 합니다. 그러면 교회가 어떻게 지역 사회에 정착했는지, 지역을 어떻게 변화시켰는지 살피는 데 도움이 되기 때문입니다.

한반도에 별처럼 뿌려진 신앙 열전들을 보면서 우리를 돌아보는 계기가 되었으면 합니다. 우리 기독교 유산들을 돌아보고 자랑스럽게 여길 수 있기를 바랍니다. 그리하여 순교자적 신앙을 다듬는 계기가 되길 바랍니다.

임 찬 웅
(limcung@naver.com)

한국교회가 걸어온 길

1880년 만주 지역에서 복음을 전하던 존 로스 목사는 본국으로 선교 보고서를 보냈다.

한국인은 천성적으로 꾸밈이 없고 종교적 성향을 지니고 있어, 나는 이들에게 기독교가 전파되면 곧바로 신속하게 퍼지리라 기대한다. (중략) 여기에 기독교를 향해 열려 있는 새 민족, 새 나라, 새 언어가 있다.

한국교회는 매우 특별한 역사를 간직하고 있다. 세계기독교회사에서 유래를 찾기 어려운 독특한 역사다. 선교사가 입국하기도 전에 이미 신도들이 있었고, 심지어 스스로 번역한 성경도 갖고 있었다. 개신교뿐만 아니라 천주교도 같았다. 외부의 도움없이 이벽(李檗)은 교회를 조직했으며, 스스로 중국에 있는 사제를 찾아가 영세를 받은 이승훈도 있었다. 아무튼 개신교 선교사들이 입국했을 때 한국선교는 씨앗을 뿌리는 단계가 아니라 열매를 거두는 단계로 진입하고 있었다.

"나는 씨를 뿌리러 왔는데 열매를 거두기에 바쁩니다." - 언더우드 (1908), 한국의 소명

선교사들은 한국 전통문화를 존중하면서 조심스럽게 접근해왔다. 학

교와 병원을 세워 가난한 사람, 고아, 과부, 병들어 버려진 이들을 돌봤다. 그들은 자신을 돌보지 않는 헌신적인 사랑을 한국 사람들에게 보여주었다. 선교사 자신이 전염병에 감염되어 죽는 일이 허다하게 일어났다. 한국인들은 무조건적인 사랑을 베푸는 선교사들을 바라보며 그들이 믿는 예수를 궁금하게 생각했다. 5000년 역사 이래 이런 일은 겪지도 보지도 못했던 일이었기 때문이다.

유교적 신분제의 불합리와 반복된 가렴주구에 시달렸던 백성들은 교회로 모여들었다. 나라가 어수선하여 불안했던 시국에는 교회가 한국민의 안식처가 되어 주었다. 청일전쟁, 러일전쟁 때에는 전쟁을 피해 교회로 들어왔고, 교회는 그들은 기꺼이 받아주고 보호해 주었다.

교회는 한국 근대화에 지대한 영향을 끼쳤다. 수구기득권에 염증을 느낀 이들이 새로운 시대를 준비하기 위해 교회로 모여들었다. 교육을 통한 근대화된 인물을 양성했으며 남녀불평등 구조의 문제점을 지적하였다. 여성에게도 교육의 기회를 기꺼이 제공하였다. 어떤 조건도 없이 배우고자 한다면 받아주었다. 그리하여 수동적이던 여성이 자아를 발견하고 암울한 시대의 지도자로 성장할 수 있었다. '하나님 안에서 누구나 평등'이라는 지극히 당연한 이야기는 완고한 신분제 사회에서는 큰 문제가 되기도 했다. 선교사들은 수구세력(양반)과 타협하지 않았다. 성경의 가르침에 비추어 옳지 않은 일이라면 단호하게 거절했다. 교회는 한국 사회가 근대로 가는 길을 가르쳐 주는 역할을 하였고, 한국인들 스스로 문고리를 잡고 열 수 있도록 도와주었다.

교회는 한국의 사회구조적 문제에 대한 새로운 지향점을 보여준 것뿐만 아니라 개개인의 생활 습관에도 관여하였다. 술과 도박으로 삶을 탕진하는 이들이 너무 많았다. 교회에서, 사랑방에서, 안방에서 성경 공부하면서 교인들은 술과 도박으로부터 멀어졌고, 주변 사람들을 놀라게 했다. 초기 성도들은 예수님의 가르침을 분석하지 않고 들은 대로 순종하고 실천했다. 가난한 이들을 돌보라 하면 그대로 했다. 종을 두는 것이 옳지 않다고 하면 바로 놓아주었다. 예수 안에서 누구나 형제요, 자매였기에 누구나 존중하는 모습을 보여주었다. 양반들은 그런 교인들을 일러 '개돼지 같은 것들'이라고 손가락질했다. 그러나 지금 보면 양반들이 틀렸다. 기독교는 한국 사회가 지금까지 어디서도 경험할 수 없었고, 볼 수 없었던 놀라운 변화를 이끌었다.

의료선교사들은 병원을 세우고 가난과 병으로 힘들어하는 이들을 고쳐주었다. 가난한 이들에게는 치료비를 받지 않았다. 의술과 인술을 곁들인 치료를 경험한 이들은 서양 사람들이 무엇 때문에 이 땅에 왔는지 이해했고, 그들에게서 진정한 사랑을 경험하였다. 학교는 새로운 지식인, 근대인을 길렀다면, 병원은 치료뿐만 아니라 의료인 양성을 적극 추진했다. 지금 한국 의료 수준이 세계 최고가 될 수 있었던 것은 이때 의료인 양성에 적극 나선 선교사들 덕분이라 할 수 있다. 한국 근대 의료의 시작은 정부에서 시작한 것이 아닌 이 땅에 들어온 선교사들의 몫이었다.

사람들이 교회로 몰려들자 수구보수세력은 교회를 음해하기 시작했다. 선교사들이 고아들을 데려다 먹여주고, 재워주고, 교육시키는 것은 잡아먹기 위해서라거나 서양으로 팔아버린다는 헛소문을 퍼뜨린 것이다. 일명 '영아소동사건'이다. 이것 때문에 한차례 홍역을 치러야 했다. 선교사 집에 돌이 날아왔다. 선교사들은 묵묵히 버텼다. 헛소문이라는 것이 밝혀지자 이 사건을 통해 훌륭한 지도자들이 교회에 들어오는 계기가 되기도 했다. 그러나 수구보수세력의 방해는 끊이지 않았다. 그럴 때마다 교회는 인내로 버티고 사랑으로 이겼다. 사건이 있을 때마다 교회는 성장했다. 청일전쟁, 러일전쟁 때에도 교회는 성장했다. 1940~1953년 시기에 막대한 피해를 입었지만 재건 과정에서 오히려 한국교회는 성장했다. 시련과 전쟁은 하나님의 역사를 막지 못한다는 것을 선조들은 보았고 경험했다.

교회의 성장, 즉 대부흥은 회개에서 시작되었다. 회개가 무엇인지 몰라 탓하고 원망만 했던 교인들이 선교사의 울부짖는 회개를 듣고 진정한 회개를 시작하였다. 그러자 댐이 터지듯 온 나라를 휩쓸었다. 원산에서 평양으로 서울로 이어지며 회개가 일어났고 전국으로 번져나가 한국교회의 대부흥을 가져왔다. 대부흥은 3.1만세운동을 통해 우리 민족을 구원하기 위한 하나님의 역사였다. 대부흥 후 폭발적으로 늘어난 교회는 전 민족을 규합해 독립만세를 외치게 했고, 3.1만세운동의 주역이 되었다. 지역마다 설립된 교회는 모일 수 있는 예배당이 있었고, 글을 아는 지식인이 있었고, 존경받는 교회 지도자가 있었다. 게다가 교회는 민족의식을 일깨우는 역할도 하고 있었다. 교인들을 조직화해 만세운동을 체계적으로 이끌 수 있었다. 비폭력, 평화 운동도 하나님이 원하시는 방향이었다. 3.1만세운동에 교회가 앞장서자 자포자기했던 청년들이 교회로 몰려들었다. 3.1만세운동을 통해 왕이 통치하는 국가가 아닌, 국민이 주인이 되는 민국(民國)이 세워지게 되었다.

성장에는 시련이 따른다. 실로 시련에 시련이 연속되었다. 일제강점기 시련은 집요할 정도로 치밀하게 준비되고 있었다. 우리 민족을 말살하기 위한 책동 속에 신사참배라는 거대한 시험이 기다리고 있었다. 나라를 잃은 지 25년이 넘어서고 있었다. 독립이라는 간절한 희망도 희미해질 무렵이었다. 신사참배는 국민의례일 뿐이라는 달콤한 속삭임에 넘어진 교회가 부지기로 나왔다. 선교사들은 저항하다가 추방되었다. 기독교계 학교는 폐쇄되었다. 저항하는 교회는 폐쇄되고 목사는 옥고를 치르거나 순교했다. 해방 후 이 문제를 다루는 일로 교회는 분열되어야 했다.

해방되었다고 시련이 끝난 것은 아니었다. 분단과 한국전쟁이라는 혹심한 시련이 기다리고 있었다. 분단 후 북한지역은 공산당의 지배에 들어갔기에 일제 때보다 더 큰 피해를 입어야 했다. 한국전쟁 때에는 공산주의자들에 의해서 수많은 교인이 학살당하고 예배당은 파괴되었다.

외부의 침략으로 파괴된 교회는 다시 세워진다. 핍박은 교회를 무너뜨리지 못한다는 것이 세계사적으로 입증되었기 때문이다. 전쟁 후 온 나라가 희망을 잃었을 때 교회 종소리는 위로를 주는 희망의 소리가 되었다. 전심으로 기도하며 목 놓아 울 수 있는 곳은 예배당이었다. 대한민국 근현대사에서 교회는 한번도 조연이었던 적이 없었다. 백낙준 박사는 『한국개신교사』에서 다음과 같이 말하였다.

교회에서 새 교육을 실시하고 새로운 책을 내고 새로운 과학을 소개하며 도덕적 표준을 높이고 사회악을 개혁하고 산업을 장려하였다. 기독교를 한 운동으로 볼 때에 기독교는 한국인에게 새 이상과 새 인생관, 새 세계관을 소개하였다.

목차

제 **1** 부

서울

버드나무 우거진 양화진

한강은 구역마다 이름을 나눠서 불렀다. 특히 한양 구간(광나루~양화진)을 통과할 때는 경강(京江)이라 불렀다. 경강 구간을 나눠서 한강-용산강-서강으로 부르기도 했다. 한강진(한강대교)~노량진까지를 한강, 노량진~마포진(마포대교)까지 용산강, 마포진~양화진 사이를 서강이라 불렀다.

조선 초에는 강화도 바다에서 밀물이 들면 바닷물이 한강까지 올라왔다. 조선 후기 민가 전체에 온돌이 보급되자 땔감을 구하려고 나무를 베어내면서 민둥산이 늘어나게 되었다. 홍수철이 되면 산에서 토사가 쓸려와 한강 바닥에 쌓였다. 하천 바닥이 높아지다 보니 큰 배들을 운항할 수 있는 구간이 하류로 점점 내려갔다. 한강까지 올라오던 큰 배들이 용산강, 서강으로 서서히 내려가게 된 것이다. 조선 후기에 양화진이 주요 나루가 된 이유가 여기에 있었다.

마포 양화나루는 고려 때부터 한강의 도선장으로 이용되었다. 양화나루 건너 양천, 김포 지역으로 가거나, 강화로 통하는 중요 길목이어서 관리가 파견되어 나루를 관리하였다. 그러다가 조선 후기가 되면 사용 빈도가 늘어나면서 그 중요성이 인정되어 숙종 36년(1710)에 어영청 별장(別將)이 파견되어 관리했다. 영조 30년(1754)에는 어영청이 관할하는 양화진(楊花鎭)이 설치되면서 군사 100명이 주둔하였다. 군선 10척도 배정되었으며, 하류의 공암진(孔岩津)과 철곶진(鐵串津)을 양화진에 배속시켰다. 양화진외국인선교사묘원에서 절두산 성지로 연결되는 곳에 '양화진터'가 남아 있다. 진(鎭)은 때에 따라 달라지기는 하지만 요충지에 주둔하는 조선군의 부대 단위를 말한다. 한강을 관할하는 중요한 삼진(三鎭)으로는 송파진, 한강진 그리고 양화진이 있었다.

양화(楊花)는 봄에 버들꽃이 필 때면 매우 아름다워 '버들꽃 피는 마을'이란 뜻이다. 진경산수의 대가 겸재 정선이 그린 '양화진'이라는 그림을 보면 버드나무가 축축 늘어져 있다. 양화나루 건너편에는

양화진터 한강을 관리하는 삼진으로 송파진, 한강진 그리고 양화진이 있었다.

양천 허씨 고향인 공암이 있다. 동의보감(東醫寶鑑)의 저자 허준이 살았다는 마을이다. 양화나루 위쪽에 있는 잠두봉은 누에가 머리를 들고 있는 것 같다는 데서 유래되었고, 용두봉(龍頭峰) 또는 들머리 라는 별칭도 있었다. 이곳은 한강 연안 중에서도 빼어난 경치로 유명했다. 지금은 없어진 선유도 선유봉, 양천 허씨의 고향 공암, 망원정(望遠亭), 잠두봉 등이 어우러져 있기에 이곳에서 선유(船遊)하면 빼어난 경치에 푹 빠지고 말아 집에 가는 걸 잊었다고 한다. 많은 시인 묵객이 강을 오르내리며 소요(逍遙)하였는데 흥취에 젖어 시와 그림을 많이 남겼다.

楊花喚渡(양화환도)

前人喚船去 앞사람이 배를 불러 가면,

後客喚舟旋 뒷 손님이 돌아오라 소리치네

可笑楊花渡 재미있네 양화나루

浮生來往還 뜬구름 같은 인생 또 가고 오네

겸재 정선이 그린 '양화환도'라는 그림에 짝하는 사천 이병연의 시다. 겸재 정선과 사천 이병연은 절친이었다. 겸재가 그림을 그리면 사천은 시를 지었다. 사천이 시를 지으면 겸재는 거기에 맞춰 그림을 그렸다. 둘은 실제 경치를 그렸고, 실제 풍광을 시로 지었다. 진경산수화(眞景山水畵), 진경시(眞景詩)라 한다.

자연의 아름다움을 노래하던 양화진은 1866년을 기점으로 눈물의 장소로 변했다. 1866년은 병인박해가 일어나던 해다. 8,000명에 달하는 천주교 신자가 신앙을 지키다 목숨을 잃었다. 조선 땅에 들어와 포교하던 프랑스 신부 9명도 처형당했다. 이 소식이 중국 주둔 프랑스 극동함대에 전해졌다. 저들은 자국민 9명을 죽인 조선 정부에 책임을 묻고 보복하겠다며 함대를 끌고 조선 정벌을 단행했다. 로즈(Roze)가 이끄는 프랑스 극동함대는 8월 18일(양력 9월 26일) 양화진을 거쳐 서강(西江)까지 올라왔다. 그들은 조선의 정치 상황과 군사력을 염탐한 후 중국으로 돌아갔다. 상황판단을 마친 프랑스군은 재정비하여 9월에 다시 조선을 침략하였다. 이 사건을 병인양요(丙寅洋擾)라 한다. 양헌수 장군이 이끄는 조선군이 강화도 정족산성에서 프랑스군을 물리친 후 조선 정부는 프랑스와 내통한 천주교 신자를 색출하기 시작했다. 저들이 쳐들어온 것은 천주교 신자들의 부추김이 있었다고 해석하였다. 그리하여 천주교 신자들을 색출, 체포하여 본보기로 처형했다. 그 장소가 양화진이었다. 양화진에서 처형한 이유에 대해서 흥선대원군은 이렇게 말했다. "오랑캐가 지나간 자리를 깨끗이 씻어야 할 텐데, 한강 물로 씻기엔 물이 아깝다. 차라리 오랑캐를 끌어들인 천주교도의 피로 씻으리라" 천주교 신자들에게 책임을 묻고 백성들이 프랑스 함대와 내통하는 것을 막고자 한 것이었다. 강화도 진무영에서도 협력자를 색출하여 처형하였다. 이후 잠두봉은 천주교 신자들이 칼날을 받은 곳이라 하여 절두산(切頭山)이라 불렀다.

1884년 갑신정변이 실패하자 일본으로 도망갔던 김옥균이 중국에서 살해되어 시신이 조선으로 돌아왔다. 김옥균의 잘린 목은 양화나루 길가에 걸렸다. 그의 죄목은 '大逆不道玉均(대역부도옥균)'이었다.

양화진은 사람 머리만 잘린 곳이 아니었다. 조선 초 기우제를 지

절두산순교성지 병인양요 후 분노한 흥선대원군이 천주교 신자들을 처형한 곳에 세워진 절두산순교성지

내기 위해 범의 머리를 잘라 양화진 물속에 넣었다. 물속에 있는 용왕이 범을 만나 비를 뿌려주기를 원했기 때문이다. 세종 7년, 세종 17년 조선왕조실록에 등장한다.

예조에서 아뢰기를, "청컨대, 범의 머리를 한강(漢江)의 양화진(楊花津)에 가라앉히소서." 하니, 그대로 따랐다.[1]

절두산순교성지

천주교회에서는 이곳을 순교성지로 지정했고 1956년에 절두산을 매입했다. 1962년에는 순교기념비를 세우는 것을 시작으로 순차

1   조선왕조실록 69권, 세종 17년 7월 28일 정유 7번째기사

적으로 성지로 가꾸었다. 병인 순교 100주년이 되는 1966년에는 성당을 건립하기로 하고 다음 해 성당과 순교기념관을 준공했다. 이후 절두산은 대표적인 천주교순교성지(절두산순교성지)가 되었고 많은 사람이 찾는 장소가 되었다. 1968년 이래로 한국 성인들의 유해를 옮겨와 안치하고 유품을 전시하고 있다.

양화진외국인선교사묘원

하나씩 짚어가며 기도할 곳

1876년 조일수호조규(강화도조약)가 체결된 후 외국인들이 조선에 들어오기 시작했다. 1882년 조미수호통상조약 후에는 서구인들이 본격적으로 들어왔다. 처음엔 외교관이 들어오더니, 상인들이, 선교사들이 차례로 들어왔다. 외교관이나 상인들은 서울이나 개항된 항구에 주로 정착했다면, 선교사들은 서울에만 머물지 않고 전국으로 흩어졌다. 이들은 먼 타국에 살면서 풍토병에 시달리다 몸이 허약해져 본국으로 귀국하거나 조선 땅에서 죽었다. 어린 자녀들 또한 풍토병을 견디지 못하고 죽는 일이 허다하게 일어났다.

1890년 7월 28일 J. W 헤론이 양화진 언덕에 묻히면서 외국인 묘지가 시작되었다. 1890년 8월 외아문은 조영수호통상조약에 의거 사유지였던 이곳을 매입하여 외국인 묘역으로 조성했다. 조영수호통상조약에는 다음과 같은 조항이 있었다.

조선국은 각 통상지역에서 외국인 묘지로서 무상으로 적당한 지

양화진외국인묘

면을 설정하되 그 묘지는 지대(地代) 지세(地稅) 혹은 기타 수수료 지불을 면제한다. 그리고 그 묘지의 경영은 상기 조계공사에 위임한다.

이 조약에 근거해 미국도 영국과 동일한 혜택을 요구함으로써 양화진 묘지가 마련될 근거가 되었다. 불평등 조약이 분명하나 국제법에 어두웠던 조선 정부는 만국공법(萬國公法)이라는 주장에 밀렸다. 1893년에는 양화진 외국인 묘지 주변에 담장 설치를 요청해서 얻어냈다. 그 후 차츰 묘지가 확장되어 지금의 모습이 되었다.

1913년 토지대장에는 '경성구미인묘원'으로 등기되어 있다. 당시 등기자는 경성부 서부(西部) 돈의문(서대문) 밖에 있던 평동 독일영사관이었다. 1940년대 들어서 일본이 태평양전쟁을 일으키자 외국인 선교사들은 강제로 출국당했다. 그리하여 외국인 묘지는 법적으로 명의자가 없는 상태가 되었고 그 후 관리가 되지 않았다.

해방 이듬해인 1946년 언더우드 2세(원한경)의 노력으로 '경성구미인묘지회' 명의로 소유권이 이전되었고, 언더우드 3세가 대표로 등록되었다. 1961년에 '외국인 토지법'이 제정되자 외국인이 토지를 소유한 것은 무효화 되었다. '경성구미인묘지회'는 소유권을 취득하기 위해 노력했지만 정부에 의해 거절당했다.

1979년 전철 2호선이 이곳을 지나게 되자 서울시에서는 묘지를 이전할 계획을 세웠다. 그러나 오리 전택부 선생의 노력으로 묘지 이전을 취소하게 된다. 1985년 묘지 소유권이 '한국기독교100주년기념사업협의회'에 이전되었다. 돌보지 않아 잡초가 무성하고 쓰레기만 쌓여 있던 이곳을 정리하고 묘지공원으로 조성하였다. 1986년에는 선교기념관을 완성하고 '경성구미인묘지'를 '서울외국인묘지공원'으로 변경했다. 2006년에는 '양화진외국인선교사묘원'으로 이름을 고쳤다.

외국인 묘지는 양화진에만 있는 것은 아니다. 인천, 공주, 청주, 전주, 광주 등 각 지역 선교기지에 크고 작은 묘원이 조성되어 있다. 양화진 묘원은 선교사뿐만 아니라 다양한 목적으로 입국한 외국인들이 안장되어 있다는 것이 특징이다.

양화진에 안장된 외국인은 417명이며 국적은 남아공, 뉴질랜드, 덴마크, 독일, 러시아, 미국, 스웨덴, 영국, 이탈리아, 일본, 캐나다, 프랑스, 필리핀, 호주, 한국이다. 이 중 선교사는 145명이며 미국, 스웨덴, 영국, 캐나다, 호주, 남아공 국적을 가진 분들이다.

이들은 그리스도인뿐만 아니라 한국인이라면 꼭 알아야 할 중요한 역사 인물들이다. 한국인보다 더 한국을 사랑했던 선교사들이다.

한 사람, 한 사람을 짚어가며 탐방하길 바라는 마음에서 일일이 소개한다. 이곳에 소개하지 못한 분들이 더 많다는 사실도 미리 고백한다.

A구역 묘원

위더슨(Widdowson, Mary, 1898-1956) 부인

한국활동기간 1926 ～ 1933, 1953 ～ 1956
묘비번호 A-31

위더슨은 구세군에서 파송한 선교사였다. 그녀는 남편 크리스 위더슨과 한국에 들어왔으며 고아들을 위해 삶을 헌신했다. 서울 변두리 고아원에서 고아들과

위더슨 부인묘

함께 생활했는데, 부부의 첫아들도 한국 고아들과 함께 자랐다. 병에 걸린 고아들을 데려와 치료하고 돌보아 주었다. 그러다 보니 늘 병균에 노출되어 있었는데, 부부가 발진티푸스에 걸리기도 했다.

7년 후 아프리카 케냐로 파송되어 한국을 떠났다. 부부는 기도 중에 한국으로 가라는 하나님의 음성을 들었다. 당시 한국은 전쟁 중이었다. 1953년 1월 부산에 도착해서 고아들을 돌보는 일을 계속했

다. 고아들의 어머니로 살던 그녀는 1956년 위암에 걸려 세상을 떠났
다. 그녀가 남편에게 남긴 유언은 오늘을 사는 그리스도인들이 가슴
에 새겨야 할 내용이다.

나는 어린 양의 피로 구속되었습니다. 이것을 늘 기억하십시오.
내가 죽는다고 서러워 말고 하나님께 영광을 돌리십시오. 오늘 나는
한국에서 하나님께로 가는 것을 무한한 기쁨으로 생각합니다.

웰본(Welbon, Arthur G. 1866-1928)
한국활동기간 1900 ~ 1928
묘비번호 A-50, 51, 52

웰본 선교사는 1900
년 내한했다. 한국으
로 들어온 다음 해인
1901년 간호선교사로
헌신하고 있던 사라와
한국에서 결혼했다.
1909년부터 경북
안동을 중심으로 태

웰본 가족묘

백산 남쪽 오지를 다니며 복음을 전했다. 간호사였던 부인과 함께
농촌과 산골짜기를 다니며 치료받지 못하고 죽어가는 이들을 치료
하고 복음을 전했다.
1919년 사라 선교사의 건강이 악화되어 미국으로 돌아갔다. 3년

후 웰본은 혼자서 한국으로 돌아왔다. 대구에서 활동하며 복음을 전하던 중 1928년 과로로 쓰러져 세상을 떠났다. 양화진에는 웰번 선교사와 첫째 아들 하비(태어난 지 10일 만에 사망), 3살 때 사망한 딸 앨리스가 함께 안장되어 있다. 아내 사라 선교사는 1925년 미국에서 사망했다.

레이놀즈(Reynolds, William D. 1869–1951) 가족

한국활동기간 1892 ~ 1937
묘비번호 A-46

레이놀즈는 언어에 재능이 많았다. 그는 고전 언어(라틴-그리스-산스크리트어) 분야의 교수가 되기 위해 박사과정에 도전했다. 그러나 부친이 경영하던 사업이

레이놀즈 가족묘

부진하여 고향으로 돌아와야 했다. 그는 유니언 신학교에 진학하여 목회자의 길을 선택했다. 1891년 10월에 열린 '해외선교를 위한 신학교 동맹'에서 선교사 언더우드와 한국인 강사 윤치호를 만났다. 이날 두 사람 강연은 한국의 상황과 하나님이 한국에서 어떤 역사를 펼쳐가시는지를 경험하라는 것이었다. 그리고 '한국에는 선교사가 절실하다'는 내용으로 맺음이 되었다. 이 말을 들은 레이놀즈는 선교사로

지원했다. 이때 함께 지원한 7인은 미국 남장로회 선교사들로 남장로회에서 처음으로 한국에 파송한 개척 선교사였다. 1892년에는 같은 비전을 품은 볼링과 결혼했다.

미국 남장로회 선교 구역은 전라도와 충청도 지역이었다. 1892년 11월 레이놀즈 부부, 전킨 부부, 데이트 선교사와 그의 여동생 메티, 데이비스 선교사 등 7인이 한국에 왔다. 레이놀즈는 1894년 3월부터 의료선교사 드류와 함께 전라도 지역을 순회하며 복음을 전했다. 군산항에서 시작된 이들의 여정은 전주, 김제, 영광, 함평, 무안, 남해, 순천 등으로 이어졌다. 이들이 고흥에 갔을 때 한의사였던 신우구가 예수를 믿고 세례를 받았다. 신우구라는 한 알의 밀은 열매를 거듭 맺으면서 1906년에 예배당이 세워졌다. 신우구의 아들 신상휴는 서서평 선교사의 수양딸 곽애례와 혼인하였다. 이리하여 레이놀즈는 호남 복음화의 아버지가 되었다.

레이놀즈는 1897년 전주서문교회 담임목사가 되었다. 전주서문교회는 1893년 레이놀즈와 함께 다니던 조사(전도사) 정해원이 선교회에 요청해서 예배 장소를 마련한 것에서 시작되었다. 다음 해 동학농민운동으로 중단되었다가 데이트 선교사와 레이놀즈가 부임하면서 부흥하였다.

레이놀즈는 서울 승동교회, 연동교회 등에서 담임목사로도 사역했다. 교파를 초월한 활동이었다. 그 후 호남지역으로 내려가 군산에 영명학교를 설립하고 교육에 전념했다. 전주 서문교회를 섬기던 동료 선교사 전킨이 세상을 떠나자 서문교회를 다시 맡기도 했다.

레이놀즈는 탁월한 언어에 대한 은사가 있었기 때문에 성경 번역에도 큰 역할을 했다. 1895년에는 성경번역위원회 남장로회 대표로 선임되어 성경 한글 번역에 헌신했다. 1902년 아펜젤러 선교사의 갑작스러운 순직으로 인해 그는 구약성경 번역을 전담해야 했다. 1906년에는 한글 신약성경 공인역을 완성했고, 그 후 구약성경 번역도 진행해서 1910년 4월에 완성했다. 그 결과 1911년 '한글 성경전서'가 인쇄되는 기쁨을 얻었다. 그가 성경 번역에 매달린 시간이 10년이었다.

1937년 레이놀즈는 70세에 본국으로 돌아갔다. 그가 한국의 복음화를 위해 헌신한 시간은 45년이었다. 그리고 1951년에 세상을 떠났다. 양화진에는 태어나자마자 죽은 그의 맏아들과 한국을 사랑한 둘째 아들 존 볼링 레이놀즈가 안장되어 있다. 존 레이놀즈는 한국에서 태어나서 미국에서 공부하고 1920년 선교사가 되어 한국으로 돌아왔다. 전라도 지역에서 교사로 활동하다가 1930년 미국으로 돌아가 76세에 세상을 떠났다.

마거릿 퀸(Quinn, Margaret J. 1868–1934)
한국활동기간 1914 ~ 1934
묘비번호 A-23

퀸 선교사는 한국에 있는 중국인들에게 복음을 전했다. 원래 그녀는 1898년경부터 16년간 중국에서 선교사로 활동했다. 중국에 혁명이 일어나고 정국이 불안하자 1914년 한국으로 왔다. 그 후 20년 동안 한국에 머물며 중국인들을 위해 헌신했다. 그녀가 주로 활동했던 곳은 한성중국인교회였는데, 이 교회는 1912년 데밍 선교사 부인과 차도심 장로가 설립한 교회였다. 퀸 선교사는 한국에 머물며 한국

각지에 중국인교회를 설립하기 위
해 애썼다. 그녀의 노력으로 인천,
부산, 평양, 원산, 청진 등에 중국
인교회가 설립되었다. 한국에 살
고 있던 중국인들에게는 그녀가
어머니 같은 존재였다.

마거릿 퀸 묘

그녀는 1934년 심장병으로 갑
자기 세상을 떠났다. 양화진에는
원산, 인천, 경성, 평양, 부산의 중
국인교회 교인들이 연합하여 설치한 묘비가 있다. 그녀의 묘비에
는 "사람이 친구를 위해 자기 목숨을 버리면 이보다 더 큰 사랑이 없
다"(요한복음 15:13)라는 성경 구절이 기록되어 있다.

피터즈(Pieters, Alexander A. 1871–1958) 가족
한국활동기간 1895 ～ 1941
묘비번호 A-33

피터즈(한국명 피득)는 구약성
경을 우리말로 번역한 선교사다.
그는 1871년 제정 러시아에서 정
통파 유대인 가정에서 태어났다.
그의 이름은 이삭 프롬킨이었다.
어려서부터 히브리어를 배웠고,
시편과 기도문을 히브리어로 암송

피터즈 가족

하며 자랐다. 러시아에서 유대인에 대한 차별이 심해지자 많은 유대인이 미국으로 떠났다. 그러나 이삭 프롬킨은 동양으로 발길을 돌렸다. 이때 그의 나이 23세였다.

1895년 일본에서 미국 선교사 피터즈를 만나 기독교에 대해서 배운 후 유대교에서 기독교로 개종하고 이름도 알버트 피터즈로 개명했다. 미국성서공회에서는 그에게 한국에 가서 성경을 팔면서 복음을 전하는 권서로 활동할 것을 제안했다. 그는 흔쾌히 받아들이고 한국에 와서 권서로 활동했다. 한국에 온 지 2년이 지나자 그는 한국어를 능통하게 하였다. 그는 권서로 일하면서도 틈틈이 시편을 한글로 번역했다. 시편은 어려서부터 히브리어로 암송하고 있었기 때문에 한국어만 능통하다면 어렵지 않은 작업이었다. 1898년 최초의 한글 구약인『시편촬요』를 출판할 수 있었다. 한문성경 또는 영어성경을 한글 번역한 것이 아니라, 히브리어로 된 성경을 한글 번역한 것이라서 의미가 더 컸다. 2천 부가 인쇄되었지만 곧 매진되었고, 추가로 2천 부를 인쇄했지만 이것도 곧 매진되었다.

그는 1899년 미국으로 가 매코믹대학에서 신학을 전공하고 목사 안수를 받았다. 1902년에는 같은 대학에서 신학을 공부하던 엘리자베스 캠벨을 만나 결혼했다. 그는 장로교단에서 파송하는 선교사가 되어 1904년 필리핀으로 갔다. 필리핀으로 가는 배에 오른 순간부터 아내의 건강에 문제가 발견되었다. 이들은 캠벨의 고향인 시카고 기후와 비슷한 한국으로 선교지를 변경했다. 그리하여 1904년 9월 13일 한국에 도착했다. 선교사로 내한한 그는 황해도와 평안도 지역에서 열정적으로 선교사역을 했다. 그러던 중 아내의 폐결핵은 점점 악화되어 1906년 1월 세상을 떠났고 양화진에 안장되었다.

히브리어 원전을 잘 읽을 수 있던 피터즈는 성서번역위원회의 부탁을 받아 1906년 번역위원으로 선임되었다. 1926년부터는 본격적으로 구약성서번역위원, 성서개역위원으로 활동했다. 그는 10년간 구약성경을 한글로 번역하는 일에 매달렸다. 1937년에야 개역 작업이 완료되었고, 한국성서위원회에서는 피터즈가 완성한 개역구약성경을 한국의 '개역구약성경'으로 공식 선언했다. 이 성경이 완성되기 전까지 한국교회에서는 하나님의 호칭을 '하나님'이냐, '하느님'이냐를 두고 논쟁하고 있었다. 개역구약성경이 나오자 개신교에서는 '하나님'으로 확정했다.

피터즈는 한센인들을 물심양면으로 도왔다. 틈나는 대로 그들에게 가서 설교하고 위로하였다. 적은 사례비를 떼어서 한센인들이 거주할 주택 40채를 짓는데 후원했다. 이 주거단지가 애양원의 전신인 '비더울프 한센병자 주거단지'였다.

70세가 되던 1941년 은퇴하여 미국으로 돌아갔다. 양화진에는 그의 두 아내 엘리자베스 캠벨과 에바 필드 선교사가 안장되어 있다. 에바 필드(Pieters, Eva H. Field 1868-1932) 선교사는 일찍부터 선교사로 헌신할 준비를 하였다. 부기를 배우고 피아노를 공부했다. 성경을 배우고 사회사업도 공부했다. 그리고 노스웨스턴대학에서 여성의학부를 졸업했다. 1897년 한국으로 파송되어 에비슨 박사가 있던 제중원(세브란스병원) 여성부에서 헌신했다. 1908년 피터즈 선교사와 결혼한 후 20년 동안 복음을 전하는 일에 헌신했다. 남편 피터즈가 사역하던 서울, 재령, 선천 등지에서 선교사로 활동하면서 최선을 다했다. 서울 정신여학교에서 의료교사로 활동했고 어린이 보호 활동에도 나섰다. 학생들을 위해 수학 교과서를 집필하기도 했다. 찬송가 편집과 출판에도 전력을 기울였다. 모든 일에 최선의 기력을 쏟는 그녀는 1932년 세브란스병원에서 세상을 떠났다.

무어(Moore, Samuel Forman, 1860-1906)

한국활동기간 1892 ～ 1906
묘비번호 A-24

무어 묘

무어는 1906년 장티푸스에 걸려 제중원에서 숨을 거두었다.

→ 내용은 승동교회 편 참고

밀러(Miller, Frederick S. 1886-1937)

한국활동기간 1892 ～ 1937
묘비번호 A-60

양화진에는 밀러 선교사의 첫 아내 안나와 두 아들이 묻혀 있다.

→ 내용은 청주제일교회 편 참고

허스트(Hirst, Jessie Watson, 1864-1952)

한국활동기간 1904 ～ 1934
묘비번호 A-42

허스트는 세브란스 병원에서 30년간 의료기술 발전에 공을 세운

의료선교사였다. 1894
년 존스홉킨스대학에
서 의학박사 학위를
취득하고 1904년 선교
사로 내한했다. 그가
한국에 왔을 때 미국
인 사업가 세브란스의
기부로 세워지던 세브

허스트 묘

란스병원이 개원하기 열흘 전이었다. 한국에 도착한 그는 즉시 병원
신축 현장에서 인부들과 흙을 날랐다. 환자 진료뿐만 아니라 에비슨
이 지도하던 세브란스의학교에서 의학 교육에도 힘써서 한국 최초의
면허의사 7인을 배출했다. 그는 한국에서 산부인과학의 초석을 놓았
다는 평가를 받는다. 남녀가 유별하다는 인식이 팽배했던 당시에 산
부인과학이 자리 잡기는 쉽지 않았다. 다행히 세브란스의학교 4회 졸
업생 신필호가 후계자가 되어 지식을 전수할 수 있었다. 세브란스에
서 간호부를 신설하여 남자 의사의 한계를 보완할 수 있게 하였다.

세브란스병원장, 산부인과 주임교수를 역임하며 30년 동안 후진 양
성에 힘쓰다 1934년 4월 고국으로 돌아갔다. 플로리다주의 세인트피
터즈버그에서 말년을 보내다 1952년 88세를 일기로 세상을 떠났다.

허스트의 부인 세디 허스트 선교사는 1901년 내한하여 개성 선교
의 개척자이자 문서선교의 선구자로 활약하였다. 1907년 세브란스
병원 의료선교사였던 허스트와 결혼한 후에는 세브란스병원 간호학
교에서 교사로 헌신하였다. 원래 허약한 체질이었던 그녀는 선교에

힘을 쏟다가 1928년 세상을 떠났다. 그녀는 4살에 죽은 딸 곁에 안장되었다. 양화진 묘지에는 연세대학교 의료원에서 세운 '허스트 가족 기념비'가 있다.

채핀(Chaffin, Victor D. 1881-1916) 부부
한국활동기간 1913 ~ 1916
묘비번호 A-20

채핀(한국명 채피득) 선교사 부부는 1913년 한국으로 왔다. 그들이 한국으로 올 때 부인과 딸, 그리고 처제 블랑크 로사 베어와 함께 왔다. 감리교 선교사로 왔으나 미

채핀 부부묘

국 선교회에서 재정 지원금이 오지 않아서 어려움을 겪었다. 그는 북장로교 언더우드 목사의 동사목사(비서목사)를 제안받고 북장로교로 소속을 바꾸어 사역을 시작했다. 언더우드는 새문안교회를 중심으로 40여 교회를 개척하고 있었다. 채핀은 언더우드와 함께 경기도 지역을 순회하며 선교하였다. 그는 언더우드 목사를 대신해서 2,300여 통의 편지를 대필하기도 했다. 조선기독교대학(연희전문학교)을 설립하기 위한 실무를 담당하기도 했다.

빅터 채핀(한국명 채피득)의 한국선교는 열정적이었다. 그러나

몸을 혹사한 나머지 지병이었던 심장병이 악화되어 한국에 온 지 3년 만에 세상을 떠나고 말았다. 그의 나이 35살이었다. 그의 장례는 새문안교회에서 치러졌으며, 유해는 양화진에 안장되었다. 그의 죽음에 대해 경충노회록에는 "언더우드 목사의 동사목사로 시무한 채 피득 목사가 세상을 떠나… 섭섭하고, 슬프고, 막막한 일이며 애도한다."라고 기록되어 있다.

부인 안나 채핀 선교사는 남편이 사망한 후 한국을 떠나지 않고 선교사역을 이어 나갔다. 감리교협성여자신학교 초대 교장, 남녀공학이 된 협성신학교 초대 부교장을 지냈다. 사회운동에도 참여하여 초교파 단체인 '기독교여자금주회'를 조직하는 데 큰 역할을 하였다. 1931년 기독교조선감리회 제1회 연합연회에서 동생 베어를 비롯한 13명 여선교사들과 함께 양주삼 목사의 집례로 여성목사로 안수받았다.

1936년에는 만주신학교를 설립하고 교장으로 취임했으며 만주지역 여성교역자 양성에 힘썼다. 1938년에는 동생이 뇌암으로 세상을 떠나는 슬픔을 겪었다. 그녀는 동생의 사역을 이어가기 위해 수원, 천안 지역으로 가서 사회복지사업을 감당했다.

1940년 일제가 선교사들을 추방하자 미국으로 갔다가 광복 후 돌아와 이화여대 교수, 감신대 명예교수를 역임했다. 한국전쟁 후 무너진 교회를 일으키는 데 전력을 쏟았다. 전쟁고아와 미망인들을 구제하기 위한 사역을 추진했으며, 성광모자원과 신생원을 설립하였다. 70세가 되기까지 한국을 위해 헌신하기를 멈추지 않았던 그녀는 1962년 미국으로 돌아갔다가 1977년 세상을 떠나 양화진에 있는 남편 곁에 안장되었다.

벙커(Dalzell A. Bunker, 1853-1932) 부부

한국활동기간 1886 ~ 1932

묘비번호 A-22

뉴욕 유니온신학교 졸업반이던 벙커는 한국 최초의 근대식 관립교육기관 육영공원(育英公院) 교사로 채용되어 한국에 왔다. 이때가 1886년이

벙커 부부묘

었다. 조선은 미국과 수호통상조약(1882)에 체결하고 근대 교육을 위한 교사를 파견해 줄 것을 미국에 요청했다. 조선 정부의 요청을 받은 미국은 파견될 교사는 신앙심이 두터운 신학생이 적절하다는 생각으로 외교 선교부 직원과 협의하여 뉴욕시 유니온신학교에서 교사를 선발했다. 이렇게 조선으로 오게 된 세 명의 교사가 벙커, 헐버트, 길모어였다.

서울 정동에 있었던 육영공원은 고위 관료 자제나 젊은 현직 관료를 학생으로 수용하였다. 시작은 의욕적이었지만 기득권층을 대상으로 하였기에 배우는 자가 태만하였다. 게다가 학교를 운영하는 관료는 교육에 대한 기본 소양이 없었고 부정부패가 심하여 학교는 유지되지 못하고 문을 닫아야 했다. 벙커는 육영공원이 폐지될 때까지 영어 교사를 지냈다. 배재학당, 이화학당 등 선교사들이 세운 학교가 지금까지 운영되는 것과 비교할 때 시사하는 바가 크다.

벙커는 한국에 들어온 이듬해 명성황후 시의였던 의료선교사 애니 엘러스와 결혼했다. 엘러스는 1886년 광혜원 의사로 오게 되었는데 명성황후가 자신의 신의로 채용했다.

벙커는 육영공원이 폐지된 후 배재학당으로 자리를 옮겨 활동하였다. 토론 위주의 수업과 물리학, 화학, 수학, 정치학 등 새로운 과목을 도입하였다. 배재학당 설립자 아펜젤러가 순직한 후에는 배재학당 교장을 맡았다.

벙커 부부는 동학농민운동(1894), 청일전쟁(1894), 을미사변(1895), 아관파천(1896), 독립협회 결성, 대한제국선포(1897), 만민공동회, 러일전쟁(1904), 을사늑약(1905), 경술국치(1910) 등으로 이어지는 한국의 파란만장한 역사 한가운데를 살았다. 그들은 관람하는 구경꾼이 아니라 한국인들과 한 몸이 되어 살았다. 특히 독립협회, 독립신문, 만민공동회로 이어지는 민권 운동의 동역자이며 후원자로 역할을 감당하였다.

수구보수파에 의해 독립협회가 강제 해산당하고 관련자들이 체포되어 한성감옥에 수감되었을 때 동료 선교사들과 힘을 모아 수감자 처우를 개선해달라고 대한제국 정부에 요청했다. 야만적인 고문제도 폐지, 자유로운 면회, 음식이나 의복 차입의 자유, 독서의 자유 등 서양에서 행해지고 있는 것을 요청했다. 정부에서는 선교사들의 요구를 받아들여 그들을 면회하고, 위로할 수 있게 해주었다. 한성감옥 내에 도서관을 만들 때 선교사들(벙커, 아펜젤러, 언더우드, 게일, 헐버트)이 여러 서적을 넣어 주었다.

벙커는 수감자들을 빈번하게 면회하고 그들을 위로하는 예배를 함께 드렸다. 수감자들은 감옥에서 무료함도 달랠 겸 선교사들이 비치해준 책을 빌려다 읽었다. 독립협회 지도자들은 뛰어난 지식인들이었다. 이들이 빌려 읽은 책 중에서 한글성경, 기독교 교리 및 전도서들도 포함되어 있었다. 진심을 담은 면회, 후원과 기도·관심이 이들의 회심에 결정적 역할을 하였다. 이상재, 이원긍, 김정식, 유성준, 안국선, 남궁억, 홍재기, 신흥우, 김린 등 12명이나 되는 이들이 한성감옥 안에서 예수를 만났다. 출옥 후 이들은 새로운 정치세력을 꿈꾸기보다는 교회로 들어왔다. 한국교회는 이때 뛰어난 지도자를 얻게 되었다. "많은 사람을 옳은 데로 돌아오게 한 자는 별과 같이 영원토록 빛나리라"(단12:3)

벙커는 교회가 연합할 수 있는 일이라면 마다하지 않고 앞장서서 도왔다. 1905년 선교사 150여 명이 주도한 '재한 복음주의 선교 단체 통합공의회'에서 서기 겸 회계를 맡았다. 벙커는 배재학당장을 사임한 후 전도와 교육사업을 하다가 1926년 73세의 나이로 은퇴하였다. 이후 미국으로 돌아가 1932년 80세로 세상을 떠났다. '나의 유골을 한국 땅에 묻어달라'는 유언에 따라 부인이 유골을 안고 한국으로 돌아왔다. 1933년 4월 8일 정동교회에서 고별예배를 드리고 양화진에 안장했다. 그 후 부인이 세상을 떠나자 남편과 합장하였다. 묘비에는 "房巨先生 1853년8월10일-1932년11월28일 同夫人 合葬 날이 새이고 흑암이 물러날 때까지"라는 글이 새겨져 있다.

부인 애니 앨러즈는 1886년 벙커, 헐버트 등과 함께 의료선교사로 내한했다. 내한 이듬해 벙커와 결혼했으며, 정2품 정경부인을 제수받았다. 애니 앨러즈는 1887년 정신여학교를 설립하고 2년 동안 교

장을 지냈다. 그후로도 40년 동안 교사로 헌신했다. 은퇴 한 후 미국
으로 돌아갔다가 남편의 유해를 안고 한국으로 왔다. 애니 앨러즈는
1938년에 세상을 떠나 남편 곁에 묻혔다. 애니 엘러스 무덤 앞에는
정신여자중·고등학교 교직원과 동창회에서 세운 추모비가 있다.

유진 벨(Eugene Bell, 1868-1925) 가족
한국활동기간 1895 ~ 1925
묘비번호 A-49

유진 벨 선교사 가족은 전라도 지
역 복음화에 초석을 놓았다는 평가
를 받는다. 유진 벨과 로테 벨 부부
는 미국 남장로교 선교사로 1895년
에 한국에 왔다. 이들이 조선에 도
착한 해에 명성황후가 시해되는 을
미사변이 일어나 온 나라가 분노
에 가득 차 있었다. 궁궐 내에서 왕
후가 시해되고 고종도 저들의 위협
에 시달리며 불안해하고 있었다. 궁

유진 벨 가족묘

중 내에는 믿을 수 있는 자들이 없었다. 궁궐 수비대에서 일본 낭인
들에게 문을 열어 준 자들이 있을 정도였다. 이에 선교사들이 고종
의 수라를 만들어서 직접 날라야 했다. 심지어 권총을 차고 불침번
도 섰다. 유진 벨도 한국에 도착하자 고종의 침전(寢殿)에서 불침번
을 서야 했다. 최고의 존엄인 국왕이 자국 사람을 믿을 수 없어 외국

인에게 의존하는 모습을 어찌 이해해야 할지. 한편, 선교사들이 국왕에게 믿음을 사고 있었다는 것을 확인하게 된다.

유진 벨은 1897년 남장로교 선교지역인 전라도 나주지역으로 옮겨 선교사역을 시작했다. 그러나 그곳 유림(儒林)의 강력한 반발로 자리를 잡지 못하고 목포로 사역지를 옮겨야 했다. 1897년에 개항된 목포는 서구문화에 대한 보수적 시각이 덜했다. 유진 벨의 전도로 1898년에는 목포 최초 개신교 교회인 양동교회가 설립되었다.

1901년 아내 로테 벨이 갑자기 세상을 떠났다. 이에 어린 자녀들을 위해 미국으로 돌아갔던 유진 벨은 1903년에 돌아와 선교사역을 이어갔다. 목포, 광주 지역에서 교육, 의료 사역를 펼쳐서 목포 영흥학교, 광주기독병원, 수피아여고, 숭일학교 등이 설립되는 데 이바지했다. 그는 교육사업을 통해 독립된 한국을 이끌어갈 인재가 양성되기를 소망했다. 아직 일제의 서슬이 퍼런 시기였음에도 한국이 독립할 수 있다는 강한 믿음을 지니고 있었다. 그는 "불쌍한 한국인들, 특히 기독교인들이 견뎌야 하는 고통은 말로 표현이 안 된다." 면서 "예수님이 당했던 것처럼 수천여 명이 재판도 없이 감옥에 외롭게 방치돼 있고 많은 사람이 끔찍한 고문을 당하고 있다"고 선교 편지에 썼다.

그는 교회 개척에도 열심을 내서 광주제일교회 등 10여 개 교회를 개척하는 열의를 보였다. 1919년에는 재혼한 아내 마가렛 선교사마저 교통사고로 잃었다. 그럼에도 멈추지 않고 열정을 다해 사역을 이어가던 유진 벨은 1925년 세상을 떠났다. 양화진에는 유진 벨의 아내 로테 벨 선교사가 잠들어 있다. 유진 벨 선교사는 재혼한 아내 마가렛 선교사와 함께 광주 양림동 선교사 묘역에 안장되어 있다.

베델(Bethell, Ernest Thomas, 1872-1909)

한국활동기간 1904 ~ 1909

묘비번호 A-2

베델은 영국인이며 한국의 독립을 위해 싸운 항일 언론인이다. 한국인이라면 꼭 알아야 할 외국인이다. 그가 한국에 온 목적은 러일전쟁을 취재하기 위해서였

베델 묘

다. 당시 영국은 러시아가 한반도로 남하하는 것을 막고자 했다. 따라서 일본이 한반도를 지배하는 것을 인정하는 대신 러시아를 막아 줄 것을 협약한 후였다. 그렇기 때문에 영국으로선 러일전쟁의 향방에 대해 관심이 많을 수밖에 없었다. 그는 러일전쟁이 터진 지 한 달 뒤에 영국 『데일리 크로니클』의 특별통신원에 임명되었다. 그리고 그가 한국에 도착한 것은 1904년 3월 10일이었다. 러일전쟁을 취재하기 위해 각국 언론사 취재원들이 한국에 속속 들어오던 때였다.

베델은 한국에 들어온 지 3달 만에 통신원을 그만두고 스스로 신문을 창간했다. 한글판 『대한매일신보』, 영문판 『코리아데일리뉴스』였다. 그가 밖에서 보던 것과 달리 한국에 와 보니 일본 때문에 겪는 한국의 고통이 매우 크게 보였다. 그는 일본의 야만적인 정책을 언론인 특유의 날카로운 시선으로 비판 기사를 쏟아냈다. 이 신문은

한국과 일본에 큰 영향을 끼치게 된다. 한국 입장에선 항일언론이고, 일본은 한국침략을 방해하는 귀찮은 존재였다.

일본은 대한제국 정부를 속여서 '황무지 개간권'을 얻어내려 하였다. 전국토의 3분의 2가 황무지인 상황에서 그것을 갖는다는 것은 보통 심각한 문제가 아닐 수 없었다. 개간된 땅에 일본인들을 불러들여 농사짓게 한다면 일본이 지배하는 것과 다를 바 없었던 것이다. 베델은 일본의 노림수를 정확히 파악하고 비판하였다. 그러자 국민들 사이에 공감대가 형성되고 반대운동이 확산되었다. 일본은 러일전쟁에서 승리한 여세를 몰아 강압적으로 체결하려 하였으나 뜻대로 되기 어렵다는 사실을 깨달았다.

베델은 양기택, 신채호, 박은식 등 민족지사들을 영입해 민족의식을 북돋우는 기사를 쓰게 했다. 1905년 을사늑약이 체결되자 장지연은 『황성신문』에 '시일야방성대곡'을 발표해 울분을 토해냈다. 일제는 황성신문을 폐간하고 장지연을 체포했다. 그러자 베델은 황성신문 대신 후속기사를 연이어 실었다. 일본이 한국의 국권을 불법으로 빼앗고 한국민들을 억압할 뿐만 아니라 재산을 강탈한다는 기사를 연이어 쏟아냈다. 을사늑약 체결의 부당함을 조목조목 비판하는 기사도 써 내려갔다. 일본의 한국침략을 알리는 『대한매일신보』 기사는 영문으로 번역되어 해외 언론에도 실렸다. 일제는 한국 신문들에 대해서 검열하고 탄압했지만 베델이 발행하는 신문에 대해서는 손을 댈 수 없었다. 영국인이었던 베델은 한국에서 치외법권의 특권을 누리고 있었기 때문이다.

대한매일신보사는 신민회 본부이자 1907년부터 시작된 국채보상운동 의연금을 거두는 중요한 총합소 역할을 했다. 해외독립운동 소식을 지면을 통해 알림으로써 국내 독립운동에 에너지를 공급해주었다. 따라서 대한매일신보는 한국민들에게 절대적 지지를 받았고 발행 부수는 해마다 늘어났다.

이쯤 되니 일본은 베델이 여간 성가신 존재가 아닐 수 없었다. 한국침략에 가장 큰 장애물이라 여기고 영국 정부에 베델을 추방할 것을 요구했다. 베델을 추방하지 않으면 영일 관계가 악화될 것이라는 협박도 서슴지 않았다. 영국 정부도 베델은 영국과 일본 외교에 방해물로 인식하고 있었다. 그래서 베델을 재판에 넘겼는데 국채보상운동 의연금을 횡령했다는 죄목이었다. 물론 일본이 조작한 내용을 영국 정부가 모른 척 받아들인 것이다. 또 정미의병이 들불처럼 일어나 일본 침략군과 싸웠는데 모든 책임이 베델에게 있다는 것이다. 그가 한국민을 선동해서 일본과 싸우도록 했다는 죄목이었다. 영국 공사관은 그를 6개월 근신형+3주간 금고형에 처했다. 그는 상하이로 끌려가서 3주간 금고형을 살았다. 그곳에서 무슨 일이 있었는지 심신이 허약해진 상태로 서울로 돌아왔다. 한국으로 돌아온 그는 회복되지 못하고 1909년 5월 37세의 젊은 나이로 세상을 떠나고 말았다. 그의 마지막 유언은 "나는 죽더라도 신보는 영생케하여 한국 민족을 구

베델 묘비 뒷면 일본은 항일운동을 한 베델의 비문을 긁어내 버렸다.

하라"였다.

베델의 묘에는 장지연이 지은 추모비가 있었는데, 일본이 비문 뒷면을 긁어내 버렸다. 해방 후 1964년 언론인들이 성금을 모아서 장지연의 원래 비문을 옆에 세웠다. 베델은 1968년 건국훈장 대통령장을 받아 독립유공자가 되었다.

엘버트 테일러(Taylor, Albert Wilder, 1875-1945)
한국활동기간 1897 ~ 1941
묘비번호 A-09

인왕산 자락에 딜쿠샤(행복한 마음)라는 이국적인 저택이 있다. 1923년에 지어진 이 집은 광산개발업자로 한국에 왔던 엘버트 테일러가 지은 집이다. 그는 부친

엘버트 테일러 1923년 인왕산 자락에 지은 엘버트 테일러의 집 '딜쿠샤'

조지 테일러와 함께 한국으로 왔고, 한국에서 아들 브루스 테일러를 낳았다. 그는 선교사는 아니었지만 한국을 사랑했고, 한국을 위해 살았던 미국인이었다.

그는 AP통신 특파원도 겸하고 있으면서 한국 소식을 외부에 알리는 역할을 했다. 1919년 3.1만세운동이 일어나자 일본은 재빨리 언론을 통제했다. 외부에 알려지는 것을 막아야 했던 것이다. 일본은 바

깥세상에 한국 식민지에 대해서 거짓 정보를 흘리고 있었다. 일본이 한국을 보호해 주고 있으며, 한국민들은 무척 만족하고 있다고 말이다. 그런데 한국민들이 '대한독립만세'를 외쳤으니 저들의 거짓이 들통날까 하여 언론을 통제했던 것이다.

한국민들이 대한독립만세를 외치던 날은 아들 부르스 테일러가 태어난 날이었다. 독립선언서를 아들 이불 밑에 숨겼다. 엘버트는 우여곡절 끝에 한국의 3.1만세운동을 외부에 알렸는데 이것이 최초의 소식이었다. 그는 제암리와 수촌리에서 벌어진 일제의 만행을 외부에 알리는 역할도 했다. 이 일로 그는 일제의 감시 대상이 되었다. 1942년 일본과 미국이 적국이 되자 앨버트는 추방되었다.

엘버트는 한국으로 돌아가기 위해 애썼다. 일본이 패망하고 한국이 독립하자 미군정청에 편지를 보내 자신의 다양한 경험이 도움이 될 것이라 소개했다. 그러던 중 1948년 6월 심장마비로 갑작스럽게 세상을 떠났다. 아내 메리는 남편의 유해를 갖고 한국으로 돌아왔다. 그리고 언더우드 가족, 성공회 성당의 헌트 신부 등의 도움으로 양화진에 안장되었다.

B구역 묘원

아펜젤러(Henry Gerhard Appenzeller, 1858-1902) 가족
한국활동기간 1885. 4. 5 ~ 1902. 6. 11.
묘비번호 B-37, C-11,12

양화진에 있는 무덤은 엘리스 아펜젤러의 것으로 그녀는 한국에서 태어난 최초의 서양 아이였다. 엘리스는 1885년 11월, 서울 정동에서 아펜젤러 선교사의 맏딸로 태어났다. 아펜젤러 부부가 조선으로 오는 동안 잉태되어 있었

아펜젤러 가족묘 아펜젤러가 이 땅에 도착해서 한 기도문

고, 한국에 도착하자 곧 태어났다. 엘리스는 미국으로 가 공부하다가 30세에 선교사가 되어 한국에 돌아왔다. 그녀는 이화학당의 교사와 학당장을 지내면서 한국 여성교육에 헌신했다. 1925년에는 이화학당을 우리나라 최초의 여성 전문교육기관인 이화여자전문학교로 승격시켰다.

1939년 김활란 박사에게 학교장직을 물려주었고, 1940년에 선교사 추방으로 한국을 떠났다가 1946년에 다시 한국으로 돌아와 이화여자대학교 명예총장으로 일했다. 그녀는 1950년 2월 예배를 인도하던 중 뇌일혈로 쓰러져 세상을 떠났다.

아펜젤러의 아들 헨리 닷지 아펜젤러는 일제의 탄압 속에서도 배재학당의 교장과 이사장으로 일했다.

→ 아펜젤러 선교사 내용은 배재학당, 정동교회 편 참고

메리 스크랜튼(Scranton, Mary F. 1832-1909)

한국활동기간 1885 ~ 1909

묘비번호 B-44

→ 내용은 시병원, 상동교회, 이화
학당 편 참고

루비 켄드릭(Kendrick, Ruby Rachel, 1883-1908)

한국활동기간 1907 ~ 1908

묘비번호 B-09

메리 스크랜튼 묘

루비 켄드릭은 1905년 캔자스 여자
성경학교를 졸업하고 선교사로 지원했다. 그리하여 1907년 텍사스
엡윗청년회 후원을 받아 한국 선교사로 내한했다.

한국에 도착하자 개성으로 가 교사로 활동했다. 영어를 가르쳤으
며 아픈 아이들을 간호하는 일에 헌신했다. 그녀의 아름다운 헌신을
통해 한국인들은 많은 감동을 받았다. 그러나 그녀는 과로로 쓰러져
내한한 지 9개월 만에 세상을 떠나고 말았다.

그녀는 평소에 "한국에서의 나의 사역이 너무 짧게 끝나면, 나는
보다 많은 조국의 젊은이들에게 이곳에 와 달라고 쓰고 싶다." 라고
말했다. 그녀의 비석에는 "만일 내게, 줄 수 있는 천 개의 생명이 있
다면, 모두 조선을 위해 바치리라"고 씌여 있다. 비석에 기록된 이 내
용은 그녀가 텍사스 엡윗청년회에 보낸 편지인데, 이 편지를 읽은
많은 청년이 조선 선교사로 지원했다.

헐버트(Hulbert, Homer Bezaleel, 1863–1949)
한국활동기간 1886 ~ 1907
묘비번호 B–07

→ 내용은 헐버트
와 중명전 참고

헐버트 묘

하디(Robert Alexander Hardie, 1865–1949) 가족
한국활동기간 1890 ~ 1935
묘비번호 B–2

하디 선교사는 성령대부흥 이후
목회자 양성과 문서선교에 공헌했
다. 하디 선교사는 45년 동안 한국
선교사로 헌신한 후 은퇴하여 미
국에서 지내다가 1949년에 세상을
떠났다. 양화진에는 태어난 지 하
루 만에 죽은 큰딸과 여섯 살에 죽
은 둘째딸이 안장되어 있다.

→ 내용은 양양제일교회 편
참고

하디 가족묘 "비문에는 '영적대각성
기념비'라 되어 있고, 아래에 어린 두
자녀의 생몰년이 기록되었다."

브로크만(Brockman, Frank M. 1878-1929)
한국활동기간 1905 ~ 1927
묘비번호 B-16

브로크만(한국명 파락만)은 한국 YMCA
정착에 절대적 공헌을 한 인물이다. 한국
상류층에게 복음을 전하는 것과 그들이
한국 사회 지도자로 성장하는 것을 목표
로 설립된 것이 한국 YMCA였다.

브로크만

당시 한국교회는 서민들이 주류를 이
루고 있었다. 교회는 가난하고 억눌린 사
람들이 하소연하고, 기도할 수 있는 탈
출구였다. 그러나 어느 한 계층이 교회
를 구성해서는 정상적인 성장을 기대하기 어렵다. 지식인층이 없으
면 기복신앙으로 흐르기 쉽기 때문이다. 지식인층만 있으면 교회는
차갑다. 지식인층의 냉철함과 서민계층의 뜨거움이 융화될 때 건강
한 교회로 성장할 수 있다. 초창기 한국 YMCA는 이상재, 윤치호, 유
성준, 김정식, 신흥우 등 독립협회 지도자들을 중심으로 형성되었다.
한성감옥에서 신앙적 체험을 하고 예수를 믿게 된 이들이었다.

프랭크 브로크만은 1905년 한국 Y의 공동 총무로 파송되어 내한
했다. 그가 활동한 시간은 1929년까지 24년간이었다. 1907년 도쿄에
서 열린 제7회 세계기독학생연맹 세계대회에 윤치호, 김규식, 김정
식, 김필수, 민준호, 강태웅 등과 함께 참여했다. 1910년부터 한국 학
생 YMCA 운동을 개척하고, 하령회를 서울 진관사에서 개최하였다.

요즘 기독교인들이 절(寺)에 가는 것을 꺼리는데 당시 교회는 그렇지 않았던 것 같다. 소풍을 절로 가는 경우가 제법 있었다. 하령회를 위해 4개국에서 16명의 강사가 초빙되었다. 이들은 전국에서 모인 46명 학생에게 그때까지 생소했던 YMCA를 소개하고 기독교 사회 운동에 불을 붙였다. 이에 한국 YMCA가 활발하게 활동을 시작하자 한국인 간사를 필요로 하게 되었고 이승만이 그 역할을 맡았다. 이승만은 미국 프린스턴 대학에서 철학박사 학위를 받고 돌아왔지만 특별한 일을 하지 않고 있었다. 브로크만과 이승만은 매주일 오후 성경반을 인도해 매회 평균 189명에 달하는 학생을 지도했다. 1911년에는 지방 순회를 떠났다. 37일 동안 7,535명 학생을 만나는 대장정이었다. 그들의 활동으로 지방에도 Y조직이 생겼다.

1911년 6월에는 개성에서 하령회가 열렸다. 윤치호가 대회장이었으며 전국 21개 학교에서 93명이 참석했다. 모인 학생과 강사들이 한일강제병합에 울분을 토하여 울음바다가 되었다. 이곳에 모인 이들은 하령회를 통해 민족의식, 항일의식을 다지는 계기가 되었다. 총독부는 하령회를 주목하였고 여기에 참여했던 지도자, 학생들을 여러 이유로 검거했다. 속칭 105인 사건으로 알려진 이 사건은 처음에 600명이 체포되었다. 일제는 안명근이 군자금을 모으다가 체포된 사건을 '데라우치 총독 암살 음모사건'으로 조작하고 기독교인 지도자들을 체포, 구금하는 수단으로 사용했다. 하령회에 참여했던 대부분 학생들이 지방 기독교회의 주도적 인물들이었고 민족주의자들이었다. 그러니 105인 사건으로 체포된 인물들이 여기에서 벗어날 수 없었던 것이다. 윤치호는 징역 10년, 저다인 회장은 강제 사면, 질레트 총무는 국외 추방, 이승만과 김규식은 국외 망명을 할 정도로 극심한 탄압을 받았다.

브로크만과 이상재만 검거되지 않고 남아 쑥대밭이 된 YMCA를 추스렸다. 1914년 '조선YMCA연합회'가 조직되었다. 브로크만이 초대 연맹 총무가 되었다. 1915년 윤치호가 석방되자 그에게 총무를 넘기고 협동 총무로 청소년 운동에 힘썼다. 1923년에는 신흥우 총무와 함께 농촌운동을 시작했다.

불같은 열정으로 한국 YMCA를 위해 힘썼던 브로크만은 과로로 몸이 망가지고 말았다. 강철같은 정신도 무너지는 몸에는 견딜 수 없었다. 1927년 그는 회복을 위해 미국으로 돌아가야 했다. 그러나 그곳에서도 회복되지 못하고 1929년 6월에 세상을 떠나고 말았다.

유해는 친구들에 의해 한국으로 이송되어 양화진에 안장되었다. 묘비에는 "24년간, 한국의 증인, 일꾼, 평화의 인, 한국인의 친구, 프랭크 M. 브로크만의 무덤"이라고 기록되어 있다. 양화진에는 그의 모친, 그리고 딸이 함께 안장되어 있다.

캠벨(Campbell, Josephine E. P. 1853-1920)
한국활동기간 1897 ~ 1920
묘비번호: B-8

조세핀 캠벨(한국명 강모인)은 27세에 목사였던 남편과 사별하고 두 자녀도 병으로 잃는 시련을 겪었다. 감당하기 힘든 시련을 겪은 캠벨은 자신이 겪은 비극과 비탄에 매몰되지 않고 눈을 밖으로 돌려 그녀와 같은 고통 속에 있는 다른 이들을 바라보게 되었다. 가족을 모두 잃은 뒤 캠벨은 하나님께서 그녀의 빈손을 사용하시고 주님을 위해 일하는 것으로 채워주시길 기도했다.

캠벨 묘

그리하여 그녀는 선교사로 지원하였다. 간호교육을 이수하고, 교사 자격도 취득하였다. 준비를 마친 캠벨은 33세가 되던 1887년 봄에 중국으로 파송되어 상해, 소주에서 10년 동안 헌신하였다.

캠벨은 1897년 10월에 중국인 양녀 여도라와 함께 한국으로 파송되었다. 그녀가 중국에서 보여주었던 헌신이 한국에서도 필요했기 때문이다. 그녀의 나이 44세였다. 1898년 서울 내자동에 여성을 대상으로 학당을 설립하였다. '여성을 아름답게 기르고, 꽃 피워내는 배움의 터전'이라는 뜻으로 '배화학당'이라 하였다. 후원자의 기부를 받아 학교 내에 예배당을 짓고 정기예배를 드렸다. 이 예배는 종침교 근처에 있던 '종교교회', 자수궁교 곁에 있던 '자교교회'가 설립되는 계기가 되었다. 그녀가 집중했던 사역이 어느 정도 안정에 접어들자 다른 이에게 맡기고 그녀는 수표교교회, 광희문교회로 달려가 전도부인 사역을 맡았다.

한국여성을 위해 헌신하던 그녀는 1918년 안식년을 맞아 미국으로 돌아갔다가 병을 얻고 말았다. 병중에도 한국이 처한 현실을 알리고 미국의 후원자를 모으는 데 힘썼다. 심지어 암담한 현실에 놓인 한국 여성들을 위해 양봉업, 양계업, 낙농업을 배워 전수하고자 했다. 쉬지 않고 몸을 혹사한 그녀는 건강이 극도로 악화되었다. 먼 여행을 하기엔 너무나 약해진 상태였지만 장시간 배를 타고 한국으로 돌아왔다. 말리는 이들에게 캠벨은 이렇게 대답했다.

나는 한국을 위해 헌신하였으니, 죽어도 한국에 가서 죽는 것이 마땅합니다.

한국으로 돌아온 그녀의 병세는 더 악화되었다. 결국 넉 달 만인 1920년 11월 67세 나이로 세상을 떠나고 말았다. 그녀의 유해는 양화진에 안장되었다. 그의 무덤 앞에는 배화학원, 종교교회, 자교교회에서 함께 세운 '설립자 기념비'가 있다. 종로구 사직동에 있는 그녀의 집(켐벨선교사주택)은 서울시 우수건축자산으로 등록되었다. 석재로 지어졌으며 2개 동으로 구성되었다.

C구역 묘원

헤론(Heron, John W.1856-1890) 가족
한국활동기간 1885 ~ 1890
묘비번호 C-21,22

헤론은 영국의 목회자 가정에서 태어났다. 목사였던 아버지는 헤론이 14살 되던 해 미국으로 이민을 떠났다. 헤론은 우수한 성적으로 의과대학을 졸업하고 의사가 되었다. 학교로부터 교수가 될 것을 요청받았지만 과감히 선교사로 지원했다. 1884년에는 해티 깁슨과 결혼하고 장로교 조선 선교사로 최초 임명 받았다. 신혼부부는 미지의 나라 조선으로 떠났다. 그러나 그들이 떠났던 1884년 말 조선은 갑신정변 여파로 정세가 매우

헤론 가족묘

혼란스러웠다. 그래서 바로 입국하지 못하고 일본에 머물다가 1885년 6월 21일에야 입국할 수 있었다. 헤론 부부가 일본에 머물던 사이에 언더우드 선교사가 조선에 먼저 입국하였다.

명성황후 조카 민영익은 갑신정변 때에 개화파가 휘두른 칼에 맞아 죽을 위기에 처했다. 그때 각국 공사관 주치의로 와 있던 알렌이 서양식 수술로 그를 살려냈다. 민영익은 왕비의 조카였고, 조정의 실세였다. 민영익을 살려낸 공로를 인정받은 H. N 알렌은 조선 정부의 부탁으로 국립병원 광혜원을 개원하고 운영할 수 있었다. 광혜원은 한양에 세워진 최초의 근대식 의료기관이었다. 광혜원은 개원한 지 13일 만에 제중원으로 이름을 바꾸었다. 제중원은 첫해에만 1만 명이 넘는 사람들을 치료하고 있었다. 그만큼 조선에 절실했던 것이 의료 시설이었다.

헤론은 조선에 입국하자 곧 제중원으로 가 알렌을 도왔다. 1887년 알렌이 주미 조선 공사관 서기가 되자 헤론은 제중원 2대 원장이 되었다. 그는 고종의 총애를 받았고 시의(侍醫)가 되었다. 나라에서는

그에게 '가선대부(嘉善大夫:종2품)' 품계를 내렸다. 그래서 그는 헤 참판(차관급)이라 불렸다. 그의 부인도 명성황후의 총애를 받아 궁 궐을 자주 출입하였다. 그럴수록 헤론은 귀족이 아닌 가난한 민중을 치료하고자 했다. 그리하여 정동이라는 안정적인 거주 공간을 떠나 구리개(을지로)로 이사했다. 조선 민중들은 비참한 상태에 놓여 있었 다. 너무나 가난했기에 주술과 무속에 의존할 수밖에 없었다. 헤론은 가난한 조선 민중 속으로 들어가 밤낮없이 치료했다.

초기 선교사들은 성서번역을 위해 많은 시간을 할애했다. 제대로 번역된 성경이야말로 복음을 전하는 데 있어 중요한 요소가 틀림없다. 일부가 번역 된 성경이 있었지만 만족스럽지 못했 다. 헤론을 비롯한 언더우드, 아펜젤 러 등의 선교사들은 성서번역을 위해 교파를 초월해서 협력하고 있었다. 헤

헤론선교사

론도 병원 업무를 마치고 여기에 매달렸다. 성경 구절들이 현대어와 다른 문장들이 있는 것은 이 무렵 조선인들이 사용하던 언어로 번역 했기 때문이다. 물론 후에 몇 번 고쳐서 번역하기는 했으나 당시의 언어 흔적이 아직도 많은 편이다.

1890년 7월, 6백리 가량 떨어진 먼 곳까지 가서 병자를 치료하던 헤론은 전염성 이질에 걸렸다. 과로로 몸이 쇠약했던지 동료 선교사 들의 정성 어린 치료에도 회복되지 못하고 33살 젊은 나이로 세상을 떠나고 말았다. 한국에 온 지 불과 5년이었다.

그는 병원, 성서번역, 기독교 문서 등의 사역을 열정적으로 펼쳐 한국 초기 기독교의 초석을 놓았다. 그는 죽는 순간에도 자신의 곁을 지켜 주었던 조선인들을 불러 기도해주었다. 그들에게 예수 그리스도의 구원이 임하기를 바라는 기도였다. 동료 선교사였던 기퍼드는 헤론에 대해 이렇게 기록했다.

그는 의지적 사람이며 자기 책임은 철저히 지켰다. 의사로서 강한 희생정신과 사랑과 인술로 모든 어려운 의료 사업을 감당해 냈다. 절대로 불평하지 않았다. 직원들이 공금을 허비하는 사례가 가끔 있었는데, 그때도 그들을 용서하고 도리어 딴 데서 벌어 갚아 주었다. 그는 자기 몸을 아끼는 법이 없었다. 그는 과로와 정신적 긴장 때문에 기진맥진하여 질병의 희생물이 되고 말았다.

그의 이러한 열화 같은 정신력 때문에 조선인들은 가끔 그 앞에서 쩔쩔매는 때도 있었으며, 또한 그들은 헤론의 사랑과 열정을 잘 알고 있었기 때문에 그를 매우 존경했다.[2]

한국에 들어와 있던 선교사들은 헤론의 장례에 대해 의논했다. 의논 끝에 그를 한국에 묻기로 했다. 장소는 양화진 근처였다. 양화진은 본래 선교사들이 주거지로 삼으려 했던 곳이다. 그러나 조선 정부에서는 양화진에 묘지를 마련하는 것을 허락하지 않고 다른 곳을 지정해 주었다. 조선 정부가 허락한 땅은 관리하기 힘든 곳이었기에 선교사들은 미국 공사관의 협조를 얻어 공사관 내에 임시로 안장했다. 그러자 도성 내에 무덤을 만들 수 없다는 전례를 어긴 것과 서양

2 양화진 선교사 열전, 전택부, 홍성사

인 시신을 도성 내에 묻으면 흉한 일이 발생할 수 있다는 불안감에 민심이 들끓었다. 미국, 러시아, 독일, 프랑스, 영국 등 5개국 외교관들은 조선 정부에 양화진에 외국인 묘지를 조성할 수 있게 해달라고 청원했다. 그리하여 1893년 10월 24일 조선 정부의 정식 허가를 얻어 양화진에 헤론을 안장했다. 이것이 양화진 외국인선교사 묘원의 시작이었다.

헤론은 아내와 어린 두 딸을 남겨두고 세상을 떠났다. 그는 아내에게 조선에 계속 남아서 선교를 계속해 달라고 부탁했다. 헤론은 자신의 사역이 보잘 것 없지만 그것이 모두 예수님을 위한 것이었다고 고백했다. 양화진에는 헤론과 그의 아내 해티 헤론-게일 외손자 등 3명이 안식하고 있다.

올링거(Ohlinger, Franklin, 1845-1919) 가족
한국활동기간 1888 ~ 1893
묘비번호 C-25, 26

올링거는 1870년 중국 선교사로 파송되어 16년간 활동하였다. 그 후 한국으로 선교지를 옮겨 파송된 올링거는 언더우드, 아펜젤러 등 20대

올링거 가족묘

젊은 선교사들에게 경험많은 선배로서 유익한 조언을 해주는 역할

을 하였다.

중국 사역을 마치고 한국으로 파송된 올링거는 인천 지역에 오두막 예배당을 설립했다. 이 오두막은 '인천내리교회'의 시작이 되었다. 1890년에는 현 '대한기독교서회'의 전신인 '조선성교서회'를 언더우드와 함께 설립하였다. 그가 쓴 설교학과 목회학 저서들은 한국, 중국, 일본에서 신학교 교재로 사용되었다. 1890~1893년까지 서울 정동교회 담임을 하면서 복음을 전했다. 1891년에는 한국 최초 서양식 여의사 박에스더에게 세례를 주었다. 1893년부터 원산으로 가 의료선교사 맥길과 함께 병든 자를 치료하고 복음을 전했다. 올링거는 1893년 한국 사역을 마치고 미국으로 돌아갔다가 2년 후 중국으로 재파송되어 선교사로 헌신하였다.

1893년 12살, 9살 난 아들과 딸이 편도선염으로 세상을 떠났다. 한국에서 죽은 최초의 서양 어린이로 양화진에 안장되었다. 양화진에는 2010년에 세운 올링거 선교사 기념비가 있다. 이 기념비는 당시 양화진 언덕에 한 기밖에 없었던 헤론 선교사 무덤 옆에 올링거 두 자녀를 나란히 묻었다는 기록과 증언에 근거해 두 자녀의 무덤이 있었던 곳으로 추정되는 자리에 세워졌다.

루이스(Lewis, Ella A. 1863–1927)
한국활동기간 1890 ~ 1927
묘비번호 C-24

그녀는 한국으로 오기 전 로제타 셔우드가 일했던 미국 뉴욕 루즈벨트진료소에서 일했다. 함께 일하던 로제타가 한국 선교사로 파송되었다는 소식을 듣고 그녀도 한국 선교사로 지원하였다. 1892년 선교사로 내한 후 한국 최초의 여성전문병원인 보구여관에서 로제타 홀의 의료사역을 도왔다. 그 후 로제타 홀이 볼드윈진료소, 동대문병원 등을 세우자 그곳에서 간호사로 헌신했다.

루이스 묘

1899년부터 스크랜튼 선교사가 개척한 동대문교회, 아펜젤러가 세운 종로교회에서 복음 전도자로 활동했다. 1900년, 병원 내에서도 선교활동을 할 수 있게 되자 간호사로 활동하면서도 복음 전도자가 되었다. 남녀구별이 뚜렷했던 시기였기에 여성으로서 해야 할 일이 많았다. 여성에 대한 사회적 인식도 낮았다. 루이스 선교사는 교회 내에서 여성 모임을 만들고 그들을 계몽하는 일에 진력하였다.

그리스도의 용사로 활약하던 그녀는 1927년에 세상을 떠났다. 그녀의 묘비에는 '멀리 대양을 건너 처음 조선에 와서 널리 복음을 전하여 많은 영혼을 구원하였다' 라고 기록되었다.

젠센(Jensen, Anders Kristian, 1897-1956)
한국활동기간 1929 ~ 1956
묘비번호 C-05

젠센 선교사는 목사 안수를 받고 미국에서 활동하다가 한국 선교사로 사역하고 있던 마우드 키스터를 만나 결혼했다. 젠센 부부는 1929년 한국에 들어와 인천, 수원, 이천, 원주, 동해안, 서해안의 섬 지역을 순회하며 전도하였다. 10여 년 선교사역이 결실 맺어갈 즈음인 1940년 일제에 의해 강제 추방되었다.

한국이 해방되자 곧바로 다시 선교사로 내한해 활동을 재개했다. 그러나 불행하게도 한국전쟁이 발발하던 1950년 6월 25일 개성으로 출장 갔다가 개성에 있던 선교사들과 북한군에 납치되었다. 때문에 한국전쟁 3년 동안 전쟁포로가 되어 고난을 당해야 했다. 한국전쟁이 끝나고 포로 교환 협정으로 풀려난 젠센은 1953년 미국으로 돌아갔다. 미국 전역을 돌며 간증하고 다시 한국 선교사가 되어 들어왔다. 참으로 놀라운 열정이었다. 하나님의 사람이 아니면 불가능한 일이었다. 한국에 들어와서도 무너진 교회를 세우기 위해 열정적으로 복음을 전했다. 그러나 전쟁 포로 기간에 약해진 몸에 과로가 겹쳐 1956년 11월 갑자기 세상을 떠나고 말았다. 정동교회에서 엄숙한 장례식을 치른 뒤 양화진에 안장되었다. 그의 묘비에는 요한복음 15장 13절이 기록되었다. "Greater love hath no man... 사람이 친구를 위하여 자기 목숨을 버리면 이보다 더 큰 사람이 없나니" 그 아래에는 "Because man goeth to his long home, and the mourners go about the streets. Then shall the dust return to the eurth as it was. and the spirit shall return unto God who gave it. 사람은 자기의 영원한 집으로 돌아가고, 조문객은 거리를 왕래하며, 육은 여전히 땅으로 돌아가고, 영은 그것을 나눠주신 하나님께로 돌아간다" 라고 기록하였다.

젠센 선교사 아내 마우드 젠센은 1969년까지 한국에서 선교사로 헌신했다. 그녀는 남편과 함께 인천지역에서 선교하다가 감리교 초기 여성 목사로 안수받았으며 드루 대학에서 박사학위를 받았다. 그녀는 남편 젠센 선교사의 삶을 기리고자 미국 전역을 돌며 선교헌금을 모아 서울 정동교회 내에 젠센기념관을 지었다. 그녀는 1969년 선교사를 은퇴하고 미국으로 돌아가 살다가 1998년 세상을 떠났다.

양화진에는 젠센 부부와 평생을 외국인학교에서 교사와 교장으로 봉직한 딸 클레어 젠센이 함께 안장되어 있다.

게일(James Scarth Gale, 1863-1931) 가족
한국활동기간 1888 ~ 1927
묘비번호 D-8, C-21, C-22

게일(한국명 기일)은 대학 시절에 이미 선교에 대한 비전을 품었다. 선교사 꿈을 품은 게일은 토론토 대학 YMCA의 후원으로 1888년 12월 15일 부산에 도착할 수 있었다. 그의 40여 년 한국선교가 시작된 순간이었다. 그는 곧바로 서울로 올라와 언더우드 집에 머물면서 어학공부를 시작했다. 1889년 3월부터는 지방을 순회하며 전도하였는데 황해도 소래에서 평생의 동지 이창직을 만났다. 이창직은 소래교회 교인이자 유능한 청년이었다. 이창직은 게일의 어학 선생이 되어 훗날 게일의 성경번역을 도왔다. 게일은 1889년 6월에 서울로 돌아와 언더우드의 한영사전 편찬을 도왔다. 같은 해 8월에는 부산으로 내려가 그곳에서 1년간 정착하고 선교했다. 그는 부산에 거주했던 첫 거주 선교사였다.

그의 한국명 기일은 '낯선 자' 혹은 '기이하거나 놀라운 사람'이라는 뜻을 갖고 있다. 그는 선교사이면서 목회자, 성경번역가였다. 언어학자, 저술가, 번역가, 역사가, 민속학자이기도 했다. 그는 한국의 민속, 역사, 문화를 연구하고 해외에 알리는 역할도 하였다. 또 서양 종교와 문화를 한국에 소개하고 가르치기도 했다. 선교사가 한국 전통문화에 관심을 갖고 연구했다는 것은 매우 특별한 일이다. 한국 기독교인들은 이스라엘 역사와 전통문화에 대해서는 큰 관심을 갖지만 정작 자신이 태어나 살고 있는 조국에 대해서는 관심이 없다. 한국 기독교인들이 반성해야 할 부분이다. 하나님은 한국인에게 대한민국을 조국으로 허락하셨다. 조국을 위해 기도하려면 구체적으로 한국에 대해서 알아야 한다. 한국에 선교사로 왔던 게일은 한국을 한국인보다 더 잘 알았다. 그의 한국선교가 진심인 이유가 여기에 있다.

1891년에는 언더우드가 설립한 예수교학당(경신학교 전신)에서 교사로 활동하였다. 1892년에는 세상을 떠난 헤론 선교사의 아내 해티(1860-1908)와 결혼했다. 결혼 후 원산에 머물며 복음을 전하는 데 힘썼고, 성경번역에도 동참했다. 그가 한국어로 번역한 첫 책은 『천로역정』이었다. 이 책은 한국근대문학의 첫 산문집이라는 평가가 있다. 『로빈슨 크로소우』도 번역해서 소개했다. 한국어 저술로는 『한양지』『금강산지』『성경요리문답』 등이 있다. 한국고전문학을 외국에 소개하기도 했는데 『구운몽』『춘향전』이 있었다. 게일은 이렇게 많은 저술을 통해 한국문화를 해외에 알렸다. 한국을 소개하는 많은 글을 국내외 신문과 잡지에 기고하기도 했다.

1897년 미국으로 돌아가 목사 안수를 받은 후 한국으로 돌아와

서울에서 활동하였다. 게일 선교사는 1900년부터 언못골교회(연동
교회)의 초대 담임목사가 되어 1927년까지 재직하였다. 목회 사역
뿐만 아니라 경신학교, 정신여학교, 피어선성경학교, 연희전문학교,
평양신학교 등에서 교사로 활동하였다. 독립협회가 해체되고 그곳
에서 활동하던 이상재, 이승만, 이원긍 등이 투옥되자 이들을 심방
하고 용기를 주었다. 그들은 한성감옥에서 출옥한 후 연동교회 교인
이 되었다.

　게일은 1927년에 사임하고 부인의 고향인 영국으로 갔다. 그가 한
국을 떠나며 남긴 말은 "내 언제까지 내 마음에 한국을..."이었다. 양화
진에는 1908년에 사별한 그의 첫 아내 해티 헤론 선교사, 둘째 아내 루
이스 세일 아다와의 사이에서 태어난 아들 비비안이 안장되어 있다.

소다 가이치(曾田嘉伊智, 1867-1962)
한국활동기간 1905 ~ 1945, 1961 ~ 1962
묘비번호 C-20

　양화진 묘지를 탐
방하던 중 가장 놀라
운 곳은 일본인 '소다
가이치'의 무덤이 아
닐까 한다. 그는 양화
진에 안장된 유일한
일본인이다. 우리는

소다 가이치 묘

일본인을 미움과 증오의 눈으로만 바라보았다. 특히 일제강점기 일

본인이라면 더더욱 말이다. 그런데 그가 일본도 아닌 서양 외국인들이 안장된 양화진에 함께 안장되어 있다니 사연이 궁금하지 않을 수 없다.

그는 젊은 시절 많은 방황을 했다. 일본을 떠나 상하이, 홍콩 등지를 떠돌았다. 대만에서 쑨원의 혁명운동에도 가담해 활동하기도 하고, 산악 지대를 떠돌다가 죽을 고비도 여러 번 넘겼다. 이렇게 방황하던 어느 날 술에 만취해 길에 쓰러져 죽게 되었을 때 모두가 그를 두고 지나갔다. 그때 무명의 한국인이 그를 업어 여관으로 데려가 치료해주고 음식을 제공해 주었다. 어떤 대가도 바라지 않았던 한 한국인으로 인해 그는 목숨을 건졌다.

소다 가이치는 그로부터 6년 후인 1905년 자신을 살려준 은인의 나라 한국으로 왔다. 그는 서울 YMCA 일본어 교사로 취직했다. 이곳에서 월남 이상재 선생을 만나 감화받고 예수를 믿게 되었다. 그의 나이 40세였다. 이 덕분에 독실한 그리스도인이었던 30세의 우에노 다키와 혼인할 수 있었다.

참으로 혼란한 시대였다. 일본은 한국을 강제로 식민지화하였다. 일본인에 대한 감정이 극도로 악화되었다. 일본인이었던 그는 양쪽에서 공격받았다. 한국인에게는 간사한 일본인이라는 비방을 받았고, 일본인으로부터는 변절자라는 조롱을 받았다.

안악 사건(105인 사건)으로 기독교계 지도자들이 대거 체포 구금되자 동료들의 석방을 위해 백방으로 노력하였다. 이때 YMCA도 해체 위기에 처할 정도로 일제의 폭력적 억압이 심했다. 그는 일본의 야만적인 행위를 대내외에 알리는 역할도 마다하지 않았다.

소다 부부는 1921년 가마쿠라 보육원 경성지부장에 취임하면서 한국 고아를 돌보기 시작했다. 가마쿠라 보육원은 1896년에 일본에 세워진 것으로 1913년부터 한국에 지부를 설치하고 운영하고 있었다. 부인 우에노 다키도 이화여전과 숙명여학교 교사를 퇴직하고 보모가 되었다. 부부는 1945년 해방이 될 때까지 1,000여 명의 고아를 돌봤다. 그들은 온갖 고난을 당하면서도 고아 돌보는 일을 멈추지 않았다. 1차 세계대전 후 경제공황으로 재정적 어려움에 처한 일이며, 거리에 버려진 간난아이를 안고 유모를 찾아다니다가 구박받은 것은 허다했다. 헌신적인 부부의 삶에 한국인들이 조금씩 마음을 열기 시작했다. 사람들은 소다를 '하늘 할아버지', 우에노를 '하늘 할머니'라 불렀다. 애정이 듬뿍 담긴 호칭이었다.

보육원 출신 청년이 독립운동을 하다가 체포되었다. 일본 헌병대는 소다가 보육원에서 항일 교육을 가르친다고 책임을 물었다. 소다는 내심 기뻤다. 보육원 출신이 도둑이나 사기를 친 것이 아니라 고국의 독립을 위해 싸웠다니 대견했다. 그럼에도 내색하지 않고 모든 것은 자신의 잘못이니 청년을 용서해달라고 빌었다.

경제난으로 보육원을 닫을 위기에 처했을 때 문 앞에 두고 간 보따리 하나가 발견되었다. 국외로 망명하는 한국인이 재산을 처분해서 보육원 앞에 두고 간 것이었다. 소다 부부가 하는

소다 가이치 한국고아들을 돌보았던 소다 가이치는 '하늘 할아버지'라 불릴 정도로 존경받았다.

보육원 사업에 감사하다는 편지와 함께였다.

소다는 보육원 보모 노릇 외에도 교회에서 전도사 역할도 하고 있었다. 77세가 되던 1943년 부인에게 보육원을 맡기고 원산교회에 무보수 전도사로 부임했다. 그는 원산에서 해방을 맞이했다. 북한지역에 소련군이 진주했다. 소련군은 일본인들을 약탈했다. 일본인들은 두려움에 떨며 교회로 숨었다. 소다는 일본인들을 숨겨주었다. 1947년 일본인들이 철수할 때 마지막으로 원산을 떠난 이도 소다였다. 서울로 돌아온 소다는 보육원을 운영하며 한국에 남을 수도 있었지만 폐허가 된 일본으로 건너갔다. 부인에게 보육원을 맡겨둔 채 그는 조국 일본의 불쌍한 영혼을 구원하기 위해 갔다.

하나님과 주님의 은혜 어찌 다 갚으리오.
세월만 허송하여 백발이 성성한데
사나이 일편장심 아직도 남아 있거늘
어찌하여 나는 동쪽 나라로 여행가야 하는가

그가 부인과 작별하면서 서로 다짐한 내용은 사뭇 비장하며, 그리스도인이라면 되새겨 봐야 할 내용이다.

첫째, 우리 부부는 과거와 같이 하나님 은혜를 확신한다.
둘, 어떠한 재난이 닥쳐오더라도 십자가를 우러러보며 마음의 평화를 간직한다.
셋, 하나님의 가호를 빌며 살다가 일후 천당에서 만난다.

그가 일본으로 간 것은 오직 하나님 은혜를 전하기 위해서였다.

그는 일본 전역을 다녔다. 한 손에는 성경을 들고, 한 손에는 평화의 깃발을 든 채 조국의 회개를 부르짖었다. 그를 찾아온 기자에게 그는 이 말씀을 전했다.

그리스도를 위하여 너희에게 은혜를 주신 것은 다만 그를 믿을 뿐 아니라 또한 그를 위하여 고난도 받게 하려 하심이라 (빌립보서 1:29)

그리고 일본이 죄악을 회개하고 사죄할 것과 한·일이 과거의 원한을 풀고 친선관계를 맺기를 바란다고 말했다. 고령의 소다는 일본의 죄를 하나님께 고하며 용서를 빌었다. 그러던 중 1950년 부인이 먼저 세상을 떠났다. 부인의 나이 74세, 소다 85세였다. 소다는 슬퍼하기보다는 찬송과 감사로 하나님께 기도했다.

그가 죽었으나 그 믿음으로써 지금도 말하느니라(히 11:4) 그녀는 훌륭한 신앙을 가지고 봉사의 생애를 마쳤습니다. 그녀는 하늘나라에서, 아니 그녀의 영혼은 늙은 남편과 같이 여행하면서 힘이 되어 줄 것이라 믿습니다. 그녀는 이 늙은이 대신 한국 땅에 묻혔습니다.

1961년 5월 6일 소다는 한국으로 돌아왔다. 94세였다. 가마쿠라 보육원의 후신인 영락보육원으로 갔다. 그곳에서 고아들의 할아버지가 되었다. 서울로 돌아온 지 1년 후 그는 하나님 품에 안겼다. 정부는 일본인에게 처음으로 문화훈장을 수여하였다. 양화진에 있는 그의 묘비에는 다음과 같이 기록되어 있다.

전면: 孤兒(고아)의 慈父(자부) 曾田嘉伊智先生之墓(소다 가이치

선생 지묘)

후면: 소다 선생은 일본 사람으로 한국인에게 일생을 바쳤으며,
그리스도의 사랑을 몸으로 나타냄이라. 1867년 10월 20일
일본국 야마구치(山口)현에서 출생했다. 1913년 서울에서
가마쿠라(鎌倉)보육원을 창설하매, 따뜻한 품에 자라난 고
아가 수천이리라. 1919년 독립운동 시에는 구속된 청년의
구호에 진력하고, 그 후 80세까지 전국을 다니며 복음을 전
파했다. 종전 후 일본으로 건너가 한국에 국민적 참회를 할
것을 순회 역설했다. 95세 5월. 다시 한국에 돌아와 가마쿠
라보육원 자리에 있는 영락보육원에서 1962년 3월 28일 장
서(長逝)하니 향년 96세라. 동년 4월 2일 한국 사회단체 연
합으로 비를 세우노라

F구역 묘원

릴리안 앤더슨(Lillian E. B. Anderson, 1892–1934)
한국활동기간 1917~1934
묘비번호 F–39

릴리안 앤더슨은 젊은 시절 일본 청년들과 사귀면서 일본 선교에
대한 비전을 품었다. 그래서 미 북장로교에 일본선교사로 지원했다.
그러나 하나님은 다른 길을 열어 주었다. 그녀는 앤더슨과 결혼을
했는데 남편이 한국선교사로 결정되어 있었던 것이다. 그래서 그녀
는 일본이 아닌 남편이 파송된 한국으로 함께 들어왔다.

부부는 1917~ 1922
년까지 경북 안동지
역에서 복음을 전했
다. 그녀는 안동성경
학원을 설립하고 교
장으로 헌신했다. 성
경학원(신학교)은 성
경에 담긴 진리를 가

릴리안 앤더슨 묘

르치고 배우는 곳이었다. 이곳에서 공부한 학생들은 졸업 후 안동지
역 복음화를 이어갈 일꾼들이 되었다.

남편 앤더슨 선교사는 안동지역 청년들을 일깨우는 데 힘썼다.
3.1만세운동 후 실의에 빠진 청년들을 위로하고 새로운 길을 모색할
수 있도록 도왔다. 1921년 안동교회에서는 청년면려회가 시작되었
다. 청년면려회는 청년들에게 진실한 기독교적 삶을 장려하고, 교제
를 통해 상호 격려하도록 하였다. 하나님께 대한 예배와 이웃에 대
한 봉사를 성실히 할 수 있도록 훈련하였다. 그리하여 청년들이 모
든 면에서 유용하게 쓰일 수 있게 하는 것을 목표로 하였다.

그녀는 '절대 화내지 않는 부인'이라는 별명을 얻었다. 안동사람
들은 절대 화내지 않는 그녀의 인품에 감동했고 비결이 궁금했다.
안동 여인들은 그녀에게 고민을 털어놓고 함께 기도하기를 좋아했
다. 1919년 첫 딸 도로시(Dorothy Eleanor)를 7개월 만에 잃었지만 다
시 만날 것을 확신하며 슬퍼하지 않았다. 도로시는 안동 경안고등학
교 교정에 안장되어 있다.

남편 앤더슨이 서울로 사역지를 옮기자 함께 서울로 왔으며 여성 선교사 모임 회장과 정신여학교 교사로 활동했다. 한국에서 그녀의 헌신적인 활동은 17년간 이어졌다. 그러나 그녀에게 허락된 시간은 거기까지였다. 그녀는 1934년 42살 젊은 나이에 세상을 떠났다. 남편은 그녀를 양화진에 안장했다. 남편 앤더슨은 서울로 사역지를 옮긴 후에도 청년면려회 확장에 애썼다. 남편 앤더슨 선교사는 1942년까지 한국에서 활동하다가 일제의 선교사 추방정책에 한국을 떠나야 했다. 1960년 미국에서 세상을 떠났다.

언더우드(Underwood, Horace Grant, 1859–1916) 가족
한국활동기간 1885 ~ 1916
묘비번호 F–24~31

언더우드 2세(원한경)는 아버지를 이어 연희전문학교 3대 교장으로 헌신하였고, 언더우드 가문의 3세인 원일한과 원요한도 각각 연세대학교,

언더우드 가족묘

호남신학교에서 교육 선교사로 헌신하였다. 양화진에는 언더우드 부부를 비롯해 원한경 부부, 원일한 부부 등 4대에 걸쳐 모두 7명이 안식하고 있다.

→ 내용은 새문안교회 편 참고

윌리엄 쇼(Shaw, William Earl, 1890-1967) 가족
한국활동기간 1921 ~ 1961
묘비번호 F-20, 21

윌리엄 쇼 선교사는 제1차 세
계대전 중 유럽전선에서 군목으
로 종군했다. 1921년 아내 아델린
과 함께 한국 선교사를 자원하여
내한하였다. 내한 후 평양으로 가
서 활동했다. 윌리엄 쇼는 광성학
교 교사로, 아델린은 숭덕학교 교
사로 활동했다. 평안도 지역뿐만
아니라 황해도, 심지어 만주 일대
까지 선교 영역을 확대하였다. 부

윌리엄 쇼 가족묘

부는 평양에 요한학교를 설립하여 기독교 지도자 양성에도 힘썼다.
1941년 일제가 선교사를 추방하자 부부는 한국을 떠나야 했다.

해방이 되자 그들은 다시 한국선교사를 자원하여 1947년에 돌아
왔다. 1950년 한국전쟁이 발발하자 윌리엄 쇼는 자원하여 주한미군
군목으로 활동하였다. 주한 미군 군목으로 활동했지만 한국군 내에
도 군목제도를 정착시키는 데 큰 역할을 하였다.

1954년부터는 대전에 있는 대전신학교(현 목원대) 교수로 재직하
면서 한국 목회자 양성을 위해 진력하였다. 1961년 40여 년에 걸친
선교사역을 마치고 미국으로 돌아가 여생을 보내다가 1967년에 세
상을 떠났다.

쇼 선교사 부부에게는 윌리엄 해밀튼 쇼라는 외아들이 있었다. 그는 평양에서 태어났으며 2차 세계대전에서 노르망디 상륙작전에 참가했다. 해방 후 한국군 해안경비대 창설에 기여했다. 그는 한국에서 태어났기 때문에 스스로 한국인이라 생각하고 한국을 고향 땅이라 말했다. 부모님처럼 한국선교사가 되기 위해 미국에서 공부하던 중 한국전쟁이 발발하자 자원입대하여 해병대 장교가 되었다. 그는 재입대 전에 부모님에게 편지를 보냈다. "아버지, 어머니! 지금 한국 국민이 전쟁 속에 고통당하고 있는데 이를 먼저 돕지 않고 전쟁이 끝나기를 기다렸다가 평화로운 때에 한국에 선교사로 간다는 것은 제 양심이 도저히 허락하지 않습니다." 입대 후 그는 맥아더 장군이 지휘하는 인천상륙작전에 참전했고, 서울탈환작전에도 참전했다. 1950년 9월 22일 지금의 서울 은평구 녹번동 일대를 정찰하던 중 적의 공격을 받고 전사했다. 그의 나이 28세였다.

양화진에는 윌리엄과 아델린 부부와 외아들 해밀튼 쇼가 안장되어 있다. 은평평화공원에는 해밀튼 쇼의 동상과 비석이 있다. 해밀튼 쇼의 부인 후아니타는 1956년 두 아들과 한국으로 와 이화여대 교수로 재직하면서 사회봉사활동을 했다. 큰아들은 서울대 법대 초빙 교수를 지냈고, 큰손녀도 오산 미공군기지 장교로 근무했다.

베어드(Baird, William M. 1886-1931)
한국활동기간 1891 ~ 1931
묘비번호 F-18, 19

베어드는 1891년 선교사가 되어 한국에 들어왔다. 그는 신학교 학생일 때 무디 목사의 강연을 듣고 강한 영향을 받았다. 동급생 4명이 "모두 다 가자, 모두 다에게로"를 외치며 조선으로 왔다. 처음에는 부산, 대구를 중심으로 활동하

베어드 묘

다가 1897년에 평양으로 사역지를 옮겼다. 평양으로 온 베어드는 13명의 학생을 데리고 학당을 열었다. 3년 후 이 학당은 4년제 숭실중학으로 성장했다. 이곳 학생들은 학자금을 스스로 마련해야 했다. 학교에서 배운 기술로 작업을 한 뒤 그것을 팔아 수입을 올리도록 가르쳤다. 육체노동을 천시하는 학생들의 생각을 바꿔놓는 계기를 만들고자 함이었다. 이러한 자력정신은 숭실학교가 지속적으로 발전할 수 있었던 기반이었다.

베어드가 추진했던 교육은 명확한 목표 의식이 있었다.

첫째, 실생활에 필요한 분야를 교육하고, 학생 스스로 사회적 책임과 의무를 감당케 하는 교육이어야 한다.

둘째, 가장 중요한 것은 학생들의 종교적, 정신적 발전이 있는 교육이어야 한다.

셋째, 선교부가 경영하는 학교의 주요 목적은 토착 교회 발전에 두어야 하며, 더 나아가 인근 사회에 기독교 신앙을 심어 주는 데 있

어야 한다.

이렇게 배운 학생은 졸업 후 그가 어떤 직업을 갖던 그것을 통하여 기독교 복음을 전하는 자가 된다. 선교사들은 학생들이 전도자가 되는 것을 우선적인 사명으로 해야 한다. 거기까지 이르지 못한다 하더라도 건전한 국민이 되게 하는 데는 성공해야 한다는 것이다.

서북지방 주민들은 중학 교육 이상을 원했다. 이에 1906년 선교회로부터 대학설립을 인가받아 숭실대학을 개교하게 되었다. 여러 교파가 합동으로 학교를 운영했기 때문에 처음에는 '합성숭실대학'이라 했다. 베어드 부인은 학생들이 사용할 교과서를 직접 번역하는 등 열정적으로 섬겼다. 그러나 안타깝게도 1916년 먼저 세상을 떠났다. 5남매의 어머니인 베어드 부인은 남편이 하는 교육과 전도 사업을 돕는 훌륭한 조력자였기에 더 안타까웠다.

숭실대학은 일제의 집요한 탄압에 시달렸다. 일제는 한국인들이 고등교육 받는 것을 방해하기 위해 온갖 교육령을 발표해 학교 운영을 어렵게 만들었다. 총독부는 대학을 전문학교로 개편하라고 요구했다. 그리하여 숭실대학이 숭실전문학교가 되었으나 대학 본연의 교육을 잊지 않고 실행하였다. 1931년에는 농과를 증설하여 한국 농업발전에 기초를 놓았다. 숭실의 농과는 우리나라 최초의 농과교육이었으며, YMCA 농촌계몽운동과 함께 피폐한 농촌 발전에 중요한 역할을 하였다. 숭실은 다양한 방면에 인재를 양성하여 전국에 파견하였으며 이들에 의해 민족운동, 항일운동이 이어졌다. 1912년 105인 사건, 1919년 3.1만세운동, 1930년대 신사참배 반대운동의 중심에 있었다. 일제의 민족말살정책으로 실시된 신사참배 요구는 숭실대학이 폐교되는 계기가 되고 말았다.

베어드는 성경 번역하는 일에도 매달렸다. 이 때문에 시카고 대학, 프린스톤 대학에 가서 히브리어를 공부해야 했다. 한국에 돌아와서는 김인준, 남궁혁 등과 함께 구약성경 개역에도 힘썼다.

1931년 10월, 숭실전문학교와 숭실중학의 교장이던 맥큐(G. S. McCune)의 초청으로 '숭실학교 창설의 날'에 참석했다. 이 모임에서 돌아온 후 베어드는 장티푸스에 걸렸다. 2주간의 치료에도 회복되지 못하고 세상을 떠나고 말았다. 영결식은 '숭실학교 창설의 날' 기념식이 열렸던 강당에서 거행되었다. 그의 무덤은 숭실학교 교내에 있다.

베어드 선교사의 아들 윌리엄 베어드는 1923-1940까지, 리처드 베어드는 1923-1960까지 한국 선교사로 헌신하였다. 양화진에는 한국에 묻히길 원했던 두 아들의 무덤, 평양에 두고 온 베어드 부부의 무덤을 안타까워 한 그의 후손과 제자들이 1959년에 세운 기념비가 있다. 기념비(紀念碑)에는 '宣敎師 裵偉良 1862-1931 / 同夫人 安愛梨 1864-1916'이라 기록했다. 옆에 있는 두 아들의 비석에는 '목사 배의취 / 목사 배의림'이라 기록하고 디모데 후서 4장 7절을 새겼다. '나의 달려갈 길을 마치고 믿음을 지켰으니'

에비슨(Avison, Oliver R.1860-1956)
한국활동기간 1892 ~ 1935
묘비번호 F-46, 47, 48

에비슨은 캐나다 토론토의대 교수이면서 토론토 시장 주치의로

활동했던 뛰어난 의사였다. 그
는 언더우드 선교사를 초빙해
교회와 학교에서 강연하도록
했다. 이때 언더우드가 '조선에
선교사로 오지 않겠느냐'고 권
유하였고, 선교사로 헌신하기
로 이미 결심하였던 에비슨 부
부는 자신들의 사역지가 조선
임을 확신하였다.

에비슨 묘

　1893년 조선으로 들어온 에
비슨은 제중원에서 환자들을
진료했다. 고종의 피부병을 고친 후 왕의 주치의가 되기도 했다. 조
선 정부의 재정 악화로 제중원은 파행적으로 운영되고 있다. 에비슨
은 제중원을 정상화하기 위한 노력을 다각도로 모색하였다. 1894년
제중원 운영에 미온적인 태도로 일관한 조선정부와 협상을 벌여 운
영권을 넘겨받았다. 이제 제중원은 조선 정부 것이 아니었다. 에비슨
은 거대 병원 설립의 필요성을 느끼고 강철회사 사장인 '세브란스'의
후원을 끌어냈다. 그리하여 1904년 남대문 밖에 후원자 세브란스의
이름을 딴 세브란스병원이 설립되었다.

　1893년 한국에 온 에비슨은 1935년 은퇴하기까지 42년을 한국의
의학 발전을 위해 헌신했다. 한국인 스스로 병원을 설립하고 치료할
수 있는 수준을 갖추기 위해 의학교육에도 전념했다. 결과 1908년에
는 한국인 최초 면허의사 7인을 배출하기에 이르렀다. 에비슨은 언

더우드의 뒤를 이어 조선기독교대학(연희전문학교)의 교장으로도 취임하여 1916년부터 18년 동안 일했다. 그는 은퇴 후 미국 플로리다로 돌아갔다. 미국에서도 기독교인친한회를 결성하고 대한민국임시정부의 승인과 독립운동을 지원하며 변함없는 한국 사랑을 보여주었다. 세브란스의 영원한 스승 에비슨은 96세로 세상을 떠났다.

에비슨은 선교의 방향을 제시한 훌륭한 경험자이자 이론가이기도 했다. 그는 의료선교협동론, 병원과 의과대학병설, 선교병원의 토착인 양도론을 제시하였다. 선교회가 개별로 병원을 설립하기보다는 모든 단체가 협동하여 크고 훌륭한 하나의 병원을 설립하는 것이 더 효과적이라는 것을 제시했다. 병원이 지속적으로 유지되려면 현지 의료인 양성이 반드시 필요하다는 것도 제시했다. 그것이 의과대학병설이다. 언젠가 선교사들이 선교지를 떠나야 하는 때가 온다. 그때를 대비해 병원을 운영할 수 있는 기술을 현지인에게 전수해야 한다. 이러한 그의 주장은 제중원과 세브란스병원, 의과대학을 직접 운영해 본 경험에서 나온 것이었다.

에비슨이 한국에 도착(1893)한 지 3일 만에 태어난 아들 더글라스 에비슨도 의학을 공부한 후 1920년 북장로교 의료선교사가 되어 돌아왔다. 그도 한국 의료 발전을 위해 애쓰다가 일제의 선교사 강제 추방으로 캐나다로 돌아가야 했다. 에비슨의 다른 자녀들도 한국을 위해 헌신하였다.

양화진에는 에비슨의 부인 캐서린과 아들 더글라스가 안장되어 있다. 더글라스는 1952년, 아내 캐서린 로슨은 1985년 캐나다에서 세상을 떠났으나 한국에 묻히기를 소원한 뜻에 따라 양화진에 안장되었다. 양화진에는 더글라스 에비슨 부부의 묘와 연세대 의료원에서 세운 에비슨 가족 기념비가 있다.

양화진외국인선교사묘원 탐방

▌ 양화진외국인선교사묘원
서울시 마포구 양화진길 46 / TEL. 02-332-9174

양화진외국인선교사묘원을 이렇게 길게 소개하는 것은 그리스도인들이 이곳을 찾지 않기 때문이다. 양화진에서 멀지 않은 홍대거리에 넘쳐나는 인파 속에 그리스도인들이 얼마나 많을까? 묘원 근처에 합정역(2, 6호선)이 있으니 접근성도 좋다. 합정역에서 조금만 걸어가면 된다. 그런데 찾는 사람이 드물다. 시간을 내서 이곳을 가 보자. 이곳을 탐방해서 한 분 한 분 짚어가며 기도한다면 깊은 울림이 있지 않을까 싶다. 단체해설을 원한다면 홈페이지(https://yanghwajin.net)에서 미리 접수하고 탐방하면 자세히 안내해 준다. 워낙 많은 묘지가 있어서 하나씩 짚어가며 보는 것이 쉽지 않다. 그렇기 때문에 미리 알고 가야 한다. 알면 보인다고 했다. 많이 보고 싶으면 내용을 알고 가자.

[위 자료는 양화진외국인선교사묘원 홈페이지에서 많은 부분을 인용했음을 밝힌다]

정동

덕수궁 돌담길엔 아직 남아 있어요

덕수궁 돌담길은 느림이다. 이 길을 걸으면 절로 걸음이 느려진다. 돌담길이 주는 묘한 매력에다, 각종 야외 설치 미술품, 붉은 벽돌 건물을 덮은 담쟁이, 오래된 교회, 소극장, 공원 등이 적당한 거리에 있어 볼거리가 풍성하기 때문이다. 이 길에서는 가로수마저도 예술가처럼 보인다. 소싯적에 덕수궁 돌담길을 걸어 본 이들은 추억을 소환하며 웃음꽃을 피운다. 옛날에는 서구풍에 취해서, 지금은 아날로그적인 감성에 젖어서 느리게 걷는다. 거리 자체가 아카데믹한 분위기를 가지고 있어 아무것도 하지 않아도 내면이 가득 채워진다.

정동은 서구(西歐)적 분위기가 듬뿍 담긴 걷고 싶은 동네다. 한말에도 그랬고 지금도 서구적 분위기가 넘실거린다. 덕수궁 돌담을 따라 걷다 보면 지금도 공사관 직원들과 선교사들이 분주히 왕래할 것 같다. 정동에는 미국공사관, 러시아공사관, 영국공사관, 프랑스공사관, 이태리영사관, 독일영사관이 적당한 거리에 있었다. 이들 공사관이나 영사관 사이에 선교사들이 터를 정하고 학교, 병원, 교회를 차

정동과 덕수궁 정동은 덕수궁을 중심으로 확장된다. 조선 초부터 대한제국 시기까지 파란 만장한 역사가 누적된 곳이다. 심지어 한국기독교 초기 역사도 정동에서 시작되었고, 전국 으로 확산되었다.

례로 세워 조선인들을 불렀다. 그러나 이곳에 조선인이 들어선다는 것은 양이(洋夷: 서양 오랑캐)와 내통하는 자라 눈총을 받을 수 있 었다. 조심스럽지만 병이 낫기를 간절히 바라는 이들은 이곳으로 들 어왔다. 어떤 이들은 신학문을 배워 새로운 시대에 빠르게 적응해서 출세하고 싶어 들어왔다. 어디 몸 둘 데 없는 고아, 과부들도 이곳으 로 왔다.

먼 옛날 태조의 비(妃) 신덕왕후 강씨의 무덤인 정릉(貞陵)이 정 동에 있었다. 왕릉은 도성 내에 조성할 수 없다는 원칙을 깨고 태조 는 신덕왕후의 무덤을 경복궁에서 바라보이는 언덕에 마련했다. 능호(陵號)를 정릉이라 했다. 심지어 왕릉 옆에 흥천사라는 절도 지었다. 흥천사 종소리를 듣고서야 수라를 들었다고 하니 신덕왕후에 대한 태조의 마음이 대단했던 것 같다. 정릉이 이곳에 있었기 때문에 동네 이름을 정릉동이라 불렀다. 태조가 승하하자 아들 태종은 정릉을 옮겨버렸다. 지금 정릉동에 있는 정릉이 그것이다. 울창했던 소나무는 측근들 집 짓는 데 쓰라고 줘버리고, 병풍석은 청계천 광통교 만드는 데 내어줬다.

정동은 한참 세월이 흘러 임진왜란 때 다시 한번 역사의 전면에 등장한다. 의주까지 몽진했던 선조가 한양으로 돌아와 보니 궁궐은 모두 소실되고 재만 남아 있었다. 당장 임금이 머물 궁궐이 필요했다. 그래서 도성 내에 쓸만한 곳을 찾아보니 정동에 큰 기와집이 있었다. 이 집은 먼 옛날 성종의 형이었던 월산대군이 살았고, 후손들이 대물림해서 살고 있었다. 선조는 그곳으로 들어갔다. 이 집을 '정릉동행궁'이라 불렀다. 선조는 이곳에서 두 번째 왕비로부터 영창대군을 얻었다. 선조는 이곳에서 무려 16년을 살았고 궁궐로 돌아가지 못했다. 아들 광해군이 이곳에서 왕이 되었다. 광해군은 창덕궁과 창경궁을 재건하고, 경희궁을 창건했다. 그리고 새로 지은 궁궐로 돌아갔다. 그리고 정릉동행궁을 경운궁이라 개명하고 왕실 소유로 삼았다. 광해군은 영창대군이 역모를 꾀했다 하여 유배 보내 죽이고 영창대군을 낳은 인목대비는 경운궁에 유폐시켜 버렸다. 인조반정이 일어나 광해군은 경운궁에 잡혀 와 인목대비 앞에 무릎 꿇었다. 인조가 경운궁에서 즉위했다. 그리고 인목대비를 모시고 창덕궁으로 갔다. 수백 년이 흘러 역사의 중심에 다시 등장한 것은 아관파천이었다.

을미사변에서 을사늑약까지

1895년 10월 명성왕후가 시해되는 을미사변이 터졌고, 4개월 후인 1896년 2월에 아관파천이 단행되었다. 국왕이 자국의 궁궐이 아닌 타국 공사관에 의지하고 있으니 나라 체면이 말이 아니었다. 러시아공사관 앞으로 조선의 뜻있는 이들이 모여들었다. 임금에게 궁궐로 돌아올 것을 눈물로 호소했다. 고종은 경복궁이나 창덕궁으로 돌아갈 생각이 없었다. 믿을 수 있는 신하(臣下) 하나 없었다. 경복궁 내에 일본과 내통하던 자들이 있었기에 명성황후가 시해당했다고 믿었다. 어느 정도 사실이었다. 이에 고종은 옛날 경운궁을 확장하여 그곳으로 갈 것을 천명했다. 미국·러시아·영국 공사관의 담장과 접하는 곳에 새로운 궁궐을 짓게 하니 덕수궁이다. 옛날 경운궁 자리에 들어선 것이다. 사실 덕수궁은 별칭이다. 진짜 이름은 경운궁이다. 고종은 러시아에 부탁해서 궁궐 호위부대를 창설하고 훈련시켰다. 1년하고도 6일이었던 아관파천을 끝내고 경운궁으로 돌아오던 날 독립협회의 환호와 친위대 원수부의 호위가 있었다. 정동은 일약 정치중심지로 떠올랐다. 일본은 왕후를 시해한 일로 조선의 내정에서 약간 멀어진 상태였다.

경운궁으로 들어간 고종은 대한제국을 선포하고, 황제가 되었다. 연호를 광무라 하였다. 이제 시간과 공간은 광무황제를 중심으로 돌아간다. 전제군주제를 꿈꾸었다. 힘이 없어 궁궐에서 왕비가 시해당했던 경험이 그에게 강력한 군주를 꿈꾸도록 했던 것일까? 대한제국을 선포하고, 원구단에서 하늘에 제사를 올렸다. 그러나 허상일 뿐이었다. 러시아와 일본은 한국을 호시탐탐 노렸다. 허점만 보이면 당장 삼켜버릴 준비를 하고 있었다. 러시아가 한국 내에서 영향력을 확대하자 영국·미국·독일은 일본을 충동했다. 러시아를 막아주면 일본이 한반도를 지배해도 좋다고 말이다. 일본은 러시아를 공격했다. 러일전쟁이 발발한 것이다. 러시아를 습격한 일본은 승리했고 이제 일본을 견제할 어떤 세력도 없는 상황에서 을사늑약이 체결되었다. 그곳이 정동이었다.

정동에 정착한 선교사

덕수궁 돌담길을 걷기 위해서는 네 명의 선교사에 대해서 알아둘 필요가 있다. 감리교 선교사 아펜젤러, 장로교 선교사 언더우드, 의료선교사 스크랜튼과 메리 스크랜튼이다. 아펜젤러와 언더우드는 같은 날 한국으로 향하는 배를 타고 제물포에 도착했다. 이때가 1885년 4월 5일 부활주일이었다. 제물포에 도착한 일행은 '대불여관(大佛旅館)'에 짐을 풀었다.

우리는 부활주일에 이곳에 왔습니다. 그날에 주검의 철장을 부수신 주님께서 이 민족을 얽매고 있는 사슬을 깨치시어 이들로 하여금 하나님의 자녀들이 누리는 자유와 빛을 얻게 하소서

제물포에서 한양의 사정을 탐색하던 이들에게 미국공사관에서 소식을 알려왔다. 갑신정변의 여파가 아직 가시지 않았고, 일본에 대한 감정이 좋지 않다는 것이다. 또 서양인에 대한 반감이 있으니 돌아갔으면 하는 의견이었다. 아펜젤러는 갓 혼인한 신혼부부였다. 젊

은 서양 여인이 한양으로 들어오는 것 또한 조선인들의 눈에 띄는 것이니 좋지 않다는 것이다. 아펜젤러는 무리하지 않기로 하고 잠시 일본으로 돌아갔다. 언더우드는 독신이었기에 한양으로 들어왔다. 감리교에서는 의료선교사로 파송되었던 윌리엄 스크랜튼을 보냈다. 그는 혼자 조선으로 들어왔다. 1885년 5월 3일이었다. 스크랜튼은 의사였기 때문에 조선정부에서도 거부감이 없었다. 갑신정변 때에 심각한 부상을 입은 민영익을 살려낸 이가 서양 의사 알렌이었기 때문이다. 알렌은 선교사였지만 공식 신분은 공사관 소속 의사로 있다가 민영익을 살려낸 것이다. 그 일이 있고 난 후 조선에서는 광혜원을 세우고 알렌으로 하여금 병원을 운영하게 했다. 광혜원은 곧 제중원이라는 이름으로 바꾸었다. 알렌 혼자서는 밀려드는 환자를 감당하기 어려웠다. 이때 마침 스크랜튼이 들어온 것이다. 알렌이 직접 제물포로 마중 나갔다. 스크랜튼은 제중원에 나가 환자를 진료했다. 스크랜튼은 의료 선교사 헤론이 들어오기까지 제중원에서 알렌을 도왔다.

일본에 머물고 있던 아펜젤러 부인과 스크랜튼 가족은 6월 20일에 조선으로 들어왔다. 윌리엄 스크랜튼의 어머니 메리 스크랜튼도 선교사로 파송 받고 조선으로 왔다. 그 사이에 분위기가 많이 바뀌었기 때문이다. 교육과 의료 선교사로 파송 받고 조선으로 온 언더우드(한국명 원우두), 아펜젤러(한국명 아편설라), 스크랜튼(한국명 시란돈), 메리 스크랜튼이 정동을 중심으로 활동하게 되었다.

배재학당

인재를 기르는 집

　정동 언덕 위에는 배재학당터가 있다. 지금도 남아 있는 동관 건물은 여기가 배재학당이 있었던 자리라는 사실을 알려주고, 마당에는 배재학당을 설립했던 아펜젤러의 동상이 있다. 정동에서도 약간 높은 언덕에 있는 배재학당은 한국사와 기독교회사에서 특별한 곳이 틀림없다. 실질적으로 우리나라 근대교육이 시작된 곳이기 때문이다.

고종이 하사한 교명

　1885년 7월 재입국한 아펜젤러는 한양에 먼저 들어와 있던 윌리엄 스크랜튼의 집 한 채를 빌려 작은 교실을 만들었다. 방 두 칸을 터서 만든 교실이었다. 아펜젤러는 미국공사관을 통해 조선 조정에 학교 설립을 허락해줄 것을 요청했다. 조선 정부는 '영어 교육은 해도 좋다'라는 허락을 내렸다. 첫 학생은 이겸라, 고영필 등 두 명이었다. 영어를 배운 후 스크랜튼 선교사에게서 서양 의술을 배우고 싶어서

배재학당 배재학당은 인재를 기르는 집이라는 뜻이다. 아펜젤러 선교사가 설립한 후 지금까지 교육을 멈추지 않고 있다.

왔다. 이때가 1885년 8월 3일이었고 배재학당의 시작이었다.

지난 8일 나는 공식적으로 학교를 다시 시작하였다. 처음엔 두 명으로 시작하였는데, 그 중 한 명은 내가 쌀을 주었는데 이튿날 떠나 버렸다. 두 명이 새로 와서 세 명이 출석하였다. 종교는 가르치는 척도 할 수 없다. 오로지 영어만 가르칠 뿐이다. 하루에 한 시간 가르친다.「1886년 6월 16일 아펜젤러 일기」

배재중 · 고등학교는 이때(6월 8일)를 개교기념일로 삼고 있다. 우리나라 최초의 서양식 근대학교는 원산학사(1883)가 갖고 있지만, 지금까지 학교로서 유지되고 있는 가장 오래된 근대학교는 배재학당이다. 처음에는 학생들이 열심을 내지 않았다. 이들은 쌀만 받아

챙기고 오지 않거나, 출석이 들쑥날쑥하기도 했다. 서양인을 의심의 눈으로 바라보고 있었기에 그들이 운영하는 학교에 들어가기를 꺼리기도 했다. 또 서양식 교육을 받는다 해서 장래가 어떻게 될 지 알 수 없는 상황이었다. 개교 당시만 해도 미래가 불확실한 상황이 이어지고 있었다.

우리의 선교학교는 1886년 6월 8일에 시작되어 7월 2일까지 수업이 계속되었는데 학생은 6명이었다. 오래지 않아 한 학생은 시골에 일이 있다고 떠나 버리고, 또 한 명은 6월이 외국어 배우기에 부적당한 달이라는 이유로 떠나 버리고, 또 다른 가족의 상사(喪事)가 있다고 오지 않았다. 10월 6일인 지금 재학생 20명이요, 실제 출석하고 있는 학생 수는 18명이다.

그러던 중 1887년 2월 21일 고종은 이 학교에 배재학당(培材學堂)이라는 교명을 내려주었다.

오늘 우리 선교부의 학교 이름을 국왕으로부터 하사받았는데 외무대신을 통해 내게 전달되었다. 그것은 배재학당(培材學堂), 즉 유용한 사람을 기르는 곳(Hall for Rearing Useful Men)이었다. 오늘 외아문의 김씨와 통역관이 한문으로 쓰여진 커다란 이름의 현판을 가지고 왔다. 내가 이해하는 한 이것은 정부가 우리를 인정하는 것이고, 우리가 이제까지 갖지 못했던 것을 얻게 되는 것을 의미한다. 이제 우리 학교는 관립학교(官立學校)는 아니더라도, 사립학교(私立學校)라기보다 공립학교(公立學校)인 것이다. 「1887년 2월 21일 아펜젤러 일기」

배재(培材)는 배양영재(培養英材)를 줄인 말인데, '유용한 인재를 기르고 배우는 집'이라는 뜻이다. 학교 이름을 내려준 것, 이는 매우 중요한 사건이었다. 조선시대 대표적인 사립학교로 서원(書院)이 있었다. 새로 설립된 서원은 국가의 인정을 받기 위해 많은 노력을 기울였다. 그래서 국왕으로부터 인정받으면 그때부터 서원의 권위가 높아졌고, 학교 운영도 수월하였다. 국왕이 인정하여 현판을 내리는 것을 사액(賜額)이라 한다. 賜(사)는 '내려준다', '은혜를 베푼다'는 뜻이고, 額(액)은 '현판'을 말한다. 학교 이름이 적힌 현판을 하사받는 것이다. '배재학당'이라는 이름을 하사받은 것은 전통적으로 사액을 받았다는 뜻이 된다.

서양인이 설립하고 가르치는 학교에서 서양 학문을 배운다는 것은 당시 분위기로 봐서 매우 큰 용기가 필요했다. 그런데 사액을 받았다고 하니 망설일 이유가 없었다. 군왕이 직접 이름을 내려주었다면 임금이 인정한 학교가 되는 것이다. 임금의 영향력이 절대적이었던 시대였다. 배재학당이나 이화학당은 그런 점에서 조선 사회에서 아무 문제가 없는 학교임을 인정받은 것이다. 이제부터는 자유롭게 학생들을 모으고 가르치면 되는 것이었다.

학생들이 점차 모여들고 있었다. 시대의 변화를 알아채고 학당으로 모여들었다. 신식 교육을 받아 출세하고 싶은 욕심도 있었고, 신분을 구별하지 않고 배우고자 하는 이들에게 가르침을 베푼다고 하니 찾아온 경우도 많았다. 조선시대 학교는 양반들의 전유물이었다. 이곳 배재학당은 신분의 차별을 두지 않는다고 하니 배움에 열망을 가진 이들이 찾아든 것이었다.

학생들이 늘어나자 새로운 교사를 지을 필요가 생겼다. 아펜젤러는 서양식 건물을 짓기로 했다. 아펜젤러가 인도하는 예배에 참석하던 일본인 요시자와(吉澤)가 설계하고 지었다. 100여 평 르네상스식 단층 건물이었다. 한양에서 처음 보는 서양식 건축물이라 건물이 곧 구경거리였다. 내부에는 강의실, 도서실, 예배실이 갖추어졌다. 반지하에는 작업실을 만들어 학비가 없는 학생들에게 일거리를 제공해 주었다. 일거리는 인쇄였다. 지하에 인쇄기와 제본기까지 갖추고 책을 만들어냈다. 한글 · 한문 · 영어 세 문자로 인쇄할 수 있었기에 '삼국문자인쇄관'이라 했다. 이를 줄여서 '삼문출판사'라 불렀다. 이 삼문출판사는 나중에 '감리교출판사'가 되었다. 이곳에서 『텬료력뎡』(1894)이 인쇄되어 초기 기독교인들에게 널리 읽혔다. 성경, 찬송가, 신문과 잡지 등이 인쇄되었고, 한때는 독립신문도 인쇄했다고 한다.

욕위대자 당위인역

학당의 당훈(堂訓)은 '欲爲大者 當爲人役(욕위대자 당위인역)'이었다. 배재학당 역사관으로 사용하고 있는 동관 현관 박공(삼각형 모양 지붕)에 두루마리를 펼친 모형에 먹으로 글씨를 썼다. 신약성경 마태복음 20장 26~27절을 인용했다.

너희 중에 누구든지 크고자 하는 자는 너희를 섬기는 자가 되고 너희 중에 누구든지 으뜸이 되고자 하는 자는 너희의 종이 되어야 하리라. 인자가 온 것은 섬김을 받으려 함이 아니라 도리어 섬기려 하고 자기 목숨을 많은 사람의 대속물로 주려 함이니라 신학문을 배워 팔자 고쳐보려는 욕망에 학교 문으로 들어왔던 이들에게 '크고자 하거든 남을 섬기라'는 역설적 가르침을 준 것이다. 교육 목표가 어디에 있는지 분명히 보여준다. 지식을 배워서 높아지고자 하는 자, 으뜸이 되고자 하는 자에게 그것이 아니라 먼저 섬기는 자가 되고 종이 되어야 한다고 했다. 현대 한국 교육은 섬기는 자, 종 된 자가 되기보다는 1등이 되어야 한다고 가르친다. 교회에서조차 1등이 되면 세상에서 할 일도 많고, 하나님이 크게 쓰시는 일꾼이 된다고 가르친다. 배재학당은 설립부터 달랐다. 이는 아펜젤러가 이 학교 설립의 이유를 밝힌 부분에 정확히 나온다.

만약 배재가 철저히 기독교적이지 못하다면 아무것도 아니며 아무런 의미도 없다.

하나님이 자신을 조선에 파송한 이유를 확인하는 것이며, 배재학당이 앞으로 나아가야 할 방향을 명확히 하는 것이다. 조선 사회가 변하기 위해서는 철저히 기독교적인 교육을 받은 인재가 양성되어야 하며, 그들이 조선에서 중요한 역할을 감당할 수 있으리라는 믿음이다. 유교적 소양으로 무장된 이들이 다스리는 나라가 조선이었다. 그러나 조선은 병이 깊었다.

그는 '학생들은 길을 묻고 있는 중'이라고 말하면서 그들을 유용한 인재가 되도록 하기 위해서는 가장 먼저 '갈보리에서 돌아가신 주의 피로 구원받아야 가능'하다고 생각하였다. 이런 영적인 힘이 넘치는 학생들이 조선 사회에서 중요한 역할을 감당할 수 있을 것이며, 배재학당은 그런 학생을 사회로 내보내는 데 목표를 두고 있다는 것이다. 한편 조선 사회가 갖고 있었던 심각한 문제를 바꾸기 위해서는 전통에 매몰된 교육으로는 불가능하다는 것을 역설한다.

우리는 통역관을 양성하거나 우리 학교의 일꾼을 기르려는 것이 아니라 자유주의 교육을 받은 사람을 내보내려는 것이다.

군왕의 절대적인 권력과 무조건적인 복종에 익숙해진 조선 사회, 신분제로 인한 조선 민중의 운명론적인 자포자기가 그의 눈에 보였던 것이다. 아펜젤러는 조선을 변화시키는 인재는 자유주의 교육을 받은 사람이어야 한다고 말하고 있다. 자유주의 교육은 학생들의 개성을 존중하여 억압하지 않는 교육을 말하는 것이다. 개성이라는 개념조차 몰랐던 조선이었다. 전체를 위한 개인의 희생을 미덕이라 칭송했던 사회였다. '禮(예)'라는 규정을 만들고 그것으로 사회를 통제했던 조선이었다. 개성이 발휘될 공간이 없었다. 누구나 '예'라는 울타리 안에 있어야 착한 사람으로 대접받았다. 이런 조선을 변화시키기 위해서는 하나님이 인간 개개인에게 준 개성이 존중받아야 한다. 배재학당에서 자유주의 교육을 받은 후 자아를 발견하고 존중받은 사람이 조선 사회로 나아가야 한다. 이들이 조선 사회를 변화시키는 유용한 인재가 될 수 있음을 명확히 하였다.

누구나 지켜야 할 교칙

아펜젤러는 학교 운영을 위해 교칙을 만들었다. 조선의 교육기관이었던 성균관, 향교, 서원 등에도 학칙이 있었지만 그것과는 다른 내용이었다. 배재학당은 학교에 들어서는 순간 신분고하를 막론하고 평등하고, 동일한 규칙에 따라야 했다.

1) 수업료는 매월(每月) 3냥이며 다달이 낸다.
2) 학자금(學資金)이 없는 이는 일자리를 주고 제 힘으로 벌어서 쓰게 한다.
3) 등교시간은 오전 8시 15분으로 11시 30분까지며 오후는 1시로 4시까지 하되 나오고, 물러갈 때는 문란하게 느리거나 뛰고 떠들지 못한다.
4) 학교에 나올 때나 수업을 할 때나 쉴 때는 반드시 종을 울린다.
5) 학생의 출입은 꼭 교사의 허가(許可)를 맡으며 학생표(學生票)를 감독자(監督者)에게 보인다. 마음대로 출입하면 벌(罰)한다. 허가를 미리 받지 않고서 사후(事後)에 승낙을 얻으려는 자는 허가할 만한 일이라도 용서하지 않는다.

배재학당 교실 배재학당 역사관 내에는 옛날 교실이 재현되어 있다.

6) 학생은 반드시 줏대(强志)가 있어야 하고 모든 일에 예를 지키며 국법(國法)을 범한 자는 법관(法官)에게 넘긴다. 학교의 건물(建物)이나 용기(用器)를 더럽히거나 파상(破傷)하면 손해를 배상한다. 학교의 책이나 쓰는 기물(器物)이나 자기의 것이 아니면 일체 가지지 말고 맡은 이들에게 돌리어 본 곳으로 돌아가게 하고 하루나 이틀이 지나면 맡은 이는 그 값을 문토(問討)한다. 병(病) 핑계하고서 결석하지 말며 술과 노름과 못된 말과 음란한 책을 읽음을 금(禁)한다.

7) 수업시간이 아니면 학교에 들어오지 말고 학교에서 싸우지 못한다. 수업시간에 외인(外人)이 찾아오는 것을 금한다.

8) 마음대로 오다 안오다 하며 일 개월(一個月)이 넘는 자는 학교에서 제명한다.

9) 큰 허물이 있으면 학교에서 출학을 명하고 그 다음은 허물의 경중(輕重)을 가려서 유기(有期) 또는 무기(無期)로 정학(停學)을 명한다. 퇴학(退學)을 하려는 때는 부모(父母)나 추천인의 편지를 가져오게 한다.

10) 도강(都講=정기적인 시험)은 매년(每年) 2회(回)로 정하고 공부의 다소(多少)대로 끝수(점수 · 點數 = 학점 · 學點)를 주어 100점으로 만점(滿點)을 삼으며 학과(學科)는 3종이나 5종이나 다소가 같지 않고 합한 수(數)를 책의 수로 제(除)하여 실수(實數)가 70점 이상인 자는 일등(一等)으로 하고 70점 이하는 일등이 못 된다.

11) 공과(工課)한 점표(點表)는 직접 학생의 부모나 추천인(推薦人)에게 보낸다.

12) 매(每) 일요일에는 반드시 무슨 일이나 정지(停止)한다.

13) 해가 지면 제 방에서 공부하고 밤 10시 후에는 등불을 끈다. 아침 식사(食事)는 8시에 마치고 점심은 11시 45분에 마치고 저녁식사는 5시로 6시에 마친다. 자기 방을 매일 조반(朝飯) 전에 쓸고 닦고 거처(居處)를 깨끗이 한다. 매일 식후(食後)에 하인으로 뜰을 쓸고 불을 때는 등(等)의 일은 직위(職位)대로 한다.

14) 교사와 학생은 모두 절차를 익히 알아야 한다.

이미 미국학교에서 적용되었던 것이었겠지만, 조선에는 처음 시도되는 것이었다. 이때 적용된 학칙이 지금까지 큰 변화없이 적용되고 있음을 볼 때 시대 불문 만국 공통이었던 것으로 보인다.

학당을 처음 시작할 때 수업료는 무료로 하였다. 심지어 점심 비용도 주었다. 학교가 점차 성장하자 그것을 감당할 수 없게 되었고, 그리하면 지속적인 교육이 불가능했다. 무료라고 해서 학생이 많이 모이는 것은 아니다. 오히려 무료일 경우 학교의 가치를 하찮게 보는 경향이 있다. 그래서 출석율이 떨어진다. 합당한 값을 지불하고 교육을 받아야 비용에 합당한 가치를 얻어내려는 경향이 있다. 배재학당은 한 달에 3냥 씩 수업료를 받았다. 3냥이면 적은 비용이 아니다. 1냥은 대략 5만원~7만원에 해당된다. 수업료를 낼 형편이 되지 못하는 학생에게는 일자리를 제공해 주었다. 아펜젤러는 조선 사회가 가진 사농공상(士農工商)의 유교적 정신을 타파하려 하였다. 그는 일하는 것이 귀한 것임을 알려 주려 하였고, 가난하여 공부하기 어려운 학생들에게 스스로 일하면서 공부할 수 있는 길을 열어놓았

배재학당 배재학당 동관 뒤에는 오래된 향나무가 있다. 향나무에는 못이 박혀 있는데, 임진왜란 때 가토 기요마사가 말을 매었던 것이라 하나 확인할 수 없다.

다. 육체노동의 가치 또한 다른 직업과 동일한 가치가 있음을 알려주려 했다.

등교시간을 정확하게 정한 것은 조선인들의 모호한 시간개념을 바로잡기 위해서였다. 불명확한 시계를 사용했던 조선인들에게 약속 시간은 시계만큼 불명확했다. 앞 뒤로 두세 시간을 여유라고 생각했다. 미리 가서 기다리든가, 두세 시간 늦게 나타났다. 그리해도 책망하지 않았다. 원래 그런 것이라 생각했다. 나중에 '코리아 타임'이라는 말까지 생겨나게 되었다.

시험을 보고 시험 결과를 가족들에게 알려주는 것은 배재학당이 처음이었을 것이다. 조선시대 학교에서도 시험을 치렀다. 성균관을 예로 들자면 월말고사, 기말고사 등 요즘과 같은 방식으로 치렀다.

시험 결과를 종합하여 예조에 보고하였다. 결과에 따라 과거시험에 혜택을 주기도 했다. 그러나 결과를 개별 가정에 알리는 경우가 없었다. 또한 일요일에는 교육과정의 모든 것을 멈추었다. 휴일이자 주일이기 때문이다. 기독교식 주일 성수 개념을 심어 주려 한 것으로 생각된다.

최초, 최초, 최초

배재학당 교과목으로는 영어·천문·지리·생리·수학 등 조선에서 접하기 어려운 과목이 있었고, 한문과 같이 조선 사회에 익숙한 과목도 있었다. 또 성경 과목도 있었다. 과외활동으로는 연설회·토론회와 같은 민주적 시민 양성 훈련도 있었다. 야구·축구·정구 등 운동 과목도 있어 서양 문화에 익숙해지도록 하였다.

1897년에는 우리나라 최초로 교복과 교모를 착용하게 했다. 모자엔 태극을 상징하는 청홍색 선을 둥글게 둘렀다. 또 이 교복을 입고 최초로 수학여행도 갔다. 배재학당 학생들이 교복을 입고 조회를 서는 모습이 사진으로 남아 있는데, 그 모습은 군복 스타일이었다.

1885년 2명으로 시작한 학교가 1886년엔 20명으로 늘었다. 점점 늘어나는 학생을 수용하기 위해 새로운 건물이 필요했다. 그래서 앞서 언급한 것처럼 1887년 우리나라 최초로 벽돌 교사도 지었다.

이 학교를 통해 배출된 인물 또한 최초를 기록한 이들이 많았다. 우리나라 초대 대통령 이승만, 최초의 의학박사 오긍선, 한글학을 열고 우리 글을 지킨 주시경이 있었고, 그밖에 소설가 나도향, 시인 김소월, 한국광복군 사령관 지청천 등 많은 인물이 배재인이었다.

조심스럽게 접근한 선교

고종으로부터 '의료와 교육에 관한 한 허락'을 받아냈기 때문에 선교사들도 조심스럽게 움직일 수밖에 없었다. 조선을 움직이는 기득권은 성리학을 기반으로 하는 수구보수세력이었다. 중화사상에 경도되어 있는 조선 양반계층에게는 서양은 오랑캐라는 인식이 강했다. 섣불리 복음을 전하려 했다가는 그것을 뒤집으려는 시도가 발생하게 된다. 신구문물의 충돌은 조선사회에서 여러 차례 반복되었다. 임오군란(1882), 갑신정변(1884)이 대표적 사건이었다. 이런 사건을 겪을 때마다 조선은 조금씩 보수화되어 갔다.

선교사들은 병원을 세우고, 학교를 세워 조선 민중에게 조금씩 조심스럽게 접근했다. 배재학당도 마찬가지였다. 학생들이 자연스럽게 복음을 받아들이도록 했다. 그들에게 직접 복음을 전하기보다는 마음으로 감동되어 스스로 찾아오게 했다. 전하지는 못하지만 스스로 그리스도인이 되겠다고 찾아오는 경우는 괜찮았다. 아펜젤러는 배재학당에서 교육받는 학생들이 스스로 찾아오기를 기다렸다. 그의 바람은 그리 오래 걸리지 않았다.

정식으로 학교를 연 지 1년이 되는 1887년 7월 24일, 배재 학생 박중상이 아펜젤러의 사랑방에서 세례를 받은 것이다. 국내에서 이루어진 한국인 감리교 첫 세례교인이 된 박중상은 일본 유학 중 기독교를 접한 적이 있었는데 배재에 들어와 공부하던 중 결심을 한 것이다. 다시 석 달 후인 10월 7일 두 번째로 한용경이 세례를 받았는데 그는 아펜젤러가 의도적으로(?) 떨어뜨려 놓은 한문 성경책을 가져다 읽던 중에 종교적 관심을 갖게 된 인물이었다. 다시 두 달 후 유치겸, 윤돈규 등이 세례를 받았다.[3]

하나님이 사용하실 유용한 인재가 길러지고 있었다. 이들은 조선을 변화시킬 인재들이기도 했다. 스스로 찾아와 세례를 받은 이들과 선교사 가족들이 모여 예배를 드리기 시작했다. 예배를 드리기 위한 별도의 공간이 마련되었고, 그 첫 장소가 '벧엘 예배당'이었다. 벧엘 예배당은 훗날 정동교회가 되었다.

1887년 9월부터 한국학생들에게 신학교육도 실시하였다. 1893년부터는 정규적인 신학교육이 이뤄졌다. 한국기독교를 이끌 인재들이 이 학교를 통해 양성될 수 있었다.

배재학당 동관(역사관)

배재학당이 있던 언덕에 붉은 벽돌건물 하나가 고풍스럽게 남았다. 같은 모양 건물이 동서로 마주 보고 있었기 때문에 동관, 서관이라 불렀다. 배재중 · 고등학교가 고척동으로 이사 가면서 서관은 그곳으로 옮겨갔다. 동관은 원래 자리에 남아 배재학당역사관으로 사용되고 있다. 역사관 근처에 있는 서울시립미술관 일부, 배재정동빌딩, JP모건빌딩, 러시아대사관 등이 옛 배재학당 터전이었다.

처음엔 한옥 방 두 칸에서 시작된 이 학교가 학생들이 늘어나자 새로운 교사(校舍)가 필요하게 되었다. 1887년 아펜젤러는 한양성벽 안쪽 넓은 대지를 구입하고 1층짜리 르네상스식 벽돌 건물을 지었

---

3   한국교회이야기, 이덕주, 신앙과지성사

다. 우리나라 최초의 벽돌 교사였다. 훗날 이 건물을 헐고 배재학당 서관이 들어섰다.

　동관은 1916년에 신축되었다. 반대편에 있던 서관은 1923년에 건축되었다. 동관 건물 정초석에 '1916 德器成就 知能啓發'이라 적혀 있다. 건물이 지어진 때와 교육의 방향성을 기록하였다. 동관 정면 중앙 현관은 돌출되어 있으며, 돌출된 현관 지붕 합각에는 두루마리를 펼친 모양의 부조가 있다. 여기에는 '慾爲大者 當爲人役 욕위대자 당위인역' 여덟 글자가 먹으로 적혀 있다. 지워졌던 것을 새로 썼다.

　연면적 1,194.59 m²(362평)에 지하실을 포함한 3층 붉은 벽돌 건물이다. 600명의 학생이 공부할 수 있는 규모였다. 이 건물은 아펜젤러홀이라 불렸으며, 최초로 지어진 벽돌 건물이 불탄 후 배재학당의

배재학당 역사관　배재학당 동관은 역사관으로 사용되고 있다. 내부에는 배재학당 현판, 배재학당 교가, 교실, 인물 등을 확인할 수 있다.

상징적인 건물이 되었다. 박물관 내부로 들어서면 아펜젤러 사진이 정면에 보인다. 왼쪽으로 들어가면 배재학당 교가를 들어볼 수 있다. 배재학당의 역사, 고종이 내린 교명 현판, 유길준의 서명이 담긴 서유견문, 협성회회보, 독립신문 등도 전시되어 있다. 이 학교 출신 인물들도 소개하고 있다. 서재필이 배재학당에서 가르쳤고, 이승만, 윤치호, 김소월, 주시경, 나도향, 지청천, 오긍선 등이 배출되었다.

2층에는 선교사 아펜젤러, 선교사 노블 가족의 활동과 그들의 한국에서의 생활을 보여주는 유품이 전시되어 있다. 아펜젤러의 타자기, 거주허가증, 자동차면허증 등도 볼 수 있다. 문화재로 등록된 피아노도 있다. 아펜젤러의 아들이었던 H. D. Appenzeller 교장(1920~1939 재직)이 대강당을 신축하면서 들여온 연주회용 피아노였다. 1911년 독일의 블뤼트너사가 제작했다고 한다. 1930년대 이후 김순열, 김순남, 이흥렬, 한동일, 백건우 등 많은 음악가가 이 피아노를 연주했다고 한다. 이 피아노는 제작이력, 국내 반입 배경, 연주 이력 등이 확실하며, 한국 근현대음악사에 큰 영향을 끼쳤기에 문화재로 등재되었다.

동관 뒤에는 오래된 향나무 한 그루가 있다. 나무는 오래되어 왕성한 수세를 잃었지만 오랜 역사를 품고 살아 있다. 향나무 둥치 중간에 큰 대못이 박혀있다. 임진왜란 당시 이 일대에 주둔했던 가토 기요마사가 말을 맸던 못이라 한다. 임진왜란 때 이 나무는 키가 작았을 것이니 말을 맬 수 있었을 것 같다. 그러나 확인된 이야기는 아니다.

정동제일교회
언덕 밑 정동길에 작은 교회당

　정동을 상징하는 곳이라면 정동제일교회가 아닐까? 가수 이문세의 '광화문연가'를 흥얼거릴 때면 머릿속에 그려지는 그 교회가 정동교회일 것이다. 교회 건너편 길모퉁이에는 그 노래를 작곡했던 이영훈의 노래비가 있다.

　정동제일교회는 감리교 선교사 헨리 아펜젤러(Henry Gerhard Apenzeller, 한국명 아펜설라)로부터 시작한다. 그가 조선에 들어와 배재학당을 시작한 것은 앞서 살펴보았다. 학교를 설립하고 학생들에게 신학문을 교육해 새로운 시대를 준비하게 하는 것도 중요했지만 궁극적인 목표는 복음을 전하는 것이었다. 그러나 조선의 국법은 서양 종교를 드러내고 전하는 것을 금지하고 있었다. 아직은 유교가 국가의 확고한 지도이념이었기 때문이다. 여전히 과거시험을 실시하고 있었고 유교적 소양을 지닌 이들을 관료로 선출하고 있었다.

　그러나 스스로 찾아와 신앙을 고백하고 세례를 받는 것은 말리지 않는 분위기였다. 시병원에서, 배재학당과 이화학당에서 선교사 가

정동교회　덕수궁 돌담길과 예쁜 교회당은 추억의 상징처럼 사용된다.

족과 외교관 직원들이 모여 예배를 드리고 있었다. 그러던 중 학생들이 스스로 찾아와 신앙 고백하며 세례를 받기 시작했다. 조심스럽지만 이제 공식적인 예배를 드릴 수 있는 분위기가 익어가고 있었다.

처음에는 벧엘교회

아펜젤러는 1887년 가을에 최성균을 매서인으로 고용했다. 최성균은 이미 만주에서 신앙고백하고 세례받은 인물이었다. 얼마 후 강씨라는 인물을 두 번째 매서인으로 고용했다. 매서인은 선교사들이 우리말로 성경을 번역할 때 조력자이며, 성경이 출간된 후에는 성경을 판매하는 전도자 역할을 했던 사람들을 말한다. 성경보급의 선구자였고 교회 개척에도 큰 역할을 하였다.[4] 초기 한국 기독교는 이들

4　매서인은 교회설립의 선구자였다, 이진만, 준프로세스

의 역할이 절대적이었다. 이들이 고용됨으로써 한국인의 입으로 한국인들에게 복음을 전하기 위한 준비가 차곡차곡 진행되고 있었다. 아펜젤러는 매서인들이 머물 집을 남대문 근처에 마련하고 배재학당에서 신앙을 갖게 된 학생들과 성경공부하는 방으로도 사용하였다. 그는 이곳을 '벧엘예배당'이라 불렀다.

아펜젤러는 고용된 한국인과 첫 예배를 시작하였다. 1887년 10월 9일이었다. 4명의 한국인과 선교사들이 함께하는 첫 예배였다. 이 예배에 참여한 한국인 4명은 매서인 2명과 강씨, 최씨 부인이었다. 첫 예배 다음 주일(10월 16일)에는 최씨 부인이 세례를 받았다. 그녀는 한국 개신교 첫 여성 세례교인이 되었다. 10월 23일에는 한국 개신교 최초 성찬식이 거행되었다. 이날은 정동제일교회 창립일이 되었다. 한국인들과 드린 첫 예배 장소는 배재학당이 아닌 학교 밖이었다.

벧엘교회의 위치는 정동이 아니라 숭례문 안쪽 어디쯤이었다. 정확한 위치는 확인되지 않았다. 교회가 설립되고 공개적으로 예배를 드리게 되니, 조금씩 사람들이 모여들기 시작했다. 그러나 모든 일에는 순조로움만 있는 것이 아니었다. 1888년 나라에서는 갑자기 전교 금지령을 내렸다. 명동성당이 문제였다. 궁궐보다 높은 곳에다 더 높고 웅장한 성당을 짓고 있었기 때문이다. 궁궐을 내려다보면 안 되는 불문율을 어기고 공사를 강행했기 때문이다. 나라에서는 공사를 중지시켰을 뿐만 아니라 기독교의 예배도 금지시켰다. 예배가 금지되자 벧엘예배당도 폐쇄되었다. 어쩔 수 없이 남자 예배는 아펜젤러 가정의 응접실과 배재학당, 여자 예배는 이화학당과 보구여관에서 모였다. 1889년이 되자 예배를 다시 할 수 있게 되었다. 수구보수세력의 방해가 염려되었기 때문에 조심스럽게 진행할 수밖에 없었다. 남자와 여자가 한 장소에 있는 것을 경멸하는 것을 방지하기 위해 남녀가 각각 다른 장소에서 예배드리기로 하였다. 또 저들의 감시에서 벗어나기 위해서도 찬송은 부르지 않고 가사만 읽도록 했다.

25번 도안 예배당

여러 제약이 있었지만 교회는 부흥을 거듭하였다. 1892년이 되면 배재학당과 이화학당에 모이는 교인 수가 200명이 넘었다. 1893년 시병원이 남대문 근처로 옮겨가자 시병원 건물을 교회로 사용할 수 있게 되었다. 학교가 아닌 별도의 건물을 예배당으로 다시 사용하게

정동교회 25번 도안의 조지아고딕 양식의 예배당이다. 초창 후 여러 차례 증축이 되었고, 문화재로 지정되었다.

된 것이다. 그러나 시병원 건물도 많은 인원이 함께 예배하기엔 비좁았다. 그리하여 남녀가 함께 예배드릴 수 있는 공간이 필요하다는 공감대가 생겼고 예배당 건축에 대한 논의가 본격화되었다.

먼저 나선 이들은 놀랍게도 이화학당에서 예배드리던 여성들이었다. 머리카락을 잘라 건축헌금을 낼 정도로 열성적이었다. 유교 사회에서 언제나 수동적이었던 여성이 능동적인 주체로 변했던 것이다. 아펜젤러는 미국으로 건너갔다. 조선에서 벌어지고 있는 놀라운 하나님의 역사를 알렸다. 이에 미국 교인들로 흔쾌히 건축비용을 건넸다.

아펜젤러는 예배당을 서양식으로 짓기로 하고, 미감리회 교회 확장국(Board of Church Extension)에서 발간한 1894년 판『교회설계도안집』에 나오는 25번 도안을 골랐다. 미국 북동부에서 유행하던 전형적인 조지아 고딕(Georgia Gothic)양식이었다. 미국에서 설계도가 들어오고 건축에 조예가 있던 맥길이 원산에서 올라와 감독을 맡았으며, 건축 실무는 심의섭이 맡았다.[5]

아펜젤러 흉상 정동교회에 마당에 세워져 있다.

---

5 개화와 선교의 요람 정동이야기, 이덕주, 대한기독교서회

정초식이 있던 날 법부대신 서광범이 축사를 했다. 건축은 순조롭게 진행되어 1897년 12월 26일 봉헌예배를 드렸다. 배재학당과 이화학당에서 각각 예배했던 교인들이 한 곳에 모이니 1,000명이 넘었다. 새로 지어진 교회를 보기 위해 몰려든 인파도 많았다.

교회 평면은 라틴십자가 모양이고, 현관 옆에 종탑을 붙였다. 붉은 벽돌로 지어진 교회 내부는 380m²(115평) 정도였고, 창문을 통해 들어오는 빛이 매우 아름다웠다. 정동제일교회는 정동의 상징적인 건물이 되었고, 붉은 벽돌은 정동의 상징적인 색이 되었다. 정동에는 붉은 벽돌 건물이 제법 많은 편이다. 배재학당 동관, 신아일보사, 정동극장, 중명전, 영국공사관, 이화여고 박물관 등이 있다. 이때 지은 예배당은 지금까지 남아 있어 정동제일교회에서 사용하고 있다.

시간이 흘러 신도 수가 늘어나자 교회가 비좁게 되었다. 그래서 조금씩 확장하여 사용하였다. 예배당은 그대로 두고 옆으로 조금씩 늘렸다. 1단계로 십자가 우측 날개 아래쪽을 확장했다. 2단계로 십자가 좌측 날개 아래쪽을 확장하였다. 확장한 부분을 확인하려면 지붕 모양을 보면 된다. ㅅ자 지붕이 내려오다 꺾이는 부분이 확장된 공간이다. 2단계 확장은 종탑 겸 현관 부분도 함께 확장되었다. 라틴십자가가 더 길어진 것이다. 몇 차례 확장하고 나니 교회는 직사각형 평면을 갖게 되었다.

전통적인 고딕양식이면서 라틴십자가 형태였던 교회는 필요에 따라 증축을 거듭하면서 모양이 바뀐 것이다. 1918년에는 이화학당의 하란사가 미국을 순회하면서 강연한 후 받은 후원금으로 구입한 거대한 파이프 오르간이 설치되었다. 그녀는 미국 각처의 교회를 다니면서 한국의 상황과 교회에 대해서 강연했다. 이 파이프 오르간에는 한 사람이 들어갈 정도의 작은 공간이 있다. 파이프 오르간을 연주하기 위해 바람을 공급해주는 송풍실인데 3.1만세운동 때에 이곳에 숨어서 독립선언서를 등사했다고 한다.

회개 후 대부흥

교회의 외형적 성장은 어떤 계기가 있으면 짧은 시간에도 이루어질 수 있다. 그러나 내적 성장이 동반되지 않으면 세워지는 시간보다 허물어지는 시간이 더 빠르다. 정동제일교회에서 사역했던 아펜젤러와 올링거 선교사는 한국 교인들이 내실을 갖추기를 원했고 그것을 위해서 헌신하면서도 결단해야 할 때는 단호했다. 여전히 나쁜 습관을 고치지 못하는 이들이 있다면 당신은 '교인이 아닙니다'라고 말해주었다. 목회자로서 교인들에게 변화에 대한 명확한 방향 제시가 없으면 진정한 성장을 이룰 수 없다고 확신했기 때문이다. 술과 담배, 노름에서 벗어나지 못하는 이들에게 단호하게 거절하는 법을 가르쳤고 나쁜 습관과 단절할 것을 요구했다.

1903년 최병헌 목사가 부임하여 회개 운동을 일으켰다. 주일을 지키지 않았던 것, 술을 끊지 않았던 것, 담배와 노름을 버리지 못한 것에 대한 회개와 각성이 있었다. 어른에서부터 어린이에 이르기까지 그리스도인으로 사는 삶에 대한 전환을 요구했다. 1904년 하디 선교사의 설교로 진행된 3주간의 부흥회는 정동제일교회를 완전히 바꿔놓았다.

정동교회의 유력자들은 지성적으로 개종하였을 뿐 그 외의 것은 모르는 상태였다. 그러나 이들이 이제는 죄에 대하여, 그리고 그리스도를 통한 회개를 알게 된 것이다. 전도사들과 전도부인, 속장들과 주일학교 교사들이 지금까지 의무적으로 사역을 해 왔으나 이제는 활기를 가지고 높은 수준의 그리스도인 생활을 하게 되었다.[6]

부흥회 이후 정동제일교회는 신앙적으로 부쩍 성장했다. 재정적으로도 크게 성장하여 정동이 아닌 외곽지역에 교회를 개척하려는 움직임을 보였다. 1906년부터 서강교회, 창내교회(창천교회), 염창교회, 마포교회, 이태원교회, 만리재교회(만리현교회) 등이 개척되었다. 배재학당과 이화학당 학생들이 먼저 나섰다. 학생 전도대를 조직해서 복음을 전하는 데 헌신하고 나서자, 교회들이 동참하였다.

시련과 회복

성장에는 그것을 방해하는 시련이 따른다. 정동제일교회 역시 시련의 시간이 있었다. 일제강점기에도 정동제일교회는 한국인 목회자의 지도로 지속적인 성장을 하였다. 교회를 이끌었던 최병헌, 손정도, 이필주, 김종우 목사는 하나님의 말씀을 선포할 뿐만 아니라 나라 사랑에 대해 설파했다. 이에 교인 수가 2,800명에 달했다. 1930년대 중반 일제의 기만적인 민족말살정책이 추진되었다. 그 과정에 가장 걸림돌이었던 교회 탄압이 노골화되었다. 신사참배, 궁성요배뿐만 아니라, 징병과 징용으로 교인들이 끌려갔다. 교회 종은 전쟁물자

---

6 〈The Korean Meth-odist〉 1904. 11.10

로 공출되었고, 신사참배를 거부하면 교회를 폐쇄시켰다. 해방 직후 남은 교인이 100여 명에 불과할 정도로 어려움을 겪어야 했다.

한국전쟁은 교회 건물에 심각한 타격을 가했다. 폭격을 맞아 강단이 주저앉았고, 파이프오르간도 망가졌다. 서울 수복 후 교회를 다시 일으키고자 모인 신자는 11명이었다. 그럼에도 희망을 잃지 않았고 또 희망을 잃지 말라고 전쟁 중에도 교회 종을 울렸다. 파괴되고 상실되어버린 삶의 터전 위에 희망의 종을 울렸다. 치는 사람이나 듣는 사람이나 감개무량했다.

전쟁이 끝난 1953년, 폭격으로 부서진 예배당을 헐지 않고 보수해서 사용하기로 했다. 그리하여 아펜젤러가 건축한 벧엘예배당이 지금까지 정동을 지킬 수 있게 되었다. 천만다행이 아닐 수 없다. 1970년대 중반, 교인 수가 폭발적으로 늘어나자 교회는 다시 한번 건축

정동교회 내부　정면에 파이프오르간과 오래된 교회 유물들이 보존되어 있다.

논의를 하게 되었다. 새 예배당을 건축하기 위해서는 기존 건물을 헐어야 했다. 그러나 교회 재건축을 위한 심의 과정이 지지부진하는 사이에 문화재 당국은 교회를 문화재로 지정해버렸다. 1977년에 사적으로 지정되어 국가의 보호를 받는 문화재 예배당이 된 것이다. 그리하여 문화재 예배당은 그대로 두고 뒤편에 새 예배당인 100주년 기념예배당이 지어졌다. 이 예배당도 건축 대상을 받을 정도로 뛰어난 건축물로 평가받는다. 앞에 있는 문화재 예배당의 가치를 방해하지 않는 범주에서 건축되었다.

최초로 신학 논문을 쓴 최병헌

정동제일교회 2대 담임목사였던 최병헌은 1858년 충북 제천에서 태어났다. 독학하여 과거시험에 도전했으나 낙방하였다.『영환지략』을 읽고 서양 문물과 개화에 눈을 떴으며, 서구 문명의 중심에 기독교가 있음을 깨달았다.

과거시험에 도전했으나 과거시험마저도 부정부패가 만연한 것에 분노를 느끼고 사회개혁에 관심을 두

최병헌 목사 흉상 정동교회 마당에 아펜젤러 선교사와 나란히 있다.

었다. 1888년 존스 선교사의 어학 선생이 된 것을 계기로 배재학당에서 한문 교사로 활동하였다. 배재학당 교사가 되니 선교사들과 접촉이 잦아졌지만 최병헌은 그들을 경계하였다. 그러나 1888년 한문으

로 된 성경을 구해 5년에 걸쳐 학자적 탐구심으로 연구한 끝에 개종을 결심하고 세례를 받았다.

그는 왕성한 활동을 하였다. 성서번역위원, 독립협회 간부, 제국신문 주필, 신학월보 편집인으로 있으면서 독립신문, 죠선그리스도인회보와 대한매일신보, 황성신문에 기고하면서 새로운 시대를 알리는 데 열성을 다하였다. 사회개혁에 관심이 많았던 그는 YMCA운동에도 적극 참여하였다. 종교부위원장 및 전국삼년대회 대회장으로 활약하였다.

그의 학자적 열정은 저술로 나타났다. 1901년에 발표한『죄도리』는 한국인이 쓴 최초의 기독교 신학 논문이었으며, 한국인 최초 신학자가 되는 명예를 안겨주었다. 1922년에 출판된『만종일련』은 유불선, 한국신흥종교, 힌두교, 유대교, 이슬람교, 라마교 등을 망라해 그들의 기본 교리를 분석한 책이다. 해박한 한학지식으로 동양사상과 종교를 이해하였으며, 한국의 상황에서 기독교의 의미와 위치를 밝히려 노력하였다.[7]

1902년 최병헌은 목사 안수를 받았다. 아펜젤러 목사가 해난사고로 순직하자 1903년 정동제일교회 2대 담임목사가 되었고 1914년까지 활동하였다. 1922년에는 감리교협성신학교 교수로 부임하여 세상을 떠날 때까지 비교종교론과 동양사상을 강의하였다.

감리교회 선교 50주년 기념비

정동제일교회 마당에는 오벨리스크 모양의 비석이 있다. 비석돌

---

7   한국민족문화대백과사전

로 유명한 충남 보령 남포오석으로 제작되었는데 **감리교회 조선선교 50주년 기념비**이다. 비석에는 한국 감리교 약사(略史)가 국한문+영어로 기록되어 있다. 국한문은 성당 김돈희의 글씨이고 영어 글씨는 주일학교 운동가 한석원 목사가 썼다. 김돈희는 한말에 법부 주사를 지냈고 서예로 이름을 알렸다. 오벨리스크 모양 비석은 일제 강점기 때에 많이 사용되었다. 이집트에 세워졌던 오벨리스크를 로마제국 또는 제국주의 시대에 유럽으로 가져와 광장에 세웠다. 정복 기념물의 성격이 짙었다. 어쩌면 제국주의의 상징인 셈이다. 일제강점기 이후 지금까지 이런 종류의 비석이 자꾸 세워지고 있어서 그다지 유쾌하지는 않다.

비석 옆에는 아펜젤러와 최병헌 목사의 흉상이 있다. 예배당 안 동벽에도 두 사람을 기념하는 석판이 나란히 붙어 있다. 1935년 4월 20일 부활주일에 선교 50주년을 기념하는 행사를 진행했다. 기념비를 설립하고 두 사람을 기념하는 석판을 제작해 교회 내벽에 부착했다. 두 사람은 1858년생으로 동갑이다. 아펜젤러 후임으로 정동제일교회를 담임했던 목회자가 최병헌이다. 최병헌은 한국인 최초 신학자였다. 아펜젤러 선교사의 석판에는 영어, 한자로 기록되어 있고 네 모퉁이에 태극문양이 있는 것이 특징이다. 최병헌 목사의 석판은 한자로만 되어 있다. 이 석판을 제작해 붙일 때까지만 하더라도 한문을 사용하는 사람들이 많았다.

종탑에 있던 종은 아펜젤러 목사가 순직하자 미국에서 제작해 들여온 것이다. 예배당을 건축했던 심의섭이 종값으로 거금 100원을 내놓았다. 아펜젤러 후임으로 정동제일교회 목사였던 최병헌은 '세

감리교 조선선교 50주년 기념비

상을 깨우치는 종'이라는 뜻으로 '경세종(警世鐘)'으로 명명했다. 일
제가 전쟁물자 징발을 위해 밥솥, 숟가락, 젓가락까지 공출해갈 때 교
회에 달려 있던 종들도 예외없이 빼앗아 갔다. 정동교회 종은 다행히
공출당하지 않고 남아 오랫동안 예배 시간을 알리는 소리를 울렸다.

교회 내부에 오래돼 보이는 강대상(설교단) 두 개가 있다. 비슷하
게 생겼으나 세부 조각이 다르다. 이 강대상은 우리나라에서 가장
오래된 것이라 한다. 정동제일교회 설교는 모두 이곳에서 선포되었
으리라.

TIP **정동교회 탐방**

▌**정동교회**
서울 중구 정동길 46 / TEL.02-753-0001

시병원

남녀노소 누구든지 오시오

윌리엄 스크랜튼은 제중원에서 환자들을 진료하다가 그곳을 나와 정동에 자리 잡았다. 그가 조선에 온 이유는 조선 민중을 치료하고 복음을 전하기 위해서였다. 제중원은 귀족들을 주로 치료하고 있었기 때문이다. 스크랜튼은 미국공사관 건너편(지금의 정동교회)에 한옥을 마련하고 병원으로 개조했다. 개인적인 진료를 보다가 미국에서 의료장비가 들어온 1886년 6월에서야 공식적으로 병원문을 열 수 있었다.

그러나 기대와 달리 환자가 찾아오지 않았다. 정동이라는 특수구역에다가 서양인 의사에게 몸을 보여야 한다는 부담이 있었기 때문이다. 스크랜튼은 환자를 직접 찾아 나섰다. 그가 보낸 보고서에는 다음과 같이 기록되어 있다.

스크랜튼 선교사 의료선교사, 민중목회자 스크랜튼은 열정적인 사람이었다.

어느 날 오후 도성을 따라 걷고 있을 때 나는 그렇게 버려진 한 엄마와 딸을 보았습니다. 우리가 있는 곳으로부터 그리 멀지 않은 곳에, 그들은 단지 가마니 한 장은 깔고 또 다른 가마니 한 장은 덮고 있을 뿐이었습니다. 그들은 음식을 구걸하여 먹고 살고 있었습니다. 남편이 부인과 딸을 이곳에 두고 시골 자기 집으로 간 지 3주가 지났다고 합니다. 여인이 어디 가서 남편을 찾아야 할지 모르고 있었습니다. 다가가서 여인의 몸을 살펴보려다가 실패했는데, 여인이 나를 보자 무서워하며 정신상태가 극도로 불안해졌기 때문입니다. 그날 밤 기온이 내려가기에 짐꾼들을 불러 여인을 데려오라 했습니다. 짐꾼들도 처음 보는 여인이라 하며 내가 주는 수고비를 마다하였습니다. 그러면서 가엾은 사람을 도와주려는 내게 오히려 고마워했습니다.

남편으로부터 버려진 이 여인은 당시 한국사람들이 자주 앓던 회귀열이란 병에 걸렸는데 무서운 질병 중 하나였다. 스크랜튼은 여인을 치료하여 3주 만에 회복시켰다. 짐꾼들에 의해 소문이 났다. 불쌍한 여인을 도와준 스크랜튼의 '착한 일'과 질병을 치료했다는 '용한 의사'로 알려지기 시작한 것이다. 이에 스크랜턴의 병원에 찾아오는 환자가 늘어났다. 이때 치료받은 여인은 '패티'라는 세례명을 받았고 이후 10년 동안 선교사 집의 일을 도왔다. 패티 옆에 있던 4살 별단이는 이화학당을 졸업한 뒤 간호사가 되어 보구여관(保救女館:여성병원)에서 일했다.

지금 내가 진료하고 치료하는 곳 어디에도 병원이라는 표식이 없습니다. 환자들은 치료받은 사람들의 말을 듣고 찾아옵니다. 서양의술에 대한 평판이 좋아지고 있음을 느낄 수 있습니다. 나는 출입문에 간판을 만들어 붙이기로 했지만 어떻게 써야할 지 알 수 없었습니다. 이 문제를 가지고 고민하고 있자니 내 어학 선생이 자기에게 맡기라면서 나와 상의도 없이 이렇게 적어 왔습니다. 한문과 한글로 '미국인 의사 시약소'라 적은 것을 한쪽 기둥에 걸고 다른 기둥에는 '남녀노소 누구든지 어떤 병에 걸렸든지 아무 날이나 열시에 빈 병을 가지고 와서 미국 의사를 만나시오'라고 써 붙였습니다.

환자들이 물밀듯이 밀려들었다. 처음 1년은 1,937명, 다음 해에는 4,930명에 이르렀다. 돈 없고 가난한 이들이 몰려들었다. 스크랜튼의 병원은 약을 나눠주는 곳으로 알려졌다. 그래서 '시약소(施藥所)'로 불렸다. 스크랜튼의 한국식 이름도 '시란돈(施蘭敦)'이었다. 1887년 나라에서는 스크랜튼의 병원에 '施病院(시병원)'이라는 이름을 내려주었다. 배재학당, 이화학당처럼 나라에서 인정한 병원이 된 것이다.

스크랜튼은 병원을 옮기기로 했다. 정동은 덕수궁, 경희궁, 공사관과 영사관, 외국인 주거지가 밀집되어 있었다. 생활하기에는 조선의 어느 곳보다 안정적인 곳이지만, 조선 민중들이 눈치 보며 찾아와야 하는 곳이었고, 전염병 환자의 경우 감히 발도 들여놓지 못하던 그런 곳이었다. 특히 전염병에 걸린 이들은 성벽 밖에 버려져, 죽을 날을 기다리는 처지였다. 스크랜튼은 조선 민중들 속으로 들어가기로 했다. 1892년부터 병원을 옮기는 일을 추진하였다.

하인 같은 사람들이 회생 불가능한 병에 걸리거나, 전염병에 걸리면 성 밖으로 추방되어 짚으로 만든 움막 안에서 혼자 살도록 버

THE HOUSE NOBODY KNOWS. FORMERLY DR. SCRANTON'S HOSPITAL.
(See page 102)

시병원 정동에 있었던 시병원. 환자들이 몰려들었지만 더 많은 민중을 만나고자 남대문 부근으로 옮긴다.

려집니다. 이런 식으로 버림받은 사람들은 회복되지 못하고 사망합니다. 서울 성문 밖 어느 곳을 가 보던지 버려진 환자를 수백 명씩 발견할 수 있습니다. 우리는 가능하다면 이처럼 전염병이 창궐한 특별한 지역에 집 한 채를 마련해서 이런 환자들을 위한 수용 시설로 꾸며 치료와 함께 필요한 땔감과 음식을 제공하고자 합니다.

그는 선한 사마리아 병원을 시작하기 위해 간절히 기도했다. 신체적 생명을 건지는 일이 곧 영혼을 건지는 일이라는 것, 그것이 자신을 조선 땅에 보낸 하나님의 명령이라는 것을 확신했다. 조선 민중이 병에서 놓임을 받으면 예수를 믿게 될 것이고 그것이 곧 영혼 구원으로 이어진다는 것을 확신한 것이다. 스크랜튼의 간절한 기도와 후원 요청에 미국 선교본부에서 응답했다. 1888년 12월에 애오개 시약소, 1890년 10월에 남대문 시약소, 1892년 동대문 시약소를 열었다. 시약소에는 의약품만이 아니라 성경과 전도 책자를 비치해두었다. 전도인을 상주시켜 이곳을 찾아오는 환자들에게 복음을 전했다. 예수께서 "심령이 가난한 자는 복이 있나니"라고 하셨는데 육신이 연약한 환자들이야말로 심령이 가난한 이들이었다. 아무도 돌보지 않는 이들이었다.

1895년이 되자 정동 시병원에 있던 모든 장비를 남대문 상동으로 옮겨 진료를 시작했다. 병원 부지 안에 있던 한옥 한 채를 예배실로 만들고 주일 집회를 시작했다. 시작한 첫해에 이미 100명의 교인이 출석하는 교회가 되었다. 다음 해는 300명으로 늘었다.

스크랜튼은 안주하지 않았다. 정동이라는 안주처를 스스로 걸어 나왔다. 정동 사역도 성공적이라 할 만큼 대단한 결과를 보여주었다. 그러나 그는 불쌍한 민중들 속으로 들어갔다. 하나님께 받은 소명, 즉 '민중 속으로'를 분명하게 인식하고 있었다. 그가 민중 속에 열었던 애오개 시약소는 '아현교회'가 되었으며, 남대문 시약소는 '상동교회'가 되었다. 그리고 동대문 시약소는 '동대문교회'가 되었다.

보구여관
여성 전용 병원, 문을 열다

정동교회에서 이화여고로 이어진 돌담을 따라 걷다 보면 작은 표석이 담장 아래 서 있는 것을 볼 수 있다. 보구여관터(普救女館址)를 알리는 표석이다. 표석에 적힌 내용을 살펴보자.

보구여관은 1887년 미국 북감리회에서 설립한 우리나라 최초의 여성 전용 병원으로 여성 의사와 간호사를 양성하였다. 1912년 홍인지문 옆의 볼드윈 진료소와 합쳐 해리스 기념병원이 되었다. 이화여자대학교 의료원의 전신이다.

스크랜튼 선교사는 지금의 정동제일교회 자리에 병원을 열었다. 나라에서는 시병원이라는 이름을 내렸다. '용한 서양 의사'라는 소문이 나서 많은 조선 사람이 병원을 찾아와 치료받았다. 그런데 문제는 여성이었다. 전통적인 내외법(內外法) 때문에 여성 환자들이 남자 의사, 그것도 서양 의사에게 몸을 보일 수 없었기 때문이었다. 여성을 진료할,수 없어 안타까워하던 스크랜튼은 미국 선교본부에 여

보구여관 여성의료를 담당하기 위해 시병원 뒤에 설립되었다.

의사를 보내달라 간청하였다. 1887년 10월 31일 여성 의사인 하워드 (Meta Howard)가 들어왔다. 그녀는 도착하자마자 정동 시병원에서 진료를 시작했다. 하워드가 진료를 시작하자 여성 환자들이 안심하고 찾아왔다. 처음엔 시병원에 방을 따로 마련하여 진료를 하였다. 그러나 찾아오는 환자가 많아지자 그 정도 시설로는 감당할 수 없어 시병원 옆에 '여성전용병원'을 따로 마련했다. 첫 두 해 동안 8,000명의 환자를 진료한 하워드는 과로로 건강을 해쳐 미국으로 돌아갔다. 그녀가 미국으로 떠난 후 1년 동안은 스크랜튼이 대신해서 환자를 돌보았다.

1890년 10월 하워드 후임으로 셔우드(R. Sherwood)가 들어왔다. 그녀는 처음 10개월 동안 2,359회 진료를 했을 만큼 열정적이었고 환자도 많았다. 셔우드는 몰려드는 여성 환자를 진료하면서 이런 상황을 개선할 방법을 모색하였다. 의료진을 미국에 의존하는 것은 한계가 있다는 것을 알았기에 조선에서 의료인을 직접 양성해서 도움을 받아야 했다. 그녀는 보구여관에 온 지 2년 만에 '여성을 위한 의료사업은 여성의 손으로'라는 구호 아래 최초의 여성의학교육을 시작하였다. 먼저 이화학당 학생 4명과 일본 여인 1명을 뽑아 의학훈련반을 조직하고 간호학을 가르치기 시작했다. 간호학을 배운 학생들이 현장에 투입되자 병원 업무는 어느 정도 숨통이 트이게 되었다. 그리고 이화학당 학생 김점동(에스더)을 1894년 미국으로 직접 데리고 가 의학 공부를 시켰다. 김점동은 1900년 한국인 최초 '의사'가 되어 돌아왔다. 그녀는 귀국 후 정동에 있는 보구여관과 평양에 있던 감리교 의료기관에서 일하면서 여성을 위한 의료사업과 여성 지위 향상을 위해 노력하였다.

나라에서는 이 여성전용병원에 '보구여관'이란 이름을 내려보냈다. '여성을 널리 구원하는 병원'이라는 뜻이다. 보구여관은 무료 진료를 원칙으로 하였다. 물론 여유 있는 집 환자는 약값을 부담하도록 했다. 또 궁궐이나 고관의 집에서 왕진을 요청하는 경우는 진료비를 받았다. 그러나 대부분 환자들은 약값을 낼 형편이 되지 못했다. 셔우드의 극진한 진료를 경험한 조선 여인들은 그녀에게 매우 고마운 마음을 품었고, 어떻게 해서든 은혜를 갚고자 하였다. 셔우드는 본국에 보낸 선교 보고서에 이렇게 썼다.

한국 사람들은 은혜를 입었으면 고마운 마음을 표하려고 뭔가를 선물하려고 하는데, 그런 식으로 내가 받은 선물이, 과일과 한국 음식 말고도, 달걀만 1,000개가 넘습니다.

셔우드는 병원에 찾아오는 환자를 대상으로 복음을 전하기로 했다. 먼저 보구여관에 기도실을 마련했다. 한국인 전도부인 몇을 두고 병원을 찾아오는 환자들을 상대로 전도하게 했다. 가난했던 환자들은 은혜를 갚는 심정으로 예배에 참석하였다. 은혜를 갚는 심정으로 예배당에 앉아 있던 그녀들은 점차 믿음을 갖게 되었고, 성경을 읽기 위해 한글을 깨우쳤다.

1893년 보구여관은 시병원처럼 동대문 쪽에 분원을 설치했다. 이름을 '볼드윈 시약소'라 불렀다. 미국에 사는 볼드윈 여사가 희사한 돈으로 토지와 가옥을 매입하고 시작한 약국이었기 때문이다. 이것이 오늘날 이화여자대학교 의과대학 부속병원의 기초가 되었다.

정동 보구여관에서 간호사로 근무하던 에드먼드는 1903년 간호사양성소를 설립하여 간호사 양성에 힘썼다. 이 양성소는 1912년 동대문병원으로 이전하여 간호교육을 시행하였다. 동대문으로 이전하기 전까지 보구여관에서 배출된 간호사는 모두 60명이었다. 이들은 우리나라 초기 여성병원에서 큰 역할을 감당하였다.

1912년 동대문으로 이전된 후 정동 보구여관은 이화학당 교실과 기숙사로 사용되다가 1921년에 헐렸다. 그 후 그 자리에 140평 벽돌건물인 '에드가 후퍼 기념관'이 들어섰다. 이 건물은 이화유치원과 이화보육교육학원에서 사용했다. 훗날 고딕풍이었던 이 건물이 낡자 헐어 버리고 '젠센 기념관'을 지었다. 1979년, 정동제일교회 100주년 기념 예배당이 들어서면서 헐렸다.

이화학당

보다 나은 한국인을 양성하는 곳

메리 스크랜튼 입국

이화학당은 메리 스크랜튼 선교사로부터 시작되었다. 그녀는 선교사로 파송되어 아들 부부와 함께 조선으로 향했다. 갑신정변 후 조선의 정세가 불안해지자 아들만 조선으로 들어오고 그녀는 며느리와 함께

메리 스크랜튼 스크랜튼 대부인이라 불리며, 우리나라 여성교육, 여성의료에 큰 자취를 남겼다.

일본에 남아 관망하고 있었다. 그러다 몇 개월 후 정세가 안정되자 며느리와 함께 조선으로 들어왔다. 이때가 1885년 6월 20일이었다. 당시 그녀의 나이는 53세였다. 사람들은 그녀를 노부인(老夫人) 또는 대부인(大夫人)이라 불렀다. 그녀는 조선에 도착하자 바로 학교 부지를 구입하고 건물을 짓기 시작했다. 한양도성 서쪽 성벽과 맞닿

은 지역 주변 땅 3,300 m2 (1,000여 평)을 사들였다. 그곳에 있던 초가집 10여 채를 헐고 ㄷ자 모양의 한옥을 신축했다. 200여 칸이나 되는 대형 건물이었다. 1886년 11월에 완공된 신축 한옥은 학교로 사용하기에 부족함 없는 규모였다.

학생을 모집하기 전 교사(校舍)부터 신축한 메리 스크랜튼은 추진력이 대단한 여인이었다. 그러나 그녀의 추진력만큼 학생모집이 쉽지 않았다. 여성에 대한 차별이 엄연히 존재했던 시절이었다. '여자는 가르칠 필요가 없고 시집만 잘 가면 된다'라는 생각이 상식으로 통하던 시절이었다. 거기다가 서양인에게 딸을 맡길 부모는 더더욱 없었다.

이화학당의 첫 학생

1886년 5월 첫 학생이 찾아왔다. '김씨 부인'이라는 여성이었다. 이름이 없었기에 그리 불렀다. 출세에 눈이 먼 하급관리가 자기 첩에게 영어를 가르쳐 명성황후 통역관으로 만들고 싶어서 직접 데리고 왔다. 그러나 그의 의지와 달리 그녀는 3개월 만에 영어 배우기를 포기하고 돌아갔다.

두 번째 학생은 집안이 너무 가난해서 생존을 위해 찾아온 아이였다. 아이의 어머니가 아이를 데리고 온 목적은 '공짜로 먹여주고 재워주고 입혀주고 가르쳐 준다' 고 해서였다. 그런데 며칠 후 다시 와서 데리고 가려 하였다. 굶어 죽더라도 데려가겠다는 것이다. 이유를 물은 즉 '동네 사람들이 딸아이를 서양 도깨비한테 팔아넘긴 년'이라는 욕을 했다는 것이다. 서양인들에게 대한 곱지 않은 눈초리가 있었는데 딸을 그곳에 맡겼다고 하니 욕을 해댄 것이다. 서양 도깨비들이 어린아이를 잘 먹인 후 잡아먹거나 팔아치운다는 헛소문이 퍼져 있었다. 스크랜튼 대부인은 그 여인을 설득하면서 서약서까지 써주었다.

미국인 야소교 선교사 스크랜튼은 조선인 박(朴)씨와 다음과 같이 계약하고 이 계약을 위반하는 때는 어떠한 벌이든지 어떠한 요구든지 받기로 함. 나는 당신의 딸 복순(福順)이를 맡아 기르며 공부시키되 당신의 허락이 없이는 서방(西方)은 물론 조선 안에서라도 단 십 리라도 데리고 나가지 않기를 서약함. 1886年 月 日. 스크랜튼[8]

이 학생은 이화학당의 실질적인 첫 학생이 되었다. 두 번째 학생은 어머니와 함께 성벽 아래 버려졌다가 스크랜튼 선교사에 의해 병원으로 옮겨져 치료받은 여인(세례명 패티)의 딸 별단이였다.(시병원 편 참고) 이화학당의 첫 학생들은 대부분 이런 부류였다. 가난한 아이, 병들어 버려진 아이, 고아들이었다. 이런 아이들이 '우리나라 최초'라는 기록을 가진 유능한 지도자로 성장했다. 실로 엄청난 변화의 연속이었다.

'집에서 키우면 일찍 죽을 것이다'라는 점쟁이 말에 겁을 먹고 부모가 이화학당 문앞에 버리고 간 아이가 있었다. 스크랜튼 대부인은 이 아이를 양녀로 삼아 이화학당에서 교육시켰다. 그녀는 감리교 여선교회의 전신인 보호여회를 창설하고 엄비의 지원을 받아 진명여

---

8 한국민족문화대백과사전

이화학당 한양 서쪽 언덕 위에 자리잡은 이화학당. 우리나라 초기 여성교육을 담당했고, 수많은 인재를 길러냈다.

학교를 설립한 **여메례**(余袂禮, Mary)였다.

　선교사 집 하인의 딸이었으나 이화를 졸업한 후 미국에 유학하여 한국인 최초의 여의사가 되어 돌아온 **박에스더**가 있었다. 그녀는 의인(義人)으로서의 의인(醫人)이었다. 그녀에 대한 자세한 내용은 돈의문 박물관 마을 내에 있는 박에스더의 집에서 확인할 수 있다.[9]

　이경숙(이드루실라)은 충남 홍성의 가난한 선비 집에서 태어나 15세 때 결혼했으나 남편이 일찍 죽자 삶이 고달파 여승이 되려 하였다. 39세 때 선교사의 한국어 선생인 친구 남편의 소개로 스크랜튼을 만나게 되었다. 그녀는 양반 가문 후예였기 때문에 어려서부터 한문과 한글공부를 많이 해둔 지식인이어서 이화학당의 한글선생

9　박에스더의 집: 서울 종로구 송월길 14-3

겸 스크랜튼의 비서격으로 채용되었다. 그는 한글을 가르칠 뿐만 아니라 이화학당을 구경 오는 많은 부녀자에게 학교를 공개하고 안내하면서 서양 문화를 이해시키는 데 힘썼고 이화학당과 가정주부들과의 유대를 강화시켜 나가는 데 크게 공헌하였다.

김란사(金蘭史, Nancy)는 이화학당 역사에서 특별한 여인이었다. 그녀는 이화학당에 입학하기 전에 혼인한 기혼자였다. 그녀의 남편 하상기는 개항장 사무를 맡아보던 감리서 관원이었다. 그녀는 남편 덕분에 외국 문물을 접할 수 있었고, 자신의 상태가 등불이 꺼진 깜깜한 상태라는 것은 자각하였다. 그리하여 남편의 동의를 구하여 신학문을 배우기 위해 이화학당에 찾아와 학생이 되었다. 당시 이화학당 규정상 기혼자는 입학할 수 없었다. 그러나 그녀는 곁에 있는 등불을 끄고는 '내가 이런 상태'라고 했다. 공부하고 싶어 찾아온 김란사는 당당히 이화학당의 학생이 되었고, 1년 후 스스로 미국 유학을 떠났다. 남편의 뒷받침이 있었다. 미국 오하이주 웨슬리언 대학 문과를 졸업하고 귀국하였다. 그녀는 귀국하여 한국 여성을 위해 삶을 바쳤다. 그녀는 학생들에게 "꺼진 등불을 밝혀라"라고 틈만 나면 말했다. 엄비가 추진한 숙명, 진명학교를 개교하는 데 큰 역할을 하기도 했다. 그 후 독립운동가들과 접촉하며 일제와 싸웠다. 그녀의 이름을 하란사로 소개하는 경우가 있으나 남편의 성씨가 河(하)씨라는 것에서 따온 것이니 한국식으로 말하면 김란사가 맞다.

평양 대한애국부인회를 창설했던 김세지(金世智, Sadia), 강서교회 개척 전도부인 노살롬(魯撒南, Shalom), 시베리아 선교사 최나오미, 북만주 선교사 양우로더, 여성 절제운동 창시자 손메례, 덕성여학교를 세운 차미리사 등 소개하기도 벅찬 인물들이 이화학당 출신들이다. 실로 숨가쁜 이화학당의 시간이었다.

사액받은 학교

'梨花學堂(이화학당)'이라는 교명은 나라에서 하사한 이름이었다. 스크랜튼 대부인은 전신학교(傳信學校, Entire Teust School)라 하려 했으나 나라에서 내려준 이름을 선택했다. 왕실의 은혜에 보답하는 차원이기도 했고, 학교를 운영하는 데 더 유용한 방향이기 때문이었다.

梨花(이화)는 배꽃이다. 어떤 기록에는 배꽃은 왕실 또는 황실문양이라 하는데 사실과 부합하지 않는다. 대한제국이 건국되고 나서야 황실 문양으로 오얏꽃을 선정했다. 오얏꽃을 선정한 이유는 황실 성씨(姓氏)가 '오얏 李(이)'자를 쓰기 때문이었다. 오얏꽃을 李花(이화)라고 하지만, 이화학당의 梨花(이화)는 오얏꽃이 아닌 배꽃이다. 게다가 이화학당이라는 교명은 1887년에 내려왔으니 대한제국과는 아무런 관련이 없다. 황실이 아닌 왕실에서 하사한 것이다. 또 조선은 꽃문양을 상징으로 사용하지 않았다. 그렇다면 이화학당이라는 이름은 어디서 유래했을까?

'이화'라는 교명이 지어진 배경에는 여러 가지 학설이 있지만 학당 근처에 배밭이 많아서 지어진 이름이었다는 이론이 가장 큰 지지를 받고 있다.[10]

성곽 주변에 배밭이 있었을까 싶다. 그러나 당시 한양 내에 또 성

---

10 한국을 사랑한 메리 스크랜튼, 이경숙 외, 이화여자대학교출판부

곽 근처에 공터가 제법 있던 것으로 보아 전혀 근거 없는 이야기는 아니다. 또 성곽 밖에는 농경지가 펼쳐져 있었기 때문에 바깥에 있는 배나무밭을 말하는 것인지도 모른다.

교명이 지어진 유래야 어떻든 나라에서 이름을 내려주었기 때문에 서양 학교에 대한 곱지 않은 시선이 많이 거두어졌다. 이제 버려진 아이들이 아니라, 신문물을 배우고 싶은 학생들이 자발적으로 모여들기 시작했다. 이 시기 선교사들에 의해 설립된 학교나 병원인 배재학당, 이화학당, 시병원 등은 나라의 인정을 받고 나서야 안심하고 운영할 수 있었다.

스크랜튼 대부인의 학교 운영방침

이화학당의 교육 이념은 '보다 나은 한국인(Koreans better Korean's only)'이었다. 이를 위해 스크랜튼 대부인은 다각도로 노력하였다. 그녀는 보다 나은 한국인에 대해 다음과 같이 설명하였다.

우리의 목표는 여아(女兒)들을 외국인의 생활·의복 및 환경에 맞도록 변하게 하는 데 있지 않다. 이따금 본국(미국)이나 현지(한국)에서 우리 학생들의 생활 전부를 뒤바꿔 놓는 것으로 생각하는 것은 오해이다. 우리는 단지 한국인을 보다 나은 한국인으로 만들고자 노력할 뿐이다. 우리는 한국인이 한국적인 것에 대하여 긍지를 갖게 되기를 희망한다. 그리스도와 그의 교훈을 통하여 완전무결한 한국을 만들고자 희망하는 바이다.[11]

---

11 한국민족대백과사전

1893년에 결정된 선교 정책에서도 여성 교육의 시급함을 역설하였다.

부인들을 개종시키는 일과 그리스도교 신자인 소녀들을 교육하는 데 특별히 힘을 쏟아야 한다. 이는 가정의 주부가 자녀들의 양육에 주요한 영향을 미치기 때문이다.

여학생들이라서 관습적 제약도 많았다. 체육시간에 체조를 하는 데 손을 번쩍 들고 가랑이를 벌리고 뛰는 내용이 있었다. 이를 본 사람들은 '여자들이 문란하다' 하여 항의하였고 사회적 문제가 되기도 했다. 학부형들은 하인을 시켜 딸들을 데리고 나오기 바빴고, 체조하는 딸 때문에 가문이 망신당했다고 여겼다. 이화학당 여학생은 며느리로 삼지 않겠다고 공공연하게 떠들기도 했다. 이에 한성부에서는 공문을 보내 체조를 하지 말 것을 요청했다. 그래서 유교적 풍습 내에서 조심스럽게 운영할 수밖에 없었다.

그러나 시대 변화를 뒤집지는 못했다. 1899년 5월에는 창의문 밖으로 꽃놀이를 다녀왔으며, 1908년 5월에는 창립 기념 행사와 제1회 운동회도 개최하였다. 가장 보수적인 유교 사회에서 가장 제약이 많았던 여성을 교육했던 이화학당은 조금씩 앞으로 진군하였다.

조선 여성은 유교적 전통에 따라 음지에 있었다. 전통과 이념에의 사슬에 매여 교육 혜택을 받지 못하고 살아야 했다. 이런 조선 여성을 양지로 불러내어 교육을 시작한 분이 메리 스크랜튼이다. 그녀는 이화학당뿐만 아니라 매향, 달성, 공옥, 매일 여학교를 세워 여성 교육을 확대하였다. 또 진명, 숙명, 중앙 여학교가 세워지는 데 큰 역할을 하였다. 또 아들 스크랜턴이 설립한 시병원과 동대문, 애오개 시약소 내에 교회가 설립되도록 도왔다.

이화학당 흔적을 찾아

덕수궁 돌담길을 따라 들어가면 정동교회가 이정표처럼 나타난다. 정동교회와 이어진 담장을 따라 걸으면 이화여자고등학교 동문(東門)이 보인다. 담장에 붙어 있는 한옥 대문이 있는데 옛날 이화학당 문 중 하나였다고 한다. 문 옆에는 하마비가 서 있고, 안으로 들어가면 주차장 입구에 '손탁호텔터'라는 표석이 있다. 그 옆에 붉은색 벽돌로 된 심슨기념관이 있고, 주차장 입구를 가운데 두고 맞은편에는 이화여고 100주년 기념관이 있다. 심슨기념관은 이화박물관으로 사용되고 있어 관람 가능하다. 심슨기념관 뒤로 돌아가면 유관순 열사 동상과 우물 하나가 있다. 이 우물은 유관순 열사가 이화학당을 다닐 무렵부터 있었다고 한다.

심슨기념관은 심슨을 기념하는 건물이 아니라 사라 심슨(Sarah J. Simpson)이 죽을 때에 위탁한 기금으로 1915년에 지은 것이다. 이화학당을 처음 시작할 때 ㄷ자형 한옥을 지어 사용했으나, 점차 양옥을 짓고 교사로 사용하기 시작했다. 1899년 메인홀(Main Hall), 1915년 심슨기념관(Simpson Memorial Hall), 1923년 손탁호텔을 허물고 지은 프라이 홀(Frey Hall) 등이 들어서서 이화학당을 이루었다. 메인홀은 한국전쟁 때 파괴되었고 프라이 홀은 1975년 화재로 소실되어, 옛 건물 중에는 이 심슨기념관만 남았다. 심슨기념관은 지하 1층 지상 3층의 벽돌조 건물로, 한국전쟁 때 폭격으로 일부가 무너진 것

이화박물관 심슨기념관으로 지어진 이 붉은 벽돌 건물은 이화박물관으로 사용되고 있다. 박물관 앞 주차장 입구에는 손탁호텔터라는 표지석이 있다.

을 1961년 변형된 모습으로 증축하였다. 이후 2011년 10월 교내에 흩어져 있던 벽돌과 화강석으로 원형을 복원하여 아치창과 화강석 키스톤(Key stone)이 경쾌한 분위기를 자아내고 있다.

손탁호텔

마리 앙투아네트 손탁(Marie Antoinette Sontag, 1838-1922)은 독일 알자스로렌 출신의 여성으로 러시아 공사 베베르(1841-1910)가 조선에 부임할 때(1885년 10월) 함께 내한했다. 그녀는 러시아 공사 처남의 처형이기도 했지만 실제로는 베베르 공사의 부인과 친했기 때문에 동행했던 것이다.

그녀는 독신이었으며 외국어에 능통했다. 그녀가 구사할 수 있었던 언어는 영어, 불어, 독일어, 러시아어였다. 그녀는 조선에 오사마자 조선어도 익혀서 외교가에서 중요한 역할을 하였다. 언어적 능력뿐만 아니라 사교적 능력도 탁월해서 여러 사람의 신임을 받았다. 그녀는 온화한 내면에 강직함이 있었다. 중요한 역할을 감당하면서도 청렴함을 유지해서 외교관들의 신임을 받았다.

고종과 명성황후는 손탁을 신임했다. 여성이었기 때문에 명성황후와 친밀해질 수 있었다. 그녀는 조선 정부가 주관하는 연회와 리셉션을 도맡았다. 조선 왕실이 개화에 걸맞는 국제적 감각을 익히는 데 큰 도움을 주었다.

1895년 일본의 만행으로 명성황후가 시해되었다. 고종은 1896년 2월에 러시아공사관으로 피신하였다. 러시아공사관에 의탁하고 있는 고종을 시중들었던 이가 손탁이었다. 1년 후 고종이 경운궁(덕수궁)을 크게 짓고 돌아갔지만 손탁은 여전히 황실의 중요한 역할을 맡았다. 황실전례관으로 1909년까지 일하였다. 황실전례관은 궁내부의 살림과 외국 사절들을 접견하고 만찬을 담당하였다.

고종은 경운궁으로 환어하면서 손탁의 노고를 치하하였다. 그녀에게 방 다섯 개가 딸린 양옥을 지어서 내려주었다. 손탁은 이 양옥을 호텔로 개조해서 1902년까지 각국 외교관들이 만날 수 있는 사교장으로 사용하였다. 이곳에 오면 각국 사정을 들을 수 있었고, 외국 문물을 접할 수 있었다. 이곳에 온 사람들은 서양식 식사와 커피를 즐겼다. 객실이 5개 밖에 없어서 호텔 기능을 제대로 할 수 없자 대한제국 궁내부의 지원을 받아 1902년 확장하였다. 손탁호텔이라 불리게 된 이 호텔은 2층으로 된 건물이었고 객실 25개가 있었다. 1층은 일반객실, 식당, 커피숍, 손탁 개인 공간이 있었고, 2층은 귀빈 객실이 있었다.

이 호텔은 궁내부의 지원을 받아 지었기 때문에 손탁의 개인 소유는 아니었다. 그래서 대한제국 영빈관 역할을 맡아야 했다. 대한제국 정부가 주최하는 중요 연회는 반드시 손탁호텔에서 개최되었다. 각국 외교관이나 귀빈 등 중요 손님은 예약으로 접수받았다. 영국수상 처칠, '톰소여의 모험' 작가 마크 트웨인, 미국 루즈벨트 대통령의 딸 앨리스가 묵어갔다. 1905년 이토 히로부미가 이곳에 숙박하며 을사늑약을 압박하였다.

1904년 러일전쟁에서 러시아가 패배하자 손탁호텔은 운영에 어려움을 겪었다. 손탁은 독일인이었기 때문에 독일영사관의 보호를 받았다. 그러나 호텔은 대한제국 영빈관으로 운영되었기 때문에 외교권을 상실한 상황에서 할 수 있는 것이 없었다. 손탁호텔에서 이루어졌던 외교적 활동은 친러적인 성향이 짙었기 때문에 일본의 눈밖에 난 상황이었다. 1909년 손탁은 대한제국에서의 생활을 정리하고 프랑스로 돌아갔다. 호텔은 프랑스인에게 매각되었다.

손탁호텔은 1917년 이화학당에 매각되어 기숙사로 사용되었다. 1922년 이화학당에서는 기숙사로 사용되던 낡은 건물을 철거하고 새건물을 지었다. 1923년에 완공된 새 건물을 프라이홀(Frey Hall)이라 불렀다, 이 건물에는 교실과 기숙사, 실험실을 비롯한 각종 부속시설이 딸려 있었다. 프라이홀은 한국전쟁 당시 폭격으로 소실되고, 2006년에 지금의 이화100주년 기념관이 세워졌다.

중명전과 헐버트

을씨년스럽던 그날

　우리말에 '을씨년스럽다'가 있다. 날씨가 으슬으슬 추워질 무렵이면 '을씨년스럽다'라고 하거나 분위기가 싸늘할 때도 '을씨년스럽다'고 한다.

　1905년 11월 중순 경운궁(덕수궁) 중명전에서 벌어졌던 일련의 사건이 '을씨년스럽다'의 유래가 되었다. 1897년 2월 아관파천을 끝내고 새로 지은 경운궁(덕수궁)으로 이어한 고종은 곧 대한제국(大韓帝國)을 선포했다. 일본은 명성황후를 죽인 죄가 있어 한국 내정에 관여하기가 어려운 상황이었다. 한국은 이때가 외세의 압력을 벗어나 국력을 신장할 기회였다. 그러나 고종은 그런 능력이 없었을 뿐만 아니라 급격한 개화를 두려워하였다. 임오군란, 갑신정변, 동학농민운동, 갑오개혁, 을미사변으로 이어지는 일련의 사건들이 개화파와 수구파의 충돌이라는 성격이 짙었기 때문이다. 그러다 보니 대한제국 황제는 주변국의 침탈에 대항할 틈도 없이 권력을 유지하는 데 급급하였다.

　1902년 고종황제는 경운궁을 대대적으로 증축하거나 수리했다.

궁궐이 작아서 황제의 위엄이 서지 않는다고 투덜댔다. 부족한 국가 재정에도 경운궁을 확장하고, 증축했다. 왕위에 오른 지 40주년이 되었다고, 51세가 되었다고 대대적인 행사를 단행했다. 그러나 1904년 4월 14일 애써 증축한 경운궁 중심부가 모조리 불타버렸다. 경복궁이나 창덕궁으로 옮겨가자는 설득에도 고종은 경운궁에 머물겠다며 버텼다. 1897년 아관파천을 끝내고 경운궁으로 처음 왔을 때보다 상황이 낫다는 것이다. 그리하여 소실되지 않았던 미국공사관 서쪽 수옥헌으로 옮겨가 국정을 돌봤다. 수옥헌은 황실도서관으로 지어진 건물이었다. 불타버린 경운궁이 재건되는 동안 고종은 이곳에 머물렀다. 이 수옥헌이 1906년에 중명전(重明殿)으로 명칭이 변경되었다.

어수선하던 1904년 러일전쟁이 발발했다. 한반도를 두고 경쟁하던 두 나라가 맞붙은 것이다. 기습공격을 한 일본이 이겼다. 일본은 미국, 영국 등 서구제국들로부터 러시아의 남하를 막아주는 대가로 조선을 지배해도 좋다는 내락을 받아둔 상태였다. 한국은 중립을 선포했지만 약육강식 앞에서는 의미 없는 선포였다. 일본은 한국정부를 압박해 일본군을 한국 영토 내에 주둔시키고 병참기지로 사용했다. 한국민들을 저들의 전쟁물자 나르는 데 동원했다. 급기야 전쟁에서 승리하자 안하무인 격으로 한국을 협박했다. 한국은 스스로 보호할 능력이 없으니 일본이 대신 보호해주겠다는 것이다. 일본이 한국정부를 대신해서 모든 국정을 돌보겠다는 억지를 부렸다.

1905년 11월 손탁호텔에 여장을 푼 이토 히로부미는 한국 관료들을 호텔로 불러 협박과 회유를 했다. 나라의 녹을 먹으며 부귀영화를 누렸던 자들이 재빨리 일본편에 섰다. 이토 히로부미는 이들을 이용해 강제로 보호조약을 체결해버렸다. 1905년 11월 18일이었다. 이를 을사늑약(乙巳勒約)이라 한다. 우리 고유한 주권인 외교권을 상실했다는 것은 나라를 잃은 것이나 다름없으니 등골이 서늘했을 것이다. 이것이 '을사년스럽다=을씨년스럽다'의 유래가 되었다.

을사늑약은 ① 협박으로 맺어진 것이므로 무효 ② 조약에 찬성한 대신(을사오적)들은 대표성이 없으므로 무효 ③ 고종황제의 조인이 없었으므로 무효 ④ 조약문 두 부를 모두 일본이 작성했으므로 무효다.

그러나 일본은 한국이 보호를 요청해왔고, 조약도 평화적으로 맺어졌다고 세계에 발표해버렸다. 이미 일본과 한패가 된 서구제국들은 이를 그대로 받아들였다. 고종은 이를 무효로 하기 위해 노력했으나 허사였다. 고종이 믿을 수 있는 이들이 없었다. 그때 고종 곁에서 외교적 제안을 한 이가 헐버트였다.

중명전 중명전은 덕수궁 전각으로 이곳에서 을사늑약이 불법으로 체결되었다. 지금은 헤이크 특사 기념관으로 사용되고 있다.

헐버트는 1886년에 설립된 근대식 국립학교인 육영공원 교사로 초빙되어 한국에 왔다. 유니언신학교 출신으로 동방에 있는 미지의 나라에 교사로 들어왔다. 육영공원 학생들이 배울 의지를 보이지 않자 미국으로 돌아갔다가 아펜젤러 선교사의 권유로 다시 한국으로 들어왔다. 이번엔 감리교 선교사 신분으로 왔다. 동대문교회 담임목사로 있으면서 배재학당에서 운영하던 삼문출판사 책임자로 일하기도 했다. 그는 한국어에 능통했다. 주시경과 함께 한글에 띄어쓰기, 쉼표, 마침표를 도입하였다. 1889년에는 한글로 된 세계지리지인 『士民必知 사민필지』를 펴내기도 했다. 1896년에는 구전으로만 전하던 아리랑을 악보에 정리하기도 했다.

한국에 대한 일본의 압박이 거세지자 한국의 정치 · 외교에 관심을 두기 시작했다. 한국 편에 서서 고종을 보좌하고 자문하였다. 1905년 을사늑약이 강압 체결된 후 미국 대통령 루즈벨트에게 고종의 밀서를 전하려 하였으나 실패하였다. 미국과 일본이 한국의 운명에 대해 밀약한 것이 있었으니 헐버트의 노력은 애초에 이루어질 수 없었다. 1907년 만국평화회의가 열리는 헤이그에 특사를 보내는 일을 막후에서 조정하였다. 헤이그 특사 3인(이준, 이상설, 이위종)이 있고, 그는 제4의 밀사로 활약했다. 이 일로 헐버트는 다른 특사들처럼 한국으로 돌아오지 못했다. 그는 미국에 가서도 한국 독립을 위해 후원을 아끼지 않았다. 1918년 1차 세계대전 후 파리에서 열리는 파리강화회의에 '한국독립청원'을 보내기 위해 노력했다. 1919년 3.1 만세운동 때에는 이를 지지하는 운동을 미국에서 전개했다.

1949년 그는 국빈으로 초대되었다. 아흔을 바라보는 고령에도 한국이 보고 싶어 내한했다. 당시에 한국으로 가는 배편에 오르면서 언론에 "나는 웨스트민스터 사원에 묻히는 것보다 한국 땅에 묻히기를 원한다." 고 말했다. 긴 여행에 지친 그는 기관지염이 악화되어 한국 땅에서 세상을 떠났다. 그의 장례식은 한국 최초의 사회장으로 치렀으며 양화진 묘지에 묻혔다.

참고로 을사조약이 아니라 을사늑약(乙巳勒約)이라 부르는 이유는 위에서 설명한 대로 합법적으로 맺어진 조약이 아니기 때문이다. 게다가 보호가 아니라 굴레를 씌운 조약이었다. 그래서 굴레 勒(늑)자를 쓴 것이다. 굴레는 소의 코뚜레와 같은 것이다. 코뚜레를 한 소는 주인이 잡아끄는 대로 따라가게 된다.

헤이그특사 사건 이후 고종은 강제로 황제에서 물러나야 했다. 일본은 순종을 황제에 앉히고 황제궁을 창덕궁으로 옮겼다. 경운궁에 남겨진 고종은 덕(德)스럽게 오래사시라(壽)는 뜻으로 덕수궁이라 불렀다. 즉 덕수궁은 퇴위당한 고종을 부르던 칭호였다.

정동교회 맞은편 정동극장 옆 골목으로 들어가면 을사늑약이 체결되었던 중명전을 볼 수 있다. 중명전은 민간 기업에 매각되었다가 2006년에 문화재청이 인수하여 옛모습으로 수리하였다. 지금은 을사늑약, 헤이그 특사와 관련된 내용을 소개하는 전시관으로 사용되고 있다. 두려울 정도로 을씨년스럽던 장소지만 우리가 꼭 가 봐야 할 곳이다.

TIP 🔍 **중명전 탐방**

▌ **이용** : 화~일 관람가능(09:30~17:30) / 매주 월요일 휴관 / 입장료 없음
언제든지 문화해설사에게 부탁하면 자세한 설명을 들을 수 있다.

구세군사관학교
자선냄비로 기억되는 교회

덕수궁 돌담을 오른쪽에 두고 따라 걷다 보면 회전교차로에서 오른쪽으로 담장이 꺾인다. 건너편에 있는 미국 대사관저와 덕수궁 사이에 길이 열린다. 고종황제가 덕수궁에 살았던 1919년까지는 없던 길이다. 고종황제 승하 후 일제는 덕수궁 영역을 잘라내서 매각했다. 덕수궁 뒤쪽 영역은 이리저리 분할 판매되었고, 민간 영역이 된 그곳으로 통하는 지름길을 낸 것이 이 고갯길이다. 작은 고개를 넘자마자 오른편에 유럽풍 건물을 만난다.

서구풍의 구세군사관학교

붉은 벽돌로 지어진 '구세군 서울제일교회'와 그리스풍의 '구세군사관학교'가 나란히 서 있다. 1928년에 건축된 구세군사관학교는 현재 구세군역사박물관과 정동 1928 아트센터로 사용되고 있다. 구세군사관학교 현관 돌출부는 우람한 기둥 넷이 박공을 받치고 있는데 전형적인 유럽풍이다. 박공 가운데에는 '救世軍士官學校 1928'이라

구세군사관학교 "그리스풍으로 지어진 구세군사관학교 건물. 지금은 박물관, 아트갤러리로 사용되고 있다."

는 글자를 돌판에 새겨서 넣었다.

이 건물은 1928년 구세군사관학교로 지어졌으며 현존하는 국내 신학대학 건물로는 가장 오래된 건물이다. 1955년에 구세군 본영이 되었다가 1959년에 증축 공사를 한 후 구세군중앙회관으로 부르게 되었다. 山자형 평면 현대인 신고전주의 양식의 2층 건물로 중앙 현관에 세운 4개의 투스칸식 기둥과 2층 강당에 망치형 보가 있는 목조 트러스 지붕 구조가 특징이다. 한국 구세군 활동을 상징하는 종교적 역사성을 지녔으며, 안정된 외관이 비교적 잘 보존되어 있는 근대 건축물로 평가받는다.[12]

---

12   구세군중앙회관 문화재 안내문

이 건물은 구세군이 한국선교를 시작한 지 20년이 지나 정착할 무렵 세계구세군 제2대 대장의 방문을 기념하기 위해 1928년에 완공하였다. 영국 런던의 크랩톤 콩그레스홀(Clapton Congress Hall)이라는 구세군교회를 모델로 설계하였다. 미국과 캐나다의 구세군인들이 보내온 후원금으로 건축비를 조달했다. 현관을 들어서면 벽면에 건물이 지어진 내력이 기록되어 있다.

此建物(이 건물)은 主降生一千九百二十六年(주강생 1926년) 大將 부람웰부드氏의 滿七旬生辰紀念(만칠순생신기념)으로 在美國救世軍士官兵士及親友(재미국 구세군사관병사급친우)의 義捐金(의연금)으로 建築(건축)한 바 하나님께 영광을 돌리며 여러 영혼의 구원을 위하야 封獻(봉헌)함

이 건물은 57년간 구세군 신학교인 구세군사관학교로 사용됐다. 1959년에 구세군본부 사무실이 이전해 오면서 구세군중앙회관이라는 명칭을 함께 사용해왔다. 1985년 구세군사관학교가 과천으로 이전하면서 구세군중앙회관은 예배, 강연, 공연, 청소년 문화공간으로 활용되었다.

현재는 복합문화공간 〈정동 1928〉로 재탄생되어 문화를 체험할 수 있는 공간이 되었다. 공연, 전시, 문화체험, 인문학아카데미 등 다양한 프로그램을 만날 수 있다.

왼쪽 문으로 들어가면 박물관이다. 전시된 내용에 비해 공간이 협소하다. 1층은 구세군의 역사와 한국 구세군이 걸어온 길을 전시하고 있다. 구세군 독립운동가와 순교자들도 소개되어 있다. 유물로는

〈구세군 규칙교훈〉, 〈구세신문 활자조판 골판지 압축판형〉, 1910년 전후에 제작된 것으로 전하는 〈실베스트 태극기〉가 있다. 시대별 구세군복 변화도 눈여겨볼 만하다. 또 자선냄비의 시대별 변화도 소개되어 있다. 영상관에는 구세군의 감동적인 활동을 소개하고 있으니 꼭 관람해보길 권한다.

마음은 하나님께 손길은 이웃에게

구세군이라면 크리스마스 '자선냄비'로 기억될 정도로 유명하지만 그것 이상 아는 것이 없다. 그래서 대개는 구세군을 봉사단체 정도로 안다. 대학생 시절 친구 따라 예수전도단에서 주최하는 찬양집회에 참가한 적이 있었는데 그 장소가 구세군회관이었다. 자선냄비 외에 처음 접했던 구세군이었다. 독특한 건물에 놀랐고, 구세군이 개신교라는 것에도 놀랐다.

구세군은 영국에서 시작되었다. 감리교 목사였던 윌리엄 부스(William Booth)와 캐서린 부스(Catherine Booth) 부부에 의해서 시작되었다. 1860년대 산업혁명 후 영국은 번영을 누리고 있었다. 일명 빅토리아 시대였다. 그러나 번영의 이면에 극심한 빈부격차로 고통 속에 있는 이들이 더 많았다. 부

윌리엄 부스 부부 구세군박물관은 구세군의 역사, 유물, 사회적 기능에 대해서 자세히 소개하고 있다.

스 부부는 가난한 사람들이 교회에 들어오지 못하는 것에 대해 궁금하던 중 중산층 이상 교인들이 그들을 거부하고 있다는 사실을 알게 되었다.

"가난한 이들이 교회에 가지 않았던 것은 가기 싫어서가 아니라 교회가 그들을 반겨주지 않았기 때문이었다." - 구세군역사박물관

천하보다 귀한 생명을 가난하다는 이유로, 냄새난다고 인격 멸시까지 하며 거부하고 있었다. 부스 부부는 교회의 배타적인 모습에 염증을 느끼고 빈민가에서 구세군을 창설했다. "세상을 향해 닫힌 교회의 창문을 열어라!" 이때가 1865년 7월 2일이었다. 세상을 구원하는 하나님의 군대는 이렇게 시작되었다.

구세군이 시작된 곳이 빈민가였다는 사실은 구세군의 성격을 말해준다고 할 수 있다. 자선 및 선교 단체로 시작했지만 개신교 한 교파로 자리 잡은 것이 특징이다. "구세군은 전 세계 민중의 영혼구원과 사회구원을 위해 존재한다"고 외친다. 구세군은 이름에 나타난 것처럼 군대식 조직 운영을 한다. 하나님을 대적하는 세력과 영적 전쟁을 치러야 하고, 효과적인 봉사를 위해 군대조직체계를 도입했다. 교회는 영문, 목사는 사관, 신학교는 구세군사관학교로 부른다. 조직도는 〈구세군국제본영 대장 – 각 군국 사령관 – 각 지방 장관 – 사관 – (여기부터 신자)정교 – 부교 – 병사〉로 되어 있다. 군대의 효율성을 취하기 위해 조직을 군대처럼 운영하지만, 군대처럼 상명하복을 강요하거나 군기를 잡거나 하는 일은 없다. 생소했던 교회 조직과 절대적인 사랑과 봉사를 실천하는 구세군에게 기존 교

회는 말로 할 수 없는 멸시와 핍박으로 상대했다. 윌리엄 부스의 아들인 브람웰 부스는 "아버지 꼭 이렇게 힘들게 예수를 믿어야 합니까?"라고 원망하며 물었다. 윌리엄 부스는 "아들아 십자가의 효과는 갈보리 언덕에서는 나타나지 않는 법이다. 50년 후 사람들은 우리의 신앙운동이 하나님의 뜻이었다고 평가할 것이다."라 대답했다.

구세군이 추구하는 목표는 무조건적인 사랑(아가페적)을 베푸는 것이다. 구세군은 실제로 여러 사회사업, 봉사활동을 하고 있으며 전국에 복지시설을 갖추고 있다. 가톨릭처럼 국제적인 조직을 갖추고 있다. 사관(목사)들은 담당 영문(교회)에 부임했다가 교체되는 방식이다. 그래서 재정이나 회계는 투명하고 건전하게 운영되고 있다. 또한 매년 초 구세군 내부 감사가 있으며, 자선냄비 같은 경우는 중앙정부 감사대상이 된다.

자선냄비는 가난한 사람들을 돕기 위해 시작했다. 한 끼를 먹기 힘든 이들에게 희망은 냄비에 국을 끓이는 것이었다. 그래서 길거리에 냄비를 걸어두고 "이 국솥을 끓게 해주세요"라고 외쳤다. 우리나라에서는 1928년 명동에서 시작되었다.

군대로 착각하여 모여든 의병

구세군(救世軍) 즉 세상을 구원할 군대가 한국에 온 것은 1908년이었다. 한 해 전, 1907년 4월 윌리엄 부스 대장은 78세 생일을 맞이하여 세계선교 비전을 펼치기 위해 세계 각지를 다니며 집회를 진행하고 있었다. 그때 어느 집회에서 흰옷을 입은 한국인 유학생들이 윌리엄 부스에게 구세군의 한국선교를 요청하였다. 부스 대장은 매우 기뻐하며 존 로올리 사관에게 한국의 사정을 알아보도록 지시하였다. 1908년 7월 부스 대장은 호가드에게 명령했다. "영혼구원의 불모지로 나가 헌신하라. 호가드여, 그들의 피부 속으로 들어가라" 호가드(R. Hoggard), 본윅(M. Bonwick), 밀튼(E. Milton), 워드(E. Ward) 네 명은 개척대가 되어 평동(현 강북삼성병원 뒤쪽)에 본영(本營)을 설치했다. 이들은 곧바로 길거리 전도에 나섰다. 태극기를 부착한 구세군기와 큰 북을 가지고 길거리로 나서니 사람들이 모여들었다. 한국인 통역을 내세워 길거리 설교가 있었다. 서울뿐만 아니라 전국을 순회하며 열정적으로 전도했다. 그런데 놀라운 일이 벌어졌다. 가는 곳마다 10명, 20명, 많게는 500명씩 모여든 것이다. 다른 교파에서는 10년을 해도 이루지 못했던 것을 한번 설교로도 성과를 냈던 것이다. 선교사들 자신도 놀랐다고 한다.

한국인들이 무슨 이유로 구세군에 열광하며 모여들었을까? 한국인들이 '구세군'을 진짜 군대로 오해했기 때문이다. 기독교 교리를 몰랐던 한국인 통역은 선교사들이 전하는 내용의 본질은 모른 채 그저 군대라고 생각하고 자신의 생각대로 통역하였던 것이다.

선교사가 영어로 '보혈 속죄'와 '회개 성결'을 외치는 동안 그 옆에서 한국인 통역은 '국권 회복'과 '나라 독립'을 외치고 있었던 것이다. 심지어 충청도 지역에서는 "구세군에 입대하면 군복과 신식 무기를 준다."는 방을 붙이고 '병사'를 모집했으며 교인들을 모아 군사 훈련을 실시하기도 하였다.[13]

---

13 개화와 선교의 요람 정동이야기, 이덕주, 대한기독교서회

한국인들이 구세군을 군대로 오해할 만도 했다. 조직, 언어, 사관 옷 등이 군대를 방불케 했기 때문이다. 그러니 통역이 맘대로 해도 믿을 수밖에 없었던 것이다. 1908년이면 한국이 극도로 불안했던 시기였다. 1907년 고종황제가 강제 퇴위당했고, 대한제국 군대가 해산되었다. 그러자 해산된 군인들이 의병부대에 합류하여 정미의병이 크게 일어났다. 의병부대는 일본 침략군에 맞서 싸웠다. 그러나 일제의 잔악한 초토화 작전과 우세한 무기 앞에 무력하게 무너지고 있었다. 그런데 영국인들이 군대를 모아 무기를 주고 훈련도 시켜준다고 하니 구름처럼 모여 들었던 것이다. 게다가 영국은 치외법권이 아니던가. 일제의 간섭을 받지 않고 훈련받은 후 국권 회복을 위해 싸울 수 있으리라 생각했던 것이다.

일본은 이러한 사실을 구세군에 전했다. 선교사들은 본인들이 전한 것과 다른 내용으로 통역이 되고 있었다는 사실에 경악하였고, 통역을 내세운 전도 집회를 삼갔다. 그리고 구세군은 정치참여를 하지 않을 것임을 표방하였다. 그러자 '독립군'이 되겠다고 찾아왔던 이들이 썰물처럼 빠져나갔다. 그 와중에도 열매는 없지 않아서 남을 사람은 남았다. 그 후 영국, 스웨덴, 서인도 등지에서 선교사관들이 계속 들어왔고 1910년부터 구세군사관학교에서는 매년 10~20명씩 충성된 한국인 사관을 길러냈다.

한국사회 변화를 이끌다

구세군 본영이 설치된 후 사회 각 방면에서 활발한 활동이 전개되었다. 영혼 구원을 위해 복음을 전하는 것도 좋지만, 개인의 삶을 변화시키는 것이 중요했다. 그리하여 1921년 사회 계몽운동을 시작했다. 술과 노름 등 윤리적 문제가 심각했던 한국 사회에 금주, 금연을 가르쳤고, 절제된 생활 변화를 이끌어 냈다. 1924년에는 〈구세군유지재단〉 설립인가를 받았는데, 이 재단은 현재까지 제1호 공익법인으로 인정받고 있다. 이 재단은 기독교 정신에 입각한 복음 선교와 사랑 실천에 앞장서고 있다. 1924년 11월에는 우리나라 최초의 피아노 연주가 김영환, 한국 최초 성악가이자 사의 찬미로 유명한 가수 윤심덕, 바이올린을 연주한 홍난파 등 당대의 유명한 음악가들이 육아원 브라스밴드(서울후생원)와 함께 자선기금 모금을 위한 연주회를 개최하기도 했다. 1930년 2월에는 구세군 가정단이 창단되었다. 그 해에 구세군에서는 미국의 어머니 날을 도입하여 '어머니 주일'을 한국 최초로 실시하였다. 이후 한국 기독교가 '어머니 주일'을 지키기 시작했다. 1956년에는 국가적으로 '어머니날'이 제정되었다. 1973년부터는 '어버이날'로 명칭을 변경하였다.

1938년 구세군사관학교 사관생도들이 민족적 자존심과 신앙의 양심을 지키기 위해 일제가 강요하던 신사참배 거부를 결의하였다. 이에 일제는 사관생도들에게 모진 고통을 가했다. 그래도 굽히지 않자 1942년 11월에는 학교를 강제로 폐쇄해 버렸다. 일제가 패망한 후인 1947년에야 다시 학교를 시작할 수 있었다.

구세군제일교회

한국 구세군의 장자(長子)교회인 '서울제일교회' 앞에는 "救世軍 營"이라 새겨진 돌판이 전시되어 있다. 이 돌판은 야주개에 있던 군

구세군제일교회

영(교회)에 부착되어 있었던 것이다. 한국 구세군의 첫 군영(교회)은 야주개[14]에 있었다. '흥화경매소'라는 건물을 인수해 사용했는데 이 건물은 도로가 확장되면서 철거되었다. 그래서 1915년에 새 군영을 지어 사용하였다. 새 군영에는 "救世軍營"이라 새긴 돌판을 부착하 였다. 이때 지은 군영을 헐고 지금의 자리로 옮겨 온 때는 1982년이 었다. 옛 군영에 부착되었던 돌판을 옮겨왔는데 어찌 된 일인지 세 워두지 않고 중앙회관 마당에 매설되어 있었다. 2003년에 발견하고 는 교회 앞에 전시하였다. 매설한 이유는 알려지지 않았다. "救世軍

---

14 경희궁은 '야주개 대궐'이라 불렸다. 궁궐 정문인 흥화문(興化門)이 현판이 밤 에도 빛이 났다고 하여 붙은 이름이다. 그래서 이 일대를 야주개라 불렀다.

營" 돌판 아래를 받치고 있는 기초석은 1915년에 예배당을 건축할 때 사용된 기초석이다. '救世軍營' 돌판과 기초석이 옛 교회의 흔적인 셈이다.

구세군 서울제일교회는 1908년 10월 12일 주일예배를 드림으로써 시작되었다. 구세군에서 발행하는 신문인 구세공보 창간 1호(1909년 7월 1일 판)에 "상년(작년) 십월 서울제일영을 시작하였다."라는 기사가 있어 확인된다.

교회 내부로 들어가면 교회 역사를 알려주는 사진, 악기 등이 전시되어 있다. 벽면과 기둥에 부착된 사진은 교회 초창기 모습을 소개하고 있어 반갑다. 〈백주년 모퉁이 돌〉에는 "이 집은 살아계신 하나님의 교회요 진리의 기둥과 터니라"(딤전 3:15)가 기록되어 있으며, 창립일을 1908년 11월 11일로 하였다. 10월 12일과 11월 11일 중 어떤 것이 맞는지 알 수 없다. 11월 21일 사령관 저택(예배처)에서 250명이 모여 찍은 흑백 사진이 있다. 짧은 시기에 250명이 모였다. 앞서 살펴본 바와 같이 구세군이 군대라 생각하고 모여든 사람들이 아닌가 한다. 1930년대 예배와 거리 전도 등에서 사용했던 '복음의 나팔', 전쟁 후 어려운 시절 위로가 되어 주었던 '신문로 풍금', 2008년에 개영 100주년 기념일에 봉인한 타임캡슐 등이 전시되어 있다.

정동 탐방을 하려면 덕수궁 대한문(大漢門) 앞에서 모인다. 덕수궁 돌담길을 따라 들어가면서 이런저런 이야기를 풀어간다. 돌담길을 걷다 보면 서울시립미술관이 왼쪽 언덕 위에 있다. 미술관 앞 공원에는 '육영공원, 독립신문사터, 독일영사관터' 표석이 있다.

서울시립미술관은 건물 전면(파사드)만 남기고 뒷부분은 새로 건축했다. 미술관 전면은 일제강점기에 지어진 법원이었다. 해방 후에도 대법원으로 사용되었다. 미술관을 바라보고 오른쪽으로 나가면 배재학당이 있다. 동관, 아펜젤러동상, 오래된 향나무를 볼 수 있다. 배재학당 동관 앞은 널찍하고 의자가 많아서 휴식을 취하기 좋다.

배재학당을 나와 정동교회 방향으로 내려가면 왼쪽에 배재어린이공원이 있다. 이곳에서는 '여성독립선언서'를 인쇄하는 조형물을 볼 수 있다. 공원 일대가 배재학당 운동장이었다. 조금 더 내려가면 정동교회가 있다. 정동제일교회 자리가 시병원이 있던 곳이다. 정동제일교회와 이화학당 사이에 보구여관이 있었다.

정동제일교회 맞은편에 정동극장이 있다. 정동극장 왼쪽 골목을 들어가면 을사늑약이 체결된 중명전(重明殿)이 있다. 내부 관람이 가능하다. 중명전 옆 담장 높은 곳이 미국대사관저(하비브 하우스)이며 옛날 미국공사관이 있던 곳이다. 중명전과 옆에 있는 예원학교 자리는 언더우드를 비롯하여 장로교가 처음 자리 잡았던 곳이다.

다시 밖으로 나와 이화학당으로 이동한다. 심슨기념관, 손탁호텔터, 유관순 열사 동상을 볼 수 있다. 이화학당 맞은편 즉 예원학교 서쪽 담장을 따라 올라가면 아관파천의 현장 '구 러시아공사관'이 있다. 현재는 건물 일부인 첨탑만 남아있다. 구 러시아공사관 앞에 있는 공원과 미국대사관저 담장 사이에 길이 열렸다. '고종의 길'이라 이름이 붙였다. 담장에 난 문으로 나가면 콩떡담장 사이 골목이 보이고 곧 넓은 공터가 내려다 보인다. 이곳은 덕수궁 영역이었다. 선원전 등 황실 제례와 관련된 시설이 밀집되어 있었다. 일제가 이곳을 쪼개어 민간에 매각했다. 그 후 조선저축은행 사택, 경기여자고등학교, 미국대사관직원숙소 등이 들어서 있었다. 2038년까지 사라진 궁궐 일부를 복원할 예정이다.

고종의 길을 계속 따라가면 구세군 건물(구세군제일교회, 구세군중앙회관, 구세군역사관)을 만날 수 있다. 내부 관람이 가능하니 주저 말고 들어가자. 구세군에서 나와 고종의 길을 계속 따라가면 길은 영국대사관 후문으로 이어진다. 그리고 덕수궁으로 들어간다. 영국대사관이 있어서 덕수궁 담장을 따라 길을 낼 수 없었기 때문이다. 길은 잠시 덕수궁 내부로 들어갔다가 다시 나간다. 밖으로 나가면 영국대사관 정문이 된다.

영국대사관 앞에는 영국성공회성당이 있다. 성공회성당은 관람(10:00~16:00)이 가능하다. 내외부가 무척 아름답다. 로마네스크 양식에다 한국적 정서를 담아서 건축되었다. 1923년 아서딕슨의 설계로 건축되었으며, 미완성인 채로 사용하다가 1996년에 설계도대로 지어 완성시켰다. 1987년 민주화운동의 현장이기도 하다.

[추천 1]

덕수궁 대한문 → 돌담길 → 육영공원터 → 서울시립미술관 → 배재학당 → 배재어린이공원 → 정동교회 → 중명전 → 이화학당 → 구러시아공사관 → 고종의 길 → 구세군 → 고종의 길 → 성공회성당 (3시간 정도 소요)

새문안교회

다재다능한 언드우드의 길

덕수궁 돌담길을 따라 난 길은 정동을 남북으로 나눈다. 북동쪽은 덕수궁, 미국대사관저, 예원학교 등이 들어서 있고, 남서쪽은 정동제일교회, 배재학당, 이화여고 등이 있다. 개화기 정동의 모습은 지금과는 조금 달랐다. 남서쪽은 지금처럼 배재학당, 시병원(정동제일교회), 보구여관, 이화학당이 있었고, 북동쪽은 미국공사관, 영국공사관, 언더우드학당, 러시아공사관, 경운궁(덕수궁) 등이 있었다. 덕수궁은 1897년에 이어 1902년, 1904년 점차 확장되었다. 따라서 북쪽에 있던 장로교 선교사들의 집과 교회는 덕수궁이 확장되면서 그 자리를 내주어야 했고 근거지를 다른 곳(연동)으로 이동해야 했다.

언더우드학당

이화여고 맞은편 예원학교가 있는 곳은 미국북장로교 선교사 언더우드가 살았고 활동했던 영역이다. 언더우드는 1885년 4월 조선 입국 후 제중원에 나가 알렌을 도왔다. 제중원에서 의학도들에게 물리, 화학, 영어를 가르치거나, 수술을 보조하기도 했다. 언더우드는 의학수준을 갖춘 선교사였기 때문에 가능했다.

언더우드는 궁극적인 선교의 완성은 교육이라 생각했다. 의료선교는 효과적이긴 하지만 교육을 통해 깊이를 더해야 뿌리를 내릴 수 있다고 생각했다. 언더우드는 1886년 5월 11일 고종의 허락을 받아 영국 고아학교 형태의 언더우드학당(惠貧院이라고도 함)을 세웠다. 버려진 아이들을 모아 그들을 씻기고, 먹이고, 재우고 그리고 가르쳤다.

처음엔 언더우드학당이라 하다가 예수교학당(1890-1893), 민노아학당(1893-1897), 중학교(1901-1902), 예수교중학교(1902-1905), 경신학교(1905-1945), 경신중학교(1945-1950), 경신중고교(1951-)로 이름을 바꾸며 이어져 왔다. 때로는 조선 정부의 선교 금지령에 의해 폐교되기도 했으나, 다시 문을 열고 교육을 이어 나갔다.

언드우드는 고아 중 한 명을 양자로 삼았는데 **김규식**이었다. 그는 4살에 부모를 잃고 고아가 되었는데, 1887년 언더우드에게 입양되었다. 언더우드학당에서 배움을 받은 후 1897년 미국에 유학하여 영문학 석사가 되어 귀국하였다. 미국에서 편안하게 살 수 있었으나 조국의 독립을 위해 헌신하겠다며 귀국하였다. 1905년 조국으로 돌아온 김규식은 언더우드를 도와 교육활동에 전념하였다. 1910년에는 새문안교회 장로가 되었다. 1911년 105인 사건으로 교회가 탄압받자 1913년 중국으로 망명하였다. 1919년 대한민국 임시정부에서 독립운동에 매진하다가 해방 후 귀국하였다. 김구 선생과 함께 통일된 조국을 세우기 위해 뛰었다.

1904년에 장로가 된 **송순명**은 고아로 떠돌다 12살 되던 1887년경에 언더우드학당에 들어가 그곳에서 자랐다. 그는 신약성경을 모조리 암송할 정도로 열심이었다. 복음 전도를 위해 전국을 순회하며 성경과 전도 문서를 보급, 판매하는 권서(勸書)로 33년간 활약하였다. 그는 도산 **안창호**를 개심시켜 기독교에 입교시킨 인물이기도 했다. 송순명의 권유를 받은 안창호는 1894년에 민로아학당을 찾아와 1897년 폐교될 때까지 3년간 교육을 받았다.

언더우드 사랑방에서 시작된 교회

한양도성 서문인 돈의문(敦義門)은 몇 차례 옮겨졌다. 조선 태조 때 만들어진 돈의문은 원래 위치와 달리 북쪽 인왕산기슭에 있었기 때문에 드나드는 데 불편했다. 그래서 태종 때에 다시 만들어 활용했지만 여전히 불편했다. 세종 때에 한양도성을 전면적으로 수리할 때 위치를 남쪽으로 옮겨서 설치했다. 그래서 사람들은 새로운 문이라는 뜻으로 '새문(新門)'이라 했다. 새문(돈의문) 안으로 들어가면 새문안이 되는 것이다. 한자로 쓰면 신문이 되니 신문로(新門路)는 여기서 유래되었다.

언더우드는 조선에 들어온 지 2년 만인 1887년 9월 27일(화)에 교회를 창립했다. 조선 조정에서 공식적인 전교를 금지했기 때문에 한국인들과 함께 예배하기는 어려웠다. 그래서 선교사와 가족, 공사관 직원들이 참여하는 예배로 유지되고 있다가 2년이 흐르자 조선인들이 조금씩 예배에 참여하기 시작했다. 조선 정부는 개화를 추진하고 있었고, 중요한 역할을 선교사들이 하고 있었기 때문에 못 본 척하고 있었다.

새문안교회 창립예배에 참여한 조선인은 서상륜을 비롯하여 이미 예수를 영접한 전도인, 매서인 등 14명이었다. 언더우드 사랑방에서 조심스럽게 시작한 교회는 시작부터 남달랐다. 새문안교회 시작 첫날 가장 중요한 일정은 장로 선출이었다. 교회를 시작하자마자 장로를 선출하는 일이라니 얼마나 놀랍고 기가 막힌 일인가? 아무리 장로가 필요하다 해도 초신자를 장로로 선출할 순 없다. 장로 후보가 있기는 한 걸까? 그런데 그곳에 모인 이들은 6년 전부터 예수를 믿은 이들이었다. 조선인 매서인, 권서인들로부터 전도받은 이들이었다. 이날 예배에 초청받았던 스코틀랜드 장로교의 존 로스 목사는

새문안교회 시작 정동에 있던 언더우드 집에서 새문안교회가 시작되었다.

이렇게 전하고 있다.

신약성서 일로 배를 타고 서울에 갔다. 배편은 유일한 수단이었고 편했다. 도착한 날 저녁은 내게 특별한 관심을 불러일으킨 저녁이었다. 나를 안내한 언더우드 씨는 그날 저녁에 작은 무리로 장로교회를 조직하기 위해 자신의 작은 예배당에 가야 한다고 알려주었다. 그의 친절한 초청을 기꺼이 받아들여 나는 그와 그의 학교 학생과 동행했다. 이미 어둠이 도시를 덮고 있었다. 넓은 길을 가로질러 갔는데 동양의 대부분 도시들처럼 불이 없어 어두웠다. (중략) 우리가 대문을 두드리자 그 문이 열렸다. 종이를 바른 방문을 조심스럽게 열고 그 안에 들어가 보니 옷을 정제하고 학식 있어 보이는 남자 14명이 거기에 있었다. 이들 중 한 사람이 그날 밤에 세례를 받았는데 그날의 제일 중요한 일은 두 사람을 장로로 선출하는 일이었다. 이의 없이 두 사람이 선출되었고 그 다음 주일에 안수를 받았다. 알고 보니 이 두 사람은 봉천(奉天, 심양)에서 온 사람의 사촌들이었다. 이들은 이미 6년 전부터 신앙인이 되어 있었고 그런 관계로 이 첫 모임에 참석했었던 것이 틀림없다. 또한 교회를 세운 세례교인 14명 중 13명이 (봉천에서 온) 그 사람이나 다른 사람의 전도로 개종한 사람들임이 밝혀졌다. 그러나 무엇보다도 관심을 끈 사실은 그 도시에 그들과 같은 계층의 교인이 300명 이상이나 있다는 사실이었다. 그들은 여러 가지 이유로 아직은 공개적으로 교회에 들어오지 못하고 있었다.

새문안교회 창립에 절대적인 역할을 한 사람은 서상륜(徐相

崙:1848-1926)이다. 그는 봉천에서 온 사람이었다. 서상륜은 압록강 하구 도시 의주 출신이다. 1878년 봉천에 갔다가 열병에 걸려서 생사를 넘나들 때 영국 선교사 로스와 매킨타이어의 극진한 치료를 받고 살아났다. 그는 그들의 선한 모습에 감동했고, 그들의 전도를 받아 회심하고 그리스도인이 되었다. 1882년에는 로스 목사와 『누가복음셩교젼서』를 번역 발간하였다. 로스 목사에게 세례를 받고, 권서로 임명되어 성경을 조선으로 몰래 반입 전파하였다. 그러나 그의 행위는 곧 발각되었고, 황해도 장연 바닷가로 피신할 수밖에 없었다. 장연으로 피신해 있던 중에도 그는 소래(松川)교회를 설립하였는데, 그 교인들과 한양으로 와서 새문안교회 창립에 동참했던 것이다. 소름이 돋을 만큼 감격스러운 순간이 아닐 수 없다. 두렵고도 무서운 엄혹한 시대에도 준비된 신앙인들이 있었다는 것이 놀랍기 그지없다.

첫 예배와 함께 설립된 이 감격스러운 교회는 '정동예배당' 또는 '정동교회'라 불렀다. 언더우드의 집은 정동에 있었고, 그의 사랑채는 첫 교회가 되었다.

새문(新門) 안으로 이동한 교회

1895년에 돈의문(서대문) 안쪽 대로변으로 교회를 옮겼다.(서울역사박물관 건너편) 언더우드는 정동을 벗어나 조금 더 대중에게 나아간 것이다. 옮긴 후부터는 신문내(新門內) 제일예배당 혹은 서대문교회로 혼용되어 불렸다.

정동에 있던 언더우드 사랑방은 30명 정도를 수용할 수 있는 넓이

새문안교회 새문안으로 이전하여 성장을 거듭한 새문안교회

였다. 창립 다음해가 되자 교인이 50명을 넘어서게 되었다. 이에 돈
의문 근처 집을 얻어 확장한 후 예배당으로 사용하였다. 교인들은
계속 늘어났다. 1895년 100명이 넘어서자 새로운 예배당을 짓는 것
이 시급해졌다. 교인을 모두 수용할 건물을 지어야 하는 데 필요만
큼 재정이 채워지지 않았다. 그래서 선교사와 교인들은 직접 노역을
감당하며 부족한 재정을 채워 나갔다. 그런데 그해 여름 콜레라가
창궐하자 예배당 건축을 중단하였다. 선교사와 교인들은 콜레라 환
자 간호와 구호에 뛰어들었다. 몸을 사리지 않는 교회의 헌신에 조
선 정부가 감동했다. 조선 정부는 감사의 표시로 교회 건축 노역비
를 직접 지급해주었다. 교인들은 자신이 받은 인건비를 건축헌금으
로 바쳤다. 이렇게 완공된 예배당은 일자형 20칸 한옥식 목조건물이

었다. 건축 과정에 놀랍게 관여하시는 하나님을 체험한 교인들의 믿음은 더욱 깊어졌다.

초기 교회는 치리에 엄격했다. 새문안교회도 마찬가지였다. 초기에 임직된 장로 두 사람 중 한 명이 출교당할 정도로 엄격했다. 당회는 교인의 도덕적 문제에 민감하게 반응했다. 불륜, 축첩, 음주, 주일 성수 위배 등을 범할 경우 당회로 불러 사실을 확인하였다. 잘못된 부분이 있다면 권면하고 바로 잡을 것을 요구하였다. 그래도 고치지 않으면 징계하였다. 성경에 비추어 잘못된 부분이 있다면 즉시 수정할 것을 요구한 것이다. 그리스도인은 완벽한 사람이 아니다. 그러나 도덕적으로 깨끗하려 노력해야 한다. 잘못을 할 수 있지만 반성할 줄 모른다거나, 고칠 생각이 없다면 주저 없이 치리했다. 그것이 초기 교회의 힘이었다. 교회가 든든하게 자리 잡을 수 있었던 반석이었다.

아주 특별한 언더우드 집

언드우드 선교사가 살았던 집에서는 놀라운 일들이 일어났고, 그가 시작한 일들이 지금까지 영향을 끼치며 기독교계에 남아있다. 1885년 4월 내한한 언더우드는 정동에 자리잡았다. 그의 집은 미국 공사관 옆(중명전 위치)에 있던 의료 선교사 알렌의 옆집이었다. 그의 집은 900평 대지가 있는 한옥이었으며, 기와집 3채로 구성되어 있었다.

그의 집에서는 1886년 5월 16일 언더우드학당이 시작되었다. 1887년 2월 7일 성서번역상임위원회가 시작되었다. 이 위원회는 훗

언더우드 집 1880년 정동에 있던 언더우드 집과 주변 모습

날 대한성서공회가 되었다. 1887년 9월 27일 정동교회가 시작되었다. 이 정동교회는 훗날 새문안교회가 되었다. 1889년 12월 그의 집에서 신학반이 개설되었다. 이 신학반은 장로교 신학교육의 시작이었으며, 신학대학교의 역사가 되었다. 이렇게 그의 집에서 많은 일들이 시작되었다는 것은 언더우드의 재능이 다양했으며, 활동이 왕성했다는 것을 말해준다.

시련에 굴복하지 않은 차재명 목사

일제강점기 교회의 수난은 언제나 있었지만 1930년대 중반부터 혹독한 시련으로 다가왔다. 이때 일제는 한민족 말살정책을 본격 추진하고 있었다. 이를 위해 총독부에서는 교회 예배에서 '황국신민서사 암송'과 '동방요배(일본황궁을 향해 절하기)'를 요구하였다. 급기야 신사참배까지 강제하기 시작했다. 예배 시간에 일본 형사가 참석해서 감시하기까지 하였다. 장로교회를 대표한다는 새문안교회도 마찬가지였다. 1938년 4월에는 교회에 일본어 강습소를 강제로 개설하게 하여 일본어를 가르쳤다. 예배당 전면에 '내선일체(內鮮一體)' 현판과 일장기를 걸도록 했다. 교회 내에서 친일 강연회를 열도록 강요하고, 일제가 일으킨 전쟁을 미화하는 영화를 상영토록 했다. 1940년부터는 교회가 발행하는 문서에 일본 연호를 사용하게 했다. 교회 명칭도 한글 대신 '新門內敎會'를 쓰도록 했다. 교회 문짝, 교회 종은 전쟁물자로 사용한다고 떼어갔다.

새문안교회 2대 담임인 차재명 목사는 민족의식이 투철하였다. 형사가 없을 때는 국가의례를 빼고 예배를 드렸다. 이 때문에 1941년 8월에 강제 사임하게 되었다. 차재명은 1917년 목사 안수를 받고 1920년 새문안교회에 첫 한국인 목사로 부임하였다. 그는 교회를 조직화하여 심방제를 정착시켰고, 면려회와 찬양대, 관현악대, 경조부를 세웠다. 1929년에는 유치원을 세워서 어린아이들이 교육받을 수 있도록 했다. 교회 역사를 정리한 '조선예수교장로회 사기(史記)'도 편찬하는 등 교회 체계를 바로잡는 역할을 하였다.

새문안교회에서 부른 애국가

1896년 9월 2일 새문안교회에서는 고종 탄신 45주년 기념 특별 예배를 드렸다. 찬송가 '피난처 있으니'에 임금과 나라의 안녕을 바라는 가사를 붙여 불렀는데, 당시에는 '황제탄신 경축가' 또는 '애국가'였다. 또 다른 애국가와 구분하기 위해 후에 '새문안교회 애국가'로 명명하였다.

높으신 상주님 자비로운 상주님 궁휼히 보쇼서
이 나라 이 땅을 지켜주옵시고 오 주여 이 나라 보우하소서
우리의 대군주 폐하 만세 만만세 만세로다
복되신 오늘날 은혜를 내리사 만수무강케 하여 주소서

1896년 9월 1일자 독립신문에 난 기사를 보자.

대조선 서울 예수교회에서 내일 대군주 폐하 탄신 경축회를 하는 데 아침에는 각 예배당에서 대군주 폐하와 조선 인민을 위하여 하나님께 찬미와 기도를 할 터이요 오후 네 시에 모화관에 모두 모여 애국가를 노래하고 명망 있는 사람들이 연설도 할 터이라. 물론 누구든지 이 날을 경축하려 생각하는 이는 모두 모화관으로 와서 같이 애국가를 노래하고 연설도 들으시오

모화관은 중국 사신이 무학재를 넘어 오면 조선 신하들이 나가서 환영식을 열어주던 건물이다. 그 앞에 영은문이라는 거대한 문이 있었다. 청일전쟁 후 갑오개혁 때 영은문을 헐어버렸다. 독립협회가 영은문 자리에 독립문을 세우고 모화관을 독립관이라 하여 사무실로 사용하였다.

1897년에는 대한제국이 선포되고 미뤄졌던 명성황후 국장이 치러지자 언더우드와 아펜젤러는 정동감리교회에서 합동추도예배를 드렸다. 이 집회는 조선인들이 교회를 바라보는 시선을 긍정적으로 바꾸어 놓았다.

1922년에는 새문안교회에서 음악 단체 연악회가 조직되었다. 새문안교회 교인이었던 음악가 김인식, 김형준, 홍성유, 홍난파 등이 중심이 되었다. 음악 교육, 연구, 출판, 연주 등 다양한 활동을 펼쳤다. 새문안 연악회가 펴낸 최초의 가곡은 '봉선화'였다. 홍난파가 작곡한 바이올린 곡 '애수'의 멜로디에 김형준이 가사를 붙였다. 1936년에는 새문안교회 교인 현제명이 '아동 찬송가'를 펴내기도 했다.

새문안교회 역사관

교회 앞뜰에는 1927년 9월 21일에 세운 언더우드 목사의 공적비가 세워져 있다. 비석 전면에는 '博士 元杜尤 紀念碑(박사 원두우 기념비)'라 크게 썼다. 1941년 일제는 선교사를 일제히 추방하고 이 비석을 철거할 것을 교회에 명령했다. 이에 장로회 총회에서는 1942년 철거하여 교회 한 구석에 보관해 두었다가, 해방 후 다시 세웠

원두우 목사 기념비 새로지은 교회 마당에 세워져 있다.

다. 비석 전면 제목 좌우로 작은 글씨로 다음과 같이 새겼다.

博士西來(박사서래) : 서쪽 나라에서 박사 오심은
求天榮冕(구천영면) : 영광의 면류관을 얻고자 함이라

盡瘁敎育(진췌교육) : 몸과 마음 다 바쳐 교육에 힘쓰셨고

肇宣福音(조선복음) : 복음의 물길을 처음으로 트셨네

爲世光鹽(위세광염) : 세상의 빛과 소금이 되어

闡發文化(천발문화) : 문화세계 밝히 알리시면서

推厥赤心(추궐적심) : 그 참된 마음으로 온힘을 다해

打破昏暗(타파온암) : 이 땅의 어두움을 깨뜨리셨네

庸誌茂績(용지무적) : 어찌 다 글로 쓸까 그 많고 많은 업적을

敷玆靑邱(부자청구) : 여기 청구 땅에 널리 펼치시면서

提醒愚迷(제성우미) : 우매와 미혹을 깨우치셨으니

咸稱保羅(함칭보라) : 모든 사람 칭송하네 사도 바울이라고

비석 옆에는 김영주 목사 순교기념비가 있다. 김영주(1896-1950) 목사는 새문안교회 3대 담임 목사로 부임해서 일제의 탄압으로부터 실의에 빠진 교인들을 위로하고 믿음을 지키도록 독려하였다. 해방 후 김영주 목사는 한국 기독교가 다시 일어서는 데 힘을 썼다. 한국 전쟁 시에 교회를 지키다가 1950년 8월 18일 인민군에 끌려가 순교하였다.

교회 1층 역사관 내에는 한국교회 초기 역사와 새문안교회 유물이 전시되어 있다. 한국교회 초기 역사를 알기 쉽게 소개하고 있으니 천천히 읽어보면 큰 도움이 된다. 새문안교회를 세운 언더우드 목사에 대해서도 자세히 소개하고 있다. 언더우드 목사의 여행 가방, 직접 만든 한국어 문법 지침서 등이 있다. 로스와 맥킨타이어 목사가 서상륜, 이응천 등 의주 청년들과 1878년부터 번역하여 처음 완

성한 한국 최초의 단편 번역 성서가 있다. 아직 띄어쓰기가 적용되지 않았다. 언더우드 목사가 한국에 입국할 때 가져왔던 신약마가복음서언해(이수정 역)도 볼 수 있다.

현존하는 한국 개신교 당회록 중 가장 오래된 것도 있다. 언더우드 찬양가, 언더우드가 지은 'The Call of Korea'에는 당시 한국의 국토, 일상생활, 종교생활, 한국 선교의 역사, 교파 현황 등이 담겼다. 언더우드 부인이 지은 책도 있다. 언더우드 목사가 사용하던 타자기도 있어서 그의 땀방울을 생각나게 해준다. 새문안 교우 문답책, 새문안교회 초기 교인 명부(1887-1930), 제직회의록(1914-1928), 교회일지, 언더우드가 은스푼, 1910년에 제작한 장의자, 1910년 벽돌과 1947년 종탑 벽돌 등도 있다. 독립운동가 김순애 권사가 뜬 털양말도 있다. 김순애 권사는 김규식 장로의 부인으로 83세 때인 1972년 민주화운동으로 수감된 교인 가족을 위해 뜬 양말이다. 새문안교회 예배당 머릿돌도 전시되어 있어서 예배당 건축 역사도 살펴볼 수 있다.

TIP 새문안교회 탐방

▌새문안교회
서울시 종로구 새문안로 79 / TEL. 02-731-2820

새문안교회 역사관은 교회 1층에 있으며 화~주일(10:00~17:00)에 관람 가능하다. 기록관은 화~금(10:00~16:00) 관람 가능하다. 전시해설은 교회 홈페이지에서 예약하면 된다.

상동교회

민중 지도자를 뽑아 올리던 곳

　서울 중구 남창동 남대문시장 곁에 상동교회가 있다. 교회는 독립 건물이지만 아래층은 상가로 사용되고 있어서 고개를 들어 쳐다보지 않으면 교회인 줄 모르게 생겼다. 교회 입구에는 교회 내력을 알리는 여러 표지가 있지만 행인들은 무신경하게 지나가 버린다.

　조선시대에는 숭례문 – 덕수궁 - 경복궁 방향으로 난 직선도로가 없었다. 숭례문 – 한국은행 – 광통교 – 종각으로 이어지고, 종각에서 좌회전해서 경복궁으로 가는 길이 가장 번화한 길이었다. 상동교회가 있는 곳은 조선시대나 지금이나 인파가 많은 주요 도로(道路) 곁이었다. 철저하게 민중들 곁으로 가고 싶었던 선교사 스크랜튼의 의지가 담긴 입지 선정이었다. 스크랜튼을 닮고 싶었던, 또 닮았던 민중목회자 전덕기의 의지도 담겨 있었다.

민중 속으로 간 스크랜튼

　상동교회는 스크랜튼 선교사에 의해 시작되었다. '시병원'에서 이

상동교회 스크랜튼이 민중 속으로 나가 창립한 교회다. 지금까지도 가장 번화한 곳에 자리한 교회가 되었다.

미 언급했지만 스크랜튼은 의료선교사로 조선에 들어왔다. 그의 궁극적인 목적은 교회를 설립하고 복음을 전하는 것이었지만, 조선 정부가 허용한 의료사업부터 시작하였다.

1885년 5월 3일 조선에 입국한 그는 제중원에 나가 의료를 돕는 것부터 시작했다. 그런데 제중원은 조선의 왕공귀족을 주로 치료하고 있었기 때문에 그의 조선 선교 방향과 맞지 않았다. 그래서 그는 민중들 곁으로 가기 위해 제중원을 나와야 했다. 그가 조선에 온 목적, 하나님이 그를 조선으로 보낸 이유는 민중 속으로 들어가 복음을 전하게 하기 위함이었기 때문이다.

제중원에서 나와 병원을 개원한 곳은 정동이었다. 이때가 1885년 9월이었다. 지금의 정동제일교회 자리에 병원을 개원하고 가난한 민중들을 진료하기 시작했다. 병원 이름은 시병원이라 했다. 나라에서 이름을 내려주었다. 나라에서 병원 이름을 내려주었기 때문에 민중들도 서양 병원에 대한 선입관을 조금은 내려놓고 진료받을 수 있었다. 여성 진료를 위해 보구여관도 개원하였다. 많은 어려움이 있었지만 병원은 서서히 자리 잡아가고 있었다. 그러나 정동이라는 지역 자체가 민중들이 쉽게 발을 들여놓기 힘든 외국인 구역이었다. 그래서 제중원을 나온 것처럼 정동을 벗어나기로 했다. 그가 새롭게 터 잡은 곳은 민중을 가장 많이 만날 수 있는 숭례문 안쪽 지금의 한국은행 자리였다. 그는 그곳에 병원을 열고 선교를 시작했다. 이때가 1888년이었다. 내친김에 병원뿐만 아니라 교회도 설립하였다. 이때가 1888년 10월 9일이었다. 이날이 상동교회 창립일이 되었다. 정동 시병원 시절에 이미 동대문, 서대문, 남대문 주변에 시약소(진료소)를 설치하고 민중들에게 약을 나

미래유산상동교회 상동교회 입구에는 미래유산 표지가 붙었다

눠주고 있었기 때문에 병원과 교회는 금세 자리를 잡을 수 있었다. 스크랜튼 선교사의 궁극적인 목적은 복음을 전하는 것이었기 때문에 훗날 시병원이 세브란스병원에 통합되자 교회 설립에 집중하였다.

민중목회자 전덕기

한국 초기 교회사에서 전덕기 목사는 독보적인 존재였다. 전덕기 목사에 대해 알면 알수록 한국교회의 무관심에 놀라지 않을 수 없었

다. 교회사에서나 민족운동에서나 아주 특기할만한 인물임에도 불구하고 이분에 대해 언급하는 목회자를 만날 수 없었기 때문이다. 몇몇 교회사 연구자 외에 현장 목회자들은 무관심을 넘어 직무유기 하고 있었다. 미국의 유명 목회자, 유명 설교자에 대한 예화를 많이 들면서 정작 이 땅에서 이 땅의 민중을 위해 살다 간 이들은 외면하고 있었다. 언제쯤 미국 중심의 사고방식에서 벗어날 수 있을지 안타깝다.

전덕기 목사 스크랜튼을 닮고 싶어했던 전덕기 목사. 그는 한국 기독교의 초석을 놓은 인물이다.

전덕기는 서울 정동에서 1875년에 태어났다. 9살이 되던 해에 부모를 모두 잃었다. 고아가 되자 남대문에서 숯장수하던 삼촌에게 양자로 입양되었다. 가난하기는 마찬가지여서 교육받는 것은 생각조차 할 수 없었다. 그러나 근본이 총명했던지라 어깨너머로 배운 것이 어느 정도 한자를 아는 수준이었다고 한다. 그러나 그의 삶은 가난과 고단함의 연속이었다.

그의 청년기에 조선은 변혁의 시간이었다. 이전에 볼 수 없었던 서양과의 만남이 깊어지고 있었다. 한양 거리를 걷다 보면 어렵지 않게 서양 사람을 만날 수 있는 그런 분위기였다. 이들은 대부분 외교관이거나 선교사들이었다. 이른바 영아소동사건[15] 때에 혈기 넘치

---

15 선교사들이 어린아이를 데려다 돌보는 이유는 잡아먹거나 외국으로 팔기 위해서라는 유언비어. 수구보수세력이 기독교의 확산을 막기 위해 조작한 소문이었다.

던 전덕기도 정동 선교사 집에 돌을 던졌다. 그는 조선인들이 온갖 모욕을 주어도 부드러운 얼굴로 받아주는 선교사들에 1차로 충격을 받았다. 그 후 삼촌으로부터 선교사 집에 일자리가 났다는 소식을 듣고 소문의 진상을 알아보리라 다짐하며 이른바 위장취업을 했다. 그가 취업한 곳은 남대문에 있던 시병원이었다. 스크랜튼 가족은 일꾼에 불과한 그에게 존댓말을 하였으며, 그가 있으면 반드시 한국말로 대화하였다. 거기다가 스크랜튼의 헌신적인 민중 선교에 감동을 받지 않을 수 없었다. 이에 전덕기는 모든 의심을 풀고 복음을 받아들이기로 했다. 위장 취업한 지 4년 만인 1896년이었다. 그는 스크랜튼을 본받고 싶어 했다. 노블 선교사가 그에 대해 남긴 기록을 보자.

스크랜튼의 정신과 일상생활은 그와 함께 일해 본 사람이면 누구나 충성을 다하고 싶어할 만큼 모범적인 것이었습니다. 그의 훈련을 받고 아주 훌륭한 목사가 된 한 사람이 하루는 나를 찾아와 눈물을 머금고 이렇게 말하는 것이었습니다. '나는 스크랜튼 박사님이 하라는 대로 하고 싶어요. 박사님처럼 되고 싶을 뿐입니다.' 전덕기는 당대 서울에서 가장 유명한 설교자였을 뿐만 아니라 내가 믿기로는 우리 교회에서 가장 훌륭한 인품을 지닌 목회자로 추앙받는 인물이 되었는데, 그야말로 스크랜튼 박사 부부 집에 부엌 일꾼으로 들어갔다가 나중에 요리사가 되어 수년간 일을 하면서 스크랜튼 부부의 가정생활에 깊은 영향을 받은 대표적인 인물입니다.

전덕기 목사 앞에 붙는 '민중목회자'는 스크랜튼의 영향이 절대적이었다. 제중원에서 정동으로, 정동에서 남대문으로 그리고 서울 곳곳에 설치한 시약소 등은 모두 민중을 위한 것이었다. 오직 예수님처럼 '선한 사마리아인'이 되기 위한 발걸음이었다. 그러니 전덕기 목사 또한 그와 닮은 걸음을 걸을 수밖에 없었다.

전덕기는 교인이 된 후 세례를 받고 스크랜튼의 든든한 동역자가 되었다. 상동 병원과 교회에서 스크랜튼을 조력하며 상민, 천민을 대상으로 선교에 전념하였다. 선교사 스웨어러의 보고서를 보자.

한국인 동역자 전덕기와 최근 나에게 세례를 받은 박바울 이 두 사람은 상당 기간 교회 앞 길거리에서 공개적으로 전도하였습니다. 지나가던 사람들이 멈추어 서서 무리를 이루고 이 청년들이 하는 연설을 경청하는 것을 목격할 수 있었습니다.

스크랜튼이 한국을 떠난 후 상동교회 사역을 전덕기와 김상배가 맡았다. 아직 교회를 맡아 사역할 만큼 성장하지 못했지만, 그들은 기대 이상으로 열심을 내었다. 스크랜튼이 떠난 후 교회가 흔들릴 법도 하였지만, 안정적으로 세워진 것은 이들의 신실함과 열심이 더해졌기 때문이다.

민중들로 북적이는 남대문시장에 나가 전도하는 일이 전덕기의 일과였다. 어쩌면 숯장수 했던 어린 시절 경험이 그에게 남대문시장 사람들을 긍휼한 눈으로 바라보게 했는지 모른다. 그 민중들이 전덕기에게는 전도 대상이었다. 거리에 나아가 길 잃은 이들에게 참된 길이 어디인지 전했다. 이리하여 상동교회는 민중들로 가득 차게 되었다. 교회는 가난하고 병든 이들이 찾아왔다. 이들을 굶지 않게 하고, 질병을 치료해주는 것이 교회의 주된 과제가 되었다.

전덕기는 1900년 상동교회에서 개최된 신학회(神學會)에 참석한 것을 계기로 신학교육을 받기 시작했다. 1902년에는 전도사가 되었으며, 1905년 6월 목사 안수를 받았다. 스크랜튼이 사임한 1907년 이후 상동교회를 담임을 맡았다. 목회자가 된 이후에도 길거리에 나가 전도하는 일을 멈추지 않았다. 길에서 민중을 만났고 그들의 이야기를 들었다. 그리고 교회로 오라고 권했다. 그는 평소 동료나 후배 목회자들에게 이렇게 말했다. '목회자가 항상 준비하고 있을 것으로 장례를 위한 나막신, 마른 쑥, 의지(약식 관)를 갖추라' 평소 질병으로 죽은 이들을 많이 다루어 본 체험에서 나온 것이었다. 시체에서 흘러나온 체액 때문에 나막신을 신어야 하며, 마른 쑥으로 코를 막아야 역한 냄새를 견딜 수 있다. 간단한 관을 준비해 두었다가 시신을 담아야 한다는 것이다. 전염병으로 죽은 이들이 많아 장례조차 변변히 치르기 힘든 상황이 많았기 때문이다. 전염병으로 죽은 사람은 가족조차도 제대로 손을 대지 못했는데 전덕기는 직접 염을 하고 장례까지 치러주었다. 가난하여 장례를 치르지 못하는 이가 있다면 교인이든 아니든 장례를 치러주었다. 교회 근처에 사는 이들은 장례가 나면 전덕기 목사를 먼저 찾았다.

스크랜튼을 닮고 싶었던 전덕기는 어느덧 스크랜튼처럼 되어 있었다. 그의 민중 목회는 많은 이들을 감화시켰다. 특히 젊은이들에게 많은 감동을 주었다. 탐욕스러운 관료들에 분노했던 젊은이들은 전덕기 목사의 희생정신에 감동될 수밖에 없었고, 그와 함께 하고자 교회를 찾았다. 교회에 들어온 이들은 그에게 감화받은 이들이었고 그래서 당시 어느 감리교회보다 급속한 성장을 이루었다. 1913년에는 3천 명이 넘는 교인이 예배드리는 교회가 되었다.

행동하는 목회자였을 뿐만 아니라, 그의 설교는 평범하여 알아듣기 쉬웠다. '주를 믿으려면 참으로 믿고, 나라를 사랑하려거든 참으로 사랑하라' 이것이 설교의 핵심이었다. 그는 교회에서뿐만 아니라 꽤 인기 있는 대중 연설가이기도 했다. 각종 단체에 초청받아 열띤 강연을 하였다. 그는 주로 나라 사랑을 주제로 강연했다. 그는 일제의 감시 대상이 되었고, 급기야 설교마저 감시받았다. 그는 전면에 나서서 활동한 적이 없었다. 그래서 교회사에서나 독립운동사에서 그의 이름을 찾아보기 힘들었다. 그는 묵묵히 자신에게 주어진 삶을 열심히 살아냈다. 하나님이 맡기신 양떼를 먹이는 일, 길 잃은 양떼를 찾아 나서는 일을 소홀히 하지 않았다. 그리고 민족이 겪고 있는 암울한 운명 앞에 묵묵히 행동하였다.

일제는 항일의병을 초토화작전으로 진압한 뒤 교회를 중심으로 벌어지고 있는 민족계몽운동을 진압할 대책에 골몰하고 있었다. 교회는 미국, 영국을 비롯한 서구 열강과 관련이 깊었기 때문에 조심스럽게 접근했다. 교회를 함부로 했다가 외교 문제를 일으킬 수 있기 때문이었다. 그러던 중 황해도 안악에서 '안악사건'이 터졌다. 안악사건은 1910년 안명근이 서간도에 무관학교를 설립하기 위해 군자금을 모금하다가 친일파 민병찬의 밀고로 체포된 사건이다. 안명근은 안중근 의사의 사촌동생이다. 일제는 이 사건을 '데라우치 총독 암살음모 사건'으로 조작했다. 사건을 날조하고 조작할 때는 다른 목표가 있기 때문이다. 일제가 사건을 날조 조작한 이유는 황해도 지역 기독교도를 중심으로 펼쳐지고 있는 독립운동을 뿌리뽑기 위해서였다. 게다가 교회가 신민회지부 역할을 하면서 신문화운동에 주도적인 역할을 하고 있었기 때문이다.

체포된 이들을 조사하는 과정에서 협박, 구타, 고문이 자행되었다. 신민회 간부들 지시로 데라우치 총독을 암살하려 했다는 거짓 자백을 받아내려 했다. 이에 여러 교회 목사, 목사들과 연계된 지도자급 인사들이 줄줄이 연행되었다. 600여 명이 체포되어 혹심한 고문을 당했다. 야만적인 고문으로 허위 자백을 강요하였고, 사상 전환도 강요받았다. 모든 것이 날조되었다는 뚜렷한 증거가 있었음에도 재판관은 105명에게 유죄를 선고했다. 그래서 이 사건을 '105인 사건'이라고도 한다. 105명은 곧 항소했고 고등법원에서 105명 중 99명이 무죄로 석방되었다. 그러나 무죄판결을 받기까지 체포된 이들의 몸은 만신창이가 되었다. 일제가 노린 것은 유죄 선고가 아니었다. 혹심한 구타 고문을 통해 독립 의지를 좌절시키려 했던 것이다. 교회를 중심으로 확산되고 있는 애국계몽운동 열기를 꺼뜨리기 위한 것도 중요 목적이었다. 이때 기독교 지도자들은 막대한 타격을 입어야 했다.

전덕기 목사도 이 과정에 건강을 잃었다. 석방되기는 했으나 만신창이가 된 몸이었다. 그리하여 한국의 탁월한 민중 목회자 전덕기는 1914년 3월 28일 세상을 떠났다. 그가 세상을 떠났다는 소문이 나자 조문객이 상동교회로 구름처럼 모여들었다. 지도자급 인사에서부터 가난한 사람들, 병으로 고생하던 사람들, 장사하던 이들, 기생, 백정, 난봉꾼까지 모여들었다고 한다. 그의 장례식은 울음바다였다.

엡윗청년회

엡윗청년회는 감리교 청년회 이름이다. 영국의 종교개혁자, 감리교 창시자인 웨슬리의 출생지 이름을 따서 엡윗청년회라 하였다. 한국에 엡윗청년회가 조직된 때는 1897년이었다. 교육 · 친교 · 봉사를 목적으로 조직된 순수 신앙단체였다.

그러나 격동의 시대에 '지식인으로 살기 힘들다' 는 말처럼 알면 못 본 척하기 힘든 법이다. 청년들은 교회를 통해 한국 밖 세상 돌아가는 상황을 알게 되었다. 눈을 뜨게 된 청년들은 조국의 암울한 현실을 모른 척할 수 없었다. 이에 조금씩 국내 정치 상황에 대해 토론을 진행하거나, 각종 강연을 하며 항일단체로 자리 잡아 가고 있었다.

전덕기 목사가 담임하고 있던 상동교회는 어느 교회보다도 청년 조직이 활발했다. 1897년에 설립된 공옥학교, 1899년에 설립된 공옥남학교, 1904년에 설립된 상동청년학원이 민족교육사업을 시행하고 있었다. 깨어있는 민족운동가들이 상동교회로 몰려들어 인재 양성에 헌신하였다. 이들은 강사 · 교사 · 특별강사로 초빙되어 청소년들을 교육했다. 국문학자 주시경이 국어, 류일선이 수학, 메리 스크랜턴이 영어, 헐버트는 세계사, 이동녕은 국사, 이필주는 체육을 가르쳤다. 이러한 과정을 통해 지도자급 인물들이 모이는 공간이 생겼고, 이들은 자연스럽게 상동교회 청년조직이 되었다.

을사늑약 체결 무렵엔 가장 강력한 반일 저항조직이 되어 있었다. 당시 상동교회는 전덕기 목사가 담임하고 있었고 교회 안에 공옥학교, 상동청년학원이 있어서 주시경 · 이동녕 · 안태국 · 김구 · 노백

상동교회 입구 상동교회는 한말에 민족지도자들이 모여드는 곳이었다.

린 · 이준 · 이상설 · 남궁억 · 이회영 · 이시영 · 최재학 · 양기탁 · 정순만 · 박용만 · 이승만 · 우덕순 · 구연영 등 민족주의자들이 몰려들고 있었다. 훗날 '상동파'라 불리게 될 이들 민족운동가들은 을사늑약이 체결되자마자 상동교회에서 구국기도회를 개최하였다.[16]

기도회를 마친 이들은 경운궁(덕수궁) 대한문 앞으로 달려갔다. 을사늑약을 무효로 하고 을사오적을 처단하라는 상소를 올리기 위해서였다. 상소를 채 읽기도 전에 일본군이 들이쳐 청년들을 끌고 갔다. 교회에 남아 있던 청년들은 분노했고 종로로 나가 시위대를

---

16 이덕주 교수가 쉽게 쓴 한국 교회 이야기, 신앙과지성사

이끌었다. 심지어 교회 내에 장사(壯士)들을 모아 놓고 을사오적을 처단하기 위한 훈련도 시작했다. 일이 이렇게 흘러가자 한국 감리교 선교를 관장하던 해리스와 상동교회 설립자 스크랜튼은 우려를 표하면서 엡윗청년회를 해산시켜버렸다. 당시 미국은 일본의 한국 지배에 대해 묵인하였기 때문에 선교사들 또한 본국의 의지와 반대되는 행동을 취하기 어려웠다. 심지어 감리교의 해리스 감독은 심각한 친일 노선을 보여 주기까지 했다. 그는 한국에 와서도 일본인 교회 위주로 방문하였다. 한국 선교에 열정을 쏟고 있던 스크랜튼은 이러한 점을 우려하면서 미국선교본부에 편지를 보냈으나 무시되었다. 이에 스크랜튼은 선교사직을 사임했다.

상동교회에 모였던 이들의 면면을 보면 놀라지 않을 수 없다. 한국의 근대화와 독립운동에 중심에 섰던 민족의 기둥들이 상동교회 영향을 받았다는 사실이 놀랍다.

헤이그 특사와 상동교회

1907년 네덜란드 헤이그에서 만국평화회의가 열린다는 소식을 들은 고종은 특사를 파견하기로 했다. 전덕기 목사는 고종의 동의를 받아 특사로 상동청년회장 이준을 보내기로 결정했다. 이준 청년회장은 고종의 신임장을 들고 블라디보스톡으로 가서 이상설과 합류하고, 러시아 상페테르부르크에서 이위종을 만났다. 이상설은 당시 한국을 떠나 북간도 용정촌에 머물고 있었고, 이위종은 주러공사 이범진의 아들로 러시아에 있었다.

특사들은 긴 여행 끝에 헤이그에 도착하여 을사늑약의 부당함을 알리기 위해 동분서주했으나, 영국과 일본의 방해로 뜻을 이루지 못했다. 이준은 오랜 여행에 지친 상태에다 울분을 이기지 못하여 갑자기 세상을 떠나고 말았다. 유럽 한복판에서 동양 젊은이의 죽음은 언론의 관심을 끌게 되었고, 그들이 온 목적이 조금씩 알려지게 되었다. 헤이그 특사는 비록 원하는 바를 이루지 못했지만, 세계 여론에 호소하는 성과를 어느 정도 거두었다.

🔍 TIP 상동교회 탐방

▌상동교회
서울시 중구 남대문로 30 / TEL. 02-752-1136

상동교회는 지금도 남대문시장 곁에 있다. 현재 예배당은 1976년에 세운 것으로 B1~5층까지는 일반 상가, 6~9층은 교회로 사용하고 있다. 7층에는 역사자료실이 있다. 자료실이 있기는 하지만 너무 비좁아 상동교회가 걸어온 큼직한 발자국에 비해서 너무 소홀한 것이 아닌가 생각된다. 자료실에 있는 교회종은 정동제일교회 종과 더불어 매우 오래된 서양식 종이라 한다.

옛 예배당 마당에 세웠던 '故牧師全公德基紀念碑(고목사전공덕기기념비)'와 헤이그 특사로 파견된 청년회장 이준 열사가 쓴 한시도 있다. 예배당 내 정면 십자가는 특별한 것으로 만들었다. 상동교회 옛 벽돌 건물의 화강암 기단석을 가지고 만들었다. 십자가 아래 둥근 태극돌 바로 위에 있는 두 개 돌조각은 상동교회를 설립한 스크랜튼 목사와 민중목회자 전덕기를 상징한다. 그 위에 있는 네 개의 돌은 상동교회를 발전시킨 최성모, 오하영, 이필주, 신석구 목사를 상징한다고 한다. 상동교회를 탐방하려면 반드시 예약해야 한다.

승동교회

하나님 안에서 누구나 평등하다

전통문화의 거리 인사동

관광명소 인사동은 한국적 전통 분위기를 흠뻑 느낄 수 있는 곳이다. 그래서 외국 관광객들이 한국 관광에서 필수로 다녀가는 곳이다. 인사동 거리를 걸으면서 한국전통을 맛보고 싶기 때문이다. 인사동은 언제부터 이런 분위기를 품은 곳이 되었을까? 서울 북촌(경복궁과 창덕궁 사이)은 벼슬아치들의 저택들이 즐비했다. 수백 평에서 수천 평에 이르는 한옥들이었다.

1895년 신분제가 철폐되었고 거대 저택들에 허드렛일 하던 하인들이 사라지자 큰 집은 애물단지가 되었다. 또 서양식 신식 주택들이 들어서면서 한옥은 구식이 되어 해체되기 시작했다. 그리고 한옥에서 나오는 각종 물품들이 판매되기 시작했다. 도자기, 그림, 붓, 벼루 등 흔히 골동품이라 불리는 것들이 팔리기 시작한 것이다. 근대화 물결을 따라 서울에 있던 전통 한옥들에서 물품들이 쏟아져 나왔다. 을지로, 명동 주변과 인사동에 상권이 형성되었다. 명동 지역 상가의 임대료가 상승하자 인사동으로 모여들었다. 지금은 인사동에만 남아 전통 문화구역으로 보존되고 있다. 참고로 인사동이라는 동명은 1914년 '관인방'과 '사동'을 통합하면서 생겨난 지명이다.

전통 향기가 물씬 풍기는 인사동 언저리에 인사동 분위기와는 사뭇 다른 붉은 벽돌로 된 교회가 있다. 골목 안으로 들어가면 제법 서구적 분위기를 품은 교회가 보인다. 들어가는 골목길에 교회 역사를 알 수 있도록 소개하고 있어서 심상찮은 교회임을 직감할 수 있다. 승동교회로 불리는 이 교회는 어떤 이야기를 품고 있을까?

곤당골 승동교회

승동교회를 개척한 이는 사무엘 포먼 무어(Sammuel Forman Moore) 목사다. 그의 한국 이름은 모삼열(牟三悅)이다. 그는 1892년 9월에 조선에 들어왔다. 그는 외국인들이 주로 거주하던 정동이 아닌 조선인들과 가까운 곳인 지금의 을지로 근방에 정착했다. 조선에 도착하자 서툴지만 조선인들과 어울리기 위해 노력했다. 조선의 하층민들과 주로 어울렸기 때문에 그의 한국말은 서민 언어였다. 그는 조선인들과 매우 친밀하게 지냈으며, 그의 그러한 행동은 조선사람에게 감동을 주었다. 이웃들은 그의 행동거지(行動擧止)에서 유교적 가치관인 仁(인)을 느꼈다. 그래서 그를 인목(仁牧)이라 불렀고, 그의 집은 '仁義禮智家(인의예지가)'라 칭송했다.

무어 목사는 조선에 온 이듬해인 1893년 곤당골(美洞, 지금의 을지로 1가)에 예수교학당과 교회를 세웠다. 곤당골이라는 지명은 조

승동교회 인사동 뒷골목에 붉은 벽돌 예배당이 승동교회다. 많은 이야기를 품고 있는 것이 인사동과 어울린다.

선시대 역관을 지낸 홍순언(洪純彦)의 집에서 유래되었다고 한다. 임진왜란이 일어나기 몇 년 전 사신을 수행하여 명나라에 갔을 때 유곽에서 어떤 여인을 만났다. 그 여인은 부모를 잃고 장례 치를 돈이 없어 몸을 팔게 되었다고 했다. 홍순언은 자신이 갖고 있던 돈을 털어 여인을 구해주었다. 몇 년 후 홍순언이 다시 사신단의 통역을 맡아 명나라에 가게 되었는데, 그때 석성이라는 관료가 융숭한 대접을 하였다. 알고 보니 유곽에서 구해주었던 여인이 석성의 첩이 되어 있었던 것이다. 여인은 손수 짠 비단에 보은단(報恩緞)이라는 글씨를 수놓아 홍순언에게 주었다. 홍순언은 임진왜란 때 원군을 요청하기 위해 명나라에 자주 갔다. 그는 석성의 도움을 받아 명군의 파병을 성사시켰다. 이에 나라에서는 그를 당능군(唐陵君)에 봉했고,

지금의 을지로 인근에 땅을 하사했다. 그는 그곳에 아흔아홉 칸 집을 짓고 살았다. 사람들은 드라마 같은 그의 이야기를 기억하며 그가 살던 동네를 보은단골이라 불렀다. 그 후 고운담골, 곤담골 등으로 불렸다고 한다. 홍순언은 담장에다 '孝弟忠信'이라는 글자를 수놓아 담이 매우 아름다웠다고 한다. 그래서 고운담골로 불리다가, 곤당골이 되었다는 설도 있다. 이 이야기는 드라마 '상도'에서 임상옥을 주인공으로 풀어낸 적이 있었다.

아름다운 사연과 담장이 있는 곤당골에 무어 목사가 교회를 세우면서 '승동교회'가 시작되었다. 무어 목사는 길거리 전도를 통해 교회와 예수교학당이 있음을 알렸다. 아이들을 예수교학당에 보내서 교육시킬 것을 권하는 것을 들은 한 박가(朴哥) 백정이 아들 봉출이를 학당에 보냈다. 이름은 없고 박씨 성을 가진 백정이 훗날 무어 목사를 만나 박성춘이 되었고, 아들 봉출이 박서양이 되었다. 이름을 가진다는 것은 당당한 인격체가 되었다는 것을 말한다. 하나님이 창조하신 아름다운 인간임을 자각하게 된 것을 말한다. 그러므로 세상을 향해 당당하게 걸어갈 수 있었다. 승동교회는 무어 목사와 박승춘, 박서양이 풀어가는 하나님의 역사로 시작된다.

만민공동회 연사 박성춘

인터넷에서 '만민공동회'를 검색하면 반드시 뜨는 그림 한 장이 있다. 수많은 청중 앞에서 손을 들어 연설하는 장면이다. 장소는 보신각(普信閣) 앞이며 보신각 현판 아래에 태극기가 걸려 있고, 연단 위에는 천막을 쳤다. 연사 뒤에는 벼슬아치와 갓을 쓰고 도포를 잘

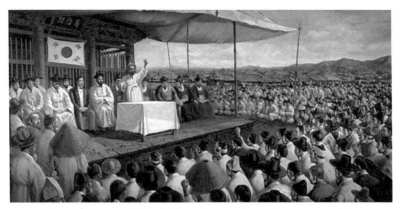

만민공동회 보신각 앞 연단에서 박성춘이 연설하고 있다. 연단에는 관료와 개화 지식인이 듣고 있다. 민중들도 귀를 기울여 듣고 있는 모양이 나라가 바뀌기를 간절히 바라는 염원이 담긴 듯하다.

차려입은 양반들이 앉아 있다. 개화된 신사도 앉았다. 이들은 만민공동회를 주최하는 독립협회 주요 인사들이다. 연사 앞에는 다양한 신분의 사람들이 귀를 기울여 듣고 있고, 손을 들어 호응하기도 한다. 열변을 토하고 있는 연사의 옷차림으로 봐서 양반은 아닌 듯하다. 머리에는 갓이 아닌 패랭이를 썼다. 낮은 신분이 틀림없는 이 사람이 누구길래 만민공동회 연사가 되어 수많은 청중 앞에서 당당히 소리치고 있을까?

나는 대한의 가장 천한 사람이고 무지몰각한 사람입니다. 그러나 충군애국의 뜻은 대강 알고 있습니다. 이에 利國便民(이국편민)의 길인즉 관민이 합심한 연후에야 가(可)하다고 생각합니다. 저 차일(遮日:천막)에 비유컨대 한 개의 장대로 받친즉 역부족이나 많은 장대가 합한즉 그 힘이 견고합니다. 원컨대 합심하여 우리 대황제의 성덕에 보답하고 국조(國祚:국운)로 하여금 만만세를 누리게 합시다.

이 연사의 신분은 백정이며 이름은 박성춘이다. 놀라운 일이다. 백정이 만민 앞에서 연설을 할 수 있다니! 하층계급 중에서도 하층인 백정이 만민공동회 연사가 될 수 있었던 사연은 무엇일까?

백정 박성춘은 무어 목사의 길거리 전도를 접하고 아들 봉출이를 예수교학당에 보냈다. 아들만이라도 백정이라는 울타리에 가두어 두고 싶지 않았기 때문이다. 개화된 세상이 왔지만 백정에겐 딴 세상 이야기였다. 백정 아들이라 선교사들이 설립한 학당 외에는 교육시킬 방법이 없었다. 예수교에 대한 못된 소문을 들었지만 선택의 여지가 없었다. 예수교학당에 다니던 봉출이는 아버지에게 예수를 소개하고 여러 차례 교회에 나갈 것을 권했으나 그는 그럴 생각은 없었다. 아들이 예수교학당에서 공부하는 것은 허락했으나, 교회에 나가 예배드리는 것은 금했다.

1894년 우리 민족은 시련의 시간이었다. 백성을 쥐어짜던 탐관오리들의 횡포에 맞서 동학농민운동이 들불처럼 일어났다. 고종과 명성황후는 이를 해결할 능력이 없었다. 왕은 임오군란, 갑신정변 때에 써먹던 방법인 청나라 군대를 불러들이는 악수를 두었다. 우리 역사 최악의 선택이었다. 호시탐탐 조선에 출병할 명분만 찾고 있던 일본은 텐진조약[17]을 빌미로 군대를 끌고 들어왔다. 이 때문에 청일전쟁이 발발했고, 이후로 예기치 못한 일들이 연이어 발생했다. 저들이

---

17 갑신정변으로 야기된 청·일군의 충돌 문제를 타협하기 위해 1885년 리홍장 (李鴻章)과 이토 히로부미(伊藤博文) 사이에 맺은 조약이다. 그 내용은 청·일 양군이 조선에서의 동시철병, 조선의 변란으로 군대를 파병할 때는 먼저 상대방에 통보한다는 것 등이다. 이 조약으로 일본은 조선에서 청과 대등한 세력을 유지하여 조선에 대한 파병권을 얻게 되었으며, 후일 청·일 전쟁 유발의 한 원인이 되었다.

갖고 들어온 것으로 짐작되는 콜레라도 예상치 못한 재난이었다. 당시 이 병은 역병이라 불렸고, 얼마나 싫었던지 '염병'이라는 말을 낳았다. 귀신이 퍼뜨리는 병이라 하여 대문에 부적을 붙이거나, 무당을 불러다 귀신을 몰아내는 굿을 했다. 이해 가을 박성춘은 콜레라에 걸려 사경을 헤맸다. 부적과 굿도 소용없었다. 아들 봉출이는 무어 목사를 다급하게 찾아와 아버지가 죽게 되었으니 살려달라고 애원했다. 이에 무어 목사는 제중원에 와 있던 에비슨(O. R. Avison)을 데리고 봉출이가 안내하는 마을로 갔다. 그곳은 백정마을이었다. 무어 목사와 에비슨은 박성춘을 진료하고 치료했다. 에비슨의 회고록에는 그날의 기록이 남아 있다.

집은 가난한 사람의 것이었으나 대부분의 다른 집들과 비슷하게 작았다. 환자가 누워 있는 방은 가로 세로 7피트였으며 높이도 거의 같았다. 환자는 얇고 푹신한 이불 위에 누워 있었고 방바닥의 열기가 기분 좋게 느껴졌다. 나는 환자를 진찰하기 위해 서양 사람에게는 편하지 않은 다리를 교차하는 자세로 방바닥에 앉았다.

몇 날을 왕래하며 정성껏 치료한 끝에 사경을 헤매던 박성춘은 살아났다. 박성춘은 감동했다. 에비슨이 누군가! 제중원 의사이면서 고종 임금의 주치의가 아니던가? 어의가 백정을 치료하다니! 조선 500년에 이런 일이 있었던가? 박성춘은 예수교에 대해 가졌던 잘못된 생각을 일거에 떨쳐버렸다. 두 딸도 에비슨이 운영하던 여학교에 보냈다. 지금까지 아들에게 교회에 나가는 것을 금했는데, 이제는 아들 손에 이끌려 교회 문을 스스로 열었다. 그의 출현은 50여 명 되던 곤당골 교회를 발칵 뒤집어 놓았다. 출석 교인들 대부분이 양반들이었기 때문이다. 그날 이후로 교인들 수십 명이 사라졌다. 이유를 몰랐던 무어 목사는 나중에야 상황을 알게 되었다.

한국 사회에서는 백정이 가장 낮은 계층입니다. 거지보다도 더 낮은 계층이라고 누가 설명해주더군요. 어제 잘 나오던 교인 6명이 나오지 않았습니다. 그들은 백정과 같은 교회에 다닐 수 없다는 것입니다.

박성춘을 내보내야 돌아오겠다는 말을 들었다. 무어 목사는 타협하지 않았다. 그들의 주장은 하나님 말씀에 비추어 옳지 않기 때문이다. '하나님 안에서 누구나 평등하며, 형제요 자매다'라고 설득했지만 수백 년 습성을 쉽게 바꿀 수 없었다. 백정에게 세례를 주고 정식 교인으로 받아들인 것에 대해서 양반들은 인정할 수 없었다. 이렇게 양반 교인들이 교회를 떠나는 상황에서 어떤 이들은 양반과 백정의 자리를 따로 만들어 예배를 드리자고 했다. 그러면 돌아오겠다고 타협안을 제시했다. 그러나 무어 목사는 단호하게 거절했다. 그러자 양반들은 교회를 떠났다. 그들이 나가 세운 교회가 홍문섯골 교회다. 이때부터 곤당골교회는 상민과 백정들 교회, 홍문섯골교회는 양반교회로 알려졌다.

박성춘은 자신 때문에 무어 목사가 곤란한 상황에 처했음을 알았다. 그는 그 은혜를 갚기 위해서 더 열심히 전도하고 다녔다. '백정도 사람 취급하는 종교가 있다'라고 하며 천민들이 거주하는 동네를 돌아다녔다. 박성춘의 이야기를 들은 이들이 모여들었다. 교회는 다시금 신도들로 채워졌다. 무어 목사의 선교편지에는 당시 상황을 잘

전하고 있다.

백정인 박씨는 아주 신실한 그리스도인임이 드러났습니다. 그는 친구 백정 네 명을 데리고 나왔습니다. 임씨, 원씨, 그리고 이씨 둘인데 그들은 원입인으로 받아들여졌으며 세례도 받을 것입니다. 머잖아 책도 잘 읽고 지식도 풍부해질 것입니다. 그들은 거의 매일 박씨 집에 모여 성경을 공부합니다.

박성춘은 무어 목사의 가르침을 받았다. 예수를 믿기 전과는 다른 사람이 되었다. "예수를 믿고 새 봄을 맞이하여 새 사람이 되었다"는 뜻으로 이름을 '성춘'이라 지었다. 백정이었기 때문에 지금까지 이름이 없었다. 아들 봉출이에게는 "상서로운 태양이 되라"는 뜻으로 '서양'이라 하였다. 이름을 갖게 되었다는 것은 존중받을 인격체로서 인간이 되었다는 뜻이었다. 교인이 되고 보니 누구나 하나님의 창조 아래 있다는 것을 알게 되었고 모두가 동등한 하나님의 자녀라는 것을 알게 되었다. 스스로 천한 존재임을 인정하고 인간으로서 가져야 할 마땅한 인격을 갖추지 못했던 그는 눈을 떴다. 백정을 비롯한 천한 이들에게 예수를 전한 박성춘은 백정들의 지도자로 우뚝 섰다.

박성춘은 자신이 백정으로 살면서 느꼈던 것과 예수를 믿게 된 후 변화된 것을 백정 마을을 순회하며 증언했다. 성경 이야기도 전했다. 이집트의 노예로 살았던 이스라엘 민족을 구원하셨던 하나님 이야기를 전했다. 진정한 해방을 누리고 싶으면 그분만 믿으면 된다고 열변했다. 이것은 돈이 드는 일이 아니라고 했다.

박성춘은 무어 목사의 가르침 속에 백정을 위한 인권 운동에 나섰다. 백정 해방을 위해 보다 적극적으로 행동하였다. 백정이 당하고 있는 부당한 처우를 개선해 줄 것을 탄원하였다. 내각 총서로 있던 유길준에게 전달된 탄원서는 아래와 같은 내용이 담겨 있었다.

당신의 비천한 충복들인 우리 백정들은 5백 년간 짐승을 도살하는 일을 하며 살아왔습니다. 우리는 언제나 나라가 시키는 일을 하며 묵묵히 충성스럽게 순종하며 일해 왔습니다. 그러나 우리는 천민 중에서도 가장 밑바닥으로 천대받아 왔습니다.

백정이 받아온 온갖 부당한 처사를 개선해 줄 것을 탄원했다. 갑오경장으로 신분이 철폐되는 법이 시행되고 있었으나 현실은 그렇지 않음을 역설하였다. 실질적으로 타파되기 위해서는 백정도 갓과 망건, 도포를 입을 수 있어야 하며 그렇게 해달라고 건의했다. 이에 '이미 포고문을 발표한 바 있으니 금후에는 아무런 걱정이 없을 것이다'라는 답을 받기에 이르렀다. 매우 획기적인 전환의 시간이었다. 물론 현실에서는 백정에 대한 인식이 완전히 해소되지는 않았다. 1923년 백정 해방을 위한 '형평사운동'이 일어났으니 말이다. 모든 일이 첫술에 배부를 순 없는 것이다. 박성춘이 시작한 실질적 신분 해방이 서서히 결실을 맺어가고 있었던 것이다.

박성춘은 에비슨에게 아들 박서양을 부탁했다. 에비슨은 박서양을 불러다 병원에서 허드렛일을 시켰다. 박서양은 묵묵하고도 충성스럽게 맡은 일을 해냈다. 에비슨은 박서양의 인물됨을 알아보고 정식 교육생으로 받아들였다. 박서양은 1908년 6월 우리나라 최초의 7명 의사 중 한 명으로 세브란스의학교를 졸업했다. 졸업 후에는 의학교에서 학생들을 지도했으며, 간호원을 양성하는 일에도 헌신했다. 1918년 학교를 사임하고 만주로 건너가 구세의원(救世醫院)과 교회를 설립하여 가난한 이들을 도왔고 소학교를 세워 아이들 교육에 헌신하였다. 또 만주에서 활약하는 독립군의 의료도 도맡았다. 이후 다시 국내로 돌아와 병원을 운영하다 1940년에 사망했다. 나라에서는 그의 독립운동을 인정하여 건국포장을 추서하였다.

박성춘은 1911년 승동교회 장로로 임직받았다. 큰딸 박양무는 신채호의 동생인 산부인과 의사 신필호와 혼인하였다. 백정이던 박성춘은 양반가와 사돈이 되었다.

곤당골에서 홍문섯골, 그리고 승동

백정과 같은 공간에서 예배를 드릴 수 없다고 해서 분리되어 나간 양반들은 청계천 광교 부근에 집을 한 채 얻어 예배를 드리기 시작했다. 이곳이 홍문섯골교회다. 이 교회는 선교사 또는 목사가 없었고, 장로도 없었다. 이들이 곤당골 교회를 출석한 지 오래지 않은 상태에서 분리되어 나왔기 때문에 신앙이 돈독하지도 못했다. 신앙이 돈독했더라면 양반이니 백정이니 하며 교회를 나오는 일이 애초에 없었을 것이다.

당시는 목사, 선교사가 부족한 상황이었기 때문에 목회자를 초빙할 수도 없는 상황이었고, 교계 지도자였던 선교사들은 불미스러운 일을 일으키고 분리되어 나온 홍문섯골교회를 인정할 수 없었다. 선교사들의 도움을 받지 못한 채 2년 8개월을 보냈다. 몇몇은 곤당골교회로 돌아가기도 했으나 대부분은 홍문섯골교회에 남아 신앙생활을 했다. 교회는 집사 두 사람을 선출해서 나름대로 격식을 갖추기 시작했다. 이때 선출된 집사는 목원근과 김정삼이었다. 목원근은 훗날 에비슨 선교사의 한글 선생이 되었고, 김정삼은 윌리엄 데이비스 레이놀즈(William Davis Reynolds, 한국명 이눌서) 선교사를 도와 구약 성경번역에 큰 역할을 하였다.

곤당골교회는 남은 성도들이 열심을 내 전도한 결과 교세를 회복하고 있었다. 또 홍문섯골교회에서 되돌아온 이들도 있어서 양반 일부와 상민, 천민이 함께 예배드리는 모양을 갖추고 있었다. 그러나 시련은 여기서 끝나지 않았다. 1898년 6월 화재로 예배당이 불타버린 것이다. 곤당골교회 교인들은 흩어져 예배드릴 수밖에 없는 상황이었다. 1899년 가을 홍문섯골교회는 그들을 위해 문을 열었다. 예전에 백정과 함께 예배할 수 없다면서 뛰쳐나갔지만, 그들을 받아들이기로 한 것이다. 신앙이 얕아서 하나님의 뜻을 제대로 알지 못하고 관습에 얽매였었다면 이제는 복음의 진정한 뜻을 알게 된 것이다. 두 교회는 4년 6개월 만에 다시 결합 되었다.

곤당골교회는 사라지고 이제 홍문섯골교회가 되었다. 무어 목사는 홍문섯골교회를 지도하며 하나가 된 교회를 섬기게 되었다. 세례교인 수 89명, 원입교인 수 150명이나 되는 큰 교회로 성장하였다. 순조롭게 성장하던 홍문섯골교회는 다시 한번 시련을 맞게 되었다. 무어 목사의 부인이 폐결핵에 걸려 건강이 악화되고 있었던 것이다. 무어 목사는 부인의 병을 치료하기 위해 1901년 12월 미국으로 일시 귀국하였다. 무어 목사가 미국에 체류할 때 홍문섯골교회에 또 시련이 닥친다.

선교사들이 주도하는 서울 시찰회에서 홍문섯골교회에 대해 폐쇄 조치를 내린 것이다. 선교사들은 홍문섯골교회가 시작할 때부터 선교사들의 지도를 따르지 않았고, 평신도들이 교회를 주도하려는 것에 대해 치리를 할 필요를 느꼈던 것이다. 그동안 무어 목사의 반대로 이루지 못하다가 부재를 틈타 실행한 것이다. 홍문섯골 교인들이 반발하자 항명하는 다수의 교인을 제명하고, 교회를 폐쇄해버리고 말았다.

선교사들은 교회를 폐쇄한 후 교인들로 하여금 구리개(銅峴:동현) 제중원병원 내에 있던 기도처소를 이용하도록 했다. 그곳은 홍문섯골 교인들이 매주 전도하러 다니던 곳이라 어색한 장소는 아니었다.

제중원 기도처는 동현교회 또는 구리개교회라 불렸다. 구리개는 지금의 을지로, 명동, 충무로 일대를 말한다. 구리개 제중원은 1904년 미국인 세브란스의 재정 지원으로 지금의 서울역 앞으로 이전 건축하고 세스란스병원이라 불렀다. 병원이 이전하게 되자 동현교회도 함께 이전하였다. 이때 동현교회 교인 중 일부는 남대문으로 옮겨가고, 대부분은 승동에 교회를 마련하여 그곳으로 갔다. 남대문으로 옮겨간 교회는 지금의 남대문교회로 성장했고, 승동으로 옮겨간 교회는 승동교회가 되었다.

3.1 만세운동과 승동교회

승동교회에 들어서면 '3.1독립운동 기념터' 표석과 '승동교회와 3.1운동'이라는 안내판이 세워져 있는 것을 볼 수 있다. 표석에는 '3.1 독립운동 거사를 위해 학생대표들이 모의하였던 곳'이라 기록되었다.

승동교회 백정이라는 이유로 차별하지 않았기에, 시대의 불합리와 맞섰기에 지금의 승동교회는 더 커 보인다.

1918년 1차 세계대전 후 민족자결주의[18]가 발표되자 그것에 고무된 민족지도자들은 독립선언을 위한 활동을 시작하였다. 1919년 1월 21일 고종황제가 승하하자 민족적 울분이 터져 나왔다. 1910년 이래 일제의 강압 통치에 숨죽이고 있던 한국민들은 황제의 죽음을 기해 울분을 마음껏 토해내고 있었다. 그 시작은 일본의 심장 도쿄에서였다. 유학 중이던 학생들이 2.8 독립선언을 한 것이다. 적의 심장부에서 과감히 한국이 독립국임을 선언했다. 이에 국내 거주 지도자들은 저들의 뜻과 함께 하기 위해 거사를 준비하였다. 한편 학생대표들은

18　1918년 1차 세계대전이 끝나자 미국 대통령 윌슨이 한 말. 각 민족이 스스로의 의지에 따라서 그 귀속과 정치 조직, 운명을 결정하고 타민족이나 타국가의 간섭을 받지 않을 것을 천명한 집단적 권리를 말한다. 그러나 패전국 지배를 받던 민족에게나 해당되는 것이지, 승전국 식민지에는 해당되지 않았다.

따로 모여 거사를 모의했다. 도쿄에서 실행된 2.8 독립선언의 영향이었다. 국외에서 학생들이 독립을 선언하였기 때문에 국내에서 호응하기 위함이었다.

1919년 1월 26일 승동교회 청년면려회장이자 연희전문 기독학생회 회장을 맡은 김원벽은 YMCA 간사 박희도, 보성전문학교 강기덕, 보성전문학교 졸업생 주익, 경성의학전문학교 김형기 등과 함께 학생지도자 회의를 개최하였다. 그 장소가 김원벽이 출석하던 승동교회였다. 이들은 교회 하층 소학교사무실에 모여 매우 구체적으로 독립운동 계획을 세워나갔다. 그러던 중 새로운 소식이 들렸다.

2월 23일 박희도로부터 3월 1일 탑골공원에서 민족대표들이 독립선언식을 연다는 통고를 받게 된다. 이들은 그동안 준비해온 만세운동 계획을 취소하고 곧바로 천도교와 기독교, 불교 등 종교계에서 추진하는 독립선언에 동참하기로 결정하였다. 그리고 2월 28일에는 이갑성으로부터 독립선언서 1,500매를 전달받아 각 학교 대표에게 배포하여 3.1만세 시위를 서울뿐 아니라 지방으로도 확산시키는데 중요한 역할을 한다.[19]

학생대표들은 민족대표들이 독립선언식을 연다는 이야기를 듣게 된다. 학생들은 민족대표들이 준비한 것에 집중하기로 의견을 모으고 자신들이 준비한 계획은 취소하였다. 승동교회 김원벽은 2월 25일 정동교회 목사이자 민족대표 33인 중 한 분인 이필주의 집으로 학생대표들을 소집하여 거사를 모의하였다. 이들은 거사 당일에 학

---

19 1919년 3월 1일 그날을 걷다, 성주현 외, 서울역사편찬원

생들을 탑골공원에 집결시킬 것을 결의하였다.

3월 1일, 탑골공원에 민족대표들이 나타나지 않자 김원벽을 비롯한 학생대표들은 민족대표들이 모여 있는 태화관으로 달려갔다. 민족대표들로부터 탑골공원이 아니라 태화관에서 독립선언식을 한다는 것을 확인한 그는 집결한 민중과 학생들을 독려하며 독립만세를 외쳤다. 3월 1일뿐만 아니라 3월 5일에도 서울역 광장에서 만세 시위를 주도하였다. 일제는 폭력적으로 시위를 진압하였고 이날 김원벽은 일경에 체포되었다. 그는 일제의 폭압적인 고문과 불합리한 재판 결과 서대문형무소에서 2년간 옥고를 치러야 했다.

승동교회 5대 담임목사인 차상진은 일제가 폭력적인 방법으로 3.1만세운동을 진압하는 것을 보고 의분을 참지 못했다. 안동교회 김백원, 평북 정주교회 조형균, 평북 의주교회 문일평 등 12명과 함께 일제의 식민지배를 규탄하는 '12인의 장서'를 작성해 조선총독부에 직접 전달하였다. 차목사는 현장에서 바로 체포되었다. 이 사건으로 재판을 받고 8개월 선고받았다. 그는 이듬해 4월에 특사로 풀려났다. 당시 기독신보는 차목사의 출소 소식을 이렇게 소개했다.

차상진씨는 본래 기질이 섬세하고 약한 터에 겸하여 고통을 받은 결과로 얼굴빛은 희여 부우시고 손목은 바싹 말라 부러질 듯 목은 가느다랗게 되어 다시 말하면 뼈와 가죽만 남았다고 하여도 과언은 아닌데 본월(5월) 2일 주일에 자기가 늘 서서 설교하던 강단에 서서 교회에 대하여 인사를 드릴 때 창자 속에서 끓어 나오는 목소리로 시작하더니 중간에 와서는 한참 중지하고 우두커니 서서 있는데 이

것은 심장에서 끓어오르는 열기에 북받쳐 두 눈에는 구슬 같은 눈물이 술술 나오고 입가에는 기가 막히는 소리로 '부형 자매 제씨 오늘날 이렇게 만나 뵈옵는 것은 여러분의 기도로 인함인 줄 알고 감사합니다'라고 하고 마치더라.

차 목사는 1922년 1월 사임했다. 폭력적 위협을 앞에 두고도 망설이지 않고 나설 수 있었던 것은 신앙의 내재화가 있었기 때문이다. 더 크신 분을 바라보았기 때문에 두려움을 이길 수 있었다. 당시 그리스도인들은 하나님이라는 더 큰 분을 의지 했기 때문에 과감히 만세운동을 주도할 수 있었다.

TIP 승동교회 & 조선시대 백정

■ **승동교회**
서울 종로구 인사동길 7-1 / TEL.02-732-2341

조선시대에 백정은 칠천반(七賤班)으로 불리던 최하류 계층 중 하나였다. 칠천반은 포졸, 광대, 고리장(나무 껍질로 장을 만드는 사람), 무당, 기생, 갓바치(동물 가죽으로 신을 만드는 사람), 백정을 말한다. 백정은 동물의 피를 만지는 직업이었기 때문에 칠천반 중에서도 천하게 취급받았다. 백정은 인구에 들지도 않았다. 국가 인구 조사에서도 제외되었던 무적자(無籍者)였다. 혼인해도 상투를 틀 수 없었으며, 망건이나 갓을 착용할 수도 없었다. 상투를 틀지 못하고 갓을 쓸 수 없었기에 어린아이 취급을 받았다. 어린아이 취급을 받았기 때문에 아무나 반말을 해댔다. 거주지를 옮길 수도 없었다. 혼인할 때 가마를 탈 수 없었고, 죽어서도 상여를 탈 수 없었다.

연지동 언덕

연못골로 옮긴 장로교 선교부

정동은 덕수궁에 내어주고

정동에 있었던 미북장로회 선교부는 덕수궁이 확장되자 그 터를 대한제국에 매각하고 연지동 일대 구릉지를 매입해서 선교부를 옮겼다. 연못골이라 불렸던 이곳 언덕에 1894년 연동교회, 1895년 정신여학교, 1901년 경신학교가 이미 들어서 있었다. 1902년 덕수궁 확장으로 선교사 주택들이 정동에서 옮겨와 연지동 언덕에 차례로 들어서자 이곳의 풍경은 사뭇 달라졌다. 교회와 학교, 선교사 주택들은 언덕 위에 있었고, 게다가 붉은 벽돌로 된 서구풍 2층 주택이 많았다. 당시로서는 매우 이색적인 풍경이 아닐 수 없었다. 구릉 위에 지었기 때문에 언덕 아래 사는 한국인들에게 매우 잘 보였다. 서울에서 정동에 이어 연지동 또한 서구적 풍경을 대표하는 장소가 되었다.

일제강점기 선교기지에 거주했던 딘(M. Lillian Dean), 하트니스(Hartness E. Marion) 등 선교사들은 신의겸 등 독립운동가들의 회의

연동 선교사 주택 연동 언덕에 장로교 선교부가 자리잡고, 여러 채의 양관을 지었으나, 지금은 한 채 남아 있다.

장소로 사택을 빌려준다든가 독립운동 관련 비밀 서류들을 숨겨주는 등 독립운동을 지원했다.

1940년 선교사들이 강제 출국당하자 선교촌은 비게 되었다. 그러나 곧 해방이 되어 선교사들이 다시 돌아왔고 선교촌은 해방 후 한국을 위로하는 장소로 탈바꿈 되었다. 시간이 흘러 선교기지는 해산되었고 그 자리에 한국기독교회관 등이 건립되었다. 1970년대 한국기독교회관은 독재정권과 맞서는 민주화운동의 거점으로 사용되기도 했다. 현재 연지동 언덕에는 선교사 사택 1채, 정신여학교 본관(세브란스관)만 남아 있다.

김마리아의 길

연지동 언덕에 있던 정신여학교는 1887년 엘러스(Annie J. Ellers)

가 정동 사택에서 한 명의 고아에게 글을 가르치면서 시작되었다. 처음에는 정동여학당이라 불렀다. 1895년 정동여학당은 연지동으로 이전해 연동교회 옆에 있던 ㄱ자 한옥을 구입하여 교실로 사용했다. 이때 연동여학교로 교명을 바꿨다. 1909년에는 정신여학교로 인가를 받았다. 교명인 '정신(貞

김마리아 흉상 연동에는 김마리아의 길이라는 역사 체험코스가 있다.

信)'은 여성에게 있어서 곧은 정절과 하나님을 믿는 굳은 신앙이 무엇보다 귀하고 높은 이념이라는 신조에서 지어진 것이다. 1910년에는 세브란스의 후원으로 난방, 수도, 가스관, 수세식 화장실 등 최신 설비를 갖춘 벽돌 건물을 건축하고 교실로 사용했다.

정신여학교 출신 김마리아, 오현주, 오현관, 이정숙 등이 1919년 3.1만세운동으로 투옥된 애국지사 옥바라지를 위해 협성단애국부인회를 결성했다가 대조선독립애국부인회와 통합해서 '대한민국애국부인회'가 되었다. 지금도 남아 있는 학교 본관(세브란스관) 뒤에는 500년이 넘는 회화나무가 있는데, 대한민국애국부인회와 관련이 깊다. 일제 경찰이 학교를 수색해서 불온한 문서를 찾아내려 했을 때 비밀문서, 태극기, 국사교과서 등을 이 나무의 빈 구멍에 숨겨서 무사할 수 있었다.

김마리아(金瑪利亞, 1891~1944)는 주로 군자금을 수합하여 상해 임시정부에 송금하거나 독립운동 투옥자 가족의 구제 등 단순 활

회화나무 정신여학교에서 중요한 애국문서를 숨겼던 나무다.

동에 그쳤던 종전의 애국여성단체를 통합하고 재정비하였다. 일제
와 전쟁을 치르고서라도 독립을 쟁취해야 한다는 강력한 의지와 신
념을 갖춘 부인회로 재조직하였다. 부인회는 서울에 본부를 두고 대
구ㆍ부산ㆍ재령(황해도)ㆍ진남포(평안도)ㆍ원산(함경도)ㆍ청주 등
지에 지부를 설치하는 등 전국적인 조직망을 두었다. 그러나 같은 해
11월 말 조직이 탄로 나 김마리아를 비롯한 간부들이 일제 경찰에
검거됨으로써 와해 되고 말았다. 3년 형을 선고받아 복역하고 풀려
난 김마리아는 상해로 망명하여 상해애국부인회를 결성하고 활동하
였다. 1923년 미국에 유학가서는 재미대한민국애국부인회인 근화회
(槿花會)를 조직하여 재미한국인의 애국정신과 일제의 악랄한 식민
정책을 서방에 널리 알리는 일에 매진하는 등 평생을 항일애국활동
에 몸 바쳤다.[20]

───────────

20 서울시 온라인 뉴스 2013년 01월 17일자 기사내용

정신여학교는 1939년 일제의 조선어 사용금지와 신사참배 요구를 단호하게 거부한 이유로 교장이 해직되고, 학교 설립재단이 해체되기에 이르렀다. 이때 친일 한인에게 경영권이 형식적으로 승계되다가 급기야 1945년 3월에는 일제의 지속적인 탄압에 의해 결국 폐교되고 말았다. 광복 후 1947년 정신여학교로 재인가를 받아 학교를 정상화시켰다. 1978년 정신여학교는 사대문안 학교 이전 정책에 따라 잠실로 이전했고, 본관인 세브란스관은 민간 기업에 매각되었다.

연지동에는 '김마리아길'이 있다. 연동교회-세브란스관(옛 정신여고본관), 회화나무 - 선교사의 집(한국교회 100주년 기념관) - 여전도회관까지 이어진다. 일제강점기 최대 여성 비밀 항일단체인 '대한민국애국부인회'의 흔적을 찾는 길이기도 하다. 김마리아는 연동교회에서 세례받고 신앙생활을 했으며, 연동여학교(정신여학교)를 다녔다. 회화나무에서 선교사의 집으로 가는 길은 막혀 있는데 SGI 서울보증 안내데스크(02-3671-7901)에 연락하면 열어준다. 여전도회관 1층 역사전시관에선 김마리아의 행적을 살펴볼 수 있다.

연지동에 있던 경신학교는 언더우드가 고아들을 모아 학당을 설립하면서 시작되었다. (언더우드 참고) 언더우드학당은 1897년 폐교되었다. 1901년 게일 선교사가 연동교회에서 신입생 6명으로 중등교육과정을 시작하면서 예수교중학교로 불리다가 1905년 경신학교(敬新學校)라 했다. 경신(儆新)은 '새것으로 깨우치다'는 뜻이다. 1930년대 일본의 신사참배 요구가 거세지자 북장로회는 교육사업에서 철수해 경신학교를 매각했다. 1939년 안악 김씨 문중에서 매입해 1941년 지금의 성북동 지역으로 옮겼다.

연동교회

하나님의 사람들이 살던 연못골

새문안교회가 확산되다

연동교회 창립은 1894년 갑오년이다. 언더우드 목사(한국명 원두우)가 설립한 새문안교회가 지역을 순회하며 전도한 결과 지역별로 기도 처소 또는 예배당이 세워지기 시작했다. 연동교회도 그 결과 설립되었다. 아래 기록을 참고하자.

1894년 금년 공의회 회장은 배위량(윌리엄 마틴 베어드)이라 금년에 선교사 원두우(언더우드)는 전도의 방침을 확장하여 서상륜, 김흥경, 박태선, 유홍렬 등으로 경성(서울) 근방에 전도하게 하였다. 신화순, 도정희, 이춘경 등에게는 고양, 김포 등지에 전도하게 하니 동시에 4~5군데 교회가 신설되었다. 의사 혜론은 동현(구리개:을지로, 충무로 일대)에 병원을 설립한 후 질병을 치료하면서 한편으로는 복음을 전하여 교회를 설립하였다. 후에 병원을 이전할 때에 교

인은 남대문 밖과 승동교회로 나누어져 각기 큰 모임을 이루게 되었다. - 조선예수교장로회 史記

이때 설립된 4~5군데 교회 가운데 한 곳이 연못골에 개척된 연동교회였다. 연못골에 예수를 믿는 사람이 생기기는 사무엘 무어 목사와 김영옥, 천광실 등 조사들의 활약으로 몇 명의 성도를 맞이하면서 시작되었다. 그 후 그레함 리(한국명:이길함) 선교사와 서상륜이 전도하여 믿는 사람이 더 많아졌다. 이에 초가 1동을 매수하여 예배당을 만들면서 연동교회가 시작되었다.

첫 예배당이 설립된 후 전도인들의 노력으로 성도가 늘자 1896년에 두 번째 예배당을 확장해서 설립했다. 다니엘 기포드 목사가 교회 담임을 맡고 있을 때였다. 그러나 안타깝게도 기포드 목사가

연동교회

1900년에 병으로 소천하고 말았
다. 얼마 후 제임스 게일(James
S, Gale 한국명: 기일) 선교사가
부임하여 교회를 맡았다. 게일
선교사는 한국어가 능통했으며
한국문화에 해박한 지식을 갖
고 있었다. 보신탕을 좋아했다
고 하며, 성서 번역에도 큰 역
할을 하였다. '신 God'을 '천주'
가 아닌 '하나님'으로 번역하자
고 주장한 이도 게일이었다. 게

게일 선교사 연동교회 정문 밖에 게일 선
교사 흉상이 있다.

일 목사가 부임한 이후 연동교회는 부흥을 거듭하였다.

1898년에는 연동소학교를 설립하고 남학생들을 모집하였다. 다
음 해에는 여학생도 일부 모집하였다. 1900년에 이르면 교인 수가
200명에 달했다. 이에 첫 번째 예배처소 근처에 있던 한옥을 개조해
예배당으로 사용하였다. 방과 방 사이에 벽을 허물었고, 마당에 지붕
을 덮었다. 마당이었던 곳에는 마루가 깔렸다. 바닥에 주저앉아 예배
를 드리는 것이 오히려 편했던 한국인들이었기 때문에 200명까지 수
용할 수 있는 예배당이 되었다. 1904년 갖바치 출신 고찬익이 장로
로 선출되었다. 독립협회 해산으로 수감되었던 이상재, 이승만 등 많
은 지도자가 게일 선교사의 헌신에 감동해 출옥하자 연동교회를 모
여들었다. 상민과 천민으로 가득했던 교회가 왕족과 개화파 지식인
까지 어우러져 함께 예배하는 곳으로 변화했다.

1906년이 되면 출석 교인이 600명에 이르게 된다. 폭발적인 증가를 보여주었다. 교회를 세 번이나 증축했으나 도저히 감당할 수 없는 지경에 이르게 된다. 주일에 예배를 두 번 드리고, 학교 운동장에도 대형 천막을 쳐서 예배 공간으로 사용할 정도였다.

1907년 연동교회는 네 번째 예배당을 신축했다. 1,200명을 수용할 수 있는 벽돌 예배당이었는데 당시 서울에서 가장 큰 장로교회였다고 한다. 성장에는 시련이 따른다. 1910년 이원긍 장로, 함우택, 오경선이 다수의 교인을 데리고 나가 묘동교

연동교회 머릿돌 머릿돌에는 연동교회 역사가 담겼다.

회를 설립했다. 장로 선출에 대한 불만이었다. 갓바치 출신 고찬익을 비롯하여 노름꾼 출신 이명혁, 광대 출신인 임공진까지 장로로 세워지자 양반 출신 장로와 성도들이 불만을 품고 나간 것이다. 함우택의 아들 함태영은 교회에 남아 다음 해 장로가 되었다. 1929년에는 게일 목사 후임으로 함태영이 담임목사가 되었다. 함태영 목사는 묘동교회와 연합을 추진하여 형제 교회로 오늘날까지 협력하고 있다.

일제강점기 연동교회는 큰 시련을 겪었다. 시련을 겪지 않은 곳이 어디 있었을까마는 일제의 강압에 굴복한 것은 가장 큰 시련이었다. 신사참배, 천황에 대한 충성 맹세인 궁성요배를 했고, 찬송할 때마다 '만왕의 왕', '하나님의 나라' 등을 빼서 불렀다. 심지어 일본 천조대신에게 기도하기도 했다. 일제의 강압에 굴복한 것이다. 당장은 일제의

탄압에서 피해갈 수 있었으나, 일제강점기가 조금 더 길어졌더라면 아예 하나님 대신 천황에게 예배할 뻔했다.

해방 후 교회는 이 문제에 대한 회개를 두고 홍역을 치러야 했다. 여러 차례 분열의 위기를 극복하면서 담임목사 한 사람의 잘못이 아니라 모든 제직들의 책임이라는 것을 통감하게 되었고 전교인들이 함께 통회하며 회개하였다. 지난날 일제의 억압에 굴복하여 우상을 숭배했던 부분을 철저히 깨뜨리고, 영적으로 깨어져 겸손히 회개하는 시간을 가졌다.

일본이 신사참배를 강요한 이유

1876년 강화도조약이 체결된 후 조선은 개항을 시작했다. 한반도에 대해 절대적인 야욕을 품고 있던 일본은 강화도조약을 시작으로 야금야금 들어와 살기 시작했다. 청나라에 비해 세력이 밀릴 때는 경제적인 침투를 했고, 청일전쟁 후에는 정치적인 야욕을 드러내기 시작했다. 한반도에서 거점이 되는 곳이면 조선 정부를 부추겨 항구를 개발하도록 하고 개발이 끝나면 독점하는 방법을 취했다. 여러 나라가 함께 사용한다는 조건으로 항구를 열고 개발하게 하였지만 일본 외 다른 나라는 우리나라에 대해 관심이 크지 않았다. 개항지에는 각국이 세력균형을 이루며 살 수 있도록 조계지를 설정해두었다. 인천항을 제외한 나머지 항구들은 일본인들의 절대적인 지배하에 있었다. 이렇게 조계지를 시작으로 일본인들이 야금야금 한국으로 들어와 살기 시작했다.

을사늑약 이후로는 아예 대놓고 한국으로 들어와 살았다. 인천,

서울, 군산, 부산, 목포 등 요충지마다 일본인들 상권이 형성되었다. 일본인들이 사는 곳이면 일본인을 위한 신사가 세워졌다. 이때까지는 민간이 신사를 설립하였다. 한국민들과는 상관없는 저들만의 장소였다. 그러나 1910년 한일강제병합 후 한국민을 일본화하기 위해 정책적으로 관제 신사가 설립되기 시작했다. 전국 면 단위까지 신사가 세워졌다.

1925년 서울 남산에 조선신궁(朝鮮神宮)을 건립함으로써 한국민의 정신을 일본화하기 위한 사전 정지작업이 마무리되었다. 한국인들을 신사에 참배하게 함으로써 한국인들의 정신을 개조하고 지배하고자 했다. 급격하게 추진하는 것은 극심한 반발을 불러올 것이 뻔하였기 때문에 가장 손쉬운 공립학교부터 추진했다. 그런데 강경에서 신사참배 거부가 일어났고 전국적인 반향을 불러왔다. 일제로서도 당장 급한 것은 아니었기 때문에 강제 신사참배를 미룰 수밖에 없었다. 강제로 추진했다가 3.1만세운동 같은 저항을 만난다면 곤란해지기 때문이었다.

1930년대 중반에 들어서면서 일제는 중일전쟁, 태평양전쟁을 일으켰다. 일본인들만으로는 전쟁을 수행할 수 없었기 때문에 식민지 백성들을 동원할 필요가 있었다. 특히 한반도의 지리적 중요성 때문이라도 한국민들을 강제 동원할 필요가 생겼다. 이때부터 일제는 신사참배를 강제하기 시작했다. 내선일체(內鮮一體:한국과 일본은 하나), 일선동조론(日鮮同祖論:한국과 일본의 조상은 같다)을 내세워 민족 정체성을 말살하려 하였다. 일본과 조선은 조상이 하나이기 때문에 실제로는 두 나라가 아니라는 논리를 내세워 강제하고자 했던 것이다. 이는 황국신민화로 이어진다. 일본이나 한국이나 천황의 백성이라는 주장이다. 그래서 아침마다 일본 천황궁을 향해 절을 하는 '궁성요배'를 강제하고 '황국신민서사(皇國臣民誓詞)'를 외우게 하였다. 그리고 제일(祭日)이 되면 신사를 참배하게 했다. 우리말과 우리글을 금지하고, 이름마저 일본식으로 개명하도록 했다. 따르지 않으면 배급을 받지 못했으며, 교육도 받을 수 없었다. 한국민의 정신을 말살하면 저들의 손쉬운 노예가 되기 때문이었다.

민족말살정책에 따라 신사참배가 강제화되자 각급 학교는 단체로 신사와 신궁에 참배했다. 각종 단체들도 연이어 참배를 실행했다. 신사참배를 반대했던 기독교계 학교는 강제 폐교되었다. 신사참배를 거부하는 교회는 문을 닫아야 했고, 목사는 체포되어 투옥되었다. 교회의 존립이 걱정되는 상황에 이르자 많은 수의 목회자와 장로들은 저들의 신사참배 요구에 굴복하였다. 신사참배는 우상숭배가 아니며, 국가의례일 뿐이라는 저들의 회유에 넘어간 것이다.

신사에는 온갖 잡신이 있고, 신궁에는 일본 천황가(家)의 신들이 있다. 신사는 교리도 경전도 없는 애니미즘적 신앙체계다. 그래서 일제는 종교가 아니라 국가의례일 뿐이라고 회유했다. 과연 그런가? 절대 그렇지 않다. 온갖 잡신들이 신격으로 떠받들어지고 있다.

갖바치 출신 고찬익 장로

1890년 게일 선교사는 함경도 원산에 머무르며 복음을 전하고 있었다. 이때 한 술주정뱅이를 만나게 되었는데 고찬익(高贊翼. 1857~1908)이었다. 가죽으로 신발 만드는 직업을 가졌던 그는 세상에서 갖바치라 불렀다. 백정과 마찬가지로 죽은 짐승을 다루는 것이라 천한 직업으로 여겨졌고, 이 직업을 가진 이들은 백정처럼 천민 대접받았다. 젊은 고찬익은 자신의 신분을 비관해 술꾼, 노름꾼, 사기꾼이 되었다. 그는 원래 평안도 안주 출신이었는데, 30세를 전후해서 원산에서 살았다. 이미 관가에 수도 없이 잡혀가 매를 맞았고, 빚 독촉에 시달리다 음독자살을 시도하기도 했다. 그러던 중 게일 선교사를 만난 것이다. 게일 선교사는 그에게 전도지를 쥐어 주었다. 그 전도지에는 야곱에 관한 내용이 담겨 있었다.

그 사람이 그에게 이르되 네 이름이 무엇이냐 그가 이르되 야곱이니이다

그가 이르되 네 이름을 다시는 야곱이라 부를 것이 아니요 이스라엘이라 부를 것이니 이는 네가 하나님과 및 사람들과 겨루어 이겼음이니라 [창세기 32:27-28]

전도지를 받은 고찬익은 별일 아니라는 듯이 돌아왔다. 그날 밤 꿈에 "네 이름이 무엇이냐?"는 음성이 들렸다. 그 소리에 놀란 그는 "고 … 고 … 고"라고만 했다. 천민이었기 때문에 이름이 없었다. 다시 "네 이름이 무엇이냐?"라는 음성이 들려왔다. 그는 너무나 두려워 "내 이름은 고가고, 싸움꾼이고, 술꾼이고, 망나니올시다. 누구신지 모르지만 저를 용서하고 살려만 주십시오!"라고 했다. 그러자 흰 옷 입은 사람이 나타나 그를 막 때리며 "이제부터 너는 내 아들이다"고 말하고 사라졌다. 하도 이상한 꿈이라 게일 선교사를 찾아갔다. 게일 선교사는 그에게 복음을 전하고 찬익(贊翼)이라는 이름을 지어 주었

다. 남에게 유익이 되는 삶을 살라는 뜻이었다.

고찬익은 게일 선교사를 따라 서울로 왔다. 그는 자신과 같은 천민을 천도하는 데 열정을 보였다. 지금까지 술, 노름, 싸움, 사기에 쏟았던 열정을 예수를 전하는 데 썼다. 그러자 연동교회로 천한 사람들, 가난한 사람들이 모여들었다. 1900년 게일 선교사는 그에게 조사(전도사)라는 직함을 주었다. 1905년에는 장로로 선출되었다. 천민도 예수 믿으면 장로가 될 수 있다는 사실에 놀란 이들이 교회로 몰려들었다. 게일 선교사는 그를 목회자로 키우고자 했다. 1908년 평양에 있는 장로회신학교에 입학시켰다. 그러나 안타깝게도 하나님이 그에게 허락한 시간은 그때까지였다. 식중독으로 갑자기 소천하고 말았던 것이다.

게일 선교사는 자신이 만난 한국 사람 중에서 가장 훌륭한 사람이 고찬익이었으며, 노벨상을 줄 수 있다면 그에게 주었을 것이라고 말했다. 교회 지도자는 사회적 신분에 의해 결정되는 것이 아니라 오직 하나님의 영광을 드러낼 수 있는 사람이어야 하며, 하나님 앞에서는 양반과 천민의 구별은 없다고 하였다.

고찬익 장로의 이야기를 통해 한국교회가 걸어온 길을 되짚을 필요가 있다. 교회는 시대의 선구에 있었으며, 그 바탕은 하나님의 사랑이었고 공의와 정의였다는 사실이다. 사회 통념을 뛰어넘는 새로운 시대정신을 심어주는 역할을 교회가 했던 것이다. 지금 교회는 어디서 무엇을 하고 있는가?

강직한 성품의 함태영 목사

1873년에 함경도 무산에서 태어났다. 방랑벽이 심한 아버지를 찾아 한양으로 왔다. 1895년 재판소구성법이 제정되고 법관 교육기관이 생기자 입학하여 수석으로 졸업하였다. 법관양성소 동기로는 이준이 있었다. 졸업 후 한성재판소 검사로 공직생활을 시작하였다. 강직한 성품이었기에 불의(不義)한 세상에서 드물게 지조를 지키는 공직자였다. 1898년 독립협회가 강제로 해산되고 관련자 17명이 검거되어 재판에 회부되었다. 정부에서는 그들에게 내란죄를 적용토록 했으나 담당 검사 함태영은 그들의 죄를 찾을 수 없어 경미한 처분만 내렸다. 정부 뜻과 어긋나는 판결을 한 것 때문에 파면당하였다. 이런 일을 겪고도 그는 강직한 성품을 포기하지 않았고 그 때문에 면관(免官)·복직을 거듭하였다. 그리고 1910년 경술국치 이후 일반인이 되었다.

그가 교회에 출석한 것은 언제부터인지 알 수 없으나, 그보다 먼저 교회를 다니고 있던 부친의 영향으로 보인다. 함태영은 교회 활동을 통해 나라 잃은 설움을 회복할 기회를 찾고 있었다. 1911년 장로가 된 것으로 보아 일찍이 교회에 출석한 것으로 보인다. 1919년 3.1만세운동 때에 기독교 세력을 막후에서 움직이며 이끌었다. 그가 민족대표로 서명하지 않은 것은 최린의 부탁이 있었기 때문이다. 민족대표들이 체포될 경우 그들의 가족을 돌봐 달라는 부탁이 있었다. 그러나 그가 막후에서 큰 역할을 하였다는 사실이 밝혀졌고 그 때문에 일경에 체포되었다. 민족대표들과 마찬가지로 징역 3년을 선고받고 형무소에 수감되어 고초를 겪었다.

출옥 후 평양신학교를 졸업하고 목사가 되었다. 청주읍교회에서 목회를 하다가 1923년 총회장을 역임하였다. 1927년 마산 문창교회를 맡아 목회를 하다가 1929년 서울 연동교회 담임이 되었다. 연동교회 담임이었던 게일 목사가 떠나자 후임이 되어 1941년까지 연동교회를 이끌었다.

해방 후에는 대한독립촉성국민회 고문을 지냈고, 1946년 미군정 자문기관이었던 민주의원의 의원을 지냈다. 1951년에는 한국신학대학장이 되었다. 1952년에는 발췌개헌에 성공한 이승만 대통령과 함께 제3대 부통령에 당선되어 1956년까지 재임하였다. 1962년에 건국훈장 독립장을 받았다.

한성감옥에서 교회로

삼일천하 갑신정변(1884)이 실패로 끝나자 서재필은 미국으로 망명하였다. 18살(1883)에 일본 도야마사관학교 유학을 다녀왔고, 19살(1884)에 병조참판이 되었다. 참판이면 차관급이 된다. 그러나 그가 참여한 갑신정변이 삼일천하로 실패하자 급진개화파는 역적이 되었다. 재산 몰수뿐만 아니라 가족들은 역적이라 하여 죽임을 당했다. 서재필의 가족 또한 그렇게 죽었다.

서재필은 미국 망명 중 의과대학을 졸업했고 의사가 되었다. 낮에는 노동하고 밤에는 기독청년학원에서 공부했다. 주경야독하여 의과대학을 우수한 성적으로 졸업하고 대학강사가 되었으나 곧 그만두고 병원을 개원하였다. 고국을 떠난 지 어느덧 10년이 흘렀다. 역

한성감옥 지도자들 독립협회가 해산 된 후 수감된 지도자들은 감옥에서 예수를 만났다. 그들은 출옥 후 교회로 들어왔다. 앞줄 왼쪽부터 이승만, 강원당, 홍재기, 유성준, 이상재, 김정식 / 뒷줄 오른쪽부터 부친 대신 복역했던 소년, 안국선, 김린, 유동근, 이승인

적이었기에 고국으로 돌아갈 꿈은 생각조차 못했다. 그러나 조선은 갑오개혁을 단행했고, 갑신정변을 일으켰던 급진개화파를 사면했다.

명성황후가 일본인들 손에 시해당한(을미사변, 1895) 직후 서재필은 귀국하였다. 비록 미국 시민이었지만 고국을 위해 자신의 재능을 바치기 위해 돌아온 것이다. 미국에서 경험했던 모든 것이 고국인 조선을 일으키는 데 도움이 되리라 생각했다. 10년 만에 돌아온 고국은 더 암울해져 있었다.

동학농민운동과 청일전쟁, 을미사변이 연이어 발생한 후였다. 게다가 제국주의의 압력이 노골적으로 진행되고 있어 조선의 운명이 어떻게 흘러갈지 알 수 없는 상황이었다. 한반도를 사이에 두고 열

강이 이권을 다투어 가져가려 하였다. 서재필은 자신이 경험한 서구 열강 사회를 조선에 소개하고 싶었다. 가장 시급히 고쳐야 할 것은 중국에 의지하려는 습성이었다. 청일전쟁(1894) 후 청이 조선에 관여할 수 없는데도 여전히 의지하려고 하는 습성이 조선사람들에게 있었다. 보수유림들은 여전히 중화사상에 경도되어 있었다.

서재필은 '조선은 당당한 독립국'이라는 사실을 대내외에 보여주고자 했다. 조선이 독립국이라는 사실을 알리는 가장 효과적인 방법은 중국을 섬기던 상징적인 장소에 독립국 상징을 세우는 것이다. 바로 서대문 밖 영은문(迎恩門) 자리에 독립문을 세우는 것이었다. 영은문은 중국 사신을 환영하던 문이었다. 청일전쟁 후 영은문은 이미 허물어져 있었다. 서재필이 주창한 독립문을 세우기 위해 결성된 단체가 독립협회(獨立協會)였다. 일본의 침탈로 풍전등화에 놓인 나라를 구하기 위해서 국왕으로부터 백성에 이르기까지 한마음으로 모금하여 독립문을 건립하였다.

을미사변(1895년) 후 고종은 러시아공사관으로 파천하였는데, 아관파천(1896)이라 한다. 아관파천은 기간은 1년 6일이었다(1896.2~1897.2). 아관에 머무는 1년 동안 고종은 러시아에 요청해서 호위군을 훈련시켰다. 겸하여 정동에 새궁궐(경운궁=덕수궁)을 지었다. 1년 동안 국왕을 호위할 부대가 양성되었고, 부족하나마 경운궁이 건립되었다. 그리고 고종은 경운궁으로 환어하였다.

경운궁으로 돌아와 형편이 나아지자 고종은 마음이 바뀌었다. 아관파천 후 독립협회에 의지해 난국을 돌파해 왔던 임금이었다. 그런데 독립협회가 귀찮아진 것이다. 독립협회가 주장하는 내용은 백성의 뜻이 수용되는 정치였다. 그런데 고종은 대한제국을 선포하고 전제정치를 선언한 것이다. 독립협회는 만민공동회를 통해 신랄한 비판을 가했다. 그러자 독립협회에서 정부관료들이 떨어져 나갔다. 황제의 눈치를 살피고 저들의 잇속만 챙긴 것이었다. 이때 떨어져 나간 자들은 대부분 매국노가 되었다.

황제가 된 고종은 만민공동회를 해산시키기로 했다. 해산하기 위한 명분을 만들어야 했다. 황국협회라는 어용단체를 활용하였다. 황국협회는 만민공동회가 열리는 곳에 쳐들어가 폭력을 행사하였다. 두 단체가 싸우는 것을 지켜보다가 폭력집회를 열었다는 이유로 단체 대표들을 체포하였다. 그리고 두 단체를 함께 해산시켜 버렸다. 황국협회 지도자들은 곧 석방되었다. 황국협회 지도자들은 관직을 받았다. 예나 지금이나 권력자들이 하는 짓은 똑같다.

서재필은 다시 미국으로 떠났다. 독립신문도 폐간되었다. 독립신문은 정부정책과 제국주의에 대한 신랄한 비판을 가하고 있었다. 그가 공격했던 대상은 미국도 예외는 아니었다. 수구세력은 이 기회에 개혁적인 인사들을 완전히 몰아낼 생각이었다. 이때 체포된 독립협회 지도자는 남궁억, 유성준, 김정식, 이상재, 이승인, 이원긍, 안국선, 신흥우, 박용만 등이었다. 이들은 한성감옥(현 영풍문고 근처)에 수감되었다. 1899년 고종 폐위 음모에 연루되어 체포된 이승만이 감옥서장 김영선에게 부탁해서 책을 빌려주는 도서실을 만들었다. 1894년 갑오개혁 후 근대수감시설로 바뀐 한성감옥에 '수감자 중 서적 보는 것을 청한 자가 있으면 필요한 것만 허락한다'는 규칙이 만들어졌는데 이것을 실현한 것이었다. 감옥 내 도서실을 만드는 것에 선교사들이 적극 호응하여 250여 권을 소장한 옥중 도서관이 만들어졌다. 책은 아펜젤러, 벙커, 언더우드, 게일, 헐버트 등이 넣어 준 것이었다. 한문으로 된 서양 과학, 철학, 역사, 정치 서적들과 한글 성경, 기독교 교리, 천로역정 등 기독교 서적도 다수 포함되었다. 감옥 생활이 무료해진 이들은 책을 빌려 읽기 시작했다. 처음에는 역사와 철학서를 주로 읽다가 끝내 기독교 서적을 읽기 시작했다. 수감자들은 조금씩 마음 문을 열고 말씀을 받아들이기 시작했다. 그리고 이때 수감 된 대부분 지도자들이 그리스도인으로 거듭나게 되었다.

2022년에 '한성감옥 도서대출 장부'가 공개되었다. 1903년 1월부터 1904년 8월까지 대출 내역이 담긴 143쪽짜리 장부였다. 월남 이상재 선생의 아들 이승인이 풀려날 때 갖고 나온 것을 후손이 보존하고 있다가 공개한 것이었다. 대출 장부에 의하면 독립협회 해산과 함께 수감 된 지도자뿐만 아니라 훗날 임정 초대의장 이동녕, 헤이그 특사 이준, 민족대표 33인 중 한 명인 이종일, 백범 김구 등도 수감되어 있던 중 도서실 책을 빌려서 읽은 것으로 기록되어 있다.

한성감옥에 수감되었던 이들은 1904년 러일전쟁 후 수구파의 몰락과 함께 풀려났다. 이들은 더 이상 정치적 야망에 뛰어들지 않았다. 대신 교회로 갔다. 이제 지식인 계층이 교회로 들어감으로 한국 교회는 균형을 갖추게 되었다. 교회 구성원이 민중들만 있을 경우 기복 종교가 되기 쉽다. 지식인들이 교회에 있어야 균형을 잡아 줄 수 있다. 민중의 열정과 지식인의 냉정이 어우러진 교회가 되어야 하기 때문이다. 말씀에 대한 냉정한 해석과 적용이 필요하다. 말씀을 유불리를 따져가며 적용하고자 하는 게 죄된 속성이다. 제대로 된 말씀의 뜻을 알아서 가르쳐야 한다. 열정적인 기도와 전도가 있어야 하지만 말씀에 바탕을 두어야 한다. 그것이 균형이다.

이제 한국교회는 암울한 민족 운명을 짊어지고 나갈 지도자를 얻게 되었다. 개인적 확신이 아니라 하나님의 정의와 공의가 펼쳐지길 바라는 지도자를 얻게 된 것이다. 이들은 교회 울타리에 숨어 있지 않고 모세처럼, 느헤미야처럼 함께 아파하고, 함께 짊어지는 지도자들이 되었다.

> **TIP 연지동 언덕**
>
> ▌**연동교회**
> 서울 종로구 김상옥로 37 / TEL.02-763-7244
>
> 연지동에 가면 연동교회, 선교사 가옥, 정신여학교 세브란스관, 김마리아의 길 등을 탐방할 수 있다.

제 **2** 부

인천 · 강화도

나라의 관문 인천

먼 옛날 백제 때에 인천을 미추홀(彌鄒忽)이라 불렀다. 고구려가 이곳을 차지하고서는 매소홀현(買召忽縣)이라 고쳤다. 여기서 '미 또는 매'는 물(水)이라는 뜻을 품고 있다. 물에서 자라는 나리를 '미 나리'라 하고, 수원(水原)을 고구려에서는 매홀이라 불렀다. '홀, 흘'은 고구려 말에 '고장, 마을'의 뜻을 지녔다. 미추홀이나 매소홀이나 물과 관련된 지명이 틀림없다. 고려시대에는 인주(仁州)로 개칭되었으며, 인주 이씨 집안에서 5명의 왕비가 배출되었다. 조선 태종 13년(1413)이 되어서야 인천이라는 이름을 갖게 되었다.

1882년에 체결된 한미수호통상조약을 필두로 영국, 독일과 통상 조약이 차례로 체결되었는데 그 장소가 인천 화도진이었다. 1883년 에는 부산, 원산에 이어 세 번째로 인천이 개항되었다. 한양에서 가까운 항구 중에서 대형 기선을 정박시킬 수 있는 곳이 제물포였기 때문에 일찍 개항되었다. 당시까지만 해도 작은 항구였던 제물포에 외국인들이 몰려와 살기 시작하면서 근대도시로 변신을 거듭하게 되었다. 조선 정부로부터 조계지 권리를 얻은 각 나라들은 일정한

인천항

구역을 나눠 거주하면서 조선에 대한 야욕을 조금씩 드러내기 시작했다.

인천은 밀물과 썰물 차가 10m나 된다. 썰물이 되면 갯벌이 드러나기 때문에 대형 기선을 해안에 접안 할 수 없었다. 먼바다에 대형 기선이 도착하면 작은 배가 다가가 사람과 짐을 옮겨야 했다. 일본은 한국 침략을 위해 대형 접안시설을 갖추고 싶어 했다. 대한제국 정부를 부추겨 대한제국 재정으로 한국민들을 동원해 축항공사를 벌였다. 그리하여 저들이 원하는 항구가 만들어졌다. 큰 배도 접안이 가능해졌다.

제물포(지금의 인천 중구)에는 청국 조계지, 일본 조계지, 각국 조계지가 있었다. 제물포에 도착한 여행객이 서울까지 가려면 12시간 이상이 소요되었다. 그래서 제물포에 짐을 풀었다가 교통편을 봐서 서울로 들어갔다. 그래서 제물포에는 서양식 호텔, 각종 음식점이 차례로 열렸다. 우리나라 최초의 서양식 호텔인 대불호텔도 이렇게 시작되었다.

1884년 맥클레이 선교사가 한국에 들어와 선교 가능 여부를 확인한 후 다음 해 4월 5일 언더우드, 아펜젤러 부부가 정식 선교사로 한반도에 첫발을 디뎠다. 그들이 배에서 내린 장소로 추정되는 곳에 100주년 기념탑이 건립되었다.

한국기독교 100주년 기념탑

19세기 말 조선은 개화라는 거대한 물결에 휩쓸리고 있었다. 고종이 12살에 즉위하고 왕의 부친인 흥선대원군이 섭정하였다. 대원군은 청국 외 다른 나라에는 문을 닫는 쇄국(鎖國)을 택했다. 그러나 개화는 거스를 수 없는 시대적 흐름이었다. 흥선대원군이 실각하고 고종이 친정을 하게 되자, 나라 문이 열렸다. 자발적인 것은 아니었지만 어떻게 해서든지 나라 문을 열었다는 데 의미가 있었다.

1876년 강화도조약을 통해 일본과 근대식 외교 관계를 수립한 이후 미국, 영국, 러시아, 프랑스 등 서구 세력과 차례로 관계를 맺었다. 서구 세력의 유

한국기독교 100주년 기념탑 아펜젤러 부부, 언더우드 선교사가 제물포에 첫발을 디뎠다.

입은 개신교가 전파될 여지가 있었다. 서구 문화의 근본이 기독교였기 때문이다. 기독교 문화를 바탕으로 역사를 이끌어 온 나라들과 관계를 맺고 교류하자면 기독교를 적대시하고는 불가능했다.

1884년 일본에 와 있던 선교사 맥클레이는 조심스럽게 조선으로 들어왔다. 미국 선교본부에서 한국 선교 가능 여부를 타진하라는 부탁이 있었기 때문이다. 그는 한강을 거슬러 한양으로 들어가 미국공사관에 기거하면서 선교 가능성을 알아 보았다. 이미 일본에서 만난 적이 있었던 김옥균을 통해 알아본 결과 '의료와 교육'이라면 가능하다는 허락을 받았다. 일본으로 돌아간 맥클레이는 미국 선교본부에 반가운 소식을 전했고, 드디어 공식적인 선교사가 내한하였다.

요코하마발 한국행 여객선을 탄 이는 아펜젤러 부부, 언더우드 선교사였다. 이들은 부산에서 하루를 머문 뒤 다시 제물포로 떠났다. 이들이 제물포에 도착한 때는 1885년 4월 5일 부활주일이었다. 작은 거룻배에 옮겨 탄 일행이 제물포에 첫 발을 딛자 일꾼들이 모여들었다. '누가 먼저 발을 디뎠냐?' 논쟁은 의미 없다. 그게 뭐 그리 중요한 것이라고 설왕설래하는지 모르겠다. 배에서 내린 선교사들은 항구에서 멀지 않은 '대불여관(大佛旅館)'에 짐을 풀었다. 아펜젤러는 미지의 나라에 도착한 소식을 본국 선교본부에 전했다.

우리는 부활주일에 이곳에 왔습니다. 그날에 주검의 철장을 부수신 주님께서 이 민족을 얽매고 있는 사슬들을 깨치시어 이들로 하여금 하나님의 자녀들이 누리는 자유와 빛을 얻게 하소서!

한국기독교 즉 개신교 역사는 이렇게 시작되었다. 이미 서상륜,

대불호텔 한국에 도착한 선교사들은 제물포항에 내려 한양으로 들어가기 전에 대불호텔에 묵었다.

이수정 같은 선각자들이 성경을 번역하는 작업을 했기 때문에 한국에서는 이미 개신교가 시작되었다고 할 수 있다. 그러나 진정한 시작은 선교사의 내한으로 봐야 한다. 기독교가 갖고 있는 진리를 제대로 풀어 줄 선교사가 첫발을 디뎠기 때문이다.

선교사들이 배에서 내렸던 그 장소에 '한국기독교 100주년 기념탑'이 1986년에 세워졌다. 인천중부경찰서 옆이다. 1885년 첫발을 디뎠을 때는 나루터였는데 지금은 바다가 보이지 않는다. 매립되었기 때문이다. 인천 중구청에서는 기념탑 주변으로 공원을 조성하였다. 그런데 공원이 어수선하다. 기념탑 옆 큰길에는 대형 화물차가 쉼 없이 달린다. 취객들이 버리고 간 쓰레기가 뒹군다. 1885년, 은둔의 나라 조선에 첫발을 디뎠던 선교사들이 느꼈을 묘한 기분을 기념탑에서 공감하기란 애당초 기대할 수 없게 되었다.

화강암으로 된 기념탑은 하늘 높이 솟아 있다. 나라 안에 있는 대부분 기념탑이 뾰족탑이다. 기념탑을 반드시 뾰족하게 세워야 하는지 그 이유를 모르겠다. 어디서나 보이게 하려고 그랬는지 모르겠지만, 글쎄! 그것이 이유라면 이미 틀렸다. 기념탑을 찾는 이들을 눈 씻고 봐도 없다. 복음이 전해진 지 100주년을 기념하고자 했다면 기독교 문화에 맞는 설계를 했더라면 좋았겠다. 흘깃 보는 이들은 한국전쟁 기념탑인 줄 알겠다. 꼭대기에는 십자가가 있고, 아래로 '한국기독교 100주년 기념탑'이라는 글자를 붙였다. 하늘로 솟은 두 뽈대 사이에 언더우드, 아펜젤러 부부 세 사람 동상이 있다. 굳세고 진취적인 모습으로 먼 곳을 주시하고 있다. 기념탑 아래에 아펜젤러 선교사가 대불호텔에 짐을 풀고 하나님께 올렸던 기도가 새겨졌다.

오늘 사망의 빗장을 부스시고 부활하신 주님께 간구하오니 어두움 속에서 억압을 받고 있는 이 한국 백성에게 밝은 빛과 자유를 허락하여 주옵소서 - 1885년 부활주일에

기념탑 한 쪽에는 오리 전택부 장로가 쓴 장문의 글이 기재되어 있다. 한국 기독교 초기 역사와 기독교가 이 땅에서 어떤 역할을 하였는지 소개하였다.

아펜젤러가 기도했던 내용은 이미 이루어졌지만, 정작 우리가 초심을 잊고 사는 것은 아닌지 모르겠다. 복음이 제물포항으로 들어왔을 때는 어둡고 탁한 시대였다. 조선은 세상 넓은 줄 모르고 우물 안 개구리처럼 살고 있을 때였다. 500년 왕조는 중병에 걸려 있었다. 유

교(儒敎)는 현실과 괴리된 채 사대부들만의 놀이터였다. 탐관과 오리가 넘쳐나고 있었다. 백성은 지배층의 수탈에 더해 기근과 질병으로 허덕이고 있었다.

제물포항에 도착한 복음은 이 땅에 살던 우리 조상들에게 위로가 되어 주었다. 희망이 되었다. 병원을 세워 질병으로부터 구원해주었다. 학교를 세워 시민의식을 깨워주었다. 완고했던 수천 년 습성을 허물어 민주국가로 나가게 했다. 일제강점기에는 일제에 대항하는 애국지사를 배출했다. 해방 후에는 아시아 어떤 국가도 이루지 못한 민주주의를 성취하게 했다. 지금 대한민국은 5천 년 역사 이래 한번도 경험하지 못했던 부유함을 누리고 있다. 그러나 입을 옷이 넘쳐도 입을 것이 없다고 하며, 굶주린 사람처럼 맛집을 찾아 헤매고 있다. 그런데도 불행하다고 힘들다고 아우성이다. 물질은 넘치지만 영(靈)이 빈곤하기 때문이다. 영적으로 빈곤한 이유는 과거를 잊었기 때문이다. 우리가 걸어온 길을 잊었기 때문이다. 그리고 감사의 대상을 잊었기 때문이다. 한국선교 100주년 기념탑 앞에서 우리는 초심을 찾아야 한다.

기념탑 옆 상가 모퉁이에 기념탑교회가 있다. 언덕 아래 암벽에 기대서 지어졌다. 교회 내부로 들어가면 암벽을 그대로 노출시켜 벽으로 사용하고 있다. 옛날 제물포 사진을 보면 바닷가 옆 낮은 산 아래 배에서 내리는 곳이 있었다. 그렇다면 선교사들 눈에 이 언덕이 가장 먼저 들어왔을 것이다. 기념탑교회는 한국교회 출발점에 대해서 알려주는 역할을 하고 있다. 지금은 상전벽해라 할 만큼 변해서 그 옛날 모습은 사라졌지만 바닷가 산은 조금 남았다. 개항기에는 언덕 위에 영국영사관이 있었다.

인천내리교회

제물포 언덕에 불꽃처럼 서다

내리교회 시작은 아펜젤러 선교사다. 그는 1885년 4월 제물포항
에 감격적인 첫발을 디딘 후 대불호텔에 일주일간 머물다 일본으로
돌아갔다. 이유는 갑신정변(1884) 후 정세가 불안정했기 때문이다.
서양 여인이 한양으로 들어가는 것은 위험하다는 만류가 있었다. 독

내리교회

신이었던 언더우드는 한양으로 갔지만 아펜젤러 부부는 잠시 물러나 정세를 살피기로 한 것이다.

아펜젤러의 예배에서 시작

아펜젤러 부부은 6월 20일 다시 제물포항으로 돌아왔다. 아펜젤러는 38일간 인천에 머물렀다. 한양의 정세를 살피고, 선교 전략을 다듬는 시간을 가졌다. 그가 인천에 머물렀던 기간 외국인들을 상대로 예배를 드렸다. 인천에서 드려진 첫 예배였다. 주문했던 풍금이 도착하자 풍금을 연주하며 찬송가를 봉헌했다. 이때 드려진 예배가 내리교회의 시작이었다. 그리고 7월 29일 한양으로 들어갔다. 내리교회 연혁에서 〈1885년 7월 29일 아펜젤러 '한국의 어머니교회 출범'〉이라 소개하고 있다. 아펜젤러는 서울 정동에 배재학당을 설립하고 선교를 시작했다. 1887년 올링거 선교사가 인천으로 왔다. 올링거는 아펜젤러가 설립한 배재학당 삼문출판사를 맡아서 운영하다가 인천으로 왔다. 아펜젤러는 노병일을 보내 올링거 사역을 돕게 했다. 노병일은 전력으로 사역을 도왔다. 그러나 인천 지역 전도는 진척을 보이지 않았다. 개항지라고 해서 서구에 열린 시선을 보내지는 않았다. 전도하는 노병일에게 '미친놈'이라는 소리가 먼저 돌아왔다. 전도 책자는 빼앗기거나 버려졌으며, 폭행당하는 것도 예사였다. 1890년에는 한국 최초의 예배당인 6칸 한옥이 마련되었다. 직후 노병일은 과로로 세상을 떠나고 말았다. 1891년 6월 아펜젤러는 인천지역 선교책임자가 되었다. 11월에는 예배당을 건축하고는 '화이트 채플(White Chapel)'이라 이름 지었다. 1901년에는 존스 목사가 서구식 고딕양식으로 건물을 지었는데 '제물포웨슬리기념교회'라고 했다.

아펜젤러는 바빴다. 인천 선교에 몰두할 수 없었다. 그러나 인천에 준비된 일꾼이 있었다. 노병일이 죽기 전에 2명의 결심자를 얻었는데 김기범과 이명숙이었다. 김기범은 훗날 한국인 최초의 목사가 되었고, 이명숙은 경기도 일대를 다니면서 많은 교회를 설립하고 전도한 유명 전도인이 되었다. 그들이 인천 선교를 이어 나갔다. 1892년에는 존스 선교사가 인천 지역을 맡았다. 그는 내리교회 2대 담임목사가 되었으며 확장적인 선교를 지속시켰다. 존스는 인천, 강화도, 경기 서해 남부 지역을 순회하며 전도하였다. 이화학당 여교사였던 마거릿 벵겔이 존스 선교사와 결혼해서 인천으로 왔다. 벵겔은 1892년 3월에 여자 어린이를 위한 한국 최초의 초등학교인 영화학교를 설립했다. 이 학교를 통해 수많은 한국 여성지도자가 배출되었다. 현 영화초등학교 내에는 그 옛날에 교사(校舍)가 남아 있다. 이 무렵 백

제물포웨슬리기념교회 옛모습

내리교회 웨슬리예배당(복원) 인천 최초의 서구식 예배당인 제물포웨슬리예배당이 허물어진지 57년만에 원형에 가깝게 복원됐다. 정동 벧엘예배당(정동교회 전신)과 똑같은 19세기 미국 건축 양식으로서 1901년 내리교회의 2대 담임인 조지 헤버 존스(George Heber Jones, 한국명 조원시. 1867. 8. 14~1919. 5. 11)에 의해 세워진지 111년만이기도 하다.

헬렌 전도부인이 내리교회에 합류했다. 그녀는 1893년에 한국 최초의 여선교회 '보호여회'를 존슨 부인과 설립했다.

청일전쟁과 교회

1894년 청일전쟁이 발발하였다. 인천은 전쟁의 한복판이 되었다. 주민들은 허둥지둥 피난길에 올랐다. 교회는 미국과 같다는 인식이 있었다. 청·일 양국이 침입할 수 없는 곳이었다. 주민들은 평소 거들떠보지도 않았던 교회로 숨어 들어오거나, 전 재산을 맡기고 서둘러 피란했다. 여러 달 후에 돌아와 보니 모든 재산을 하나도 손상 없이 고스란히 돌려주는 것이 아닌가! 이후 인천지역민들은 교회에 대한 생각을 바꾸었다. 교회는 급성장하였다.

1895년 한국 최초 자비 개척교회인 '담방리 교회(현 만수교회)'가 개척되었다. 1899년에는 한국기독청년회 '내리 엡윗청년회'가 조직되었다. 1901년에는 서울 상동교회에서 김창식과 김기범이 목사 안수를 받았는데 최초의 한국인 목사였다. 김기범은 내리교회 첫 교인이었다. 1901년에는 내리교회 예배당을 신축해야 했다. 붉은 벽돌로 십자가형 교회를 지었다. 지금 내리교회 옆에 옛 모습대로 복원되어 있다.

하와이로 떠난 교인

하와이에서 노동자 이민을 추진한다는 소식이 들렸다. 대한제국 정부에서도 적극 호응하였다. 이리하여 인천에 거주하던 주민들이 주로 모여들었는데 121명 중 내리 교인이 50명이었다. 1902년 11월 제물포항에서 이민선이 출발하였다. 인천 월미공원에는 이민사박물

관이 있는데 자세한
내용을 확인할 수 있
다. 내리교회는 이민
교인들을 위해 홍승
하 전도사를 하와이
로 파송했다. 한국
최초의 해외선교사

내리교회 하와이 이민 1906년 존스 목사가 하와이 교구 신도를 방문한 기념사진이다.

파송이었다. 이들은 하와이에서 교회를 세웠다. 지금도 있는 '호놀룰루 미연합감리교회'가 그것이다.

내리교회가 한국역사상 최초로 시작한 많은 사역들이 공동체를 든든히 세우는 역할을 하였습니다. 1891년 한국 최초의 예배당 건립으로 시작하여 초등학교인 영화학교 설립, 여선교회와 기독청년회 조직, 신학 전문지 〈신학월보〉발행, 한국인 최초의 목사 안수와 해외선교사 하와이 파송, 해외 개척교회 설립이 처음이었고, 휴전 직후 1954년 한국 최초로 헨델의 메시야 전곡을 연주하였습니다. "최초"는 관습이나 경계를 넘어서려는 용기와 도전의식, 열정에서 나온 것이기에 참 소중한 역사입니다.[21]

김기범 목사가 존스의 후임으로 내리교회 담임이 되었다. 1904년 연회에서 한국 감리교회 중 최우수 교회로 표창을 받았다. 1904년 러일전쟁이 터졌다. 그 와중에 교회는 성장했다. 청일전쟁의 경험이 교회 성장에 밑거름이 되었다.

---

21 인터넷 매체 'Redian', 그림으로 만나는 한국교회, 이근복

하나님의 사람들

내리교회가 지금까지 인천 지역에서 중요한 역할을 감당할 수 있었던 것은 '최초'라는 타이틀이 아니라 성경에 기록된 말씀대로 살았던 이들이 있었기 때문이다.

한국인 최초의 목사였던 김기범 목사의 딸 김애마 교수는 이화여대 사범대학 초대 학장 등 42년을 봉직하면서 한국 YWCA 회장 등 여러 분야에서 활동하였다. 같은 내리교회 출신이면서 친일파로 변절했던 김활란과는 다른 길을 걸었던 여성이었다.

민족대표 33인 중 한 분으로 활약했던 신홍식 목사는 2년 6개월 복역 후 1922년 내리교회 담임으로 부임했다. 3.1만세운동으로 와해된 엡윗청년회를 재조직했고, 보이스카웃을 조직해 새로운 부흥의 계기를 마련했다. 그는 친필로 '인천내리교회역사'를 서술했다. 내리교회 역사관에 전시되어 있다. 신 목사는 일제의 회유와 협박에도 끝까지 굴하지 않고 항일투쟁을 했던 민족의 스승이었다.

'이길용 체육기자상'으로 알려진 이길용 기자는 영화학교 출신이면서 배재학당, 일본 도시샤대학을 다녔다. 1919년 철도국에 근무할 때 임시정부 기밀문서를 전달하다가 발각되어 3년간 옥고를 치렀다. 동아일보 체육부 기자로 있을 때 손기정 선수 마라톤 우승 사진에서 일장기를 문질러 버리는 사건으로 또다시 투옥되었다. 그 후 창씨개명을 반대하다가 다시 투옥되었다. 해방이 되자 풀려났으나 한국전쟁 때 납북되었는데 행방을 알 수 없다. 한국체육기자연맹에서는 '이길용 체육기자상'을 제정하여 매년 시상하고 있다.

여성 노동운동의 대모로 알려진 조화순 목사도 내리교회 출신이다. 그녀의 부친 조영호 장로는 말씀대로 산 하나님의 사람이었다. 부유했지만 나눔을 주저하지 않았던 분이었다. 전쟁 통에 모든 재산을 잃었지만 늘 예수의 마음을 품고 이웃을 섬겼던 분이었다. 성경에 기록된 말씀대로 살고자 했던 부모로부터 영향받은 조화순 목사는 『상록수』를 읽고 농촌계몽운동을 꿈꾸었다. 농촌 학교 교사로 재직하다가 한국 농촌의 현실을 확인하고 목회자가 되어 그들을 교회로 이끌어야겠다는 결심을 하게 되었다. 노름과 술이 일상이었고, 가정폭력을 아무렇지 않게 자행하는 현실이 앞에 있었다. 이들을 변화시키려면 예수에게로 이끌어야 한다는 것을 부친에게 배웠다. 조 목사는 어렵게 신학대학을 졸업하고 시흥 달월교회로 부임했다. 그녀의 열정은 교회를 부흥시켰다. 1966년 인천 지역에서 산업 선교를 이끌던 오글 목사로부터 여성 노동자 속으로 갈 것을 권유받고 방향을 전환했다. 조 목사는 동일방직에 입사해서 열악하기 그지없는 여성노동자의 삶을 경험했다. 그리고 노동 처우 개선을 요구하는 노동운동에 뛰어들었다. 조 목사는 노동조합을 결성해 노동자 처우 개선을 회사 측에 요구했다. 공권력을 동원한 회사 측의 강력한 탄압에도 단식투쟁을 하면서까지 변화를 끌어내려 했다. 나라에서는 노동조건 개선을 요구하는 그녀들에게 빨갱이라는 허물을 덧씌웠다. 조 목사는 노동자를 선동했다는 이유로 구속되었다. 그 후에도 갖은 고초와 옥살이를 되풀이하면서 노동자들 편에서 투쟁했다.

교회마당에서 배우는 역사

내리교회는 초창기 교회들이 그러했던 것처럼 언덕 위에 있다. 교회 주변에 신포국제시장이 있어서 꽤 복잡한 도심에 둘러싸여 있다. 교회로 올라가면서 보면 붉은 벽돌 예배당이 사뭇 장대하다. 성채처럼 단단한 외관에 예배당

내리교회 내리교회를 창설한 아펜젤러와 인천지역 선교를 담당했던 존스 목사, 한국 최초 목사인 김기범 목사 흉상이 예배당 앞에 있다.

정면은 하늘로 솟아 오르는 형상이다. 주차장에서 예배당으로 올라가는 층계 왼쪽 벽에는 내리교회 역대 머릿돌 4개가 박혀있다. 예배당이 변화해 온 시간을 알려준다. 예배당 정면 마당으로 올라서면 아펜젤러, 존스, 김기범 목사의 흉상이 나란히 세워져 있다. 예배당을 출입하는 교인들은 세 분의 흉상을 보면서 오갈 수 있다.

교회 주차장 옆 작은 공원에는 2005년에 세운 '한국선교 120주년 선교 기념비'가 있다. 오벨리스크 모양인데 한국 전통 비석 모양을 두고 굳이 오벨리스크 모양으로 해야 했는지 의문이다. 오벨리스크 모양 비석은 일제강점기에 우리에게 전해졌다. 기념비 옆에는 또 하나의 기념비가 있다. '미주한인선교 100주년 기념탑 1903-2003'이다.

현 예배당 옆에는 '제물포웨슬리예배당'이 복원되어 있다. 옛날에는 언덕 위에 붉은 벽돌 예배당이 매우 아름다웠을 것으로 짐작된다. 아펜젤러 비전센터에는 역사관이 있다. 내리교회가 걸어온 시간이 자세히 소개되어 있다. 역사관에서 주목해 볼 것은 내리교회가 지금까지 건축했던 예배당 모형이다.

여선교사합숙소

쇠뿔고개에 있던 선교사촌

　인천에 쇠뿔고개(우각로)가 있다. 우각로를 따라가면 창영초등학교, 영화초등학교, 창영감리교회가 연이어 나타난다. 영화초등학교 내에는 영화국제관광고등학교도 있다. 영화초등학교 뒤에는 인천산업정보학교도 있다. 이 일대에는 학교가 밀집되어 있는데 한때는 주

영화학교 옛모습

민 밀집도가 대단히 높았고 학생들도 많았다고 한다.

1883년 제물포항이 개항된 후 항구 주변은 조계지로 설정되어 청국, 일본, 기타 서구 사람들이 집을 짓고 살았다. 항구 주변은 언제나 일거리가 생겼으며, 일자리를 얻기 위해 조선인들이 몰려왔다. 좋은 땅을 점거하고 살기에는 매우 가난해서 산기슭에 옹기종기 모여 살 수밖에 없었다. 외국인들이 제물포로 들어오면서 조선인들은 변두리로 밀려난 것이다. 지금이야 재개발되면서 전망 좋은 아파트로 소문났지만, 예전에는 이 일대를 '인천의 달동네'라 불렀다. 아직도 재개발되지 않은 기찻길 옆 학교 주변으로는 옛 정취를 느낄 수 있는 곳이 적지 않게 남아 있다.

선교사촌과 학교

창영초등학교는 1907년에 설립되었는데 인천 최초 공립보통학교였다. 一자로 된 고풍스러운 학교 건물은 문화재로 지정되었다. 1919년 3월 6일 인천지역 최초로 3.1만세운동이 시작된 곳이다. 우리나라 미술사를 학문으로 발전시킨 우현 고유섭, '그리운 금강산' 작곡가 최영섭, 인천시립박물관 초대 관장 이경성, 전 대법원장 조진만 등이 이 학교 출신이다.

영화초등학교는 1893년 내리교회를 담당하던 존스 선교사가 설립했다. 영화여학교로 시작되었으며 지금까지 초등교육을 담당해오고 있다. 영화초등학교 내에는 옛 교사(校舍)가 보존되어 있다. 영화초등학교 옆에는 창영감리교회가 있고, 교회 옆에는 문화재로 지정된 '여선교사합숙소(구 인천기독교사회복지관)'가 있다.

1895년 존스 선교사는 인천을 선교기지로 주목하고 우각리 일대의 땅을 구입했다. 매입한 땅에 목사관, 예배당을 건립한 뒤 '에즈베리 언덕'이라 이름 붙였다. 한국에 들어온 선교사들에게 가장 큰 어려움은 거처할 집이었다. 선교사들이 한국에 처음 들어왔을 때는 조선인 건물을 임차해 생활했다. 그러나 한국식 주택에 익숙하지 않아서 어려움을 겪는 경우가 많았다. 그래서 서양식 합숙소를 마련할 필요가 있었다. 특히 여선교사들의 어려움이 더 컸다. 감리교 선교부에서는 인천에 서양식 합숙소를 마련하기 위해 모금을 진행했고, 1904년에 남선교사합숙소, 1905년에 여선교사합숙소를 지을 수 있었다. 지금 인천세무서가 들어선 자리에 남선교사합숙소가 있었다. 여선교사합숙소는 미국에서 비누를 만들어 큰돈을 벌었던 P&G사의 매리 갬블(Mary Gamble) 부인의 후원으로 건축되었다. 그래서 선

여선교사합숙소

교사들은 이 건물을 '갬블홈'이라 불렀다.

여선교사합숙소는 북유럽 양식으로 건축되었다. 지하 1층, 지상 2층으로 전체면적 469m²(142평)으로 지어졌다. 붉은 벽돌로 벽을 마감했고 급경사를 이룬 뾰족지붕은 양철로 덮었다. 눈이 많이 내려도 쌓이지 않고 흘러내리게 되어 있다. 건축자재와 창호는 미국에서 들여왔다. 지하층에는 조개탄을 사용하는 보일러가 설치되어 있어서 온수를 공급하였다고 한다. 보일러를 가동하면 연통을 통해 1층과 2층으로 열이 전달되는 시스템이었다. 1층은 주로 교육실로 사용되었고, 2층은 주거공간이었다. 3~4명의 여선교사가 이곳에서 숙식을 해결했다. 당시에는 보기 어려운 수세식 화장실도 설치되었다. 거주할 수 있는 방은 모두 4개다. 지붕에는 굴뚝 4개가 보인다. 건물에는 창문이 많은 것이 특징인데, 특히 창살을 다양하게 하였다. 한국 전통 창살을 적용한 것도 있는데 건축 당시 한국문화를 수용한 측면을 확인할 수 있다. 일제강점기 당시에는 신식 설비를 갖춘 집인데다 주변 환경이 쾌적해서 선교사 여름 수련회장 또는 별장으로도 사용되었다고 한다.

1940년 일제는 선교사가 적국민이라는 이유로 강제 추방했다. 선교

여선교사합숙소 내부 여선교사합숙소 내부 2층으로 올라가면 서구적 풍경이 이채롭습니다.

사들이 사용하던 숙소는 창영교회 정흥운 장로가 관리하며 유지해 왔다. 1945년 해방이 되자 미군목들이 영어학원을 개설해 사용하였다. 1949년 미국 감리교 선교사 헨렌 보이스가 들어와 사회관을 창설하였다. 1950년 한국전쟁으로 폐관되었다가 1956년 선교사가 다시 사용하였다. 그 후 오랫동안 인천기독교사회복지관으로 사용되었다. 그래서 지금도 기독교사회복지관으로 알고 찾아오는 이들이 많다. 오랫동안 복지관으로 사용되면서 내부가 많이 바뀌었다. 창영복지관은 새건물을 짓고 옮겨 갔고, 문화재로 지정된 '여선교사합숙소'는 옛날 모습을 되찾기 위해 노력하고 있다.

선교사 주택이 언덕 위에 있는 이유

선교사들이 우리나라에 처음 들어왔을 때 조선인의 집을 임차해서 살았다. 우리나라 주택구조에 익숙하지 않았던 선교사들은 생활하는 데 어려움이 많을 수밖에 없었다. 장기적으로 정착해서 선교하려면 우선 건강해야 한다. 풍토병뿐만 아니라 음식, 주택 등에서 차이가 많았기 때문에 건강을 해치는 경우가 많았다. 거기에다 선교사들이 하고자 했던 의료선교, 교육선교를 위해서라도 한국식 주택으로는 해결되지 않는 부분이 많았다.

각 교파에서 파견된 선교사들은 지역을 나눠서 선교활동을 하기 시작했다. 그리고 각 지역마다 선교사촌을 마련하고 서양식 주택을 지어서 거주했다. 서울, 인천, 수원, 개성, 평양, 선천, 의주, 영변, 원산, 함흥, 춘천, 원주, 대구, 부산, 마산, 진주, 목포, 광주, 순천, 전주, 군산, 공주, 청주 등에 선교부와 선교사촌이 있었다. 선교부를 거점

언덕 위에 있는 여선교사합숙소

으로 주변 지역으로 복음을 확산해 나갔다. 선교부가 있던 지역에는
예외 없이 언덕 위에 선교사촌이 형성되었다. 소위 양관으로 불리는
서양식 주택들이 일정한 간격을 두고 들어섰다. 주택뿐만 아니라 병원,
학교도 함께 들어서 있었다. 언덕 아래 살았던 한국인들은 이국적인
풍경을 신비롭게 바라보거나, 구경거리로 생각해서 찾아오기도 했다.

　우리나라는 집을 지을 때는 배산임수(背山臨水)를 매우 중요하
게 생각한다. 풍수적인 이유를 들지만, 실질적이고 기능적인 측면이
더 강하다. 우리나라는 겨울이면 북쪽에서 시베리아 찬바람이 불어
온다. 집 뒤에 있는 배산(背山)이 이 바람을 막아준다. 산에서 마을
로 개울물이 흐른다. 물은 생활용수가 되어 주었다. 우물과 빨래터가
마을 공동으로 마련되었다. 물은 흘러서 마을 앞에 펼쳐진 농경지를
적시고 농사를 짓도록 도와준다. 물과 물이 모여 강을 이룬다. 임수

에 해당된다. 임수는 교통로 역할도 했다.

서양은 오랫동안 기독교적 문화에 근거해 살았다. 마을의 입지 조건도 성경에 그 근거를 두었다. 교회를 지을 때도 성경에 근거했다.

너희는 세상의 빛이라. 산 위에 있는 동네가 숨겨지지 못할 것이요 사람이 등불을 켜서 발아래 두지 아니하고 등경 위에 두나니 이러므로 집안 모든 사람에게 비치느니라.(마5:14-15)

여호와는 나의 사랑이시요 나의 요새시요 나의 산성이시요 나를 건지는 이시요 나의 방패시니 내가 그에게 피하였고... (시편 144:2)

초창기 성당이나 교회는 모두 언덕 위에 있었다. 그래서 마을 어디에서나 볼 수 있었다. 교회 종소리는 어디서나 들을 수 있었고 예배 시간에 늦지 않을 수 있었다. 교회는 세상의 빛이 되어야 할 책임이 있었다. 등경대 위에 올려진 등불처럼 높은 곳에 올려져 어두운 곳을 밝히는 역할을 했다. 때로는 길잡이 역할도 했다. 산성이요 요새처럼 마음의 평안도 주었다. 노아의 방주처럼 구원의 배가 되어주었다. 언덕은 등잔대였다. 언덕에 위에 지은 예배당, 사택, 병원, 학교는 세상의 빛이었다.

> ### 🔍TIP 인천기독교 유적 탐방
>
> ▌**한국기독교100주년기념탑**
> 인천 중구 항동1가 5-2
>
> ▌**인천내리감리교회**
> 인천 중구 우현로 67번길 3-1 / TEL. 032-760-4000

▌인천창영교회

인천시 동구 우각로 43 / TEL. 032-762-5118

　인천은 근대문화유산의 보고(寶庫)다. 청·일 양국 조계지를 비롯하여, 서구 열강들이 차지했던 조계지에 남겨진 유산들이 120여 년 전으로 시간여행을 시켜준다. 한국기독교100주년기념탑에서 조금만 더 올라가면 아펜젤러, 언더우드 선교사를 비롯해 제물포항에 첫발을 디뎠던 선교사들이 서울로 들어가기 전에 묵었던 대불호텔이 있다. 처음 건축한 호텔은 완전히 사라졌는데 똑같은 모습으로 원래 자리에 복원했다. 자유공원(만국공원)에는 서양인들이 이 땅에 들어 와 심은 플라타너스가 가장 오래된 나무로 지정되어 있다. 일본조계지에는 일본인들이 한국을 수탈하는 도구가 되었던 각 은행건물(조선은행, 일본제18은행 등)이 박물관이나 전시관으로 개조되어서 개방되었다. 제물포항으로 들어온 물건들을 저장해 두었던 창고들은 한국근대문학전시관, 인천아트플랫폼 등으로 개조되어 개방되었다. 청국조계지에 가면 짜장면박물관을 비롯해서 화교들이 이 땅에서 어떻게 자리 잡고 생활했는지 보고 느낄 수 있다. 맛있는 짜장면은 덤으로 얻을 수 있다.

[추천 1]
한국기독교100주년기념탑, 기념탑교회 → 대불호텔 → 차이나타운 → 자유공원
[추천 2]
한국기독교100주년기념탑 → 내리교회 → 신포국제시장 → 창영교회 여선교사합숙소
[추천 3]
한국기독교100주년기념탑 → 차이나타운, 각국조계지→ 내리교회

별명이 많은 강화도

강화도는 별명이 많은 섬이다. '역사의 섬', '항쟁의 섬', '지붕 없는 박물관'이라 한다. 먼 옛날 청동기인들의 흔적인 고인돌부터 고려시대 대몽항쟁, 조선시대 정묘호란, 병자호란, 병인양요, 신미양요, 운요호사건, 강화도조약에 이르기까지 굵직한 역사를 간직하고 있다. 개경이나 한양과 가까운 이유로 주요 인물들의 흔적 또한 많다. 왕이나 왕족의 유배지로 쓰이면서 많은 눈물이 뿌려졌다. 이런 이유로 '역사의 섬', '항쟁의 섬'이라는 별명을 갖게 되었다. 역사적 향기가 짙을수록 문화재도 많은 법이니 지붕 없는 박물관이라는 별명 또한 헛되이 붙은 것은 아니다.

강화도를 둘러싼 갯벌은 세계적으로 이름 나 있다. 한강, 임진강, 예성강이 강화도를 만나서 찰진 갯벌을 만들었다. 갯벌은 바다를 깨끗하게 만들어줄 뿐만 아니라 바다 생명들에게 풍부한 먹이를 제공해준다.

강화도는 농경지가 많은 섬이다. 고려시대부터 조선시대에 이르기까지 수많은 제방을 쌓아 갯벌을 논으로 만들었다. 강화 해안에

항쟁의 섬 강화도 돈대　강화도 해안으로 외적의 침략을 방어하기 위한 돈대가 54개나 설치되었다. 돈대에 올라가면 멋진 풍경이 기다린다.

접해있는 논들은 갯벌을 매립하고 간척된 것이라 봐도 무방하다. 쌀, 약쑥, 순무, 고구마 등 많은 농산물이 생산되어 강화도를 풍성한 섬으로 만들어준다.

　강화도는 부속 섬을 많이 거느리고 있다. 석모도와 교동도는 뛰어난 풍광뿐만 아니라 드넓은 농경지를 갖고 있다. 역사의 흔적도 만만찮게 많아 섬을 찾는 재미를 더해주고 있다. 그밖에 주문도, 볼음도, 아차도 등도 뛰어난 아름다움을 지녔다.

　강화도에는 개신교 역사도 특별하다. 강화도에 있는 웬만한 교회는 그 역사가 100년이 훌쩍 넘는다. 교회마다 크고 작은 역사관이 있을 정도로 할 이야기가 많은 교회들이다. 병인양요, 신미양요 등 서양 제국주의의 침략으로 피해가 유난히 많았던 곳이 강화도였다. 침략자들 때문에 피해를 입었고, 침략자들이 물러간 뒤에도 그들과 협조한 간자를 색출한다고 들쑤시는 통에 온갖 고초를 겪어야 했다. 서양 오랑캐 때문에 삶과 죽음의 언저리에 내던져졌던 이들이 강화도 사람들이었다. 그러니 서양은 몸서리쳐지는 존재였을 것이다. 이런 배경을 가진 강화도에 서양을 대표하는 종교인 기독교가 전해진 것이다. 복음은 강화 북쪽 교산교회에서 시작해 홍의교회로 전해지고 홍의교회 교인들이 강화도 곳곳으로 흩어져 교회를 세웠다. 교산교회, 홍의교회, 강화중앙교회에는 역사관이 마련되어 있다.

교산교회

강화에 떨어진 한 알의 밀

이승환, 한 알의 밀

강화 개신교의 시작은 인천 제물포에서 주막을 하던 이승환으로 부터였다. 당시 제물포에는 존슨(George Heber Jones, 한국명 조원시) 선교사가 들어와 복음을 전하고 있었다. 그는 한국 사람들이 모임을 할 때는 계(契)를 조직한다는 것을 알고 계를 만들어 사람들을 모았다. 그리고 계모임에서 성경을 가르쳤다. 이승환도 그곳에 갔다가 신앙을 갖게 되었다. 신앙이 성숙해 세례를 받게 되었을 때 술장사 하는 자신이 세례를 받는 것은 옳지 않으며, 연로하신 어머니보다 먼저 세례를 받을 수도 없다며 거절하였다.

그 후 이승환은 주막을 그만두고 고향인 강화도로 와 어머니를 모시고 농사를 지으며 살았다. 그리고 어머니를 전도해 세례를 받도록 하였다. 세례를 부탁받은 존스는 배를 타고 강화 북쪽 교산리 앞바다에 도착했다. 그의 차림은 한국사람과 동일한 한복에 갓을 착용하

교산교회 강화의 모교회 교산교회에는 역사관이 마련되어 있다.

고 있었다. 그러나 서양사람이 마을로 불쑥 들어가는 것이 그리 쉬운 것은 아니었다. 당시 마을 지도자는 훈장이자 양반인 김상임이었다. 김상임은 노발대발했다. 서양 오랑캐가 배에서 내리면 용서하지 않겠으며, 그를 받아들이는 집은 불살라 버릴 것이라 위협했다. 결국 존스는 배에서 내리지 못했다. 존스와 이승환은 다른 결정을 내려야 했다. 이승환은 마을 사람들이 잠든 깜깜한 밤에 어머니를 업고 갯벌을 걸어서 배 위에 올랐다. 그리하여 이승환의 어머니는 배 위에서 세례를 받았다.(1893) 한국 최초의 선상세례였다. 강화도 개신교 역사는 이렇게 극적으로 시작되었다.

선상세례 이승환이 어머니를 업고 갯벌을 걸어가 선상에서 세례를 받게 했다. 강화도 기독교 역사는 이렇게 극적이다.

김상임의 회심

이승환과 그의 어머니, 그리고 그로부터 전도 받은 몇몇 사람들은 마을 지도자 김상임의 감시를 받아야 했다. 김상임은 불순한 자들을 눈여겨보았다. 그들을 마을에서 몰아낼 핑곗거리를 찾아야 했다. 그런데 이승환의 사랑방에 모인 교인들 생활은 지금까지 보

김상임 전도사 사진–교산교회 역사관

아온 이웃들과 너무나 달랐다. 주민들은 비가 오는 날이나 농한기인 겨울이면 사랑방에 모여 노름과 술로 허송세월했다. 그러나 이승환의 사랑방에 모인 사람들은 못된 습성을 버리고 부지런해진 것이다. 양반 김상임은 충격을 받았고 울림을 느꼈다.

그는 과거시험 초시에 합격한 지식인이었다. 그래서 마을 사람들은 그를 김초시라 불렀다. 그는 지식인이었다. 민족을 구할 방도를 찾고 또 찾았다. 유학을 공부하여 과거에 합격하고 관료가 되어 백성을 구하고자 했다. 그러나 현실은 달랐다. 과거 시험장은 형식이었고, 뇌물로 벼슬을 살 뿐이었다. 암울한 현실에 좌절하던 차에 이승환의 사랑방을 주목하게 된 것이다. 그가 그토록 찾고 원하던 작은 변화가 이승환의 사랑방에서 시작되고 있었던 것이다.

김상임은 이승환에게 존스 선교사를 만나게 해달라고 부탁했다. 존스 선교사는 갓과 두루마기 차림으로 김상임을 찾아와 '형님'이라고 부르며 깍듯하게 대했다. 존스 선교사는 김상임과 여러 대화를

김상임 추모비 교산교회 마당에 김상임 전도사를 추모하는 비석이 있다. 그는 강화도 기독교의 초석을 놓은 인물이다.

나눈 후 한문성경을 선물로 주고 돌아갔다. 김상임은 존스에게 받은 신약성경을 여러 번 읽었다. 그리고 그 안에서 깨우침을 얻었다. 마침내 그도 개종을 결심했다. 그가 개종하자 마을 전체가 변화했으며 그의 주도로 교회가 설립되었다.

1894년 김상임은 45세의 나이에 존스 선교사에게 세례를 받고 그리스도인으로 다시 태어났다. 김상임은 마을 지도자였다. 그가 예수를 믿기 시작하자 그 파급효과는 컸다. 김상임의 가족은 물론 제자와 다리목과 시루미(甑山) 마을 주민들도 예수를 믿기 시작했고, 그 여파는 강화 곳곳으로 퍼져나갔다. 홍의마을 친구 박능일이 그에게 영향을 받아 홍의교회를 설립했고 복음이 강화 전체로 전달되었다. 김상임은 초가와 토지를 교회에 기증했다. 새로운 예배당에는 시루미와 다리목 교인들을 수용할 수 있었고, 한곳에 모여 예배를 드리는 기쁨이 있었다.

강화도 개신교 교회의 시작인 교산교회가 이렇게 설립된 것이다. 그래서 교산교회를 강화도의 모(母)교회라 부른다. 김상임이 주도하는 교산교회는 남자와 여자, 양반과 상민이 함께 어우러지는 신앙공동체가 되었다. 암울했던 현실을 타파하고 생활의 변화를 주도한 교산교회에 대한 소문이 주변에 전해지기 시작했다. 성경 요한복음 12장 24절에 기록된 "내가 진실로 진실로 너희에게 이르노니 한 알의 밀이 땅에 떨어져 죽지 아니하면 한 알 그대로 있고 죽으면 많은 열매를 맺느니라"는 구절이 이승환에 의해 이루어진 것이다.

김상임은 초기 감리교 교역자 양성과정인 신학회 과정을 수료하고 전도사가 되었다. 그러나 안타깝게도 목사 안수를 받기 4달 전인

1902년 4월 15일 53세를 일기로 세상을 떠나고 말았다. 교회 앞에 세워진 김상임 전도사의 공덕비에는 요한복음 11장 25-26절이 기록되어 있다.

"예수께서 가라사대 나는 부활이요 생명이니 나를 믿는 자는 죽어도 살겠고 무릇 살아서 나를 믿는 자는 영원히 죽지 아니하리라"

찬송 전도자 김리브가

김상임에게는 아들이 둘 있었다. 맏아들 김흥제(金興濟)와 둘째아들 김우제(金宇濟)다. 김흥제는 1904년 교산교회 4대 담임이 되었다. 김우제는 아버지처럼 감리교 전도사로 활동했다. 잠두교회(강화중앙교회)에서 말씀을 전할 때 이동휘를 개종시켜 교회의 큰 일꾼으로 키

김 리브가 권사 찬양 할머니로 불리는 그녀는 300곡이 넘는 찬송가를 외웠다고 한다. 그녀가 찬송가를 부르면 사람들이 모여들었다고 한다.

워냈다. 그는 하와이 이민이 활성화되자 하와이로 건너가 이민자들을 위로하는 목회를 했다. 후에는 상해를 오가며 독립운동을 전개하는 등 독립운동가로 활약했다.

김상임이 세상을 떠나고 김우제 전도사가 하와이로 떠난 뒤 큰아들 김흥제에게 불미스러운 일들이 반복되기 시작했다. 종손들이 미쳐가기 시작한 것이다. 주위에서는 "예수 믿어 집안이 망했다."고 수군거렸다. 일제 말기에 접어들자 맏아들 김흥제와 장손인 동만(東

萬)은 교회를 멀리했다. 그때 손자며느리로 들어온 이가 김리브가였다. 김리브가의 아버지 김봉일 전도사는 강화중앙교회의 초대교인이다. 1909년 존스 선교사, 손승용 목사와 함께 제일합일학교를 세우는 등 신앙과 교육에 앞장선 인물이다. 유명한 김상임 전도사의 손자에게 시집간다고 하기에 신앙이 좋은 집안인 줄 알았다. 실상을 알고 난 김리브가는 깜짝 놀랐다. 김리브가는 시집 식구들이 마귀의 시험에 넘어갔다는 것을 알았다. 오직 하나님께 매달리는 것 외에는 방법이 없음을 알았다. 밤새 통성으로 기도했다. 통성기도에 익숙하지 않았던 마을 사람들은 김리브가도 미쳤다며 강제로 머리를 밀기도 했다. 신앙에서 멀어진 시집에 살았지만 그녀는 굳세게 하나님을 붙들었다. 아들 김인원을 신앙으로 잘 양육해서 훗날 장로가 되게 하였다. 그녀는 어려움이 닥칠 때마다 찬송을 불렀다. 그러다 보니 300곡이 넘는 찬송을 외웠다. 부를 뿐만 아니라 손수 찬송가를 짓기도 했다. 그녀의 신앙고백이 가사가 되었다. 사람들은 그녀를 '찬송 할머니'라 했다. 그녀는 강화 특산물인 인조견을 팔러 다니면서 사람들에게 찬송을 불러주었다. 그녀의 찬송에 사람들이 모여들었고, 그때마다 예수를 전했다. 그녀의 기도와 찬송은 영적인 강력함이 있어서 교인들을 위로하는 능력을 지녔다. 교산교회 교인들은 그녀의 심방을 받으며 흔들리는 믿음을 다잡게 되었다.

김상임 전도사가 뿌린 신앙의 씨앗이 메말라 갈 때 김리브가 권사가 들어와 물을 주고 가꾸었다. 누가 보아도 망해버린 집안이라 손가락질 했지만 훗날 목사, 장로, 권사, 사모를 수십 명을 배출한 신앙의 가문이 되었다.

▌강화교산교회
　강화군 양사면 서사길 296 / TEL. 032-932-5519

　교산교회는 옛날을 증언하며 지금도 그 자리에 있다. 교회 주차장에 들어서면 언덕 위에 구예배당과 신예배당이 나란히 보인다. 구예배당은 역사관으로 사용하고 있다. 역사관에는 교산교회가 걸어온 길이 상세히 설명되어 있다. 강화도 기독교 신앙의 특징과 확산 과정을 지도로 설명하고 있다. 믿음의 선조들이 남겨 준 감동적인 유물 등도 전시되어 있다. 교산교회 예배당 변천 과정을 작은 모형으로 설명하고 있다. ㄱ자 예배당에서 맞이하는 성탄절 모습도 이색적이다. 주차장에는 이승환이 어머니를 업고 배 위로 올라가 세례를 받는 '선상세례' 조형물도 있다. 역사관은 언제나 문이 열려 있다. 언제든지 방문해서 관람할 수 있다. 단, 해설사를 예약하려면 일주일 전까지 교회 홈페이지(http://www.gsch.co.kr) 신청하면 된다. 화장실, 주차장이 완벽하게 갖추어져 있다.

[추천1]
강화 교산교회 → 홍의교회 → 강화중앙교회 → 성공회강화성당

[추천2]
강화 교산교회 → 교동도 박두성생가 → 교동 대룡시장 → 강화중앙교회

[추천3]
강화 교산교회 → 강화중앙교회 → 성공회강화성당 → 고려궁터

홍의교회

한국의 안디옥이라 불린 교회

박능일의 회심

홍의마을에 사는 마을 훈장 박능일은 교산리에 사는 친구 김상임을 찾았다. 둘은 오랜 벗이자 동지였다. 출세(出世)를 위한 과거시험을 함께 준비했으며, 민족의 암울한 현실에 밤을 새워 함께 고민했다. 그랬던 친구가 서양 오랑캐 종교로 개종했다는 소식을 듣게 된 것이다. 그의 잘못을 지적하고 되돌려 놓을 심산으로 씩씩거리며 찾아갔다. 그런데 김상임에게서 자초지종을 듣고선 그도 개종하였다. 민족을 구할 방도라면 마다할 것이 없었다.

그는 홍의마을로 돌아와 서당을 예배당으로 삼고 '홍의교회'를 설립했다. 이때가 1896년이다. 1년 만에 교인 수가 80명으로 늘었다. 선교사 도움 없이도 교회를 설립하고 교회조직을 만들었다. 자립교회의 전형적인 모습을 홍의교회가 보여주었다.

홍의교회 한국의 안디옥교회라 불리는 홍의교회. 홍의교회에서 강화 전역으로 복음이 전해졌다.

돌림자 쓰기

홍의교회 교인들은 끈끈한 신앙공동체로 마을을 변화시켜 나갔다. 홍의교회는 몇 가지 주목할 만한 특징을 보여주었고 한국적 기독교 문화를 생각하게 한다.

첫째, 검은 옷 입기 하나님 앞에서 죽을 수밖에 없었던 죄인이라는 뜻이다. 실용적인 의미에서도 검은 옷을 입었다. 흰옷은 깨끗하기는 하나, 금방 때를 타서 위생적이지 못했다. 주위의 눈치를 보는 것이 아니라 실용적인 것을 선택한 것이다.

둘째, 돌림자 쓰기 예수를 믿고 교인이 된 것은 옛사람이 죽고 새사람이 되었음을 의미한다. 새로 태어난 아기에게 이름을 지어 주듯 거듭난 우리가 새 이름을 갖는 것이 합당하다고 생각했다. 또 하나님 안에서 한 형제, 자매이니 돌림자를 써야 한다는 것이다. 교회를 시작한 7명은 한 일(一)를 돌림자로 쓰기로 하였다. '우리는 믿음 안에서 하나'라는 뜻이다. 또 하나님 안에서 하나이며, 한날 한시에 세례를 받아 한 형제가 되었다는 의미도 있다. 그리고 성경에서 좋은 의미로 사용된 능(能:능력), 신(信:믿음), 경(敬:경외), 봉(奉:받들다), 순(純:순종), 천(天:하늘), 광(光:빛) 등 글자를 적은 종이를 자루에 넣고 하나씩 뽑아서 이름을 정했다. 성 씨(氏)는 조상으로부터 받은 것이니 그대로 사용하면서 개명했다. 박능일, 권신일, 권인일, 권문일, 권청일, 권혜일, 김경일, 김부일, 종순일, 주광일, 장양일 등의 이름이 이렇게 생겨났다. 이들은 족보에도 이름을 새로 올렸다. 새로 거듭난 의미를 한국적으로 풀어낸 것이다. 홍의교회 돌림자 문화는 한국 고유의 문화에 서양 기독교를 접목한 특별한 의미가 있다. 이런 개명은 교동도 교동교회에서도 시행되었는데 신(信)자 돌림으로 하였다. 서양에서 유입된 기독교가 이 땅에 뿌리 내리는 방법으로 한국적인 시도를 했고 토착화에 성공한 경우라 하겠다.

사울이 바울이 되어 불꽃같은 전도를 했던 것처럼 이름을 바꾼 홍의교회 교인들은 전도를 멈추지 않았고, 그들이 가는 곳마다 교회가 세워졌다. 개명은 홍의교회로 끝나지 않았다. 이들이 개척한 교회들마다 개명이 이어졌다. 강화읍교회에서는 김봉일, 최족일, 김각일, 박성일, 주광일 등, 건평교회의 정천일, 정서일, 정용일, 정피일 등, 고부교회에서는 황양일, 황영일, 황충일, 심국일 등, 망월교회에서는 권노일, 김성일 등, 둔곡교회에서는 최동일, 노경일 등 강화 초기 기독교 역사에서 '일'자 돌림만 60명이 되었다. 강화 교동교회에서는 '신(信)'자 돌림을 썼다. 그밖에 여러 교회에서도 같은 돌림자를 썼다. 강화도내 교회 전체가 돌림자를 쓰는 일이 이어졌다.

그런데 문제가 있었다. 한국적 전통에서 같은 돌림자는 형제간에 만 해당된다. 그런데 세례를 받은 날짜는 부자간, 할아버지와 손자, 숙질간이라고 다르지 않았다. 강화도내 신도들은 신앙을 가진 것을 더 중요하게 생각했다. 그러니 믿지 않는 사람들은 개들이나 하는 짓이라고 빈정거렸다. '검정 옷'을 입은 개라는 뜻을 '검정개'라 불렀다. 아비와 자식이 같은 돌림자를 쓰는 것은 개들이나 하는 짓이라는 것이다.

기독교 역사는 이런 '토착 기독교 문화'의 역사이다. 그리스도의 교회는 내용과 방향에서 판이하게 달랐던 예루살렘의 유대 전통과 로마제국의 헬라 전통 사이에서 탄생했다. 이 두 전통의 경계선상에 위치한 안디옥에서, 두 전통 모두에 익숙했고 예수를 만남으로 개명을 체험한 바나바와 바울이 지도한 무리들에게 처음으로 '그리스도인'이란 칭호가 붙여진 것은 지극히 당연했다.[22]

셋째, 배운 것을 실천하기 종순일(種純一)은 성경을 읽고 '자신이 구원받은 것은 1만 달란트 빚을 탕감받은 것과 같다'라고 생각했다. 종순일은 며칠 동안 고민했다. 주일 예배를 마친 후 자신에게 빚진 마을 사람들을 불러 모아놓고 성경의 이야기를 해 준 후 빚문서를 불살랐다. 교회 전도사가 증인이 되었다. 그는 이렇게 말했다.

---

22 한국교회 처음 이야기, 홍성사, 이덕주

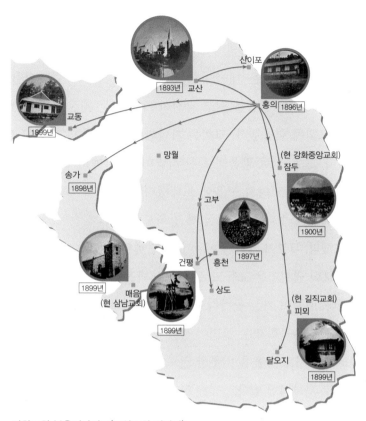

강화교회 복음전파경로(교산교회 역사관)

오늘 이 말씀에 나오는 악한 종이 바로 나외다. 내가 주님의 은혜로 죄사함을 받은 것이 1만 달란트 빚 탕감받은 것보다 더 크거늘, 내가 여러분에게 돈을 빌려주고 그 돈을 받으려 하는 것이 1백 데나리온 빚을 탕감해 주지 못한 것보다 더 악한 짓이오. 그러다 내가 천국에 가지 못할 것이 분명하니 오늘부로 여러분들에게 빌려 준 돈은 없는 것으로 하겠소[23]

---

23 위의 책

빚을 탕감받은 사람들은 자연스럽게 교인이 되었다. 종순일은 천국 소망을 품었다. 이 땅의 부귀는 주님을 위해 사용해야 한다는 것을 깨달았다. 종순일은 '네 소유를 팔아 가난한 자에게 주고 나를 따르라'(마 19:21)는 말씀을 읽고 자신이 가진 모든 재산을 처분했다. 그리고 교회에 헌납했다. 교회는 가난한 자들을 위한 교회 묘지를 구입했다. 그는 실로 말씀대로 산 사람이었다. '예수께서 제자들을 둘씩 짝지어 각 지방과 고을에 보내셨다'는 구절을 읽고는 부인과 함께 선교에 나섰다. 부인과 함께 강화도에 딸린 작은 섬들을 다니며 전도했다. 부부가 가는 곳에는 교회가 세워졌다.

홍의교회 권신일은 교동도로 떠났고, 박능일은 강화 읍내로 나가 전도했다. 이들이 가는 곳마다 교회가 세워졌다. 그래서 홍의교회는 '한국의 안디옥교회'라는 별명이 생겼다. 성서 사도행전에 나오는 안디옥교회는 사도 바울을 비롯한 전도자를 곳곳에 보내 교회를 설립한 것으로 기록되어 있다.

TIP 🔍 홍의교회 탐방

▌ **홍의감리교회**
강화군 송해면 홍의길 124 / TEL.032-934-4470

교회는 언제나 문이 닫혀 있다. 방문을 원한다면 미리 연락하고 가야 한다. 교회 앞에는 '강화의 안디옥 홍의교회'라는 표석이 세워져 있다. 홍의감리교회가 왜 안디옥교회라 불리는지 조목조목 설명해 두었다. 교회 옆에 묘지가 있다. 홍의교회 초창기 성도들 무덤이다.

강화중앙교회

독립운동의 선두에 선 교회

1900년에 설립된 강화중앙교회는 홍의교회를 설립했던 박능일에 의해 시작되었다. 박능일은 1900년 9월 1일 홍의교회 교인 주선일, 박성일, 허진일, 김봉일 등을 강화읍에 보냈다. 이들은 강화읍 전교하(川橋下:현 신문리)에 있는 여섯 칸 반짜리 초가집을 얻어 첫 예배를 드렸는데 이로써 교회가 시작되었다. 1901년 4월 존스 목사는 기와집 25칸, 초가집 16칸을 구입하여 교회를 옮겼는데 지금 강화중앙교회 위치다. 누에머리처럼 생긴 곳에 있다고 하여 잠두(蠶頭)교회라 하였다. 교회 설립 후 1년이라는 짧은 기간에 350명의 교인이 생겼다.

강화중앙교회는 강화 기독교의 구심 역할을 해 왔다. 1904년 월곶교회를 개척한 것을 시작으로, 교회를 직접 설립하거나 도움을 준 곳이 무려 스물여섯 교회였다. 급격히 신도 수가 늘어난 것과 선교를 과감하게 할 수 있었던 힘은 봉건적이고 폐쇄적인 사회에 새바람을 불러일으켰기 때문이다.

종을 딸로 삼은 김씨 부인

김씨 부인은 자식도 없이 혼자였지만 재물에는 여유가 있어서 복섬이란 여종을 부리고 있었다. 부인은 80살이 넘어 예수를 믿기 시작했다. 교회에 나가서 한글을 배워 성경을 읽을 수 있었다. 그러던 중 어느 한 구절에서 마음에 찔림이 있었다.

진실로 너희에게 이르노니 무엇이든지 너희가 땅에서 매면 하늘에서도 매일 것이요 무엇이든지 땅에서 풀면 하늘에서도 풀리리라 (마태복음 18:18)

김씨 부인은 성서를 읽고 종을 두는 것이 옳지 않음을 깨달았다. 주일예배가 끝나고 교인들을 집으로 초청했다. 그리고 복섬을 불러 방에 앉힌 후 문갑에 넣어둔 종문서를 가져왔다. "성경 말씀을 보니 우리 주인은 하늘에 계시고 우리는 다 같은 형제라. 어찌 내가 하나님 앞에서 주인 노릇을 할 수 있겠소? 또 내가 복섬이를 몸종으로 부리는 것이 땅에서 매는 것인즉, 그러고서 어찌 하나님의 복을 받겠는가?" 김씨 부인은 가져온 종문서를 복섬과 교인들이 보는 앞에서 불살랐다. 그리고 복섬에게 "이제는 더 이상 종이 아니니 떠나도 좋다!"고 했다. 복섬은 김씨 부인에게 매달렸다. "제발 이곳에서 나가라고 하지 말아주세요. 제가 어디로 가겠어요!" 교회 전도사는 김씨 부인에게 복섬을 양녀로 삼을 것을 권했다. 이리하여 김씨 부인은 늦은 나이에 딸을 하나 얻게 되었다. 이렇게 신분을 뛰어넘는 과감한 결단에 교회를 이상한 눈으로 쳐다보던 이웃이 놀라지 않을 수 없었고 감동을 받지 않을 수 없었다.

누구나 문자를 읽을 수 있는 지금, 한국교회 교인들이 성경을 몰라서 순종하지 않는 것이 아니다. 성경을 눈으로 읽고 논리적으로 따지고 이성적으로 판단한다. 거기까지다. 성경 구절을 구구절절 알기도 많이 알지만 실천적 순종은 없다. 한국 기독교 초기에는 실천을 위해 읽었다. 말씀을 그대로 적용했다. 성경에 기록된 말씀은 거울이었다. 말씀에 비춰보니 내가 보였던 것이다. 말씀에 비춰봤을 때 잘못된 부분이 있다면 즉시 바로잡았다. 그래서 초기 한국교회는 영향력이 막강했다.

강화의 바울 이동휘

강화중앙교회는 사회 운동에도 적극적이었다. 기독교 신앙에 바탕을 둔 민중교육운동이었다. 1901년 잠두의숙(蠶頭義塾), 1902년 합일(合一)여학교를 설립하였다. 이 두 학교는 훗날 통합되었는데 지금도 강화도에 있는 합일초등학교다. 기독교 교육이란 단순한 신앙 교육이 아니었다. 근대화된 교육을 통해 성숙한 시민을 양성하는 일이었다. 그리고 신문화를 강화도에 접목하는 과정이었다. 성숙한 시민의식은 일본과 서구제국들로부터 한국을

이동휘 권사 강화도 전역에 학교를 설립하고 애국심을 고취시켰다. 1919년 대한민국임시정부에 참여하여 군무총장, 국무총리를 지냈다.

지킬 수 있는 도구가 되리라는 믿음이었다. 강화중앙교회가 걸어온 길에 많은 인물이 있었지만 이동휘는 특별한 인물이었다.

강화 진위대 대장이었던 이동휘(李東輝, 1873~1935)는 대장직을

스스로 사임했다. 군대로는 민족을 구할 수 없다는 현실적인 자각이 있었던 것이다. 그리고 잠두교회(강화중앙교회) 김우제 전도사를 찾아왔다. 김우제는 교산교회 김상임 전도사의 아들이다. 그렇게 이동휘는 스스로 기독교인이 되었다. 무엇이 그를 변화시켰을까? 저물어가는 나라와 잠두교회를 번갈아 바라봤을 때 무엇이 앞으로 가야 할 길인지 보였던 것이다. 김우제 전도사를 찾아가 교인들 앞에서 자신의 죄를 속죄하고 예수의 사람이 되었다. 그 후 이동휘는 잠두교회 권사가 되어 불꽃같은 삶을 살았다. 선교사 케이블(E.M.Cable, 한국명 기이부)은 보고서에 "귀신들조차 '강화의 바울(이동휘)'에게 굴복했다"고 썼다. 그는 재산을 교회에 헌납했다.

그가 강화도에서 활동했던 시기는 1903~1909년이었다. 1904년 보창학교(普昌學校)를 세우고 후원조직인 강화학무회(江華學務會)를 조직하고 재정을 조달했다. 그밖에도 안팎으로 후원금을 조달하여 학교를 운영하거나 설립하는 데 보탰다. 1907년에는 학생 수가 수백 명에 이르렀다. 이에 소학·중학·고등 3과로 나누고 체계적인 교육을 실시하였다. 1908년에는 소학교를 중학교로 개편하였다. 이동휘는 강화군 내에서 의무교육을 확대하고자 했다. 이렇게 애쓴 덕분에 강화군 내에 72개의 학교가 설립될 수 있었다. 전국 170여 개의 교회 부설 학교 중에서 상당수가 강화도 내에 있었던 셈이다.

1907년 고종황제 강제퇴위, 대한제국군대 강제해산이 이어지자 이동휘는 강화중앙교회 김동수, 김남수, 허성경, 김광천 등과 함께 강화성 서문 안 열무당(閱武堂)에 모였다. 열무당은 강화진위대가 사열하고 훈련받던 곳이다. 함께 모인 이들은 의병봉기를 결의했다.

이동휘는 이렇게 독려했다.

우리가 사는 이 강화도에서도 마음을 합하고 단결하여 왜적의 총 칼 아래 죽더라도 변하지 않을 결심을 해야 합니다. 군문(軍門)에 있 던 천한 자들도 나라를 위하여 죽을 각오를 하는 것은 무엇 때문입 니까? (중략) 모두 나와 싸워 물러나지 않으면 외국의 노예가 되지 않을 것입니다.

이틀 뒤에도 열무당에서 대한자강회 강화도지회 모임을 가졌고, 전등사에서 기독교인 400명을 모아 합성친목회를 열었다. 1907년 8 월에 강화진위대가 해산당하자, 진위대 병사들과 기독교인, 강화주 민이 연대해 봉기를 일으켰다. 일진회 회원인 정경수 군수와 일본인 경찰 1명을 처단하고 무기고를 탈취하였다. 참여한 인원이 800명에 달했다. 그러나 강력한 일본군에 의해 곧 진압되고 해산당했다. 일제 는 주모자 7명을 체포해 재판에 넘겼다. 강화중앙교회 교인 김동수, 김남수, 김영구, 김근식 네 사람이 서울로 재판받으러 가다가 더러미 해안에서 처형당하는 일이 벌어지고 말았다. 이동휘는 강화를 탈출했

다가 서울에서 체포되 어 4개월간 수감되었 다. 이동휘는 1905년 을사늑약이 체결되자 2천만 동포형제에게 보내는 글을 통해 이 렇게 주장한 바 있다.

강화중앙교회 강화중앙교회 김동수, 김남수, 김영구 애국지 사 추모비.

내가 생각할 때 기독교가 아니면 서로 사랑하는 마음이 없었을 것이며, 이것이 아니면 애국하는 마음이 없었을 것이며, 이것이 아니면 독립할 마음도 없었을 것이다. (중략) 자신을 닦고 강하게 하는 것은 모두 기독교에 기인한 것이며, 임금에게 충성하고 나라를 사랑하는 것도 기독교에 기인하고 독립과 단결을 외치는 것도 기독교에 기인하고 학문과 교육도 기독교에 기인하였다.

이동휘 선생이 강화도에 뿌린 민족운동은 3.1만세운동 때에도 나타났다. 3.1만세운동 때 이 교회 유봉진 권사는 결사대장이 되어 시위를 주도했으며 이때 100여 명이 체포, 43명이 재판에 넘겨졌다. 주도적으로 활약한 조봉암(1898~1950), 오영섭, 고제몽 등도 이 교회 출신이었다.

🔍 TIP 강화중앙교회 탐방

▌ 강화중앙교회
강화군 강화읍 청하동길 36 / TEL. 032-934-9421

강화중앙교회는 강화 남산 기슭에 우람하게 서 있다. 강화읍 어디에서나 교회가 보일 정도다. 교회에서 멀지 않은 곳에 조양방직 카페가 있다. 대규모 카페를 찾는 사람들이 언제나 바글바글하다. 커피 한잔할 수 있는 여유가 있다면 강화중앙교회를 찾아가 신앙의 선배들이 가졌던 깊이를 가늠해보자. 교회 1층에 역사관이 있어서 교회가 걸어온 신앙의 길을 어렵잖게 살펴볼 수 있다. 교회는 남산 중턱에 있어서 전망이 좋다. 교회 마당에 서서 북산 기슭에 있는 고려궁터, 성공회강화성당, 강화산성 등을 조망하는 것도 강화 답사 매력 중에 하나다. 초창기 교인들은 이 언덕에 서서 아래로 펼쳐진 강화읍을 바라보면서 기도했을 것이다.

훈맹정음의 창시자 박두성

능숙한 목수는 상한 나무도 버리지 않는다. 눈먼 사람들을 위하여 점자가 있으니 이것을 통해 무엇이든 읽을 수 있다.

강화 교동도 상룡리에는 한글점자를 창안한 송암 박두성 선생의 생가터가 있다. 상룡리는 박씨 일가 집성촌이었다. 특이하게도 박두성 선생의 선대가 오위장(五衛將) 벼슬로 해안을 지킬 무렵 조난 당한 토머스(1840~1866) 선교사를 구해준 기록이 있다. 토머스는 선교를 위해 조선에 왔다가 제너럴셔먼호 사건으로 순교한 인물이다. 상룡리에 터 잡고 살던 박씨 일가는 인천, 강화 지역 목회자 존스와 권신일의 지도 따라 기독교인이 되었다. 박두성은 1901년 존스 목사에게 세례를 받았다. 박두성의 부친은 자식 교육을 위해 교동을 떠났다. 교동을 떠날 때 밭 2,000여m²(600평)을 교동교회에 헌납했다. 교동교회는 지금도 상룡리에 있다. 물론 선생이 출석하던 당시의 모습은 아니지만 비교적 오래된 모습을 간직하고 있다.

1888년에 태어난 선생은 강화도 보창학교에서 이동휘 선생을 만

낳으며, 그의 영향을 강하게 받
았다. 보창학교 졸업 후 가족의
생계를 위해 농사를 지었다. 형
편이 나아지지 않자 일본으로
가서 가게 점원을 하며 돈을 벌
었다. 그러나 일본에서 얻은 눈

송암 박두성

병이 악화되어 고향으로 돌아와야 했다. 이동휘 선생은 박두성이 한
성사범학교에 입학할 수 있도록 주선해주었다. 이동휘 선생은 박두
성에게 '송암(松庵)'이라는 호를 지어 줄 정도로 그를 아꼈다.

한성사범학교를 졸업하고 교사가 되어 후세를 가르치는 일을 맡
았다. 선생은 1913년 제생원 맹아부(서울맹학교 전신) 교사로 취임
하였는데 훗날 이렇게 회상했다.

맹학교 제자들을 만나자 인생관이 180도 변했어요. 전에는 어떻
게 하면 돈 벌어서 섬에 계신 부모님 농토를 많이 사드려 잘 살게 해
드릴까 했죠. 그들을 만난 후 하나님 뜻이 어디 계셔서 이 사람들은
눈을 감았나. 어떻게 하면 이들을 잘 살게 하고 기쁨을 줄 수 있을까
를 생각하게 됐죠. 제 나이 스물여섯 살 때 일입니다. 처음엔 훌륭한
마음을 가지고 그들에게 다가간 것이 아닙니다.

당시에는 일본어 점자로 학생을 가르쳐야 했는데, 이것을 안타까
워한 선생은 한글점자를 연구하기 시작했다. 1920년에 시작한 한글
점자 연구는 각고의 노력 끝에 1926년 11월 4일에 마무리되고 반포
되었다. 그래서 11월 4일은 '점자의 날'이다. 선생이 만든 점자는 '훈

맹정음'이라 할 정도로 우리말과 우리글에 기반한 점자였다.

일제가 우리말과 우리글을 쓰지 못하게 하는 민족말살정책이 시행되고 있던 1930~40년대에도 더 완벽한 점자를 위한 연구를 멈추지 않았다. 민족이 노예가 되더라도 그 언어를 잘 보존하고 있는 한 그 감옥의 열쇠를 쥐고 있는 것이나 마찬가지라는 신념이 있었다. '비록 눈을 잃었으나 우리말 우리글까지 잃어서는 안 된다'며 점자 연구에 매진했던 것이다. 선생은 해방 후에도 시각장애인을 위한 교육에 일생을 바쳤다. 200여 종의 점자책 점역, 시각장애인을 위한 통신교육 등에 힘썼다.

한글점자를 만드는 일이 끝나자 그는 생애 두 번째 큰 일에 나서 1931년 신약성서를 점역했다. 이후 점자 성경전서가 인천 율목동 집에서 완성됐다. 맹인들 누구나 예수를 믿고 성경을 읽어 복음의 참뜻을 알게 하기 위함이었다.

아버지가 가장 중요하게 여기는 일은 성경을 점자책으로 만드는 일이었어요. 점자 성경과 찬송을 우편으로 보내고 돌려받아 또 다른 사람에게 돌려보는 식으로 복음을 전하셨죠. 점자책이 귀한 때라 돌려볼 수밖에 없었죠.

- 박두성의 장녀 수채화가 박정희(1922~2014)의 생전 증언

선생은 6·25동란이 일어나자 성경 점자아연판을 서울 종로5가에 있던 기독교서적센터에 옮겨 났다. 하지만 안타깝게도 전쟁 중 불타 없어지고 말았다. 성경을 점자로 새기는 일은 너무나 방대했기에 선생의 상심이 컸다.

맹인을 위한 삶을 불꽃처럼 살았던 선생은 1963년 76세로 세상을 떠났다. 그의 마지막 유언이 "점차책은 쌓지 말고 꽂아서 보관하라"고 할 정도로 열정이 식지 않았다 한다. 송암 선생은 '교육자는 학생의 육안(肉眼)을 밝히려 하기 전에 자신부터 개안(開眼)하여 학생들의 심안(心眼)을 밝혀야 한다' 하며 교육자로서의 철학도 깊은 분이었다.

선생은 서울에서 교사로 있을 때는 정동교회, 인천으로 옮겼을 때는 내리교회에 출석했다. 그가 살았던 인천 집은 한국전쟁 당시 인천상륙작전 포격에서 부서지지 않았다고 한다. 선생의 딸 박정희 씨는 화가로 활동했는데 부친의 유품을 잘 보관하고 있다가 기념관을 설립하는데 내놨다. 인천광역시 미추홀구에는 '송암박두성기념관'

송암 박두성 생가 최근에 복원된 생가는 박두성 선생의 업적을 기리고, 점자에 생소한 이들에게 점자의 원리를 알려준다.

이 있다. 기념관에는 국가등록문화재로 지정된 송암 박두성 선생의 한글점자 유품 8건 48점이 보관 전시되어 있다. 또 '한글점자 훈맹정음 점자표 및 해설 원고'(국가등록문화재 제800-2호)는 현재 국립한글박물관에서 소장 중이다.

TIP 🔍 송암 박두성 생가 탐방

▌박두성 생가
인천 강화군 교동면 상용리 516

교동도에 있는 송암 선생 생가는 최근에 복원되었다. 승용차는 생가까지 갈 수 있으나 관광버스는 출입 불가다. 버스는 큰길에 세우고 700m 정도 걸어야 한다. 생가로 들어가는 길이 좁다. 불편한 길이 아니니 걸어가도 된다. 생가에는 송암 선생 일대기와 어록, 흉상, 점자 등이 있다. 점자에 대해 몰랐던 이들에게 점자의 원리를 알려주는 의미 있는 답사 장소다.

강화기독교역사관

2022년 3월 강화기독교 역사관이 개관되었다. 강화에서 펼쳐진 기독교 역사를 한눈에 볼 수 있는 곳으로 의미 있는 공간이다. 역사관 내부에는 강화도내 기독교가 전파되는 과정, 교회가 감당했던 역할, 강화도 기독교의 특징 등이 설명되어 있다. 또 각 교회, 성공회성당에서 기증받은 유물도 전시되어 있어 관람할 수 있다.

한편 '강화기독교'라는 주제로 박물관을 설립할 정도로 강화도에서 기독교 역사는 특별하다.

박물관 로비에는 일제의 침탈에서 지켜낸 교회 종 중 하나인 '기억의 종'과 1899년 간호선교사로 입국하여 강화도 사역 중 풍토병으로 생을 마감한 로다(Rhoda G. Robinson) 선교사의 묘비가 전시되어 있다. 강화도에서 기독교가 역사적으로 어떤 의미가 있으며, 지역 사회 변화를 어떻게 이끌고 변화시켰는지 기록하고 있다. 그 밖에 1층 기획전시실과 2층 전시실에서는 강화기독교의 기념물 및 기록유물을 관람할 수 있으며, 성재 이동휘 선생을 비롯하여 많은 기독교인의 생애와 활동을 살펴볼 수 있는 인물갤러리와 어린이체험실 등이 마련되어있다.

역사관은 강화대교 입구에 있다. 강화도로 들어올 때는 볼 수 없다가 나갈 때 눈에 띈다. 미리 생각하고 오지 않는다면 강화도를 빠져나가는 길에 갑자기 일정을 만들기에는 곤란하게 생겼다. 위치 설정에 대한 아쉬움과 접근성이 그다지 좋지 않은 점이 안타깝다.

❚ 강화기독교역사관
강화군 강화읍 강화대로 154번길 12-21 TEL.032-930-7150

제 3 부

경기도

최용신 기념관

예수의 마음을 품은 농촌계몽가

심훈의 소설 『상록수』를 읽었다면 잊을 수 없는 이름이 '채영신과 박동혁'이다. 이들이 소설 속 가상의 인물이 아니라 실제 인물이라 한다면 더더욱 잊을 수 없고, 알고 싶은 인물이 될 것이다. 『상록수』는 '브나로드 운동'이 전국을 휩쓸던 1930년대를 배경으로 한 소설이다. 식민지하 암울한 조국을 바꾸기 위해 농촌으로 내려가 계몽운동에 전념하는 젊은 지식인들의 몸부림이 가슴 뭉클하게 다가온다. 심훈이 소설에 등장시켰던 채영신은 실제 인물 '최용신'이며 박동혁은 심훈의 조카 '심재영'으로 짐작된다. 당시 심훈은 부모님이 계신 당진으로 내려와 집필에 전념하고 있었다. 『직녀성』을 신문에 연재하고 받은 원고료로 집을 짓고 '筆耕舍(필경사)'라 하였다. '필경사'란 '붓으로 밭을 가는 집'이라는 뜻이다. 심훈은 신문을 읽다가 경기도 수원(지금의 안산)에서 농촌계몽에 헌신하다가 과로로 세상을 떠난 최용신이라는 젊은 여성에 대해 알게 되었다. 당진에는 조카 심재영이 부곡교회에서 농촌계몽운동에 헌신하고 있었다. 심훈은 이 두 사

필경사 심훈은 필경사에서 〈상록수〉를 집필하였다. 필경사는 당진에 있다.

람을 주인공으로 삼아 53일 만에 소설 『상록수』를 썼다.

소설 상록수의 실제 주인공 최용신

최용신(崔容信, 1909~1935)은 함경남도 덕원에서 태어났다. 덕원은 원산에서 가까운 곳이며 일찍이 개신교가 들어와 개화된 곳이었다. 할아버지는 민족을 구원할 것은 교육이라며 가난한 아이들을 모아 교육사업을 했다. 부친은 1920년 미의원한국방문단에 한국의 독립의지를 전달하려다가 연행되었다. 1927년 신간회 덕원지회 부회장을 지내기도 했다. 할아버지와 아버지 모두

최용신 최용신 기념관에 부착된 최용신 모습

지사(志士)적 성향이 다분한 분들이었다. 일찍이 선각자적인 기질을

가졌던 가정환경 탓에 최용신도 개화된 교육을 받을 수 있었다. 최용신이 가진 기독교 신앙, 교육가 정신, 민족적 성향은 모두 가정에서 만들어진 것이었다.

최용신은 8살에 두남학교에 입학했는데 그곳에서 애국지사 이신애를 만났다. 그녀는 원산지역에서 항일조직을 만들고 활동했다. 10살 되던 해 루씨여자보통학교로 전학했다. 루씨여자고등보통학교로 진학해 1928년에 졸업했다. 루씨여학교는 선교사들이 세운 기독교계 학교였다. 3.1만세운동, 광주학생운동 때에 수백 명 학생이 격문을 뿌리며 만세를 불러 체포되기도 했다. 최용신은 졸업하면서 신문에 "교문에서 농촌에(1928.4)"를 기고했다. 루씨여학교를 졸업한 최용신은 협성여자신학교(감리교신학대학교)에 입학했다. 신학교 재학 중 황에스더 선생을 만났다. 황에스더는 여성비밀결사체인 '송죽회'와 '대한민국애국부인회'를 조직해서 활동하던 애국지사였다. 황에스더는 YWCA에서도 활동하였는데 학생들을 YWCA와 연결하여 농촌계몽운동에 뛰어들 길을 열어주었다. 1929년에 YWCA 총회가

있었다. 이때 최용신은 협성학생기독교청년회 대표로 참여했다. 이때 농촌이 처한 현실에 대해 자각하게 되었고, 농촌계몽을 위해 직접 뛰어들 것을 다짐했다. 1929

최용신이 살았던 집 샘골에 내려와 살았던 초가집이다.

년 최용신은 황에스더, 김노득과 함께 황해도 수안리로 가서 농촌계몽에 첫발을 디뎠다. 수안리 주민들은 두 젊은이에 대해 관심이 없었고, 배우고자 하는 의지도 없었다. 이에 최용신은 실망만 하고 떠났다. 그러나 김노득은 수안리에 남아 각고의 노력을 하면서 농민들의 신임을 얻고 결실을 맺었다. 수안리에서의 체험은 최용신으로 하여금 관념적 농촌계몽이 얼마나 허무한 것인지를 알게 해 주었다. 이듬해 최용신은 경상도 포항으로 파견되어 농촌계몽운동을 다시 시작했다. 그는 수안리에서 실패를 경험으로 끈질기게 노력하여 농민들에게 신임을 얻는 데 성공했다.

1931년 10월에는 YWCA 농촌지도사 자격으로 경기도 수원군 반월면 사리 샘골(천곡 泉谷)에 파견되었다. 지금의 안산지역이다. 샘골강습소는 장명덕 전도사가 밀러 선교사의 요청으로 개원한 곳이었다. 밀러 선교사는 이 지역에 교육 수요가 많은 것을 보고 YWCA에 정식으로 요청하였다. 최용신은 샘골교회를 빌려 강습소를 열었다. "아이를 학원에 보내면 농사는 누가 하느냐", "혹시 돈 받는 거 아니냐? 안 받는다면 흑심이 있는 것 아니냐"며 거리를 두었다. 최용신은 이미 각오했던 바라 끈질기게 설득했다. 반응이 신통찮을 뿐만 아니라 앳된 젊은 여자가 무엇을 하겠느냐는 비아냥도 들려왔다. 최용신은 묵묵히 신임을 얻기 위해 노력했다. 농사철에는 농사일을 돕거나 마을의 궂은일을 도맡아 하면서 주민들의 신임을 얻어 나갔다.

최용신은 40여 명의 아이들을 예배당에 모아 가르치기 시작했다. 밤에는 부녀자들을 대상으로 야학을 열었다. 한글, 산술, 재봉, 수예, 가사, 노래, 성경 등을 가르쳤다. 그녀의 사랑스럽고 헌신적인 노력은 주민들을 감동시켰다. 예배당이 비좁을 정도로 학생들이 모여들었다. 오전반, 오후반, 야간반을 운영해도 비좁았다. 일제가 학생 수를 60명으로 제한하라고 해도 최용신은 더 큰 강습소를 지을 것을 마을 사람들에게 요청했다. "짐승을 키우는 것보다 사람을 키우는 일이 더 소중하지 않느냐"며 설득했다. 그리하여 1933년 1월 15일에는 마을 사람들과 후원자들의 도움으로 새로운 강습소를 낙성할 수 있었다. 110명이나 되는 학생이 몰려왔다. 새로 지은 강습소도 부족했다. 오전 9시부터 시작된 수업은 보통 6~7시간 동안 계속되었다. 보통학교에서 가르치는 과목은 다 가르쳤다. 특히 한글, 역사, 성경 과목에 중점을 두었다. 그러자 일제가 감시하기 시작했다. 한글이나 역사, 게다가 성경을 통해 민족의식을 길러주고 있다고 보았기 때문이다. 동화시간에는 성경에 나오는 이야기, 모세와 다윗, 에스더 등의 이야기를 통해 민족을 구원한 이야기로 풀어갔다. 자수 시간에는 한반도를 무공화로 수놓게 했다. 그러자 일제 당국은 학원을 탄압하며 강제로 수업을 정지시켰다. 학생 수가 시설에 비해서 너무 많으므로 초과 학생을 받지 말라느니, 조선어와 역사를 가르치지 말라고

했다. 그러나 최용신은 조선어를 국어라 가르쳤고, 무궁화가 그려진 학원의 마크를 모자 앞에 달게 했다. 소설『상록수』에 나온 그대로가 샘골

샘골교회 성탄절 샘골교회(샘골강습소) 앞에서 단체사진

강습소 모습이었다.

최용신은 더 나은 농촌계몽을 위해 자신이 더 배워야 한다는 것을 알았다. 그리하여 1934년 일본으로 유학을 떠났다. 여동생 최용경과 10년 전에 약혼한 김학준이 일본에 건너가 공부하고 있었다. 김학준으로부터 청혼을 받았으나 농촌계몽운동이 자리잡을 때까지 잠시 미루자고 하였다. 최용신은 그곳에서 사회복지학을 공부하였다. 그러나 안타깝게도 지병이었던 각기병이 악화되어 6개월 만에 샘골로 돌아왔다. 고향 원산에 가서 요양하려 했으나 샘골 주민들의 요청으로 샘골로 돌아왔다. 최용신이 떠난 후 어수선하던 샘골강습소는 그녀가 돌아왔다는 사실만으로 안정되었다. 1930년대 중반이 되자 일제는 대동아전쟁, 태평양전쟁을 차례로 일으키면서 한민족말살을 추진하고 있었다. YWCA를 협박해 보조금을 중단시켰다. 한민족이 계몽되는 것을 막는 것이 목적이었다. 최용신은 멈출 수 없었다. "조선민족의 부흥은 농촌에 있고, 민족의 발전은 농민에 있다"는 호소문을 기고하기도 했다. 최용신은 간절히 기도했다. "아버지 하나님, 이 들리는 거룩한 종소리 같이 이 몸을 강하게 해주시며 이 입으로 나오는 모든 말이 모든 듣는 자의 정신을 깨우게 하여 주소서. 거룩하신 주 여호와여, 이 몸을 주님을 위해 바치나이다. 여호와여, 이 몸은 남을 위하여 형제를 위하여 일하겠나이다. 여호와여, 살아도 주를 위하여 살고 일하여도 의를 위하여 일하옵고 죽어도 다른 사람을 위하여 죽게 하소서"

일제의 갖은 방해에도 샘골강습소 운영을 재개하기 위해 애썼다. 원래 지병이 있었던데다 강습소 운영을 재개하기 위해 몸을 혹사했기 때문일까? 몸이 낫지도 않은 채 수업을 강행하던 최용신은 결국 1935년 1월 18일에 쓰러졌다. 병원으로 옮겨져 수술을 받았지만 회복되지 못하고 1월 23일 세상을 떠나고 말았다. '강습소를 계속 운영해 달라'는 유언에 따라 지역민과 교회, 자원봉사 교사들이 강습을 이었다. 해방 후에도 약혼자 김학준이 샘골고등농민학원으로 문을 열어 농촌을 변화시키는 데에 앞장섰다. 그녀의 무덤은 샘골 주민들의 강력한 요청으로 샘골강습소 주변에 마련되었다.

1935년 1월 27일자 조선중앙일보는 '水源郡下(수원군하)의 先覺者(선각자) 無産兒童(무산아동)의 慈母(자모) 二十三勢(23세)의 一期(일기)로 崔容信孃 別世(최용신양 별세), 事業(사업)에 살든 女性'이란 제목으로 보도했다.

최용신양은 금년 23세로서 우리 조선 농촌 개발과 무산아동의 문맹을 퇴치코자 1931년 10월에 수원군 반월면 사리에다가 천곡학술강습소를 설립하고 농촌부녀들의 문맹퇴치와 무산아동 교육에 만흔 파란을 격그며 로력중이든바 불행하게도 우연이 장중첩증에 걸리여 신의원(도립수원병원)에 입원하야 개복수술을 밧고 치료 중이든 바 지난 23일 오전 령시 20분에 쓸쓸한 병실에서 최후로 유언 멧마듸를 남겨노코 영원한 세상으로 돌아가고 말엇다한다

상록수 공원

실제인물 최용신을 만나기 위해 경기도 안산으로 간다. 4호선 '상록수역'이 있어 멀지 않은 곳에 관련 흔적이 있을 짐작하게 된다. 실제로

최용신기념관 1층은 기념관, 2층은 체험관으로 되어 있다. 옛 예배당을 재현했다고 한다.

전철에서 내려 조금만 걸어가면 멀지 않은 곳에 있다. 가는 길에는 최용신과 관련된 조각들이 세워져 있어 점점 가까워 짐을 느끼게 된다.

상록수공원으로 들어가면 '최용신기념관'과 '샘골교회', '최용신묘'가 함께 있다. 소설 속 인물이자 실제 인물이었던 최용신이 활동했던 그 자리다. 그래서 더 감격적으로 다가온다. 공원을 조용히 거닐면서 어두운 시대에 등경대 위에 놓인 등불이 되고자 했던 최용신 삶을 묵상해 본다.

우선 무덤으로 찾아간다. 샘골 주민들의 요청으로 그녀의 삶이 녹아 있는 이곳에 안장되었다 한다. 주민들과 하나가 되었던 최용신이었다. 그녀의 약혼자 김학준이 옆에 안장되어 있다. 최용신은 혼인을 3개월 앞두고 숨을 거두었다. 약혼자였던 김학준 장로는 훗날 최용신 옆에 묻히길 원했다.

최용신 묘 상록수공원에는 최용신과 김학준의 묘가 나란히 있다.

샘골 강습소 원형을 복원한 최용신기념관 내에는 최용신이 다녔던 루씨여자학교에서 찍은 사진, 최용신이 샘골에 와서 살던 초가집 사진, 남궁억 선생의 가르침에 따라 수놓은 13송이 무궁화로 된 한반도 자수, 황에스더, 김활란과 함께 찍은 사진, 1933년 샘골강습소 낙성식 사진, 1934년 고베여자신학교 유학시절 찍은 단체사진이 있어 당시 상황을 알려준다. 상록수 초판, 조선동아일보에 최용신의 안타까운 죽음을 알리는 기사내용, 최용신 묘 앞에 모인 샘골마을 단체사진, 샘골강습소 졸업식 사진, 최용신의 유언장, 샘골에서 사용하던 등사기와 등사철필, 상록수 영화포스터 등이 전시되어 있다.

샘골교회

상록수공원 귀퉁이에 샘골교회가 있다. 전형적인 예배당 모습이지만 이 교회가 품고 있는 내력은 결코 평범하지 않다. 샘골교회가 설립된 때는 1907년이다. 이 마을에 살던 홍원삼(1860-1945), 홍순호(1883-1960) 형제가 예수를 믿게 되면서 시작되었다. 형제는 30리나 되는 곳에 있는 양노리 예배당(현 비봉교회)을 다녔다. 그러다 가족을 먼저 구원해야겠다는 생각에서 동네에 교회를 세울 마음을 품게 되었다. 홍원삼은 큰 부자는 아니지만 부지런하여서 100석지기 농사꾼이 되었다. 두 형제는 1911년 초가 6칸짜리 예배당을 마을에 지었다. 동생 홍순호는 샘골교회가 세워질 당시 25세의 청년이었다. 그는 총명했고 신앙에 열정적이었고 예배 인도에 탁월한 능력을 지니고 있었다. 홍순호는 1913년에 협성신학교(감리교신학대학 전신)를 졸업하고 목사가 되었다.

샘골교회

홍순호 목사의 매부였던 이원실 권사는 평신도 지도자로 샘골교회가 세워지는 데 큰 역할을 하였다. 김순봉 전도사 또한 샘골 교회를 반석 위에 세우는 데 중요한 역할을 하였다. 김순봉은 협성신학교에 입학했으나 2년 만에 중퇴하였다. 그 후 여러 가지 일에 손을 댔으나 실패를 거듭하였다. 1918년 홍순호 목사의 소개로 샘골교회에 초빙되었다. 그는 오막살이를 하는 어려움을 겪으면서도 이원실 권사와 함께 교회를 세우는 일을 낙으로 삼았다. 3.1운동이 일어났을 때 안산 반월면 책임자가 되어 만세운동을 주도하였다. 그는 1937년 만주 길림성으로 이주할 때까지 헌신했다. 그의 헌신으로 1920년대 샘골교회는 크게 부흥할 수 있었다.

당시 작은 교회에는 목회자가 없었다. 안산구역을 담당했던 목회자가 순회하며 설교하고 있었다. 1929년 장명덕 전도사가 샘골교회에 학원 강습소를 열었다. 그녀는 교회 광고를 통하여 30여 명의 어린이를 모아 한글, 산수, 찬송가를 가르쳤다. 장명덕이 잘 가르친다는 소문이 나자 각지에서 어린이들이 모여들었다. 장명덕 전도사는 다른 교회로 잠시 파송되었다가 샘골로 다시 돌아왔다. 이때 채용신 선생과 함께 지내며 강습소를 크게 발전시켰다. 샘골교회 강습소에서 다양한 교육을 하자 지역민들의 교회에 대한 인식이 긍정적으로 변했다. 이제 '우리 교회'가 된 것이다. 장명덕 전도사는 뒤에서 묵묵히 강습소를 도왔다. 채용신 선생에 비해 알려지지 않아서 그렇지 결코 그의 역할이 부족했던 것은 아니었다.

1934년에는 전재풍 목사가 부임했다. 샘골교회에 처음으로 목회자가 정식 부임한 것이다. 그때 채용신 선생은 일본 유학을 떠났다. 강습소를 이끌 후임이 필요하게 되었을 때 전재풍 목사와 사모는 교회와 강습소를 이끌 적임자로 초빙된 것이다. 사모인 김복희는 이화여전 보육과를 졸업하고 강경, 공주, 평강 등지에 유치원을 설립 운영한 경력이 있었다. 그녀는 인자하고 부지런하였고, 사역에 헌신적이었다. 그러나 일제의 간교한 훼방에 교회와 강습소는 큰 어려움에 직면할 수밖에 없었다. 김복희 사모는 채영신 선생이 각기병이 악화되어 돌아왔다는 소식을 듣고 샘골로 불렀다. 장명덕 전도사와 김복희 사모는 채영신을 정성스럽게 간병했다.

일본제국주의가 극성을 부리던 1940년대에 들어서면서 창씨개명, 신사참배, 궁성요배, 황국신민서사 암송 등을 강요하자, 일제에 굴복하는 교회가 많아졌다. 장명덕 전도사는 우상을 숭배할 수 없다며 교회 활동을 중단했다.

해방이 되어 기쁨도 잠시, 한국전쟁의 소용돌이에서 교회는 극심한 피해를 입어야 했다. 샘골교회도 예외는 아니었다. 전재풍 목사는 교인들을 두고 피란 갈 수 없다며 샘골에 남았다. 공산군 점령하에서 체포되어 40일간 모진 고생을 하고 나왔다. 교인들은 교회가 아닌 가정에서 예배를 드렸다. 폭격으로 교회당이 불타자 교인들이 달려 나와 지붕과 창문을 뜯어냈다. 채용신 선생이 있을 때 지은 예배당이 이때 불타버린 것이다. 교인들은 다시 예배당을 지었다. 뜯어낸 양철지붕을 얹고 창문을 다시 달았다.

한국전쟁 후 전국토가 폐허로 변했을 때 나라에서는 이상적인 농촌 발전모델을 찾았다. 이때 샘골이 본받을만한 곳이라는 추천이 있었다. 샘골과 샘골교회는 채용신선생이 세상을 떠난 후에도 그가 했던 사업을 잘 이어가고 있었기 때문에 국가 재건을 위한 이상적인 모델로 추천된 것이다. 1954년 전재풍 목사와 김복희 사모는 마을 대표로 사회부 장관으로부터 표창받았다. 샘골교회는 그런 교회였다.

TIP 상록수공원 탐방

❚ 최용신기념관
경기 안산시 상록구 샘골서길 64 상록수공원 / TEL.031-481-304
상록수공원 주변에 주차가 불편하다. 상록수역(4호선)에서 걸어가도 된다. 상록수공원 내에는 최용신기념관, 샘골교회, 최용신묘가 함께 있다.

효(孝)의 도시 수원

　수원은 '효의 도시'라 한다. 팔달산 아래 척박한 땅에 도시가 들어
선 것은 조선 제22대 임금 정조 때였다. 정조는 부친 사도세자의 죽
음을 늘 애통해했다. 선왕(先王)이었던 영조가 '사도세자의 죽음은
종사(宗社)를 위해 한 일이었다'라고 선언했기 때문에 부친의 복수
를 할 수 없었다. 복수하겠다고 나서면 선왕의 유언을 어기는 것이
되기 때문이다. 만약 복수를 하려고 한다면 사도세자를 죽인 무리는
그것을 명분 삼아 정조를 폐위하려고 나설 것이 틀림없었다. 부친의
복수는 할 수 없다. 그러나 자식으로서 효도는 할 수 있다. 그래서 정
조는 아버지 사도세자를 추숭(追崇)하는 일들을 적극 추진했다.

　사도세자 무덤 영우원은 지금 서울시립대학교 뒷산인 배봉산에
있었다. 터가 좁고 척박하여 안타까워하던 중에 조선 제일 명당으로
알려진 수원부 뒷산으로 옮기기로 한다. 무덤 하나 옮기는 것이 무
어 그리 대수겠냐마는 그렇게 간단한 것이 아니었다. 사도세자는 왕
이 아니었기에 왕릉의 격을 갖출 필요는 없었다. 그러나 왕의 아버
지 무덤이다. 그것도 재위 왕의 아버지 말이다. 왕릉은 아니지만 왕

수원화성　화성은 야외에 설치한 미술품처럼 아름답다. 지금까지 볼 수 없었던 성곽이 정조시대에 건설되었다.

릉급으로 공사를 벌였다.

　왕릉이 만들어지면 왕릉 둘러싼 땅은 왕릉 영역으로 강제 수용당했다. 그 땅이 누구 것이든 상관없었다. 사도세자 무덤인 현륭원이 들어설 땅은 수원부 뒷산이었다. 무덤에서 둘러봤을 때 민가, 농경지, 민묘 등 어떤 것도 보여서는 안 된다. 그런데 사도세자 무덤 아래 수원부가 있는 것이다. 원칙대로 수원부 도시를 통째로 옮기기로 했다. 수원부가 새로 옮겨질 곳은 지금의 팔달산 동쪽으로 결정되었다. 원래 수원부에서 북쪽으로 반나절을 걸어야 닿을 수 있는 곳이었다.

　정조는 새로운 도시를 건설하면서 실학(實學)을 적극 실용해 보았다. 우선 강제로 이사해야 할 백성들에게 적당한 이주비를 주었다. 거기에 더하여 부역도 면제해주었다. 팔달산 주변에 저수지를 만들고 농경지를 개간해서 이주민들에게 나눠주었다. 농사짓는 데 유용한 소(牛)도 나눠주었다. 그래서 수원은 소가 많은 도시가 되었고, 우시장이 번성했다. 이로써 수원갈비가 유명해지는 계기가 되었다.

정조는 새로운 시대를 읽었다. 미래는 상업이 번성할 것이며 교통이 편리한 곳에 있는 도시가 번영할 거라는 것을 알았다. 그래서 신도시 수원부는 산으로 둘러싸인 곳이 아닌 사통팔달한 평지를 택했다. 새로운 도시는 상업 도시로 조성되었다. 중심가에는 서울 종로처럼 시전을 설치하고 장사할 사람들을 모았다. 상업은 기반을 보호하는 일이 중요하다. 평시에는 평지에 살다가, 전쟁이 나면 산성으로 대피하는 고전적 방어체계는 피해만 키울 뿐이었다. 사는 터전을 지켜야 한다. 그래야 전쟁에 이겨도 이긴 것이 된다. 그래서 신도시를 방어하기 위한 성곽을 새로 만들어야 했다. 기존에 사용하던 조선 성곽은 적을 방어하는데 취약했다. 한양도성이 한양을 둘러싸고 있지만 임진왜란, 정묘호란, 병자호란 때에 아무런 역할을 하지 못했다. 성벽이 아니라 울타리에 불과했다.

임금은 정약용에게 화성의 설계를 맡겼고, 1년 만에 설계도를 내놓았다. 정약용은 축성 전문가가 아니었기에 고정관념을 탈피해서 설계할 수 있었다. 동서양 성곽을 연구하고 장단점을 파악하고 장점을 취했다. 이렇게 축성된 것이 현재 수원 화성이다. 지금껏 본 적 없는 독특한 성곽이 완성되었다. 성의 길이는 5,744m, 축성기간은 2년 9개월이었다. 화성은 세계문화유산으로 등재되었다.

화성 건설은 실학의 실험장이었다. 일한 만큼 정당한 노임을 지급하는 것, 필요한 재료는 시장에서 사서 쓰는 것, 장인집단을 기술에 따라 등급을 나누고 숙련도에 걸맞게 대우하는 것, 상업 도시로 키우려 한 것 등이었다. 이론만 무성하던 실학이 실제로 사용되었는데,

그 유용함이 입증된 장소가 화성이었다.

정조는 12년 동안 13번 수원으로 내려왔다. 수원에 닿기 전에 작은 고개를 하나 넘는데 부친을 빨리 뵙고 싶은 마음에 "왜 이리 천천히 가느냐? 빨리 가자!", 한양으로 돌아갈 때는 "왜 이리 빨리 가느냐? 천천히 가자!" 했다. 그래서 그 고개 이름을 지지대(遲遲臺)라 불렀다. 정조는 세자 나이 15세가 되면 왕위를 물려준 후 어머니를 모시고 수원으로 내려오려 했다. 그러나 그 뜻을 이루지 못하고 승하하였다. 부친 사도세자, 모친 혜경궁에게 효도를 하기 위해 건설된 것이 수원 화성이었다. 그래서 수원은 효(孝)의 도시가 되었다.

화성 내에는 화성유수부 관아가 있고, 관아 내에는 행궁(行宮)도 있다. 행궁은 임금이 궁궐을 떠나 외부에서 머물러야 할 때를 대비해 미리 지어 둔 궁이다. 전쟁을 대비해서 강화도, 남한산성, 북한산성, 개성, 평양 등에 행궁을 마련해 두었다. 화성행궁은 왕릉 참배를 위해 마련되었다. 온양에는 임금의 온천욕을 대비해 행궁을 마련해 두었다. 화성행궁은 대단한 규모로 지어졌다. 임금이 가끔 오기도 하지만, 훗날 이곳에 내려와 어머니에게 효도를 다하고자 했기 때문에 큰 규모로 준비해둔 것이다. 행궁 정문을 신풍루(新豐樓)라 한다. 새로운(新) 풍(豊)이라는 뜻이다. '豐'은 임금의 고향을 뜻한다. 중국 한 고조 유방의 고향이 풍패현이었던 데서 유래했다. 정조는 수원을 고향으로 여길 만큼 수원을 아끼고 사랑했다.

수원에도 종로(鐘路)가 있다. 시계가 없어서 매우 불편하던 시절 도심 한가운데 큰 종을 걸어두고 새벽 4시, 정오, 밤 10시에 종을 쳤다. 주민들은 이 종소리를 기준 삼아 생활을 영위했다. 모든 도시에

화성행궁 화성행궁은 수원유수부 관아면서 임금이 머물 수 있는 행궁 역할을 하였다. 정조는 왕위를 세자에게 양위하고 내려 올 생각을 품었었다.

있었던 것은 아니지만, 중요 도시에는 이런 시설이 있었다. 수원에도 실제로 '종각(鐘閣)'이 있었고 지금도 있다. 지금 있는 종각과 종은 복원된 것인데 원래 자리에 복원되었다. 그 종로에 '종로교회'가 있다.

수원종로교회

효의 도시에 세워진 교회

전통 고수 의지가 강한 도시

화성행궁 신풍루 앞에는 넓은 마당이 있고, 마당 끝에는 도로가 있어 차들이 쉼 없이 다닌다. 도로 건너편 좌우에 종로교회와 종각이 있다. 수원 선교는 1896년 윌리엄 스크랜턴의 순회 전도에서 시작되었다. 수원은 정조 대왕의 강력한 의지로 만들어진 도시였던 만큼 조선왕조의 전통적 가치를 지키고자 하는 풍토가 강한 도시였다. 서양 종교로 인식되던 기독교가 정착하기에는 쉽지 않은 분위기였다. 스크랜턴도 선교보고서에 이렇게 썼다.

아직 수원과 공주, 두 곳 모두 직접적인 사업을 하지 못하고 있으며 이 두 도시의 변두리에 있는 지방에서만 이루어지고 있습니다.

수원지역은 1898년부터 스웨어러(Wilbur C. Swearer, 한국명 서원보) 선교사가 담당했다. 스웨어러는 수원에 복음의 씨앗을 뿌리기

수원종로교회 종로교회 맞은편에 종을 달아둔 종각이 있다.

위해 서울에서 영향력 있는 교인들을 수원으로 이주시켰다. 그러자 이들로 인해서 작은 공동체가 시작되었다. 씨앗을 뿌리고 물을 주면 결실을 맺게 하시는 분은 하나님이라 했다. 과연 그러해서 작지만 알찬 결실이 맺어지기 시작했다.

스웨어러 선교사는 김동현 조사(전도사)를 수원으로 내려보내 화령전 옆에 있는 작은 부지를 구입하도록 했다. 이 일로 화성유수는 김동현을 체포하여 수감했다. 화령전은 순조 임금이 부왕 정조의 어진(초상화)을 봉안하기 위해 지은 진전이었다. 진전(화령전)은 임금이 거하는 것이나 마찬가지로 여겨졌기 때문에 그 옆에 예배당을 세운다는 것은 용납될 수 없는 행위였다. 그러나 실상은 수원 양반들이 교회가 세워지는 것을 막아야 한다는 생각만으로 핑곗거리로 만든 것이다.

거래는 취소되었다. 스웨어러 선교사는 수원 양반들의 요구에 따랐다. 매매 계약이 취소되자 김동현은 풀려났다. 교회 부지를 매입했다고 수감하는 것도 법에 없는 일이라 화성유수도 정당하지 못한 법 집행이었다. 예배당으로 사용할 부지 매입은 성공하지 못했지만 교회 공동체는 이미 세워졌다. 천천히 준비하면 될 일이었다.

1901년 인천 내리교회에서 교인 이명숙을 수원으로 파송했다. 이명숙은 화성 북문(장안문) 안에 있던 13칸짜리 초가를 매입했다. 이후 선교사 사택을 추가로 구입하였다. 1902년 봄 7명이 교인으로 등록하면서 수원종로교회(구 보시동교회) 역사가 시작되었다.

양반들이 아무리 막으려 해도 교인들은 폭발적으로 늘었다. 양반들이 보여준 무능력과 폭압적인 지배는 그들에게 염증을 느낀 사람들로 하여금 교회로 모여들게 했다. 2년 후에는 160여 명이 출석하는 교회로 성장했다. 이제 수원종로교회는 지역 사회에서 높이 올려진 등불이 되었다. 이후로 교회가 걸어온 길은 실로 놀랍다 못해 벅찬 시간이었다.

수원종로교회는 1907년에 지금 자리로 이전하였다. 조선시대 화성을 수비하던 중군(中軍)의 군영지가 있던 곳이었다. 병인박해 때에 천주교인들을 체포해 이곳 군영 미루나무에 19명을 교수했던 안타까운 역사가 있었다. 그곳에 종로교회가 자리 잡았다.

1907년 국채보상운동이 전국적으로 일어나자 수원종로교회는 수원지역에서 중추적 역할을 했다. 1908년 일제가 주권을 지속적으로 약탈하자 교인들이 힘을 모아 기호흥학회 수원지회를 설립했다. 기호흥학회는 민족 자강을 통해 독립을 쟁취하자는 운동이다. 수원지회에는 55명의 회원이 모였는데 대부분 수원종로교회 교인이거나 삼일학교 교사로 구성되었다. 3.1만세운동이 일어나자 수원종로교회는 수원에서 만세운동을 조직하고 이끄는 역할을 하였다. 수원종로교회 출신으로서 독립운동에 나선 이들의 면면을 보면 실로 놀라지 않을 수 없다. 수원종로교회는 일제의 압제로부터 민족을 구할 방안으로 '교육을 통한 인재 양성', '실력 있는 민주시민 양성'을 목표로 하였다.

독립 인재를 양성할 학교 설립

1902년이 되자 수원종로교회는 지역을 변화시킬 학교부터 세웠다. 교인이었던 이하영, 임면수, 나중석, 차유순, 김제구, 이성의 등이 힘을 모았고, 이화학당을 설립한 메리 스크랜튼의 도움을 받았다. 교회 내에 남자매일학교, 여자매일학교를 설립하고 근대교육을 시작하자 수원지역에 드디어 근대교육의 문이 열렸다. 학교 설립 당시 '배움을 통한 국가 독립일꾼 양성하는 것을 목표로 하자'는 데 의견을 모았다. 설립자 이하영은 교사로 활동하며 한문을 가르쳤다. 이하영은 훗날 학교 명칭을 '삼일(三一)'로 변경하였다.

수원종로교회가 설립한 이 학교는 현재 삼일중학교, 삼일상업고등학교, 삼일공업고등학교, 매향중학교, 매향여자정보고등학교로 분화되었다. 1906년 심상과(보통과)와 고등과로 개편하고 학교의 문을 더 넓혔다. 1908년 학교가 재정적인 어려움을 겪자 지역 부호인 강석호가 거금의 장학금을 희사하였다. 나중석도 900평 땅을 내놓았다. 수원 지역 유지들도 힘을 모아 학교를 지켰다. 일본제국주의가 주도하는 교육을 단호히 거부하였다. 이런 배경이니 수원에서 나라를 구할 인재가 나타나는 것이 당연한 것이 아니겠는가?

삼일학교 전경 삼일중학교, 삼일고등학교, 삼일공업고등학교, 매향여자정보고등학교, 매향중학교가 밀집되어 있다.

독립투사 양성소 종로교회

한말과 일제강점기 경기도에서 일어난 치열한 항일운동의 정신적 토대는 수원종로교회였다. 수백 년 기득권을 유지했던 완고한 유교 사회에서 근대화된 시민 사회로 변화하는데 교회는 중요한 역할을 했다. 지배층의 수탈과 신분제로 인한 불평등에 체념적 단계에 머물러 있었던 농민과 상인, 여성과 천민들에게 인권, 자유, 평등 등 시민의식을 심어준 곳이 교회였다. 어둠에서 갈 바를 잃어버린 민족의 운명에 대해 고민하던 일부 지식인층도 근대화된 시민의식을 심어주는 교회로 몰려들었다. 교회는 신앙의 터전이었을 뿐만 아니라 민중의 개화와 교육, 의료에 관심을 가짐으로써 가난과 무지로부터 벗어나게 해 주었다. 여기서 한 발 더 나가 교육을 통해 민족의식을 심어주는 데 큰 역할을 하였다.

수원종로교회는 정말 많은 인물이 양성되거나 활동했다. 국채보상운동을 주도하고 기호흥학회를 수원지역에서 조직했던 이화영 목사와 임면수 선생이 대표적이다. 또 3.1만세운동 때에 민족대표를 묶어내는 일에 큰 역할을 했던 김세환 선생, 만주 독립군의 어머니라 불린 전현석 여사도 종로교회 교인이었다. 김제원, 홍돈후, 김제구, 차희균 선생 등 독립운동가들도 잊어서는 안 되는 인물들이다. 화가 나혜석의 사촌 오빠인 나중석 선생은 삼일학교 운영에 많은 토지를 내놓았을 뿐만 아니라 해방 후에는 소작인들에게 토지를 무상분배해서 지역 사회를 놀라게 했다. 민족대표 33인 중 한 명인 최성모 목사, 신사참배에 항거한 유부영 전도사도 수원종로교회에서 시무했다. 수원종로교회 구성원들은 실로 하나님의 사람들이었고, 세상이 감당치 못할 사람들이었다.

독립투사 임면수

임면수 선생은 독립운동과 인재교육에 전 재산과 생명까지 내놓으신 분이다. 어려서 한학을 공부했으나 늦은 나이에 근대교육을 받았다. 1905년 서울로 가서 한국사와 한국지리를 가르치던 상동교회 상동청년학원에 들어갔다. 전덕기 목사를 만나 그에게 감동되어 기독교인이 되었다. 상동청년학원에서 학생들을 가르치던 이동휘, 주시경을 만나 교류했

임면수 선생 국채보상운동, 신민회, 신흥무관학교 등 독립운동사에서 굵직한 일들을 감당했던 임면수 목사

다. 특히 강화중앙교회 권사 이동휘 선생은 강화도에 수많은 학교를

세워 인재를 양성하고 있었다. 전덕기 목사와 이동휘 선생의 강력한 영향력은 그의 삶을 바꿔놓는 중요한 계기가 되었다.

임면수 선생은 수원으로 돌아와 국채보상운동을 시작했다. 국한문으로 된 국채보상운동 취지서를 발간해 주민들에게 배포했다. 수원 일대 주민들은 국채보상운동에 적극 동참해서 당시로서는 거금인 500여 원을 모으는 성과를 거두었다. 1907년 기호흥학회에서도 활동했다.

1910년 신민회가 조직되자 가입하고 활동하였다. 신민회 결의에 따라 조국을 떠나 만주에서 독립군을 양성하기로 하고 1912년 2월에 가족을 이끌고 만주로 가 독립운동을 했다. 만주에서도 신민회 경기도 대표, 경학사, 부민회 등 독립단체를 조직하거나 가입해 적극적인 활동을 했다.

독립군을 양성하기 위한 신흥무관학교 설립에도 큰 힘을 보탰다. 나중에 제2의 신흥무관학교인 양성중학교 교장을 지내기도 했다. 선생의 부인인 전현석 여사도 독립운동사의 큰 별이다. 통화현에서 객주집을 운영하면서 독립자금을 보탰고, 독립군들에게 밥을 해 먹였다. 선생의 비문에는 다음과 같은 내용이 기록되어 있다.

그 당시 독립운동가로 선생댁에서 잠을 안 잔 이가 별로 없고, 그 부인 전현석 여사의 손수 지은 밥을 안 먹은 이가 없으니 실로 선생댁은 독립군 본영의 중계 연락소이며 독립운동객의 휴식처요, 무기 보관소요, 희의실이며 참모실이며 기밀 산실이었으니

3.1운동 후 일본군은 만주로 이동해 독립군을 체포, 학살하는 만

행을 저질렀다. 1920년 6월 12일 선생은 일제에 체포되었다. 일본경찰, 친일조선인을 암살하고 상해임시정부에 독립운동 자금을 보내려 했다는 죄목이었다. 체포되어 압송되던 도중 탈출한 선생은 다시 만주로 잠입해 활동하였다. 그러나 1921년 밀정의 고발로 체포되어 평양감옥에서 모진 고문을 당했다. 전신이 마비될 정도에 이르자 일제는 선생을 석방했다. 선생은 고향인 수원으로 귀향했다. 만신창이가 된 몸을 이끌고 수원으로 돌아와서도 삼일학교 발전을 위해 애썼다. 1923년 삼일학교 아담스기념관을 짓는데 건축 감독으로 참여하기도 했다. 아담스기념관은 현재도 학교 내에 남아 있다. 선생은 고문 후유증 때문에 건강이 날로 악화되었다. 결국 안타깝게도 1930년 11월 29일 56세의 나이로 세상을 떠나고 말았다. 선생의 장남 임우상 지사도 독립군을 위해 군자금을 모금하고 돌아가던 중 동상과 독감으로 20대 중반의 나이로 숨을 거두고 말았다. 임면수 선생의 동상은 삼일중학교, 수원 올림픽공원에 세워졌다.

불령선인 이화영 목사

이화영은 1901년 수원종로교회가 설립될 당시에 처음 기독교인이 되었다. 교회 설립 초창기 임면수 선생 등과 의기투합해 미감리회 선교사들의 도움을 받아 매일학교를 세웠다. 이화영은 이 학교 초대 학당장이자 한문 교사로 활동하였다. 또 교인으로서 교회 보조 사역자로도 활동했다.

1905년 을사늑약 후 국채보상운동이 일어나자 수원지역에서 민족운동을 주도했다. 1912년에 목사 안수를 받았다. 이화영 목사는

"사회적 악에 대항하는 투사가 되고자 기도하던 중 주님의 부르심을 깨닫고 중생의 길을 시작했다."고 회고했다. 목사가 되자 타지역 교회로 임명받아 떠나야 했다. 비록 수원이 아닌 타지로 갔지만 1919년 평안남도 진남포에서 목회하다가 3.1만세운동을 주도했다고 하여 평양형무소에 수감되었다. 그 후 일제가 '불령선인(不逞鮮人)'으로 낙인찍어 늘 감시대상이 되었다. 1931년 수원종로교회로 돌아와 원로목사를 지내다가 1952년 세상을 떠났다.

민족대표를 이끌어낸 김세환

김세환(金世煥, 1889~1945)은 이화영 목사, 임면수 권사가 교회를 활발히 이끌 당시 수원종로교회 청소년이었다. 일본 유학에서 돌아와 삼일학교 교사를 지냈다. 민족대표 33인 중 한 분인 박희도 YMCA 간사의 소개로 3.1운동 준비 모의에 참여했다. 김세환은 경기도와 충청도

수원종로교회 김세환

지역 민족지도자를 민족대표로 이끌어 내는 일을 맡았다. 그래서 그는 1919년 3월 1일 전국적으로 일어난 독립만세운동을 사전에 조직하고 준비한 47인 중의 한 사람으로 평가받는다.

3.1만세운동으로 체포되어 수감되었다가 감옥에서 나온 직후에는 곡물상회를 경영한 것으로 알려졌다. 1925년 종로경찰서에서 만든 비밀 문건에 의하면 그는 '조선사회운동자동맹 발기 준비위원회' 수원지역 준비위원으로 참여한 것으로 되어 있다. 위원회에는 당시

전국의 독립운동가들이 총망라되어 있었다. 1927년에는 사회주의자와 민족주의자들이 힘을 합쳐 일제로부터 조선의 독립을 쟁취하고자 결성한 '신간회' 수원지회장으로도 활동했다.

애국지사 이선경

이선경은 수원공립보통학교(현 신풍초등학교)를 졸업하고 1918년 서울 숙명여학교에 입학해 공부하던 중 1919년 서울 만세운동에 참가했다가 구속돼 3월 20일 무죄로 풀려났다.

수원종로교회 교회학교 교사로 활동하면서 김세환 선생을 도와 충주, 안성 등지

수원종로교회 이선경

로 비밀문서를 전달하는 역할을 했다. 이 일로 숙명여학교에서 퇴학조치를 받은 후 경성여자고등보통학교로 전학하였고, 임순남, 최문순 등과 함께 비밀 결사조직인 혈복단(血復團)을 구국민단(求國民團)으로 개칭하고 활동하였다. 구국민단은 경술국치에 반대해 독립 국가를 조직할 것과 독립운동을 하다가 수감되어 있는 투사의 가족을 돕는 것을 목표로 세우고, 매주 금요일 삼일학교에서 회합을 가졌다. 1920년 8월 구국민단의 활동이 발각되어 박선태·임순남 등과 함께 일경에 체포되었다. 재판 끝에 징역 1년 집행유예 3년을 받고 8개월의 옥고를 겪어야 했다. 체포되어 취조받으면서 혹독한 고문을 받은 일로 건강이 악화되어 풀려났으나 9일 후 고문 후유증으로 숨졌다. 2012년 순국이 인정되어 건국포장 애국장을 받아 독립유공자가 되었다.

수원동신교회

그리스도 사랑으로 세운 교회

세계문화유산 수원 화성(華城)은 적을 방어하는 군사시설이지만 설치 미술품처럼 아름답다. 특히 방화수류정과 화홍문이 성벽과 어우러진 구간이 화성에서 가장 아름답다. 광교산에서 발원한 유천(수원천)은 수원화성을 가로지르며 흐른다. 유천이 화성 내부로 유입되는 곳에 수문(水門)인 화홍문(華虹門)을 설치했는데 이름처럼 무지개가 뜨는 문이다. 무지개 모양으로 된 수문 일곱 개 연결해서 그 위에 성벽을 쌓았다. 유입된 물은 성벽을 통과해 아래로 떨어지게 되어 있는데, 떨어지는 힘을 분산시키기 위해 층층이 떨어지게 했다. 물은 아래로 떨어지면서 흩어지는데 이때 무지개를 만든다. 정조 임금이 이곳에 왔을 때 버드나무가 냇물에 가지를 늘어뜨렸다고 한다. 그래서 냇물 이름도 유천(柳川)이라 하였다.

화홍문 안쪽 유천변에 오래된 교회 하나가 있다. 교회는 크림색으로 칠해졌고 전면에 '수원동신교회'라는 이름을 붙였다. 교회는 비록 오래되고 노후되었지만 가슴 찡한 사연을 품고 있다.

화홍문 유천이 내부로 들어오는 곳에 수문을 설치했는데 화홍문이다. 떨어지는 물의 힘을 분산하기 위해 층층이 떨어지게 했다. 언덕 위 방화수류정과 어울리는 모습이 매우 아름답다.

수원동신교회는 1897년에 일본인 최초의 해외 선교사 노리마츠 목사에 의해 세워졌다. 일본의 하급무사 집안에서 태어난 노리마츠는 지방공무원 생활을 하다가 기독교인 된 후 메이지대학 신학부에 진학하여 목사가 되었다. 어느 날 우연히 갑신정변 실패 후 일본에 망명 중이던 박영효를 만났다. 박영효에게 조선의 상황에 대해 자세히 들은 노리마츠는 조선에 관심을 갖는 계기가 되었다. 노리마츠가 선교지로 수원을 선택한 것은 아마 박영효의 고향이 수원이었기 때문으로 짐작할 수 있다. 박영효를 통해서 수원에 대해 들었을 것이고, 한국 내에서 수원은 그에게 매우 친근한 장소였을 것이다.

1895년 명성황후가 일인들에 의해 시해당하는 을미사변이 터졌다. 노리마츠는 일본인으로 부끄러움과 분노를 느꼈다. 일본이 저지

수원동신교회 일본 최초 해외선교사 노리마츠 목사가 설립한 교회. 노리마츠의 한국 사랑이 강하게 전해온다.

른 만행을 대신 속죄하고 예수의 사랑을 전하기 위해 조선으로 건너갈 결심을 하였다. 그는 1897년 12월 11일에 고베항을 떠나 12월 27일 제물포항에 도착하여 조선 선교를 시작하였다.

노리마츠 목사는 1899년 사토 여사와 결혼하였으며 1900년 가족이 모두 수원으로 이주하였다. 개항기 수원에 정착한 최초의 일본인이었다. 노리마츠 목사는 일본으로 돌아가는 1914년까지 철저하게 한국인처럼 살았다. 사는 집, 입는 옷, 먹는 것에 이르기까지 한국인과 동일하게 했다. 심지어 자녀들에게 일본어를 가르치지 않았다고 한다. 노리마츠 목사가 수원천변에 교회를 세웠을 때는 주변에 주택이 거의 없는 한적한 장소였다. 방화수류정과 성벽이 멀리 있고, 교회 뒤로는 오래된 소나무가 둘러싸고 있었다.

노리마츠 목사는 일본이 한국인을 핍박하고 학대하는 것을 반대
했으며 한국인들의 아픔을 보듬기 위해 노력했다. 그가 조선인 편에
선 탓에 생활은 몹시 궁핍했다. 부인 사토 여사가 머리카락을 잘라
쌀을 마련하였고, 그 쌀로 교인들을 먹였다고 한다. 극심한 가난에
시달린 끝에 사토 여사는 1907년 폐렴으로 세상을 떠나고 말았다.
노리마츠 목사는 1914년까지 수원에서 복음을 전하다가 일본으로
돌아갔다. 비록 일본으로 돌아갔지만 1919년 3.1만세운동을 폭력으
로 진압한 조선총독부를 강도 높게 비판했다. 일본으로 돌아가기는
했지만 그도 1921년에 폐렴으로 세상을 떠나고 말았다. 그는 죽은
후 수원동신교회 내에 있는 사토여사 곁에 묻어달라고 유언했다.
그의 유해는 사토여사가 잠들어 있는 수원동신교회로 돌아왔다.

화홍문과 방화수류정, 수원천변 버드나무가 아무리 아름답다고
한들 노리마츠 목사의 하나님 사랑과 수원 사람들을 향한 긍휼의 마
음만큼 아름다울까? 일본이라면 비판적 시각으로 바라볼 수밖에 현
실에서 노리마츠 목사는 우리에게 울림을 준다. 두 나라가 진정으로
이웃이 되려면 노리마츠 목사가 보여준 그리스도의 사랑이 묘약이

동신교회 옛모습

노리마츠 목사 가족

될 수밖에 없다고 말이다.

TIP 수원종로교회 탐방

▌**수원종로교회**
　경기도 수원시 팔달구 정조로 830 / TEL. 031-251-6156

▌**수원동신교회**
　경기 수원시 팔달구 수원천로 370 / TEL. 031-256-8407

　수원종로교회에는 역사관이 있다. 역사관을 탐방하려면 일주일 전에 교회 홈페이지에서 예약신청을 해야 한다. http://www.sjmc.or.kr

　역사관 내에는 수원종로교회 연혁, 감리교와 선교, 민족과 함께한 수원종로교회, 수원종로교회가 개척한 교회들 등 주제별로 전시되어 있다. 교회 뒤편에 있는 수원화성박물관 주차장을 이용하면 편리하다. 수원천을 따라 걷다 보면 멀지 않는 언덕 위에 수원종로교회가 설립한 삼일중학교, 삼일고등학교, 삼일공업고등학교, 매향여자정보고등학교, 매향중학교 등이 있다. 천천히 걸어서 탐방하면 적당한 거리다. 수원동신교회는 수원종로교회에서 걸어갈 수 있는 거리다. 수원화성 화홍문을 찾아가면 가까운 거리에 있다.

[추천 1]
수원종로교회 → 화성 장안문(걸어서) 방화수류정, 화홍문 → 수원동신교회

[추천 2]
수원종로교회 → 화성행궁 → 방화수류정, 화홍문 → 수원동신교회

남양감리교회

경기 남서부 선교의 핵심

종횡무진 복음 전파

한국에 파송된 선교사들의 활동영역은 실로 방대했다. 1888년부터 1909년까지 인천을 중심으로 활동한 조지 존스(George Heber Jones, 한국명 조원시) 목사는 해로(海路)를 따라 강화, 통진, 김포, 영종, 남양(화성시)까지 전도영역을 확대하고 있었다. 본인이 직접 나서서 전도한 지역이 있는가 하면, 훈련시킨 전도인을 보내기도 하였다. 때로는 이미 잘 익은 열매를 거두기 위해 사역자를 상주시키기도 하였다.

인천 내리교회 담임목사였던 존스는 1897년부터 경기도 남양지역(지금의 화성시)으로 전도 영역을 확대하고 있었다. 내리교회 매서인들과 정기적으로 이 지역을 방문하여 전도 활동을 전개하였다. 그 시절 존스 목사와 함께 남양을 방문했던 복정채 권사는 1901년 「신학월보 1월호」에 남양을 소개하였다.

화성 공룡알화석지 삘기꽃이 하얗게 필 때면 눈이 내린 듯하다. 갯벌을 매립하였기 때문에 독특한 풍경을 보여준다.

남양은 황성(서울)서 남으로 일백 리요, 인천항에서는 일백십 리요, 수원에서 오십 리니, 지형은 바다를 향하여 들어가 지면이 열렸는데 서해 중에 있는 일곱 섬이 속하였고, 방면은 13면이오 호수(戶數)는 육천여 호라 하며, 군읍 호수는 삼백여 호라 하더라. 수로는 충청남도 연해를 접하였으며 서해로는 청국 산동해를 접하였으니 임신(임오군란) 국변에 청국 병이 건너와 유진하던 곳 마산포가 군읍으로 서편 삼십리니 가히 서해 요충지라 할 만하더라. 물산은 염이요, 풍속은 어두워서 무당을 숭상하고 인심인즉 후하고 양반이 많이 사는 땅이라. (신학월보, 66쪽)

무속이 강한 해안 지역에서 시작된 교회

임오군란 때에 청군이 상륙한 후 주둔하였던 곳이자 흥선대원군을 잡아간 곳이 마산포라는 항구다. 마산포는 시화호 간척으로 사라졌다. 흥선대원군이 청군에 잡혀 배 타러 갈 때 동네 개들이 짖었다고 한다. 흥선대원군이 개 짖는 소리에 짜증을 내자, 운현궁 문인들은 배가 떠난 후 동네 개들을 잡아다 두들겨 팼다고 한다. 흥선대원군이 잡혀 와 하룻밤 묵었던 항구는 사라졌지만, 지금도 일없이 개가 짖으면 주민들은 "운현궁 대감이 왔나!" 고 중얼거린다.

복정채 권사는 앞서 본 신학월보에서 다음과 같이 이어가고 있다.

인천항 전도를 종찰하는 목사 조원시 씨께서 본 지방에 속한 남양군에 가서 형편을 보라 하기로 금년 봄부터 가을까지 세 번 갔는데 참 기쁜 일이 있기로 기재하오니 월보 보시는 첨군자들은 우리 전도가 성신의 도우심으로 점점 진보됨을 하나님께 감사하시오. ... 향갈동에는 전 죽산 군수 김홍수가 처음으로 읍 중에 예수교를 전도하여 믿는 사람이 두 집 생겼더니 우리 인천교회의 책 파는 형제(매서인)가 여러 번 다니며 책 판 것이 백여 권이요, 금년 사월부터 주일예배를 처음 실시하였는데 주일 지키는 사람이 이십여 인씩이더라

이 글을 쓰던 무렵인 1900년에는 이미 20여 인이 예배를 드리기 시작했다는 것은 교회가 시작되었다는 것을 말한다. 좀 더 자세히 살펴보자. 향토사학자 홍승길은 이렇게 이야기한다.

1899년에 남양교회는 존스 선교사가 제물포에서 파송한 복정채가 주로 예배를 인도하였으며, 존스 선교사가 순회 지도하였다. 교인으로는 남양 사람으로 서울에서 아펜젤러 목사에게 전도받아 신

앙생활 하던 홍승하 씨 가정과 홍사두 가정, 한가울에 사는 김홍수(전 죽산군수)씨 가정 외 한 가정, 활화문 김치도 씨 가정 외 두 가정, 글판리 김병권(목사됨)씨 가정과 이 씨 (이동만씨 부친, 후에 목사됨) 가정 외 한 가정으로 낮예배는 남양읍의 홍승하씨 가정에서 드리고 밤에는 글판리 김병권씨 댁과 이씨 댁에서 예배를 드렸다.[24]

남양감리교회종탑

홍승하는 지식인이었으며 복정채 권사의 후임으로 남양교회를 이끌었다. 그는 매우 유능하였고 굳센 믿음을 지니고 있었다. 존스 목사는 그에 대해 이렇게 보고하고 있다.

나는 우리가 홍승하라는 매우 유능한 사역자를 가지고 있다고 생각한다. 그는 강한 의지력을 가지고 있고 그곳의 사역을 장악하고 있어서 벌써 사람들이 하나님께로 돌아오는 징조들이 보인다. … 적당한 시기가 오면 추수할 때가 오리라 믿고 씨를 뿌리는 일에 만족

---

24   웨슬리안타임즈 기사 발췌

해 왔다. 내년에는 사람들을 모아서 교인으로 등록시키고 속회를 조직할 예정이다.

홍승하는 동생 홍승문과 함께 여러 섬과 촌을 돌아다니며 복음을 전했다. 전도 결과 그들이 다닌 곳에 7개 교회가 세워졌다. 귀신들린 사람 2명에게서 귀신을 쫓아내고 병을 고쳐준 일도 있었다. 해안지역은 다른 지역보다도 무속의 영향력이 강한 곳이다. 지금까지 믿어오던 것을 버리고 예수를 영접하면 재앙을 받을 것이라는 불안감이 있는 것도 사실이다. 1903년 5월 1일부터 7일까지 정동교회에서 열렸던 선교연회에서 보고에 의하면 다음과 같다.

홍승하 형제의 유능한 지도력 하에서 남양 순회 구역은 매우 성공적인 한 해를 보냈습니다. 여기서 우리는 8개의 예배 처소를 가지고 있으며 131명의 입교인과 학습인이 등록되어 있습니다. 교회는 주로 젊은이들로 구성되어 있으며 우리는 이들로부터 주님을 위한 일부 사역자들을 확보해야만 합니다.[25]

하와이 이민 목회를 시작한 홍승하 목사

1903년부터 하와이 이민이 본격화되었다. 1905년까지 하와이로 떠난 첫 이민자가 무려 7,300명에 달했다. 오직 먹고 살기 위해 고국을 떠나야 했던 이들은 최근 연구자료에 의하면 총각과 홀아비가 54%, 가족을 두고 혼자 떠난 경우가 33%에 달했다. 일제강점기에 하

---

25 남양감리교회 115년사

와이 이민이 다시 추진되면서 한국에 남
았던 가족이 이민을 떠나 가족이 상봉하
게 되었다. 총각으로 떠난 이들을 위해
처녀들이 이민대열에 합류하기도 했다.

홍승하 목사

1903년부터 추진되었던 이민 행렬에
남양 지역민 31명이 있었는데 대부분 기
독교인이었다. 존스 목사는 이민 행렬에
합류한 남양과 인천 교인들을 위해 홍승
하를 선교사로 파송했다. (내리교회 참고) 홍승하는 낯선 환경과 중
노동에 시달리는 한인들을 위로하는 목회자가 되었다. 1904년 하와
이 한인 감리교인 400명이나 되었는데, 400명 중 108명은 이미 한국
에서 세례를 받고 이민을 온 것으로 확인되었다. 홍승하는 한인교회
를 이끌면서 조국의 독립을 위해 투쟁하는 애국지사로 활약했다.

홍승하가 하와이로 떠난 뒤 박세창 전도사가 남양교회를 담당하
고 있었다. 2년 뒤 귀국한 홍승하는 하와이 이민으로 위축된 남양교
회를 일으키는 데 힘을 보탰다. 귀국 후 6칸짜리 예배당을 신축하였
고 협성신학교에 입학하여 신학을 공부하였다. 1912년 목사 안수를
받았고 수원지역 목회를 담당하였다.

전도훈련 대장 김우권 전도사

박세창 전도사 후임으로 부임한 김우권 전도사는 1년 만에 갑절
의 성장을 이루어냈다.

과거 여러 해 동안 거의 진전을 이루지 못했던 남양구역에서는 김우권과 그의 보조자인 이창회 두 사람이 중심도시로 들어갔습니다. 일 년간 이 구역에서 생겨난 열정과 성장과 변화가 놀랍습니다. 모이는 그룹들의 숫자는 2배가 되었고 그곳에 보수 없이 권사로 일하는 훌륭한 청년들의 훌륭한 힘이 있습니다. 6개 마을이 새로 문을 연 것은 이 청년들의 노고와 열정 때문이었습니다.[26]

1906년 남양지역에는 학습인 312명, 입교인 171명이었는데, 1907년 세례입교인이 436명으로 늘고 구도자가 417명이었다. 사역자들이 열심히 활동하자 보수 없이 함께 사역하는 청년들이 생겨났다. 이들의 헌신으로 17개의 교회가 늘어 24개가 되었다. 1907년 전국적으로 대부흥이 있었지만 만 1년이 안 되는 기간을 섬긴 김우권 전도사 시절에 남양교회가 성장할 수 있었던 것은 전도 훈련의 역할이 컸다. 김우권은 탁월한 전도 훈련 대장이었다. 당시 남양구역 담당이었던 벙커(D.A.Bunker 1853~1932) 선교사의 보고에서 드러난다.

어른과 어린아이 할 것 없이 성도들이 선교활동에 관심이 있으며 활기차게 참여하고 있습니다. 김 목사는 매우 강한 능력을 가지고 있습니다. 그는 선교사업을 장악하고 있으며 잘 훈련된 장군의 예리함으로 40명이 넘는 전도 희망자를 통솔합니다. 지난해 동안의 그의 사업은 아무리 높이 치하해도 지나치지 않습니다.[27]

---

26 남양감리교회사
27 위의 책

전도가 능력을 발휘하기 위해서는 전하는 자가 예수 믿고 변화되어야 한다. 전도 훈련이 정밀하고 탁월하다고 해도 생활양식의 변화 없이는 듣는 자가 귀를 닫는다. 예수 믿기 전과 후가 달라야 한다. 누구나 닮고 싶은 모습으로 변화해야 한다. 남양감리교회 전도인들은 그것이 있었다. 1911년 「그리스도인 회보」 "1첩 1비"라는 기사를 보면 남양교회의 변화양상을 짐작할 수 있다.

남양교회 홍종익 씨는 생자생녀하며 다년 동거한 소실이 있는데 교인으로 첩 둔 것이 주 앞에 부끄러운 것인 줄을 감히 깨닫고 금년 봄에 비로소 보내었고 자매 중 박정렬 씨는 선대 유업으로 부리던 비자(종)를 속량하여 주고 지금은 수양녀로 기른다 하니 이런 일은 다 주의 빛이 그 마음속에 비친 효력인 줄로 믿노라

예수를 만난 교인들은 빚을 탕감해주고, 종 부리던 일을 멈추고, 부인 외에 다른 여인을 가까이 하지 않고, 노름과 술을 끊었다. 누구나 바람직하다고 생각했던 모양으로 변화했던 것이다. 말씀대로 사는 모습을 보니 예수를 믿지 않던 이들도 교회로 걸어들어올 수밖에 없었던 것이다.

민족을 위해 기도하는 교회

1919년 동석기 목사가 남양감리교회 사역자로 부임하였다. 그는 3.1만세운동 배후에서 민족대표를 조직화하는 데 조력하였다. 3월 1일에는 거리에 나가 민중들과 함께 만세를 불렀다. 이제 교회는 성도 개개인의 삶의 변화뿐만 아니라, 민족의 고난에 동참하는 모양을

갖추게 되었다. 심지어 가장 앞장서 고통을 짊어지는 역할을 감당하고 있었다.

남양감리교회는 같은 지역 내에 있던 수촌교회와 제암교회가 일제에 의해 방화되어 소실되고, 성도들이 무참히 살해당하는 것을 보았다. 남은 교회들은 그런 수난을 보고 위축될 수밖에 없었다. 일제에 의해 보복당할지도 모른다는 두려움에 교회를 떠나는 이들이 생겨났다. 그러나 남은 성도들은 믿음을 더욱 단단히 하면서 교회를 다시 세우기 시작했다. 그리하여 1920년~1922년에는 오히려 성장하였다. 엡윗청년회가 조직되어 40명의 청년들이 활동하면서 젊고 활기찬 모양을 갖추었다. 출석 교인원은 239명이었으며, 주일학교도 활발하게 운영되었다. 1924년에는 315명이 출석하는 성장을 보였다. 성도들은 목회자 생활비뿐만 아니라 만주지역 선교비도 마련하여 보냈다. 여성들은 매일 밥을 할 때마다 곡식을 한 숟가락씩 덜어내어 모았다. 일부는 일주일에 한 끼, 혹은 그 이상을 금식하여 헌금하였다. 한 숟가락 곡식이 아쉬울 때였다. 성도들은 주린 배를 움켜쥐고 헌금한 것이다.

그러나 1930년대 들어서면서 한민족을 말살하려는 고난의 시기가 되었다. 이때 민족대표 33인 중 한 명 이필주 목사가 남양감리교회에 부임했다. 정동교회에서 목회하던 중 3.1만세운동에 뛰어들었다가, 체포되어 2년간 투옥되는 고난을 겪었다. 옥중에서 "하나님을 구하라"

이필주 목사 65세의 나이에 남양교회 목사로 파송 받은 이필주 목사는 음성을 듣고 출옥 후 전도와 부흥회, 강연 활동에 헌신했다. 일제의 감시가 심해 특정 교회에서 사역하기 힘들었기 때문이다. 1934년 3월 65세로 은퇴했는데, 특이하게도 남양감리교회 담임목사로 부임하였다. 당시 수원지방 감리사였던 노블(W.A.Noble)선교사는 "더 일할 수 있는데 어떻게 쉴 수 있느냐?"라며 재파송을 주선하였다.

당시 65세면 대단히 많은 나이였다. 그러나 그의 근력은 장작을 팰 정도였고, 눈은 형형(炯炯)했다. 길을 가다가 일본 순사를 만나면 꾸짖었고, 불량배들은 고개를 숙였다. 사람들은 그를 '호랑이 목사'라 불렀다. 날로 험악해지는 일제의 수탈로 지친 교인들을 따뜻하게 위로하고 격려하면서 교회를 다시 세우는 일에 진력하였다. 부흥회를 열어 많은 사람을 회개하게 했고, 많이 가진 자들에게는 재산을 덜어 나누게 했다. 지역 유지 두 사람은 당시로서는 큰돈인 100원을 헌금하여 교회 운영에 큰 도움이 되었다.

본 지방 7구역 중에서 어떤 구역은 진보가 되고 어떤 구역은 옛날과 동일하나 특별히 남양구역은 이필주 목사의 대대적 활동으로 죽어가는 교회가 부활하게 되어서 십일조 결심자가 많게 되며 새로 믿는 자가 많이 일어나게 되었습니다.

성도들 집을 심방할 때면 연장을 들고 가서 부서진 집을 고쳐줄 정도로 정성과 사랑을 베풀었다. 이필주 목사의 헌신과 사랑에 젊은 이들이 교회로 모이기 시작했다. 그를 감시하던 경찰도 감동을 받아 기독교인이 되었다. 3.1만세운동 이후 위축되었던 남양지역 교세가 회복되고 활기를 띠게 되었다.

남양구역은 이필주 목사가 노당익장(老當益壯)에 활동으로 전 구역적으로 은혜를 받게 되었습니다. 다른 구역에서는 청년 목사를 원하지마는 이 지역에서는 노인 목사를 더 사랑하여서 이 세상 떠날 때까지 일 보기를 원하며 장비(葬費:장례비)까지 저축하였습니다.

일제의 감시와 수탈은 날로 더해갔다. 저들이 일으킨 전쟁에 한국민을 동원하기 위해 '내선일체(內鮮一體)', '일선동조론(日鮮同祖論)'으로 명분을 만들었다. 그것으로도 부족하여 '궁성요배', '황국신민서사', '신사참배'를 강요하였다. 급기야 학교, 민간, 교회에 이르기까지 신사참배를 강요하기에 이르렀다. 1940년 한국교회는 신사참배를 결의하였다. 국민의례일 뿐이라는 스스로 위안이 있었다. 꼿꼿했던 이필주 목사도 고민 끝에 교인들과 신사에 참배했다. 신사 앞에서 허리를 꾸벅하는 모양을 하고는 단호한 목소리로 "허리는 굽힐지언정 마음만은 굽히지 맙시다"라고 말했다. 창씨개명은 단식까지 하면서 불응했던 그가 신사참배에 순응한 것에 대해 논란이 분분하다. 어쩌면 창씨개명은 개인의 일이지만, 신사참배는 교인들과 연관되어 있기 때문이었는지도 모른다. 신사참배 후에도 교인들은 그를 존경하였고, 교회를 지켜나갔다. 이필주 목사는 일제의 민족말살통치와 수탈이 갈수록 악화되던 1942년 4월 21일 73세의 일기로 세상을 떠났다. 믿지 않던 한의사가 그를 위해 장지를 내놓았다. 그가 남양 지역에 왔을 때 5개이던 교회가 7개가 되었다. 자립하지 못했던 교회가 자립하였다.

현재 남양감리교회 마당에는 이필주 목사 기념비 두 개가 서 있다. 하나는 1946년 9월에 세워진 것으로 오화영 목사가 친필로 264 자를 기록하였다. 두 번째 기념비는 1969년 4월 21일 삼일운동 50주 년을 기념하여 해방 전 남양구역을 담당했던 허숙일 목사의 주도로 양노리에 있던 기념비를 개축하여 남양교회 마당에 세웠다. 개축 기 념비에는 오화영 목사의 264자 휘호를 그대로 옮겨놓았고 이갑성 목 사의 휘호도 첨가되었다.

남양감리교회는 화성지역 모교회 역할을 해왔다. 한말에는 화성 지역 민족운동, 계몽운동 본거지로 역할을 감당했다. 3.1만세운동 때 동석기 목사의 지도로 수원과 남양지역 만세운동을 촉발시켰다. 3.1 만세운동 후 위축되었던 교회를 다시 일으켜서 주변 교회로 부흥을 전파하였다. 많은 목회자와 교인이 민족의 아픔을 고스란히 안고 기 도했으며, 행동했다.

남양감리교회 이필주 목사 비

하와이 이민자 출신 동석기 목사

동석기 목사

동석기는 1903년 하와이 이민 노동자로 떠났다. 살인적인 중노동에 시달리면서도 맡은 일을 성실히 감당해냈다. 농장 주인은 동석기를 눈여겨보았다. 그리고 그에게 소원이 무엇이냐 물었다. 동석기는 '서양 학문을 공부하고 싶다' 대답했다. 그러자 주인은 그에게 공부할 수 있는 여건을 마련해 주었다. 25살에 초등학교에 들어가 1년 만에 졸업, 중학교와 고등학교도 각각 1년 만에 졸업했다. 그러던 중 예수를 만났다. 농장 주인은 그를 노스웨스턴대학에 입학시켜 법학을 공부하게 했다. 그러나 세례를 받은 후 방향을 전환하여 개릿신학교에 입학했으며 32세에 신학사 학위를 받았고 목사 안수도 받았다. 그리고 그리운 고국으로 돌아왔다.

1913년 그는 강원도 남부지방 교회를 순회하며 목회했다. 1914년 인천 내리교회, 1917년 마포교회, 1919년 남양감리교회 목사로 부임해 활동했다. 미국에서 신학을 배워 온 그는 고국에서 맡아야 할 역할이 컸다. 서구 사회 경험이 풍부했기에 암울한 민족의 현실을 극복할 혜안을 제시하는 것이었다. 그래서 기독교계 지도자들과 긴밀한 관계를 유지하며 독립을 위한 각고의 노력을 기울였다.

1919년 1월 YMCA간사로 있던 박희도 목사에게 미국 대통령 윌슨의 '민족자결주의'에 대해 설명했다. 이에 자극받은 박희도 목사는 민족 지도자들을 만나며 만세운동을 계획하기에 이른다. 박희도 목사는 독립선언서에 명단을 올린 민족대표로 활약했다. 동석기는 1919년 3월 1일 탑골공원에서 실시된 독립만세에 직접 참여하였다. 민족대표들이 없는 탑골공원 만세운동은 몇몇 지도자들의 인도에 따라 질서정연하게 진행되었다. 동석기는 민중과 함께 독립만세를 소리높여 외치며 남대문에서 정동 미국 영사관, 대한문, 광화문, 서대문을 거쳐 프랑스 영사관, 총독 관저 등을 다니며 시위를 주도했다. 미국 총영사관을 찾아가 우리 민족의 민족자결운동의 정황을 파리강화회의에 타전해줄 것을 의뢰했다. 이 일로 동석기는 체포되어 재판을 받고 3년 형을 선고받았다. 출옥 후 남양감리교회 목사직을 그만두었고, 충청남도 청양으로 사역지를 옮겼다가 만주로 건너가 사역했다. 훗날 다시 미국으로 건너가 감리교 목사를 자진사퇴하고, '그리스도의 교회' 목사가 되었다.

 TIP 남양감리교회 탐방

▌남양감리교회
경기 화성시 남양읍 남양시장로25번길 11 / TEL. 031-356-1497

남양감리교회가 있는 남양읍은 최근 신도시가 되었다. 옛 시장로에 있던 남양감리교회도 새 예배당을 건축하는 중이다. 주소지에서 멀지 않은 약간 뒤쪽에 넓은 터를 마련하고 임시 성전을 짓고 옮겼다. 새로 건축할 예배당이 언제 완성될지 알 수 없으나 교회 주차장 주변에 이필주 목사 비석 2기가 옮겨져 있고, 옛 교회 종탑도 옮겨 놓았다.

화성시 발안 · 우정 · 장안 3.1만세운동

    1919년 3월 1일 시작된 독립만세운동은 전국으로 확대되고 있었다. 서울에서 만세운동에 참여했던 이들이 고향으로 돌아가 이 사실을 알리면서 전국으로 확산되었던 것이다. 화성지역에도 곧 만세운동이 확산되었다. 3월 21일 오산, 3월 23일 사강, 3월 26일 송산, 3월 29일 오산 2차, 3월 31일 발안 지역으로 이어졌다. 4월 3일에는 장안면과 우정면에서도 만세시위를 이어갔다. 모든 만세운동을 조명할 수 없지만 수촌교회, 제암교회와 관련된 시위를 중심으로 풀어가 본다.

    3월 26일 송산면사무소에서 홍면의 지휘 아래 100여 명의 군중이 모여 만세를 불렀다. 만세에 동참한 군중은 200여 명으로 늘어났다. 해산을 종용하던 일본순사 노구치 고조(野口廣三)는 뜻대로 되지 않자 급기야 권총을 발사했다. 이 발포에 지도자 홍면이 쓰러졌다. 이에 시위군중은 일본 순사 죽이라고 외쳤다. 노구치는 자전거를 타고 도망치다가 돌에 맞아 쓰러졌다. 군중들은 몰려가 돌과 곤봉으로 처단했다. 3월 27일에는 400명으로 늘어났고, 3월 28일 사강 장날에는

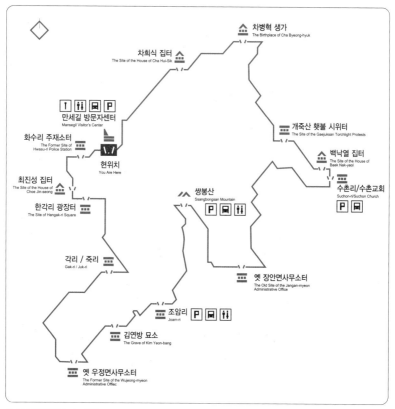

화성 만세운동 순례길

2,000명이 만세운동에 동참하였다. 일제의 강압적인 진압에 관망하던 사람들도 동참하게 되었다.

일제강점기 면사무소는 주민의 편의를 위해 설치된 행정기관이 아니었다. 일제의 수탈에 앞장서고 강제로 인력을 동원하기 위한 곳이었다. 즉 주민을 통제하기 위한 수단으로 설치된 것이었다. 토지수탈에도 앞장섰기 때문에 일제의 강압 통치 10년 동안 원망의 표적이 되었다.

주민을 통제하고 감시하기 위해서는 무력이 필요했기 때문에 면사무소 옆에는 파출소격인 주재소가 있었다. 주재소는 일본인 순사 또는 일본 앞잡이가 된 조선인 순사가 근무했다. 순사들에게 한국인은 감시, 단속의 대상이자 조롱의 대상이었다. 일본은 민족적 우월성을 내세우면서 미개한 한국인들은 통제받아야 하고, 교화받아야 할 대상이라 여겼다. 일제는 경찰이 아닌 헌병을 배치하고 한국을 군법으로 통치하고자 했다. 때문에 면사무소와 주재소는 3.1만세운동 때에 원망의 표적이 되었다.

3월 31일 제암교회에서 가까운 발안장터에서 만세시위가 있었다. 만세시위는 제암교회 김교철 전도사와 안종후, 홍원식, 유학자 이정근, 천도교 백낙렬과 안정옥이 주도했다. 장날 정오에 이정근이 1천여 명 군중 앞에서 "대한독립만세"를 선창했다. 그러자 군중은 일제히 "대한독립만세"를 외쳤다. 당황한 일제 헌병은 사격을 가했다. 총에 맞은 부상자가 발생하자 군중은 일제 헌병을 향해 돌을 던졌다. 발안 지역은 일본인들이 집단 거주하고 있었다. 그들은 서해안이 가까운 이곳에 자리 잡고 한국민들을 수탈한 후 그것을 일본으로 실어갔다. 원망의 대상은 당연히 일본인 주거지와 그들이 운영하는 사업체였다. 일본인 가옥과 소학교가 불탔다. 악명높은 정미업자 사사카(佐佐坂)를 비롯한 일본인들은 재빨리 도망쳤다. 시위군중은 주재소로 향했다. 일본군 수비대는 칼을 휘둘렀다. 만세운동을 앞에서 이끌던 이정근이 현장에서 순국했고 부상자가 속출했다. 홍원식, 안종후, 안진순, 안봉순, 김정헌, 강태성, 김성렬 등이 체포되었다. 이들은 악랄한 고문을 당한 후 풀려났다.

4월 1일과 2일에는 발안, 우정, 장안 일대의 산 위에서 봉화를 올리는 것으로 기세를 올렸다. 다음 만세운동을 준비하고 있음을 주민들에게 알리는 봉화였던 것이다.

4월 3일에는 우정, 장안 일대로 확산되었다. 수촌리 이장 백낙렬, 수촌 제암교회 전도사 김교철, 석포리 이장 차병한, 주곡리 차희식 등이 주도하였다. 우정면과 장안면 주민 2천여 명이 동참했다. 이들은 면사무소와 화수리주재소를 불태웠다. 이를 저지하던 가와바타 도요타로(川端豊太郎) 순사도 처단하였다.

일제는 격렬한 시위가 일어난 수원·안성 지역에 대한 대대적인 보복에 들어갔다. 당시 화성지역은 수원에 속했다. 일제는 '특별검거반'을 만들고 악랄한 보복을 시작했다. 총칼로 무장한 헌병을 파견해서 64개 마을을 샅샅이 뒤져 무자비한 검거를 하였는데 800명이 체포되었다. 이 과정에 19명의 사상자가 발생하였고, 278호가 불탔다. 한밤중에 마을로 쳐들어가 집에 불을 질렀다. 불을 피해 나오는 남자는 체포하거나 사살하였다. 수촌교회도 이때 소실되었다. 급기야 제암교회에 주민을 몰아넣고 집단 학살을 자행하는 만행을 저질렀다.

당시 남양지역 7개 교회가 파괴되었고, 가옥 329채가 전소되어 1,600명이 집을 잃었다. 참사자 수는 정확하게 헤아릴 수 없지만 믿을만한 보고서에 의하면 82명이며, 제암교회와 수촌교회 신자 334명 중 173인은 피살 또는 수감, 도피하였다.

제암교회

차마 말할 수 없는 비극

　매년 3.1절이 되면 생각나는 교회가 있다. 당시 이 땅에 세워졌던 교회 중에서 3.1독립만세에 나서지 않은 곳이 없었으나, 차마 말할 수 없는 비극으로 보복당한 곳이 제암교회였다. 제암(堤岩)은 우리 말로 두렁바위라 한다. 이 마을에 두렁처럼 생긴 바위가 있어서 붙여진 지명이다. 두렁은 논두렁, 밭두렁처럼 어떤 경계를 나타내는 두둑을 말한다.

순흥안씨 집성촌에 씨앗이 떨어지다

　제암교회가 위치한 두렁바위마을은 순흥안씨들이 집성촌을 이루고 순박하게 살아가던 곳이었다. 조선 후기 성리학적 질서인 예법(禮法)이 강조되면서 아들이 중요해졌고, 장자를 중심으로 상속이 이루어졌다. 그러다 보니 형제들은 종가를 중심으로 분가하면서 집성촌이 형성되었다.

　제암리에서 예수를 처음 믿은 이는 안종후였다. 그는 한양을 왕래

제암리교회 교회와 기념관이 함께 있다. 교회 주변에 여러 추모시설이 있다.

하던 중 아펜젤러를 만나 예수 믿게 되었다. 1905년 8월 고향으로 돌아와 사랑방에서 처음 예배를 드림으로 교회가 시작되었다. 그를 통해 믿는 이들이 늘어나자 1911년에는 정식으로 제암교회가 설립되었다. 집성촌은 대단히 보수적이긴 하나 예수 믿은 이의 영향력 여하에 따라 마을 전체가 복음을 받아들이기도 한다. 1914년에는 대한제국 부대 출신이면서 의병장으로 활약했던 홍원식이 마을로 이주해와 교회에 합류하였다. 홍원식은 마을에 작은 서재(書齋)를 세워 마을 사람들을 깨우치는 계몽을 하였다. 안종관, 안종후 등과 '구국동지회'를 결성하여 제암리뿐만 아니라 주변 지역으로도 민족운동을 확산해나갔다.

교회가 설립되던 때 마을에 천도교도 전해졌다. 천도교 수원지방 전교사를 지낸 안정옥, 안종관, 안종린 등이 시작하였는데, 그들은 손병희와 친분을 나눌 정도로 천도교에서 핵심 인물이었다. 이로써 제암리 3.1운동은 서울과 마찬가지로 기독교와 천도교가 중심이 되어 활약할 수 있는 바탕이 만들어졌다.

3.1만세운동을 이끌다

제암교회는 1919년 3.1만세운동에서 주도적인 역할을 하였다. 제암교회 안종후는 서울의 박희도(YMCA 청년부 간사), 이승훈(오산학교 교장, 민족대표 33인)과 긴밀한 연락을 주고받고 있었다. 독립선언서를 입수하여 화성지역에서도 만세운동을 실시하기로 작정하였다. 1919년 3월 23일 밤 안종린 집에 기독교 대표 20명, 천도교 대표 9명이 모였다. 이들은 3월 31일 발안장날에 봉기할 것을 결의하면서 최후까지 투쟁할 것을 다짐하였다. 태극기는 제암교회 여선교회에서 그리기로 하였다. 당시 사람들이 모일 수 있는 곳이면서 조직을 갖춘 곳은 교회가 유일했다. 교회는 일제가 함부로 침입하기 어려운 장소이기도 했다. 선교사들과 연결되어 있었기 때문이다. 그래서 제암교회 교인들은 앞서 살펴본 발안과 장안·우정 지역에서 발생했던 만세운동에 적극 동참했다.

결사 당일 제암교회 마당에 모인 마을 사람들은 태극기를 나눴다. 천도교인 안종린의 독립선언문 낭독과 만세삼창 후 발안 장터를 향해 "대한독립만세!"를 외치며 행진했다.

참혹한 보복

만세운동이 소강상태로 들어간 4월 13일 일본군 79연대 아리타 도시오(有田俊夫) 중위와 보병 수십 명이 발안에 들어왔다. 이들은 발안 지역 치안을 담당하기 위해 왔다고 둘러댔다. 그들의 속내는 이 지역 만세운동 주모자를 체포하는 것이었고, 다시는 만세운동을 일으키지 않도록 본때를 보이는 것이었다. 아리타는 제암리가 유독 항일의식과 민족의식이 강하다는 것을 알아냈다. 아리타는 제암리에 살았던 순사보 조희창, 정미업자 사사카의 안내를 받아 3.1만세운동 지도자를 검거하기 시작했다. 4월 15일 우정면으로 가서 김연방과 김태현을 살해하고 집을 불태웠다. 그리고 제암리로 들어왔다. "만세운동을 진압하는 과정에 너무 심한 매질을 한 것을 사과하러 왔다"라고 주민을 속였다. 15세 이상 된 남자들은 제암교회로 모이게 했다. 22명이 예배당 안에 모였다. 일본군은 출입문에 못질하고

제암리 3.1운동순국23위묘 23위를 한꺼번에 묻은 것은 누구인지 구분하기 힘들었기 때문이다.

총을 난사했다. 그리고 불을 질렀다.

아리타 중위가 나가자 뭐라고 세 번 날카로운 구령이 들려왔고 입구에 있던 병사들이 교회당 안을 향해 총을 쏘기 시작했다. 교회당 바닥에 앉아 있던 주민들은 뛰어오르고 쓰러지고 하는 아수라장을 이뤘다. (생존자 노경태씨)

3명이 도망쳤으나 곧 사살되었고 1명은 큰부상을 입고 도망하였다. 불타는 교회를 보고 달려온 여인 2명도 죽였다. 모두 23명이 끔찍하게 살해되었다. 교회 불길은 바람을 타고 마을 전체로 번졌다.

제암리 희생자는 기독교인 12명, 천도교인 11명이었다. 23명 모두 교인으로 알려졌으나 수정되어야 한다. 안씨 집안에서만 15명의 희생자가 나왔다. 제암교회 홍원식 권사, 안종후 권사, 안진순, 강태성 등 12명과 안정옥, 안종환, 안종린 등 천도교인 11명이었다.

밤중쯤 되니께 좌판이 하구 일본 사람 댓 데리구 들어오더니 이렇게 나와 죽을 사람을 죄 창으로 찔러서 그렇게 해유. 죽은 사람을 죽은 거를 거 무슨 죄로 창으로 찔러서 창자가 흐르게 해유. (생존자 전동례씨)

제암교회 학살을 자행한 일본군은 고주리 마을로 가서 천도교 지도자 일가 6명을 결박하여 뒷산으로 끌고 가 총살시킨 후 짚단을 덮고 불을 질렀다.

토막토막 난도질한 후 불을 놓아 시체를 구별할 수 없게끔 만들었

어. 지금도 그때의 광경을 생각하면 현기증이나. (생존자 김시열씨)

그날 제암리와 고주리는 울음바다가 되었다. 가슴을 치고 땅을 쳐도 돌이킬 수 없는 비극의 땅이 되고 말았다.

세상에 알려지다

제암리 학살 사건 다음 날인 1919년 4월 16일 미국 부영사 레이먼드 커티스와 호레이스 언더우드(H.H.Underwood) 선교사, AP통신 서울 통신원인 테일러(A.W.Taylor)가 제암리를 방문했다. 이들은 먼저 학살과 방화가 발생한 수촌리를 확인하기 위해 내려오던 길이었다. 방화로 불타고 있는 제암리를 보고 발길을 돌려 들어온 것이다. 커티스는 언더우드의 진술서와 사진을 첨부해 보고했다. 같은 달 18일에는 스코필드 선교사가, 19일에는 테일러와 영국 대리영사 로이즈, 노블 선교사, 케이블 선교사 등이 제암리를 찾았다. 이들이 현장 확인을 위해 제암리를 방문하면서 제암리 학살 사건이 널리 알려졌다. 언더우드, 스코필드, 앨버트 테일러 등은 조선총독을 방문해 제암리 사건에 대해 항의했다. 이들에 의해 해외 여론이 점차 악화되자 일제는 학살의 주범인 아리타 도시오 중위를 군법회의에 넘겨 여론을 무마하려고 했다. 일제는 아리타 중위가 저지른 학살 행위가 형법에 규정된 범죄가 아니라는 이유로 무죄를 선고했다. 30일 근신으로 무마되었다. 당시 한국 주둔 일본군 사령관이었던 우쓰노미야 다로(宇都宮太郎)가 남긴 일기가 세상이 공개되었는데, 제암리학살을 은폐하려 했음이 나타나 있다.

사실을 사실대로 하고 처분을 하면 가장 간단하겠지만 학살 · 방화를 자인하는 것이 돼 제국의 입장에 심대한 불이익이 되기 때문에, 간부들과 협의한 끝에 '저항을 했기 때문에' 살육한 것으로 하고, 학살 · 방화 등은 인정하지 않기로 결정하고 밤 12시 회의를 끝냈다.

도쿄대학교 영문과 교수와 도쿄여자대학교 학장으로 재직했던 영문학자 사이토 이사무는 일본 군인이 저지른 잔인함에 대한 비판과 처참하게 살해당한 조선 백성들에게 조의를 담은 '어떤 살육사건'이라는 작품을 1919년 5월 22일 '복음신보'지에 발표하기도 했다. 그러나 군국주의가 팽배해 있던 일본에서 더 이상 확산되지 못했다.

선교사들이 들어오자 마을은 안정을 찾았다. 불탄 교회당에서 시신을 수습해야 했다. 마을에 남은 이들은 불탄 예배당 잿더미를 헤치고 시신을 수습했다. 시신은 서로 뒤엉켜 누군지 구분할 수 없었다. 형식을 갖추어 장례를 치를 수 있는 상황이 아니었기에 엉켜버린 시신을 그대로 싸서 공동묘지에 안장했다. 스코필드 교수는 당시 제암리 학살 사건을 폭로한 후에도 한국인들을 돕다가 조선총독부에 의해 강제 출국당했다. 스코필드 박사는 1968년 건국 공로 훈장을 받았고 외국인으로서는 최초로 국립현충원에 안장됐다.

해방되기 전까지 제암리 학살 사건은 언급조차 없었다. 해방되고 한국전쟁까지 끝난 이후인 1959년이 돼서야 추모비를 세울 수 있었다. 1969년에는 일본의 기독교인들이 사죄의 의미로 제암리 교회당을 재건해 1970년 9월 22일에 완공되었는데, 이 교회당은 2002년 제암리 3.1운동 순국기념관을 지으면서 헐렸다. 현재는 새 교회당이 건축되어 사용되고 있다.

제암리는 해방 후에도 예수 믿다 망한 동네라는 소문에 시달려야 했다. 예수 믿고 독립운동한 마을이자 교회였는데 해방 후에도 친일파가 득세한 세상이었기에 정당한 대접을 받지 못했다. 그러나 하나님의 정의와 공의는 친일파가 감추려 한다고 해서 감출 수 있는 것이 아니었다. 제암리를 향한 관심과 시선은 점차 개선되어 이제는 민족의 독립운동 유적으로 대우받으며 사적으로 지정되었다. 1982년 생존자 전동례 할머니와 최응식 할아버지의 증언에 따라 매장된 유해를 찾아내 교회 뒷동산 양지바른 곳에 다시 안장했다. 사적지에는 3.1운동순국기념관, 23인 순국묘지, 23인 상징 조각물, 시청각 교육실, 제암교회, 3.1정신교육관, 3.1운동순국기념탑이 들어서서 그날을 기억하는 장소로 사용되고 있다. 이곳을 찾는 이들도 점차 많아지고 있다.

스코필드 박사

제암교회 3.1운동 유적지에 카메라를 들고 있는 스코필드 박사의 동상이 있다. 스코필드 박사는 제암리와 고주리에서 벌어졌던 학살의 참상을 세계에 처음 알렸던 선교사였다. 한국명 석호필(石虎弼)이었던 그는 이름에 담긴 뜻을 이렇게 이야기했다. "나는 강하고 굳센 호랑이의 마음으로 한국인에게 필요한 사람이 되겠다"

그는 캐나다 토론토 대학에서 세균학 박사학위를 받은 뒤, 1916년 캐나다 장로회에서 파견한 선교사로 한국에 왔다. 세브란스 의학전문학교에서 세균학을 가르치며 제자를 양성하였다. 1919년 3.1만세

스코필드 박사　제암리 비극을 외부에 알리는데 결정적인 역할을 하였다.

운동이 일어나자 한국의 상황을 카메라에 담았다. 그에 의해 일본군
이 총과 칼로 무자비하게 진압하는 장면이 사진에 담겼다. 그는 '제
암리 대학살 보고서', '수촌 만행 보고서'를 작성해 세상에 공개했다.
그가 촬영한 사진은 비밀리에 해외에 보내져 언론에 투고되었다. 세
계가 한국인의 독립 열망을 보았고, 일본의 만행을 알게 되었다.

하루에도 수백, 수천 명의 조선인이 일본의 총칼 아래 목숨을 빼
앗기고 재산을 약탈당하고 있습니다. - 스코필드 박사가 미국 언론
사에 보낸 편지(1920)

이후 그는 일본의 살해 위협에 시달려야 했고, 급기야 1920년 캐
나다로 돌아갔다. 그가 캐나다로 돌아갈 때 일본의 만행을 기록한

'꺼지지 않는 불꽃(The Unquenchable Fire)'이라는 보고서를 캐나다 선교본부에 제출했다.

언젠가 조선 동포들을 만나기 위해 수입의 절반을 저축하고 있습니다. … 독립의 희망을 잃지 마십시오. 큰일을 이루고, 이루지 못하는 것은 오직 여러분의 손에 달렸습니다. - 추방당한 후, 스코필드 박사가 한국인들에게 보낸 편지(1923)

해방 후 그는 한국으로 돌아와 서울대학교 교수로 재직했고, 1968년 대한민국 건국공로훈장을 받았다. 한국을 사랑했던 그는 한국땅에서 1970년 영면했다. '내가 죽거든 한국 땅에 묻어달라'는 유언을 남겼고, 외국인 최초로 국립현충원에 안장되었다.

TIP 제암교회 탐방

❙ **제암교회**
경기도 화성시 향남읍 제암길 50 / TEL. 031-353-0031

화성시에서 제암리교회 앞에 역사문화공원을 조성하고 있다. (2023년 현재) 전시관도 새롭게 만들 예정이고, 화성지역 3.1만세운동에 대해서 자세히 소개할 듯하다.

수촌교회

혹독한 파괴에서 다시 일어선 교회

　수촌교회는 1905년 남양감리교회를 다니던 김응태(훗날 목사가 됨)의 주도로 7명의 성도가 함께 설립하였다. 김응태는 남양감리교회를 다녔는데 거리가 멀어 불편하자 수촌리에 교회를 분리 설립했다. 당시 많은 교회가 이렇게 설립되었다.

　김응태는 교회를 예배당이면서 사랑방이자 학교로 사용했다. 장진학교를 세워 마을 아이들을 교육했고, 밤에는 야학을 열어 농민들을 계몽했다. 장진학교에서는 성경 · 국어 · 체육 · 음악 · 미술을 교육했다. 당시 이 땅에 설립된 대부분 교회가 건물을 예배당으로만 사용하지 않았다. 우리 역사 이래 마을 내에 공동체를 위한 공간이 처음 생긴 것이다. 특히 신분고하를 막론하고 자유롭게 사용할 수 있는 사랑방은 처음이었다. 교회는 학교가 되었고, 집회 장소가 되었다.

3.1만세운동과 보복

　수촌리 주민들은 수촌교회에서 역사 · 민족의식이 싹트게 되었

수촌교회 초가예배당과 벽돌예배당이 함께 있다.

다. 식민지 현실에 대해 눈을 뜨게 된 마을 사람들은 독립쟁취를 위한 행동에 나서게 되었다. 서울에서 3.1만세운동이 일어났다는 소식을 듣고 만세운동을 모의하던 중 고종황제 장례(국장) 구경을 갔다가 돌아온 정소성이 독립선언서를 가져왔다. 이에 이웃 마을 청년들까지 규합해 본격적인 독립만세 계획에 돌입했다. 이순모, 차병혁, 차인범, 차희석, 김영쇠, 김흥삼, 백순익, 김종학, 안수만, 김봉우, 김응오, 김교철, 김여근, 김응식, 김황운, 김덕근, 윤영선, 윤수산, 장소진, 김흥식, 장제덕, 정준여, 최장섭 등이 모였는데 대부분 수촌교회 교인이었다. 김교철은 전도사로서 수촌교회와 제암교회를 돌보고 있었다.

1919년 3월 31일 발안 장날에 수촌리 주민들은 태극기와 수촌리 깃발을 들고 참여했으며, 4월 2일 밤에 실시된 봉화시위에도 함께 하였다. 4월 3일 화성 장안면과 우정면에서 일어난 독립만세운동에 수촌리 주민 즉 수촌교회 교인들이 대부분 참여하였다.

만세운동에 대한 보복으로 일본 헌병대는 1919년 4월 5일 새벽에 수촌리 마을에 들이닥쳐 수촌교회를 불태우고, 민가 42호 중 38호를 불태웠다. 불길을 피해 뛰어나오는 주민은 총으로 사살하였다. 지금도 수촌리 마을 터를 파면 불에 탄 붉은 흙이 나오는데 마을 주민들은 '왜 흙덩이'라고 한다. 무차별 방화와 살상을 벌인 후 차인범, 김홍삼, 김덕삼, 백순익, 김종학, 김병우, 김응오, 김교철, 김여근, 김응식, 김황운, 김덕근, 정순영, 이순모 등 14인을 주모자로 잡아가 재판에 넘겼다. 이들은 재판받기 전에 구타와 고문으로 만신창이가 되었으며, 재판에서는 최대 10년에서 3년을 선고받고 옥중에서 고통을 당해야 했다. 차인범은 징역 10년을 선고받고 복역 중 모진 고문에 의해 22살 젊은 나이로 순국하고 말았다. 민족대표들이 최대 3년 형을 선고받은 것과 비교하면 얼마나 치열하게 싸웠는지 알 수 있다.

일제에 의해 처절하게 보복당한 수촌리는 마을이 소멸 될 정도로 파괴되었다. 1919년 4월 18일 마을로 들어왔던 스코필드 박사는 "수촌리에서 잔학행위에 관한 보고서"를 남겼다.

수촌리는 아름다운 골짜기에 자리잡고 있는 조그마한 마을이다. 이 마을은 대학살(大虐殺)이 벌어졌던 제암리로부터 7km 쯤 떨어져 있다. 나는 1919년 4월 18일 오후 4시에 수촌리 골짜기, 즉 수촌리 마을의 어귀에 들어섰다. ... '선생님 반갑습니다. 고맙습니다.' 그 부인은 계속해서 말하기를 '우리 마을은 불타버렸어요. 교회당도 파괴되었고요. 그리고 마을 사람들이 많이 심하게 다쳤습니다. 동네 들어가서 한 번 살펴 보세요.' ... 나는 그 목적으로 수촌리에 왔음을 밝히고...

초가 예배당

　수촌교회가 자리한 화성시 장안면 수촌큰말길 32번지에는 교회 창립 당시의 초가 교회를 볼 수 있다. 별 특징없는 초가집이지만 수촌교회가 걸어온 기쁨과 아픔, 슬픔이 가득할 것 같다. 1905년 김응태에 의해 시작된 교회가 15칸 초가 예배당을 마련한 때는 1907년이었다. 이 예배당에서 장진학교가 시작되었으며, 밤이면 농민들의 눈을 뜨게 해주는 교육이 실시되었다. 이때 교인이 100여 명에 달했다고 한다. 일제에 의해 불타버린 초가 예배당은 1922년에 다시 세워졌다. 내부 바닥은 긴 널을 깔아 만든 장마루에 천장은 서까래를 노출시킨 연등천장의 구조를 하였다. 수촌교회 초가 예배당은 역사적 가치를 인정받아 1986년 화성시 향토유적으로 지정되었다.

　초가 교회 옆에는 현대식 교회가 세워져 있다. 두 건물의 형태는 대조적이지만 두 곳 모두 규모가 아담한 편이라 의외로 조화로운 풍경을 보여준다. 구관 옆 신관은 고딕양식으로 지은 현대식 교회로 1965년 건립 후 현재까지 본당으로 이용되고 있다. 한편 수촌리 입구 언덕에는 3·1운동 당시 독립만

수촌교회 초가예배당

세운동의 정황을 새긴 3 · 1운동 기념비가 세워져 있다.

3.1만세운동과 기독교

우리민족의 열망인 독립을 외쳤던 3.1만세운동은 1년 동안 지속되었다. 서울에서 시작된 만세운동이 전국으로 확산되었다. 일본이 그토록 막으려 했으나 독립을 염원하는 열망을 막을 수 없었다. 나라 안 방방곡곡에 교회가 있었고, 교회는 만세운동을 하나로 엮어내는 구심점 역할을 하였다. 그랬기 때문에 3.1만세운동이 잠잠해진 이후 교회는 일제로부터 혹독한 탄압을 받아야 했다. 또 만세운동 후 제암교회, 수촌교회처럼 처절한 보복의 대상이 되어 파괴되거나 교인들이 살해되었다.

교회사업이 3월 1일까지 진보하였으나, 3월 1일부터 조선독립운동이 시작된 뒤로 교회를 심방한 뒤에는 순사의 조사가 더욱 심하였으므로, 9월 1일까지 교회시찰하기가 곤란하였습니다. - 노블 선교사 선교보고서

기독교가 서양에서 들어온 것이라는, 제국주의와 한통속이라는 눈빛이 긍정적으로 변한 것은 다행이었다. 기독교와 민족주의가 하나되어 독립의 열망을 엮어낸 것이 긍정적 평가를 받은 것이다. 이제 기독교인은 조국을 위해 고난을 기꺼이 받을 준비가 된 사람들이라는 평가를 받은 것이다. 그러나 일제의 감시가 심해진 만큼 교회 가는 것에 대한 두려움도 커졌다.

죽음은 어느 때든지 올 것임으로 나를 위해 죽으신 주 예수께 충성을 다 하겠습니다 하는데 불신자들은 항상 권하기를 "예배당에 가지 마라. 왜경이 올까 두렵다."하므로 나는 이것이 어렵습니다. - 노블 선교사 선교보고서

3.1만세운동 후 교회 지도자들이 일제에 의해 체포, 구금, 살해되어 교회 조직도 큰 타격을 받을 수밖에 없었다. 한편으로 교회가 받은 피해, 교인들이 받았던 희생이 다르게 해석되기도 했다. "예수 믿다 망했다"는 지적이었다. 오히려 해방 후에 그런 지적들이 있어서 교회가 부흥하는 데 어려움을 겪기도 했다.

1980년 3월 25일 제암교회에 부임했을 때 역대 31대 교역자라고 했습니다. 3.1운동을 기념하는 교회에 31대 목사라는 데서 무거운 책임감을 갖게 됐어요. 제암리는 '예수 믿다 망한 동네'라는 가슴 아픈 소문이 퍼져 나갔는데 문을 닫지 않고 맥을 이어 오고 있다는 데서 고마움의 눈물을 흘릴 수밖에 없었습니다. - 강신범 목사(서울신문)

일제강점기를 살았던 교인들은 성경 속에서 우리 민족이 겪고 있는 고통을 보았다. 이집트에서, 바빌론 포로에서 히브리 민족을 구원해 내는 하나님의 역사를 확인했다. 그리고 그들을 구원하신 것처럼 우리 민족도 동일하게 구원하실 것을 믿었다. 그리고 모세, 느헤미야 같은 지도자가 우리 민족에게 나타나기를 간절히 기도했다. 또 하나님의 정의와 공의가 반드시 실현될 것이라는 강한 믿음을 가졌다. 교회를 통해 우리 민족이 겪고 있는 노예와 같은 현실을 자각하기도

했다. 어떻게 행동하는 것이 하나님의 뜻인지 기도하던 중 태극기를 들고 나서서 이 민족을 구원하라는 응답을 받았고 거기에 순종했다. 하나님이 함께 하실 것이라는 확고한 믿음이 있었기에 단호하게 행동할 수 있었고, 극심한 고통에도 뜻을 굽히지 않았다. 그리하여 교회는 다시 일어섰다.

 수촌교회 탐방

▎**수촌교회**
경기도 화성시 장안면 수촌큰말길 32 / TEL. 031-351-2161

수촌리는 많은 변화가 있었지만 지금도 차분하고 작은 마을이다. 큰길에서 조금 안쪽에 있는 마을이라 그런지 조용한 분위기가 여전하다. 교회 앞까지 대형버스가 출입 가능하며, 주차장도 잘 마련되어 있다.

경기도 화성시에 있는 세 교회를 순례했다면 주변을 둘러보는 기회를 갖자. 동쪽으로 가면 사도세자의 융릉, 정조의 건릉이 있다. 정조는 아버지 무덤인 융릉을 만들면서 그 아래 있던 수원부를 북쪽으로 옮겼다. 지금의 수원이 이때 만들어진 계획도시다. 서쪽으로 가면 제부도, 영흥도가 있다. 대부도-선제도-영흥도로 이어지는 길은 드라이브하기 좋다. 시화방조제가 만든 공룡알화석지를 가면 드넓은 간척지를 산책할 수 있는 이국적 풍광이 있다. 사계절 내내 독특한 풍광을 보여준다. 5월 중순부터 간척지 뻘밭에 뻘기꽃이 피면 눈이 내린 듯 하얗게 변한다. 시화방조제가 생기면서 바다에 점점이 있던 무인도들이 육지가 되었다. 그 섬들 해안에서 공룡알 화석이 많이 발견되었다.

[추천 1] 남양교회 → 제암교회 → 수촌교회 → 융건릉

제 4 부

강원도

매섭도록 아픈 분단의 땅 철원

가을이 깊어 갈 즈음, 예상치 못한 한파특보가 발령될 때가 있다. 그때 일기예보에 단골로 등장하는 곳이 있으니 철원이다. 이제 겨울이구나 싶어 옷깃을 단단히 여밀 때, 이미 겨울인 깊은 곳이 있으니 그곳 또한 철원이다. 철원에서 군(軍) 생활을 보낸 이들은 혹독했던 겨울을 잊지 못한다. 추위와 사투를 벌였던 일들을 생생히 기억하며 큰 전공을 세운 것처럼 회자한다. 공식적으론 2001년에 –29.2℃를 기록한 적이 있으며, 비공식 기록이긴 하지만 2010년에는 –30.5℃까지 떨어진 적이 있었다. 그래서 철원은 전국에서 가을걷이가 가장 먼저 끝나는 고장이기도 하다.

철원은 어디를 가더라도 드넓은 농경지를 볼 수 있다. 강원도라고 하지만 산악보다는 농경지가 절대적 비중을 차지하는 곳이다. 철원은 전북 김제와 함께 지평선을 볼 수 있는 유이한 곳이라 한다. 철원 평야에서 생산되는 '오대미'는 전국적인 명성을 얻은 지 오래다. 쌀뿐만 아니라 이곳 농산물이 좋은 평가를 받는 이유는 겨울철 혹독한 추위 못지않게 여름의 뜨거운 태양이 있기 때문이다.

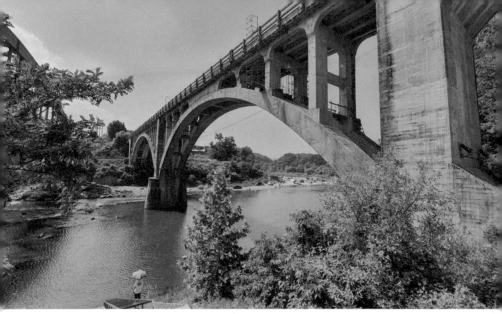

승일교　한탄강을 건너는 승일교. 반은 북한에서 반은 남한에서 완공했다.

철원(鐵原)은 순우리말로 '쇠둘레'라 한다. 예부터 땅속에 철이 많아 그것이 여름 태양에 뜨거워져 더 덥다고 하며, 겨울에는 식어서 더 춥다고 한다. 물론 과학적인 근거가 있는 것은 아니다. 철원은 현무암 용암대지에 자리하고 있다. 북한 평강고원 오리산(452m)에서 분출한 용암이 남쪽으로 흘러내려 넓고 긴 용암대지를 형성하였다. 용암대지 위에 화산재가 쌓이거나 홍수 후 퇴적층이 형성되면서 비옥한 땅이 생겨났다. 용암대지는 평야가 되었고, 농사를 지을 수 있는 좋은 땅이 되었다.

뜨거운 용암이 식으면서 좁고 긴 협곡이 만들어졌는데 한탄강이 그것이다. 한탄강은 현무암 대지의 협곡 사이를 흐르기 때문에 여러 곳에 비경을 만들었다. 철원군에서는 이 협곡에 잔도(주상절리길)를 놓아 해마다 수백만 관광객을 불러들이고 있다.

후고구려를 건국했던 궁예는 이곳을 도읍으로 삼고, 나라 이름을 태봉국이라 하였다. 궁예는 후백제와 신라를 아울러 천하를 통일할 꿈을 꾸었다. 그랬기에 한반도 가운데인 철원에 도읍을 세웠던 것이다. 그때 궁예가 건설했던 궁예도성이 지금도 비무장지대 안에 남과 북으로 걸쳐 있다. 궁예도성을 밟을 수 있는 날이면 궁예가 꿈꾸었던 통일을 이룬 후가 되리라. 궁예는 날로 포악해져 갔고, 부하 장수였던 왕건에 의해 폐위되었다. 그가 강을 건너다 한숨을 쉬었다고 하여 '한탄강'이라 하고, 그가 큰 울음을 울었다고 하여 명성산이라 한다. 물론 확인되지 않은 '카더라'식 이야기다. 한탄강(漢灘江)은 '큰 여울'이라는 뜻이다. 여기서 '漢(한)'은 크다는 뜻을 품고 있으며, 탄(灘)은 여울이라는 뜻이다. 참고로 한강(漢江)은 큰 강이라는 뜻이다.

철원평야 소이산에서 바라본 평강고원. 멀리 오리산에서 분출한 용암이 흘러 광활한 대지가 만들어졌다.

드넓은 농경지가 있기에 사람들이 몰려들었고, 진작에 큰 도회가 형성되었다. 일제강점기에 경원선(서울-원산) 열차가 이곳을 지나갔으며, 철원역에서는 금강산 가는 전기 열차를 갈아탈 수 있었다. 요충에 자리한 덕에 철원역은 남대문역(서울역) 다음으로 큰 역이었다. 역무원만 70여 명이었으며, 연 이용객도 41만 6천여 명에 달했다. 특히 금강산으로 가는 전기 열차를 환승하려는 관광객으로 철원역은 언제나 흥성(興盛)거렸다. 서울에서 출발해서 철원에서 하룻밤을 보낸 후 이른 아침에 금강산발 전기 열차를 타고 갔다.

한국전쟁 때까지만 해도 철원읍 인구는 3만 명이 넘었다. 그래서 철원평야 가운데 큰 도시가 형성되어 있었다. 해방과 함께 철원은 38도선 이북이어서 북한이 되었다. 철원의 중요성을 인식하고 있던 북한은 이곳에 노동당사를 짓고 철원과 포천 북부지역을 통제하였다. 저들의 말을 듣지 않는 이들을 반공으로 몰아 고문, 처형하였다. 지금은 뼈대만 남아 있는 노동당사가 뿜어내는 서늘한 기운은 공산당 치하에서 겪었을 수많은 이의 고통을 대변한다.

한국전쟁이 발발하자 넓디넓은 철원평야는 양보할 수 없는 땅이 되어 치열한 격전지가 되었다. 헤아릴 수 없는 폭격이 있었고 밀고 밀리는 공방전이 연속되었다. 이 와중에서 철원은 잿더미가 되었다. 3만 명이 살던 도시는 몇몇 콘크리트 잔해로 남아 이곳에 사람이 살았음을 확인해준다. 도시만 피해를 입은 것이 아니다. 산봉우리마다 폭탄 수십만 발이 퍼부어졌다. 얼마나 많이 퍼부었던지 산이 벗겨졌는데 백마가 누워있는 것 같다 하여 '백마고지', 아이스크림이 흘러내린 것 같다 하여 '아이스크림고지'라는 이름이 생길 정도였다.

노동당사 해방 후 철원이 북한에 속하게 되자, 공산당은 이곳에 당사를 짓고 철원, 김화, 포천, 연천 일대 주민들을 통제하고자 했다.

국군과 유엔군, 인민군과 중공군이 뒤엉켜 뺏고 뺏기는 고지 쟁탈전이 이어졌다. 눈에 보이는 저 능선에는 그때 전사한 젊은이들의 유해가 묻혔다. 누가 묻은 것이 아니라, 내버려진 채 묻혔다. 언제부터인가 전방에서 알 수 없는 병이 유행했다. 일명 유행성출혈열이다. 감기 증세인 줄 알고 있다가 수 시간 내에 위독해지고 목숨을 잃는 무서운 질병이었다. 고려대학교 이호왕 박사는 이 병의 원인을 알기 위해 연구를 거듭했다. 이호왕 박사는 그것이 한국전쟁 중에 숨진 이들을 제대로 거두지 못한 이유에서 시작되었으며, 쥐가 숙주가 되어 퍼뜨린다는 것을 밝혀냈다. 그는 새롭게 발견한 바이러스를 한탄강의 이름을 따서 '한탄바이러스'라 했다. 백신을 개발한 후 '한타박스'라고도 했다. 전쟁이 남긴 아픈 상처였다.

철원제일감리교회

폭격에 부서진 아름다운 예배당

　노동당사에서 멀지 않은 곳에 (구)철원제일감리교회터가 있다. 이 교회는 1905년 미국 북장로교 선교사 웰번(Artker G. Welbon)에 의해 창립되었다. 1907년 선교지역 조정에 의해 강원도가 감리교 선교지가 되자 감리교회로 바뀌었다.

　이 교회는 철원에서 선교·교육·사회봉사의 중심으로 자리 잡았다. 일제강점기에는 민족이 겪고 있는 아픔을 위로하고 안아주는 역할도 마다하지 않았다. 1919년 3월 10일에 박세연 전도사가 중심이 되어 철원에서 가장 먼저 3.1만세운동을 일으키기도 했다. 교회를 중심으로 철원애국단이 조직되어 일제에 맞서 투쟁하며 독립운동을 하였다. 철저히 민중들과 결속된 민족운동이었다.

　이렇게 지역민들과 한 몸으로 움직인 결과 1930년이 되면 600명에 이르는 대부흥을 보게 되었다. 이에 더 큰 예배당이 필요하게 되었고 1937년에 확장 건축하게 되었다. 미국인 건축가 윌리엄 머릴 보리스가 설계한 이국풍의 예배당이었다. 건평 655m²(약 200평)에 지

철원감리교회 옛모습

하 1층, 지상 3층의 큰 예배당이었다. 예배당 문은 아치형으로 하여 우아함을 갖추었고, 뾰족지붕이 돋보이는 맞배지붕의 고딕양식이었다. 1층에는 1개의 소예배실과 분반공부실 10개가 있었다. 2층은 대예배당이었다.

강종근 목사의 순교

일제는 한민족말살을 위해 우리 민족을 혹독하게 억압하기 시작했다. 혹독한 고통에 내몰릴 때 교회 지도자들은 저항했다. 일제는 한민족 말살을 획책하며 '일선동조론(日鮮同祖論)', '내선일체', '황국신민화'를 추진하면서 민중들에게 '신사참배', '궁성요배'를 강요했고, '황국신민서사'를 외우게 했다. 일제가 획책한 민족말살정책에 마지막까지 저항하던 교회는 저들의 집요한 신사참배(神社參拜)요구에 결단을 해야했다. 신사참배는 국민의례일 뿐이라는 간교한 혀놀림이 있었다. 일제의 강력한 탄압이 두려웠던 교계 지도자들은 국민의례라는 간계를 받아들이고 스스로 신사참배에 나섰다. 이때 철원제일감리교회 담임목사로 부임한 강종근 목사는 '하나님을 사랑하고, 민족을 사랑하자!'라는 말씀을 선포했다. 신사참배는 우상숭배라는 것을 분명히 선포했다. 이에 일제는 강종근 목사를 체포해 철원 경찰서로 끌고 가 무차별 구타를 했다. 그리고 서대문형무소로 보내 투옥하고 고문을 자행했다. 서대문형무소로 면회 온 부인에게 '나는 하나님 곁으로 갑니다. 나를 구타하고 구속한 이들을 미워하지 마세요. 그들을 위해 기도해주세요!'라고 부탁했다. 지속된 구타와 고문으로 몸이 허약해진 강종근 목사는 1943년 세브란스병원으로 옮겨졌으나 회복하지 못하고 순교하고 말았다. 신사참배로 순교한 최초의 인물이었다. '나는 주를 따라간다. 마음이 기쁘다'가 자녀에게 남긴 그의 마지막 말이었다. 남은 교인들은 그가 담대히 걸었던 순교정신으로 교회를 지켰다.

공산치하 고통과 재건

해방이 되었지만 철원 교회의 고통은 끝나지 않았다. 한반도 분단과 함께 공산 치하에서 더 혹심한 박해를 견뎌야 했다. 교회 가까운 곳에 세워진 북한 노동당사에 맞서며 반공 투쟁을 전개하였다. 부목사인 김윤옥을 중심으로 신한청년회를 조직하고 공산당에 저항했다. 1946년 신한청년회 청년 46명 중 여러 명이 공산당에 의해 죽임을 당했다. 한국전쟁 중에 교회 청년들이 반공 투쟁을 하다가 체포되어 고문당하고 죽임을 당했다.

한국전쟁 때 예배당은 인민군 병영으로 사용되었고, 때문에 미군의 폭격을 받아 파괴되었다. 얼마나 처절한 폭격이 있었던지 3만 명이상 살았던 철원읍은 콘크리트 덩어리만 남긴 채 멀쩡히 남은 건물이 없을 정도였다. 폭탄이 비오듯 쏟아졌고 철원읍은 모조리 파괴되었다. 철원제일교회도 콘크리트 더미만 남을 정도로 완파되고 말았다.

잔해만 남은 철원제일교회는 2002년 등록문화재로 지정되었다. 교회는 벽돌과 현무암, 화암암을 적절히 섞어 건축한 튼튼한 건물이었다. 아치형 입구에 들어서면 갈색 타일이 바닥에 깔려 있는데, 주일마다 들뜬 성도들의 발걸음을 기쁘게 받아 주었을 것이다. 소예배실을 지나 2층으로 올라가면 대예배당이 있었고 엄혹한 세월에도 멈

철원감리교회터 한국전쟁 때 폭격을 받아 완전히 부서졌다.

추지 않았던 찬양과 말씀 선포가 있었다.

잔해로 남은 교회 옆에는 새로 지은 교회가 있다. 2013년에 준공하고 봉헌한 철원제일감리교회(철원제일교회복원기념예배당)다. 부서진 교회 잔해에서 우리는 무엇을 보고 들을 수 있을까! 지구상에 교회터는 무수히 많다. 외부의 탄압과 폭력으로 무너진 교회는 다시 회복된다. 오직 굳건한 믿음이 있으면 교회는 다시 세워진다. 그러나 스스로 무너뜨린 교회는 재건되지 않는다. 교회 역사가 그랬다. 탄압이 가해질수록 교회는 더 단단해졌다. 그러나 국교(國敎)로 대접받았을 때나 종교의 자유를 누리는 민주주의 시대에는 스스로 무너졌다. 솔로몬의 영화 뒤에 유대민족은 스스로 하나님 곁을 떠났음을 기억해야 한다. 전쟁으로 무너진 철원제일감리교회는 다시 세워졌다. 그들은 일제강점기와 공산정권하에서도 믿음을 지켰다. 그래서 교회는 다시 세워졌다. 지금 우리는 어느 시대에 살고 있는 것인가!

장흥교회

죽을 때를 당하여 죽는 것이 아닌

철원은 겨울 추위보다 더 매서운 고난의 땅이었다. 일제강점기와 해방정국, 한국전쟁 중에 이 땅 어느 곳보다 고난이 심했다. 장흥교회를 소개하기 위해 자료를 준비하는 과정에 무릎이 꿇어지고 가슴은 먹먹해졌다. 나와 같은 공간에서 먼저 살았던 신앙 선배들이 겪었던 놀라운 사실을 어떻게 전해야 할까? 두렵고 부끄럽다. 철원 장흥교회는 놀라운 순교자를 품고 있다. 매서운 죽음의 공포가 연속되었음에도 한순간도 멈추지 않았던 담대한 사람들의 신앙 열전이 거기에 있다.

장방산 아래 장흥교회

철원의 대표적 관광지인 고석정에서부터 북쪽으로 철원평야가 이어진다. 이곳에서 유명한 '오대미'가 생산된다. 알고 보면 땅이 더 기름져 보인다. 고석정에서 북쪽으로 조금만 가면 평야 가운데 작은 동산이 보이고 그 아래 마을이 있다. 마을을 감싸고 있는 산을 장방

장흥교회 작지만 큰 이야기를 품고 있는 장흥교회

산이라 한다. 그곳에 장흥교회가 있다.

장흥교회는 1920년에 설립되었다. 하나님을 영접한 고봉기는 이웃의 멸시를 받아 가며 교회를 세웠다. 서양귀신이라는 욕설을 듣고 뺨을 맞기도 했다. 눈물을 흘리며 씨를 뿌린 결과 이웃의 멸시는 긍정으로 바뀌었다. 어두웠던 일제강점기에 한줄기 희망을 전하며 조금씩 성장하였다. 1923년에 '영생학교'를 세워 근대화된 초등교육을 실시했다. 1926년에는 민족대표 33인 중 한 분이었던 신석구 목사가 부임해서 교인들을 양육했다. 신석구 목사의 가르침으로 민족을 사랑하는 교회로 변화되었다.

1940년, 박경룡 목사가 부임했다. 우리 민족을 말살하기 위해, 교회를 없애기 위해 일제 탄압이 극에 달하던 시기였다. 박목사는 부임하자 기도에 불을 붙였다. 가시밭길을 걸어가도 견디고 이기는 방

대한수도원

법은 기도밖에 없다고 생각했다. 그러기 위해서 지금까지 누구도 시도하지 않았던 기도터를 세우기로 했다. 교회에서 기도하면 되는데 기도터가 별도로 있을 필요가 있겠는가 했지만 그는 확신이 있었다. 그의 기도와 계획은 친구들의 도움으로 결실을 맺었다. 일본에서 함께 공부했던 이성해 장로는 기도원을 세우는 데 필요한 재정을 준비해주었다. 유재헌 목사는 기도원 원장으로 부임하여 기도 용사들을 배출해내는 역할을 하였다. 현재 철원읍 갈말 순담계곡에 있는 대한수도원이 그곳이다. 이 기도원은 개신교 최초의 기도원으로 설립 후 많은 목회자를 배출한 곳이 되었다.

해방과 공산치하, 한국전쟁의 수난

1945년 해방이 되었다. 그토록 원하던 해방이었건만 38도선 이북은 또 다른 혹한이 기다리고 있었다. 북한을 장악한 공산당의 탄압이었다. 철원지역은 38도선 이북이라 한국전쟁 전에는 북한에 속했다. 1945년 이후 한반도는 해방정국으로 혼란스러웠다. 미국과 소련에 의해 분단이 되었고, 서로 다른 이념을 추구하며 극도의 혼란을 보여주고 있었다. 누구도 분단이 길어지리라고 예상하지 못했다. 비록 북한에 속했고 공산당의 감시를 받고 있었지만, 모든 상황이 일거에 해소될 것이라 여겼다. 당시 남한은 38선이 곧 없어질 것이라 판단하고 이시영 부통령 직속 '38선 이북관리국'을 두었다. 그리고 북한 각 지역에 책임자를 비밀리에 임명하거나 파견했다.

이 무렵 김윤옥 목사가 철원읍 철원제일교회로 부임했다. 그는 상해임시정부에서 활약했던 김병조 목사의 아들이었다. 김병조 목사는 이승만, 이시영과 친분이 있었다. 이시영 부통령이 김윤옥 목사를 강원도 반공 책임자라는 신분으로 38도선 이북으로 파견한 것이다. 나라가 하나로 통합될 때 남한을 지지하는 세력을 이북 지역에 조성하기 위한 목적이었다.

이 무렵 대한수도원 유재헌 목사는 무신론(無神論)을 주장하는 공산주의를 적룡과 사탄으로 규정했다. 공산주의는 대단히 위험한 사상이며, 제거해야 할 대상으로 규정했다. 유재헌 목사의 설교는 철원에서 일어난 반공정신 바탕이 되었고, 1946년에 결성된 신한청년회 토대가 되었다.

김윤옥 목사는 철원제일교회로 부임해서 교인들에게 반공사상을 주입하고 남한정부를 지지하도록 독려하였다. 대한수도원 유재헌 목사 후임으로 활동하고 있던 전진 전도사도 이에 부응해서 비밀활동을 함께 하였다. 김윤옥 목사는 장흥교회 장로 박성배와 함께 철원 기독교 청년들과 연락을 취하기 위하여 1946년 3월, '신한청년회'를 결성했다. 장흥교회 장로인 박성배와 정국환이 회장과 부회장직을 맡았다. 총 46명의 회원으로 구성되었는데, 대부분 철원 동송, 갈말 지역에 거주하는 장흥교회 교인들이었다. 점조직을 확대해가며 비밀리에 반공을 전개했지만 발각되고 말았다. 1946년 8월 25일 새벽 5시 철원군 내무서원을 중심으로 장흥 1리를 포위하고 가택수색에 나섰다. 마침 철원제일교회에서 지방사경회가 열리고 있었고, 마지막 새벽기도를 드리는 중이었다. 기도회가 끝나자 공산당은 김윤옥 목사, 장흥교회 박경룡 목사, 이해성 집사, 박성배 장로를 포함한 청년 30여 명을 포함해 도합 40여 명을 묶어 연행했다. 박경룡 목사는 혐의가 없다는 것이 확인되어 풀려났고, 철원을 떠나게 되었다. 그밖에 옥사 7명, 도피 중 사살 2명, 피랍 2명이 있었고, 고문 후유증으로 다수가 목숨을 잃었다. 살아남은 사람들은 월남했다. 당시 상황을 이주성 성도는 이렇게 증언했다.

그것이 탄로가 나서 교회는 쑥대밭이 되었습니다. 38선 이북 지역이었고, 공산당들의 지배 아래 있는 교회로서는 늘 핍박의 대상이 될 수밖에 없었습니다. '장흥교회는 반동분자 소굴'이라는 말이 있을 정도였습니다. 하루는 교회를 접수해서 십자가를 떼고 공회당을 만들었습니다. 주일이 되어 교인들은 마루에 앉고 퇴방에 서서 예배를 드릴 수밖에 없었습니다. 그러나 예배는 감격이었습니다. 그런 감격적인 예배가 내 평생에 또 있을까 하고 반문하곤 합니다. 장흥교회 교인들, 특히 직분 가진 사람들은 모두 다 단원으로 활동을 했으니 노동당을 표방하는 빨갱이들에게는 반동분자로 낙인 찍힐 수밖에 없는 것이지요.

참목자 서기훈 목사

신한청년단 사건으로 교회가 무너진 상황에서 박경룡 목사 후임으로 서기훈 목사가 장흥교회에 부임했다. 1947년이었으며 그의 나이는 65세였다. 그는 철원지역 감리사, 원산 구세병원 원목, 원산 신고산교회 담임을 지낸 원로목사였다. 갈수록 공산당의 감시가 삼엄한 가운데 서 목사는 교회를 다시 세우는 일에 진력하였다. 처한 상황은 어찌할 바 모를 암울함뿐이었지만, 참 신앙의 모범을 보이면서

서기훈 목사 추모비 추모비 앞에서 설명 듣고 있는 탐방객들

교인들을 위로하였다. 삶으로 보여준 그의 신앙은 주민들에게 신뢰를 얻었고 교회는 회복되어 갔다. 그러나 얼마 후 한국전쟁이 발발하였다. 주변에서는 남으로 피란할 것을 권했지만 '어찌 목자가 양떼를 버리고 갑니까?'라며 거절했다. 남으로 밀고 갔던 공산군이 패퇴하여 북으로 후퇴하자 국군이 철원에 주둔하였다. 이에 교회 청년들은 그들을 감시하던 공산당원과 그 가족들을 공회당에 감금한 뒤 그중 2명을 처형하였다. 마침 출타 중이었던 서기훈 목사는 그 소식을 듣고 놀라서 달려왔다. 당시 현장을 목격한 이금성 장흥교회 원로장로의 증언이다.

치안대원들이 좌익 세포와 그 가족들 70~80명을 잡아서 가둔 뒤 처형을 앞두고 있었습니다. 신한청년회 활동으로 옥고를 치렀기에 갈등이 컸습니다. 이때 외출했다가 돌아온 서 목사님은 이 광경을 보고 사택으로 돌아가 짐을 싸셨습니다. 청년들이 놀라 찾아가니 목사님이 호통을 치십니다. '나는 전도자로 왔다. 내가 너희들에게 예수 사랑을 가르쳤지, 원수를 만들고 사람을 죽이라고 가르친 적 없다.' 그러자 청년들은 모두 무릎을 꿇고 잘못을 회개한 뒤 좌익들을 풀어 줍니다. 이 때문에 중공군 개입으로 다시 남으로 쫓겨갈 때 우익 진영 사람들이 목숨을 부지합니다. 목사님 덕분에 학살을 막았습니다.

얼마 안 가 중공군의 개입으로 철원지역은 다시 공산당 치하에 들어갔다. 다행히도 공산주의자들의 보복은 없었다. 서 목사의 원수를 사랑하라는 가르침이 장흥리 주민 100여 명의 목숨을 구한 것이다.

철원이 공산군의 수중에 들어가자 서 목사를 비롯해 교인들이 피란길에 올랐다. 포천군 관인면에서 첫날을 보낸 서 목사는 장흥리 주민 10여 명이 마을을 떠나지 못했다는 사실을 알았다. 그날 밤, 그는 가족들을 이끌고 장흥교회로 돌아왔다. 피란하지 못한 이들은 반공호에 숨어 지내고 있었다. 항공 폭격이 워낙 심했기 때문이다. 서기훈 목사는 방공호에 숨어 사는 이들을 일일이 심방하고 위로했다. 새벽에는 교회 종을 울려서 하루가 밝았음을 알렸다. 낮에는 방공호를 일일이 심방하여 '오늘은 몇 월 며칠이다. 낙심하지 말고 기도하면서 극복하자' 위로하며 함께 기도했다. 공포에 질려 숨어 있는 이들은 서 목사의 목소리를 듣고 하루하루를 버텨냈다. 어느 날 서 목사를 찾아온 후배에게 유언과 같은 시 한 수를 적어 주었다.

死於當死 非當死(사어당사 비당사) 生而求生 不是生(생이구생 불시생)

죽을 때를 당하여 죽는 것은 참죽음이 아니요 살면서 생을 구하는 것은 참생이 아니다.

1950년 12월 마지막 날 북한군은 서기훈 목사를 연행했다. 1951년 새해 첫날부터 숨어 살던 이들은 서 목사의 음성을 듣지 못했다. 새벽마다 시간을 알려주던 종소리도 듣지 못했다. 서 목사는 1월 8일, 동송읍 이평리 사문안 계곡에서 총살당했다. 당시 10대 초반이던 이금성 장로가 사모를 모시고 서 목사 시신을 찾으러 눈 덮인 산악지대를 돌았으나 헛수고였다고 한다.

아무에게도 악을 악으로 갚지 말고, 모든 사람이 선하다고 생각하는 일을 하려고 애쓰십시오.(롬 12:17)

사도바울은 온갖 박해를 당하면서 로마서 12:14~21을 통해 박해하는 자를 저주하지 말고 축복하며, 즐거워하는 자들과 함께 즐거워하고, 우는 자들과 함께 울라고 하면서 악에게 지지 말고 선으로 악을 이기라는 당부를 한다. 서기훈 목사는 하나님 말씀대로 산 참 하나님의 사람이었다. 하나님의 자녀로 살다가 죽는 것이 오히려 참 죽음임을 알았기에 죽음이라는 공포 앞에서도 담대할 수 있었다.

다시 일어선 장흥교회

한국전쟁 후 철원은 남한 땅이 되었다. 그러나 대부분 지역은 민간인 통제구역 안에 들어갔다. 장흥리는 다행히 민통선 구역에서 벗어날 수 있었다. 교인들은 합심하여 교회를 일으켰다.

오직 하나님 말씀만이 고통에서 헤어 나올 수 있는 길이라고 생각했다. 당시 정부에서 140개 천막을 철원에 배정했는데 무작정 미군을 찾아가 통사정해서 군데군데 찢어진 1개를 얻어 천막교회를 올렸다. 멀리서도 찾아와 100여 명이 몰려 예배를 드렸다. 맨땅 위에 가마니를 깔고 앉아 눈물의 기도를 했다. - 장하진 장로

1955년 교인들은 마을 앞 대교천에서 곰보돌(현무암)을 날라 2년 만에 예배당을 건축했다. 지금 장흥교회가 이때 건축된 예배당이다. 눈물과 감사로 세운 예배당이었다. 1983년 예배당을 조금 증축하여

장흥교회 대교천에서 곰보돌(현무암)을 가져와 예배당을 재건했다.

지금까지 사용하고 있으니, 눈물의 예배당을 확인하는 데 어려움이 없다.

교회와 사택 사이에 서기훈 목사 순교기념비가 있다. 이 비석은 1965년에 제막된 것이며 '死於當死 非當死(사어당사 비당사) 生而求生 不是生(생이구생 불시생)'가 새겨졌다. 이 비석은 또 다른 우상숭배라는 의견이 있었으나 조촐하게 세우는 것으로 결론지었다. 작은 것에도 민감하게 반응했던 신앙 선배들의 정신을 엿볼 수 있다.

교회 뒷산은 장방산이라 불리는데 산이라 불리기도 민망할 정도로 낮다. 장방산은 주민들을 위한 공원으로 꾸며져 있으며, 그 한쪽에 충혼비(忠魂碑)가 세워져 있다. 신한애국청년회 회원 명단과 대한청년단원 명단이 기록되어 있다. 제일 앞줄에 각 단체의 고문으로 박경룡목사, 서기훈 목사가 보인다.

▌철원제일교회
철원군 철원읍 금강산로 319 / TEL. 033-455-5294

▌장흥교회
철원군 동송읍 장방산길 33-14 / TEL. 033-455-3205

철원제일감리교회는 대형버스 주차가 가능하다. 유명한 관광지인 노동당사에 멀지 않은 곳에 있어서 찾는 데 어려움이 없다. 폐허가 된 교회는 언제든지 볼 수 있다.

장흥교회는 교회 앞에 큰 주차장이 마련되어 있으며 대형버스도 출입할 수 있다. 교회 탐방이 끝났다면 철원이 품고 있는 아름다운 경관을 추가로 탐방해보자.

철원지역은 매우 특이한 지질을 갖고 있다. 화강암과 현무암이 뚜렷한 특색을 보이며 기이한 풍광을 펼쳐놓는다. 한탄강을 따라 걷다 보면 두 암석이 어떻게 다른지, 또 용암이 흘러 어떻게 식었는지 눈으로 확인할 수 있다. 이 때문에 철원은 '유네스코 지질공원'으로 등재되어 있다. 철원으로 수백만 관광객을 끌어모으고 있는 한탄강 주상절리길은 절경을 감상할 수 있는 포인트에 놓였다. 순담매표소로 들어가면 화강암 협곡이 펼쳐진다. 조금 더 걸어가면 화강암 위에 현무암이 덮인 것을 볼 수 있다. 강변은 절벽이며 용암이 식으면서 수축되어 각진 기둥 모양의 절리가 형성되었다. 현무암 절벽 사이에서 물이 뿜어져 나오는 것도 확인할 수 있다. 길은 외길이며 순담 또는 드르니에서 출입할 수 있다.

한탄강 철원 구간은 곳곳에 비경을 만들었다. 현무암으로 이루어진 강바닥이 푹 꺼지면서 만들어낸 폭포가 직탕폭포다. 검은 현무암

직탕폭포 현무암으로 이루어진 한탄강 바닥이 주저 앉으면서 단차가 생겨 폭포
가 만들어지니 직탕폭포라 한다.

을 배경으로 하얗게 포말을 일으키며 떨어지는 물줄기가 장관을 이룬
다. 직탕폭포는 재미있게도 '한국의 나이아가라'라는 별명을 갖고 있다.

고석정은 아주 오래된 명소다. 철원관광 일번지라 할 수 있는데 한
탄강 비경 중에서도 첫손에 꼽는다. 조선 명종 때에 활약했던 임꺽정
이 죽지 않고 고석정 꺽지(물고기)가 되었다는 전설이 있다.

삼부연폭포는 조선 후기 화가 겸재 정선의 그림에도 등장하는 명
소다. 명성산과 각흘산 기슭에 있는데 솥처럼 생긴 깊은 沼(소)가 3개
있다고 해서 삼부연이라 한다. 그래서 폭포는 세 굽이치며 쏟아진다.
옛사람들이 내금강으로 가는 길에 들렀다.

철원은 민족분단의 아픔과 전쟁의 상처를 간직한 곳이다. 지금도
철원 전역은 군사지역이라 할 만큼 북한과 대치가 첨예한 곳이다. 한
국전쟁으로 생겨난 많은 사연을 접하면서 통일을 위한 기도를 놓지
말아야 할 곳이다. 해방 후 철원이 북한에 속하면서 노동당사가 지어
졌다. 구소련식 콘크리트 건물로 세워졌다. 이 건물을 짓기 위해 공산

당은 주민들을 강제 동원하고, 비용도 공출했다. 반공투사들을 잡아가 고문, 투옥하고 살해했던 끔찍했던 현장이다. 한국전쟁 때에 철원시가 파괴될 때 그나마 건물 골격이라도 남은 유일한 것이다. 층계에 남은 탱크 캐터필러 자국, 건물 벽에 남은 폭탄 파편, 총알자국 등이 전쟁의 참혹함을 말해준다.

노동당사 맞은편 산이 소이산이다. 모노레일을 이용하여 올라갈 수 있다. 관광객이 많을 때는 모노레일을 이용하기 어렵다. 걸어서 올라가면 20분 정도 소요된다. 소이산 전망대에 서면 남북으로 펼쳐진 광활한 철원평야를 볼 수 있다. 북한의 평강고원을 장황하게 볼 수 있으니 어쩌면 철원 제일의 풍광이라 하겠다.

노동당사에서 가까운 곳에 백마고지전적지도 있다. 민통선 내에도 둘러볼 곳이 있다. 제2땅굴, 월정리역, 평화전망대, 구철원시가지 등이다. 이곳은 고석정에 있는 DMZ평화관광센터에서 견학신청을 해야 한다.

[추천 1]

철원제일감리교회 → 노동당사 → 장흥교회 → 고석정, 고석정꽃밭

[추천 2]

철원제일감리교회 → 노동당사 → 장흥교회 → 주상절리길(1시간30분소요)

[추천 3]

철원제일감리교회 → 노동당사 → 장흥교회 → 은하수교 → 삼부연폭포

강원도 감영이 있던 원주

조선 태조 4년(1395) 때 강릉(江陵)과 원주(原州) 앞 글자를 따서 강원도라는 이름을 지었다. 조선 초에 이미 강릉과 원주가 강원도를 대표하는 도시였다는 뜻이다. 원주는 서쪽으로 경기도 양평과 여주에 남쪽으로는 충북 제천, 충주에 접하고 있다. 동쪽으로는 횡성, 영월을 경계로 한다. 동쪽과 남쪽은 높은 산줄기로 둘러 막혀 있는 반면 서쪽은 비교적 평탄하기 때문에 서울에서 접근하기가 쉽다. 그래서 문화적으로 강원도 보다는 경기도에 더 친근한 도시가 되었다.

원주를 대표하는 명소는 뭐니 뭐니해도 국립공원 치악산(1,288m)이다. 치악산은 골짜기마다 맑은 물을 쏟아내고 있으며, 울창한 금강송이 눈을 시원하게 한다. 섬강이 원주 북쪽을 관통하면서 서쪽으로 흘러간다. 남서쪽 경계를 이루며 북쪽으로 흘러가는 남한강은 섬강을 받아서 여주로 들어간다. 남한강 물길을 따라 흥원창이 있어 나라의 세곡을 쌓아두기도 했으며, 강에서 멀지 않은 곳에 나라를 대표하는 사찰들이 즐비했었다.

보릿고개가 무서웠던 1962년 김용기 장로가 설립한 가나안농군

강원 감영터 강원 감영은 강원도 관찰사가 근무하는 곳이다.

학교가 원주 치악산 자락에 있다. 기독교 정신에 바탕을 두고 근로
와 봉사, 희생정신을 가르치는 곳이다. 교육을 통해 책임 있는 인간
이 되도록 하고, 훌륭한 농촌지도자로 세워질 수 있도록 하는데 목
표를 두고 있다. 한국 농촌을 일으키는 데 중요한 역할을 하였고, 지
금도 중요한 역할을 담당하고 있다.

　박경리 선생은 원주에 머물며 『토지』를 집필했고 선생이 살았던
집은 지금도 잘 보존되어 찾아오는 이들이 늘고 있다. 원주 도심에
는 강원도를 다스리던 감영이 복원되어 있어 역사 도시의 면모를 갖
추고 있다.

원주제일감리교회

풀밭에서 시작된 교회

원주시에서 가장 먼저 설립된 교회인 원주제일교회는 풀밭에서 시작되었다. 1905년 로버트 무스 선교사가 장의원과 함께 원주 지역을 방문하여 순회전도 하던 중 본부면 상동리 풀밭에서 한응수, 한치문, 장호운, 김용덕, 엄용문, 윤만영 등과 함께 예배를 드림으로 시작되었다.

교회가 설립되기 전에 이미 원주 지역을 순회하며 복음을 전한 이들은 여럿 있었다. 1889년 아펜젤러 선교사, 존스 선교사가 순회했다는 기록이 있고, 원주지방에 처음 복음을 전한 선교사는 아서 웰본(Arthur G. Welbon)이었다. 이때가 1904년으로 전한다. 웰본은 책(쪽복음)과 달력을 팔았다고 한다.

1905년 봄에는 이계삼이 지금의 원주시 문막에 예배 처소를 마련하고 예배를 드리기 시작했다. 원주에 설립된 첫 교회라 할 수 있다. 이미 여러 사람이 원주를 들락날락하면서 복음의 씨앗을 조금씩 뿌렸던 것이다. '모든 것이 합력하여 선을 이루느니라'고 했다. "나는

원주제일교회

심었고 아볼로는 물을 주었으되 오직 하나님께서 자라나게 하셨나니"(고린도전서 3:6)라고 바울이 기록한 것처럼 원주 지역에 씨를 뿌리고 물을 준 이들이 있었다. 눈물로 씨를 뿌렸더니 자라나게 하신 분은 하나님이었다.

원주 전역으로 확산된 복음

1905년 원주제일교회가 설립되었을 때 동네 이름을 따서 '서원촌 예배당'이라 했다. 풀밭에서 시작된 예배는 선교부의 보조를 받아 4칸 반 초가집 한 채를 구입하여 예배당으로 사용하였다. 감리교에서 장로교, 그리고 다시 감리교로 선교지역이 개편되면서 어수선한 시작이었으나 1910년 노블 선교사와 권신일 목사가 부임함으로써 안정되었다. 1912년에는 호저면 만종리에 만종교회를 설립하여 전도 지역을 확장했다. 1916년 해외와 국내에서 건축 헌금을 모아 2층 붉은 벽돌 예배당을 신축하였다. 이때는 '읍후동미감리교회'라 했다. 일제는 교회가 많이 세워지는 것을 막기 위해 1면 1교회 정책을 시행했고, 원주읍에서 유일한 교회였기 때문에 '원주읍교회'로 이름을 바꾸었다.

1920년에는 교회 내에 남녀를 구별하던 휘장을 제거하여 새로운 시대가 되었음을 상징으로 보여주었다. 1923년에는 파이프오르간을 설치했는데 우리나라에서 세 번째였다. 1927년 관설리에 교회를 설립하고 멀리까지 오는 불편함을 덜어 주었다. 1929년에는 민족대표 33인 중 한 분으로 활약했던 신홍식 목사가 부임해서 민족을 위한 교회로 거듭나게 되었다. 1936년에는 장양교회를 설립했다. 후에도 계속 원주 주변에 교회를 개척하여 복음을 확산시켜 나갔다. 풀밭에서 시작된 예배가 옥토에 떨어진 씨앗이었던지 많은 열매로 돌아오고 있었다.

한국전쟁 때에 교회가 전소되는 피해를 입었으나 천막을 치고 예배를 드렸다. 원주로 몰려든 피난민을 위해 학성동에 예배처를 마련하고 '원주제이교회'라 했다. 이때부터 원주읍교회는 '원주제일교회'로 바꿔서 지금까지 사용하고 있다. 원주제일교회는 1905년 창립 후부터 지금까지 강원도 영서 지역 복음 전도의 중심이 되어 20여 곳의 지교회를 개척하였다. 원주가 강원도 영서지방의 중심 역할을 해온 것처럼 교회도 맡겨진 역할을 잘 감당하여 지금까지 원주 제일의 교회로 유지되고 있다. 풍성한 열매를 맺은 원주제일교회는 씨뿌리는 농부가 되어 강원도 일대에 복음을 심고 물 주는 역할을 하고 있다.

근대교육을 실시하다

원주제일교회는 1912년 중등교육기관인 남녀공학 의정학교(義貞學校)를 설립하여 근대교육을 실시하였다. 이 학교는 원주지방 최초 남녀공학이었으며 1917년 원주공립보통학교와 하나가 되었다. 1916년 12월 16일에는 원주읍교회에 유치원을 설립했다. '정신유치원(貞新幼稚園)'이라 불렀으며 초대 원장으로 힐만 선교사가 맡았다. 교회는 기독교 신앙의 터전이면서도 근대문화가 유입되는 중요한 통로였다. 교통과 통신이 매우 불편했던 시대 서구에서 유입된 근대문화가 지방까지 전해지기까지는 매우 오랜 시간이 걸렸다. 그러나 선교사들은 우리나라 각 지역 거점도시에 선교부를 배치하고, 그 지역을 중심으로 주변으로 전도를 확대해 나갔다. 교회가 세워지는 곳이 학교가 세워지는 곳이었고, 학교는 주변 마을을 변화시키는 중요한 역할을 하였다. 심지어 유치원까지 설립해서 아동교육의 중요성을 일깨웠고, 어린아이가 매우 소중한 존재임을 알게 해주었다. 긍정적 변화가 틀림없다. 아무리 부정하려 해도 결과가 말해주는 것이었다. 긍정적 변화는 가만히 두어도 확산되기 마련이다. 이러한 변화는 심지어 불교계에서도 영향을 미쳐서 사찰에서 학교와 유치원을 세우는 것으로 확산되었다.

학교뿐만 아니라 서양식 병원을 설립해서 가난하여 치료받지 못하던 이들에게 의료혜택을 베풀었다. 그리하여 기독교가 이 땅에 자리잡는 데 결정적 역할을 할 수 있게 되었다.

원주제일교회에 가면

웅장한 예배당 마당에는 원주제일교회와 함께 했던 말씀대로 산

사람들의 비석이 세워져 있다. 1917년 원주지역에 파송되어 강원도 산간지역을 돌며 순회전도하였던 찰스 모리스(Charies D. Morris, 한국명 모리시, 1869-1927)의 비석이 있다. 그는 1901년 내한하여 황해도와 강원도를 중심으로 26년이나 사역했다. 1906년에 영변에 숭덕학교와 숭덕여학교를 설립해서 가난한 사람들에게 교육혜택을 베풀었다.

소외된 자들의 어머니라 불렸던 에스더 레어드(Esther Laird. 한국명 나애시덕, 1901-1968)의 비석도 있다. 그녀는 1926년에 한국에 들어와 원주에 정착했다. 가난하고 소외된 사람들을 찾아다니며 그들을 위해 헌신했다. 에스더 선교사는 젖을 먹을 수 없는 유아들에게 분유를 먹이는 등 몸을 아끼지 않는 헌신을 했다. 한국전쟁 중에는 전쟁고아, 미망인, 결핵환자를 위해 헌신했다. 1952년 대전사회관을 지어 전쟁의 상처를 치료하고 한국인들을 위로했다.

한국의 슈바이처로 불리는 문창모(1907-2002) 장로의 비석도 있다. 평안북도 선천 출신으로 1921년 배재중고등학교에 입학하고 학생기독교청년회 회장으로 활동했다. 1926년 6.10만세운동이 일어나자 학생 대표로 적극 가담하였다가 체포되어 투옥되었다. 세브란스 의학교 졸업한 후 경성제국대학 의학부 조교로도 활동했다.

1932년 해주 구세병원 의사가 된 후 의료 선교사 홀과 함께 결핵 퇴치를 위한 크리스마스 씰 운동을 전개했다. 1934년 평양 연합기독병원 원장이 되었다가, 1937년 해주에서 평화의원 개원했다. 해방 직후 해주 건국준비위원회 위원장 겸 해주시장으로 활동하다가 공산주의자들의 횡포에 월남했다. 1949년 서울 세브란스병원장이 되었으며 결핵퇴치를 위한 크리스마스 씰을 재발행했다. 1953년 대한결핵협회

문창모 장로 기념비　　　모리스 선교사 기념비　　　나애시덕 선교사 기념비

창설했고, 1959년에는 원주기독연합병원 초대원장으로 취임했다.

　기독교 신자로서 1938년(31세)부터 감리교 총회에 평신도 대표로 참석하였는데, 일제강점기 말기 친일노선을 취하던 교단에 반대하는 투쟁을 벌이기도 했다. 해방 후에는 교회 장로로서 40여 곳에 고아원, 양로원을 설립하고 운영하는 데 힘을 보탰다.

서미감병원

　1910년은 미국 북감리회가 한국 선교를 시작한 지 25주년이 되는 해였다. 이를 기념하여 원주에 병원설립을 추진하였다. 1911년 의료선교사 앤더슨이 원주 선교부에 파송되었다. 앤더슨은 1913년 8월에 가족과 함께 원주에 도착했다. 그는 원주에 부임하기 전부터 병원설립을 위해 적극적으로 움직였다. 원주로 부임하기 전인데도 세 번이나 답사하여 병원 부지를 살펴볼 정도였다. 그의 적극적인 활동은 결실을 맺어 1913년 봄부터 병원을 짓기 시작하여 그해 11월에 완공하였다. 17개 병실을 둔 병원이었다.

　병원 명칭은 병원설립을 위해 5천 불을 후원한 '스웨덴 성도(미국에 거주하는)'를 기념하기 위해 '서미감 병원(Swedish Methodist

Hospital)'이라 하였다. 당시 스웨덴을 서전(瑞典)이라 하였고, 미국 감리교를 더하여 서미감이라 하였다.

1913년 병원 개원 첫해에는 1천여 건의 치료가 있었고, 1919년에는 5천여 건으로 늘었다. 앤더슨은 환자를 진료하면서 설교하였고, 일요일에는 주일학교를 운영하였다. 그의 헌신에 복음을 받아들이는 이들이 늘어나 강원도 영서 지역에 매우 긍정적인 영향을 끼쳤다. 1916년 원주제일교회 예배당을 건축하는 데 적극 후원하였고, 1918년에는 의정학교(고등학교) 설립에도 협력하였다.

1920년 평양에 기홀연합병원이 설립되자 앤더슨은 평양으로 이동하여 원장으로 사역하였다. 그는 평양에 근무하면서도 원주 서미감병원을 유지하고자 노력했다. 앤더슨이 떠난 후 서미감 병원은 일시 폐쇄되는 운명을 맞았다. 1925년 맥마니스 선교사가 부임하여 다시 병원 문을 열고 환자를 진료하였다. 이때 조선인 의사도 참여하였다. 세브란스 연합의학전문학교를 졸업한 안사영, 윤선옥, 이은계 등이었다. 안사영은 1927년 신간회 간사를 맡기도 했다. 그러나 강원도 영서 지역에 마땅한 병원이 없어 의료 환경이 열악했음에도 재정난을 이기지 못하여 1933년에는 문을 닫아야 했다.

1954년 쥬디 선교사가 파송되어 원주 선교부를 다시 찾았으며, 1955년 라우드 선교사가 부임하여 병원을 다시 개원하였다. 1957년에는 50개의 병상을 가진 병원을 신축하고 환자들을 치료하였다. 병원 명칭은 '원주연합기독병원'이라 하였고, 초대 병원장에는 문창모 장로가 임명되었다. 이것이 지금의 '원주세브란스기독병원'이다.

처음 지었던 서미감병원 건물은 한국전쟁으로 소실되어 현재는 남아 있지 않다. 2013년 병원 100주년을 맞아 옛터에다 기념비를 세웠으며, 기념비에는 병원을 설립했던 앤더슨 선교사를 기념하는 동판을 붙여 놓았다. 서미감병원이 있던 곳은 원주 선교부 선교사들이 생활했던 여러 채의 서구식 건물이 있었다. 일산동 언덕 일대는 서구식 의료, 교육, 생활, 건축을 접할 수 있는 근대문명 유입 통로였다. 그러나 '의료사료관'으로 사용되고 있는 건물 한 채를 제외하고 모두 없어졌다.

원주 연세의료원 의료사료관(선교사 사택)

원주 연세의과대학 내에 붉은 벽돌로 된 이색적인 건물이 한 채 있다. 이 건물은 '원주기독교의료선교사택'이라는 이름으로 근대문화유산 등록문화재에 등재되었다. 연세의과대학 기숙사와 강의동

의료사료관 이 건물은 의료선교사로 왔던 모리스의 사택으로 1918년에 지어졌다.

사이에 있는데 '의료사료관'이라는 이름을 붙여놓았다.

이 건물은 의료선교사로 왔던 모리스의 사택으로 1918년에 건축되었다. 모리스 선교사가 이곳에 있을 때(1918-1927)는 사택으로 사용되었다. 그 후 성경 공부방, 신도 숙소, 유치원, 의무 교육자 교육(1927-1940)으로도 사용되었다. 그 후로도 사택, 휴게실 등으로 사용되다가 2005년 이후로 의료전시관으로 사용하고 있다.

2015년까지 건축 시기, 용도가 밝혀지지 않았으나 앤더슨 선교사의 편지, 건축 사진(1918), 지적도 등을 비교 분석하여 1918년에 건축된 것임이 밝혀졌다. 건축 면적은 각층 86.47m²이며 지하 1층, 지상 2층으로 된 건물이다. 각 층과 지붕은 목조로 구조하였다. 내부에는 한국 선교 초기 각 지역 의료선교 현황, 서미감병원의 역사, 설립자 및 의료선교사 소개, 문창모 박사 유품 등이 전시되어 있다.

TIP 원주제일교회 탐방

▌ **원주제일교회**
  강원도 원주시 일산로 40 / TEL. 033-742-2170

원주제일교회와 서미감병원, 의료사료관은 가까운 거리에 있다. 원주제일교회 마당에 주차하고 걸어서 탐방해도 된다. 병원이 가까운 이유로 출입하는 차들이 많은 편이다.

[추천 1]
원주제일교회 → 서미감병원, 선교사사택 → 박경리문학관 → 강원감영

한서 남궁억과 모곡예배당

보리울에 피는 무궁화

    강원도 홍천을 지나다 보면 '무궁화의 고장 홍천'이라는 표지를 볼 수 있다. '웬 무궁화? 홍천이?'라는 의문이 생길 것이다. '알면 보인다'라는 말이 있다. 독립운동가이자 교육자, 언론인, 교회 장로인 한서 남궁억 선생이 1918년 홍천군 서면 모곡(보리울)으로 내려와 무궁화 보급 운동을 했기 때문이다. 나라를 사랑하고 무궁화를 사랑했던 남궁억 선생의 노력으로 대한민국은 무궁화를 국화(國花)로 삼게 되었다.

꼿꼿했던 선비

    한서 남궁억은 1863년 서울 정동에서 태어났다. 우리나라 최초 영어학교인 동문학을 최우등으로 졸업했다. 졸업 후 고종의 영어통역관으로 관직을 시작했다. 이후 여러 관직을 지냈다. 1894년 갑오개혁 때 내부토목국장으로 있으면서 서울 종로와 정동, 육조거리, 숭례문 사이 도로를 정비했다. 한양 도심공원인 파고다공원(탑골공원)을

한서기념관

만드는 데 힘을 보탰다. 관직을 사고팔던 시절이었다. 민씨들로 가득 채워진 어지러운 세상이었다. 선생은 꼿꼿한 선비적 기질을 내려놓지 않았다. 청렴하기 어려웠던 시절에 나라에서 주는 녹 외에는 탐하지 않았다.

명성황후가 일인들에게 시해당하자 통곡하고 벼슬을 내려놓았다. 1896년 서재필, 이상재 등과 함께 독립협회를 창립하고, 다양한 활동을 하였다. 독립협회 기관지 〈대조선독립협회회보〉를 발행하는데도 참여하였다. 〈독립신문〉을 발간할 때도 편집에 참여하였다. 이것이 계기가 되어 언론인으로 활약하게 된다. 그는 독립협회의 살림과 사업을 주장하고 이끌어간 실질적인 지도자였다. 실리와 명분은 남에게 양보하였으나, 국사를 논함에 있어서는 추호도 피하거나 굽힘이 없었다. 사람들은 그를 '남궁고집', '남궁 반대'라 불렀지만 모두 그를 지지하였다. 독립협회 활동 중 대한제국 정부 방침을 비판했다 하여 여러 차례 옥고를 치렀다. 그의 어머니는 사식을 넣으면서 "억아, 절대로 굴복하지 마라!"고 용기를 주었다. 선생은 어머니 말씀 때문에 고통을 견딜 수 있었다고 한다.

1898년에는 나수연·유근 등과 〈황성신문(皇城新聞)〉을 창간하고 사장에 취임했다. 그는 신문을 통해 국민을 계몽하고 독립협회를 지원하였다. 대한제국이 애초 기대와 달리 보수화되어 가자 통렬히 비판하다가 구속되기도 했다. 1900년 7월 〈황성신문〉 지면에 러시아와 일본이 한국을 분할 점령하려 한다고 고발하였다. 이후 지속적으로 일본과 서구 열강의 야욕을 통박하는 글을 실었다가 체포, 구금당하기를 반복하였다.

1905년 고종은 그를 성주 목사에 임명했다. 황제의 간곡한 부탁을 물리치지 못하고 성주 목사에 부임해서 선정을 베풀었다. 그가 성주 목사로 있을 때 경상도 관찰사 이근택이 부당한 요구의 서찰을 보내왔다. 「성주 목사는 황금 2천 냥, 인삼 1천 근, 명주 5백 필을 마련해 올리시오」 그는 단호하게 거부했다. 성주에서 나라에 바쳐야 할 세금이 아니었기 때문이다. 그러자 이근택은 "상관의 명을 어기고 이유를 대면서 이행 못하겠다면 벼슬을 그만두고 가거라" 선생은 정색을 하면서 이근택을 꾸짖었다. "이놈, 벼슬은 네가 준 벼슬이냐? 이놈아, 네가 언제부터 그리 세도가 당당했다더냐?" 이근택은 을사오적 중 한 명이다.

1905년 11월 을사늑약이 강제 체결되자 분통을 참지 못하고 사임하였다. 1906년 양양군수에 임명되자 동헌 뒷산에 현산학교(峴山學校)를 설립하고 애국계몽운동을 실시하였다.

설악산 돌을 날라 독립기초 다져놓고
청초호 자유수를 영 너머로 실어 넘겨
민주의 자유강산 이뤄놓고 보리라

1907년 고종이 강제 퇴위당하자 벼슬을 내려놓고 뜻이 맞는 이들과 대한협회를 창립하고 회장으로 취임하였다. <대한협회회보>를 간행하고 논설을 실어 계몽운동에 앞장섰다.

침(針)은 비록 작은 물건이지만 그 귀부분도 있고 그 끝부분도 있으니, 그 끝부분을 제거해도 쓸모가 없으며, 그 귀부분을 제거해도 쓸모가 없다. 하물며 거대한 사회를 어찌 한 사람의 지혜로 다스릴 수 있겠는가? 그러므로 우리들도 오늘날 한 사업의 완성을 구함이 마땅하니 천 리를 내달리는 마음으로 방조하고 절제할 줄 몰라서는 안 된다. 원근의 견문을 구하여 경영의 기초를 세우는 것은 선진의 직분이고, 앞날의 험난함과 평이함으로 예상하여 그 입각의 위치를 굳게 하는 것은 청년의 책임이다. 「대한협회회보」 제3호(1908) 중에서

1910년 일본이 우리나라를 강제로 병합하자 교육만이 나라를 되찾을 길이라 생각하고 교육관련 잡지를 펴내기도 했다. 교육에 대해 남다른 관심과 열정을 가지고 있던 선생은 학교를 세우고 교육하는 것에 대해 혼신의 노력을 하였다.

나라가 흥하고 망하는 근인(根因)이 어디 있느냐 하면, 그 나라 안에 사는 인민이 지식이 있고 없는데 있으며, 인민의 지식이 있고 없는 것은 어디 있느냐 하면, 교육이 발달되고 못 되는데 있나니, 그러한즉 교육이라고 하는 것은 나라를 문명케 하고 부강케 하는 큰 기관이라 하리로다. - 「교육월보 창간사」

1910년 11월 배화학당(培花學堂) 교사가 되어 학생을 직접 지도하기도 했다. 학생들에게 영어, 붓글씨, 역사, 가정교육, 국문법 등을 가르쳤다. 훗날 홍천 모곡으로 낙향해서 학교를 세웠던 것도 선생이 가진 생각이 실현된 것이었다.

신앙의 길로 들어서다

선생은 1910년 종교교회(종로구 사직동)에서 세례를 받았다. 친구이자 사돈이었던 윤치호의 권유가 있었다. 1912년 상동교회 상동청년학원 원장을 겸하면서 청년들에게 독립사상을 고취, 애국가사 보급, 한글서체 창안 및 보급에 힘썼다. 한글 대중화를 위해 쉬운 서체를 보급하려 노력하였다. 상동청년학원은 중학교 정도의 교육을 실시하였다. 제한을 두지 않고 누구나 배우며 애국할 수 있는 청년교육을 실시하였다. 강화도의 이동휘(李東輝), 수원의 임면수(林勉洙) 등은 청년학원에서 배우고 고향으로 돌아가 학교를 설립하고 애국계몽운동을 실시하였다. 전덕기 목사가 지도하는 상동청년학원은 애국지사들의 총집합소였다.[28] 남궁억 선생은 세례를 받은 지 5년 후 평신도

---

28 상동교회편 참고

로서 목회자를 대신해 설교할 수 있는 '본처 전도사' 직분을 받았다.

보리울에서 새로운 길을 찾다

독립을 위해서라면 몸을 아끼지 않아서일까? 1918년 건강이 악화되어 조상들이 살았던 홍천군 서면 모곡(牟谷:보리울)으로 낙향하였다. 모곡으로 내려온 선생은 분노와 울적함을 달랬다. 모곡은 보리울이라 하는 곳으로 강원도 산골에서도 제법 넓은 농경지를 가진 고장이다. 강원도 홍천은 산이 많기로 이름난 곳인데, 산 사이에 이렇게 넓은 공간이 숨어 있었다는 것이 놀랍다. 모곡 동쪽에는 홍천강이 남쪽에서 북쪽으로 흘러간다. 선생은 이곳에 모곡교회(한서교회)와 모곡서당을 세워 교육과 설교를 통한 애국계몽운동을 이어갔다. 처음에는 교회를 설립한다고 하여 주민들의 눈총을 받았다. 그렇지만 손 놓고 있을 선생이 아니었다. 젊은 청년들을 모아 문맹 개선에 나섰다. 낮에는 교사로, 밤에는 동네 어른으로, 주일에는 목회자로 시간을 귀하게 썼다. 1922년에는 모곡학교를 개교하고 지역민들에게 개화된 교육을 실시했다. 이 학교는 일제의 학제개편에 의해 한서국민학교와 한서중학교로 분리되었다. 선생은 홍천으로 낙향하기 전부터 여러 학교에서 학생들을 가르쳤던 경험이 있었다. 특히 국어와 역사 교육을 통해 민족의식을 심어주고자 노력했다. 선생은 일본이 집필한 왜곡된 교재를 쓸 수 없다고 하여 필요한 교재를 직접 집필하여 학생들을 가르쳤다. 선생이 저술한 『동사략』 『조선니약이』는 대표적인 역사서였다.

민족주의 교육뿐만 아니라 신앙에 바탕에 둔 가르침을 펼쳤다. 이

모곡예배당

를 위해서 많은 노래를 지어 불렀다. 선생이 1922년에 지은 '일하러 가세'는 지금까지 애창되는 찬송가이다.

삼천리 반도 금수강산 하나님 주신 동산
이 강산에 할 일 많아 사방에 일꾼을 부르네
곧 금일에 일 가려고 누구가 대답을 할까
삼천리 반도 금수강산 하나님 주신 동산
봄 돌아와 밭갈때니 사방에 일꾼을 부르네
곧 금일에 일 가려고 누구가 대답을 할까
삼천리 반도 금수강산 하나님 주신 동산
곡식 익어 거둘 때니 사방에 일꾼을 부르네

곧 금일에 일 가려고 누구가 대답을 할까

(후렴)

일하러 가세 일하러 가 삼천리 강산 위해

하나님 명령 받았으니 반도 강산에 일하러 가세

그밖에는 많은 찬송가, 시, 가사 등을 지어서 전국 교회와 기독교 계학교에 보급하였다. 선생이 지은 「무궁화 동산」 「기러기 노래」 「조선의 노래」 「시절 잃은 나비」 「조선 지리가」 등은 민간에도 널리 유행하였다.

선생은 보리울이 내려다 보이는 유리산에 조국광복기원제단을 쌓고 조국 해방을 위해 기도했다. 현재 한서초등학교 뒤 유리산 기슭에 선생의 무덤이 있고, 뒷산을 조금 오르면 기도처가 있다. 조국 광복을 위해 무릎 꿇고 기도하는 선생의 동상이 재현되어 있는데 그 모습에서 비장함이 느껴진다.

일제는 학교에 일장기를 게양할 것과 학생들을 동원해서 신사참배 할 것을 강요했다. 그러나 모곡학교에서는 일장기를 게양하는 일도, 더군다나 신사참배는 일절 없었다. 일본 왕이 태어난 날을 경축하는 천장절에 대부분 학교가 경축식을 하였는데 모곡학교는 하지 않았다. 우치다(內田)라는 일본 사람이 남궁억 선생에게 이 문제를 따졌다. 그러자 선생은 한마디로 대답했다.

이러니 저러니 긴 말 필요 없습니다. 일본제국의 법률이 있고 사법권을 가진 당신이 이 자리에서 나 한 사람 잡아가면 그만 아니오?

모곡예배당내부

가평, 춘천, 홍천 등지의 청년들을 대상으로 엡윗청년회를 만들고 기독교적 민족운동을 전개했다. 성경을 읽고 말씀대로 기도하고, 그 후 응답받은 확신은 악랄한 탄압에도 굴복하지 않는다. 모곡학교에서 시작한 독서운동은 춘천으로 번졌고 강원도 곳곳으로 이어 나가기도 했다. 독서뿐만 아니라 100여 곡이나 되는 애국적 노래를 지어 독립정신을 일깨우는 데 노력하였다.

마을 사람들과 새끼를 꼬고, 짚신을 삼고, 그물과 동그미를 만들고 물레를 돌렸다. 말로만 하는 운동이 아니었던 것이다. 노동뿐 아니라 정신을 바꾸는 운동도 병행했다. 희망을 찾을 수 없는 농민들이 실의에 빠져 스스로 몸을 망가뜨리는 음주와 노름을 끊고 살 것을 강권했다. 금주와 금연을 하고, 노름을 끊고 협동하면 살 수 있는 길이 열릴 것이라 설득했다. 열심히 땀 흘려 노동하고, 자녀들을 교육하면 희망적인 미래가 열릴 것이라 역설했다. 선생은 교육, 노동뿐만 아니라 나라꽃 무궁화를 보급하기 위해 각고의 노력을 하였다.

무궁무궁 무궁화!

남궁억 선생은 무궁화를 보급하기 위해 노력했다. 일본이 저들의 꽃이라 자랑하는 벚꽃을 나라 곳곳에 심어 놓고 벚꽃같은 삶을 살아야 한다고 떠들고 다닐 때 우리민족은 무궁화같은 민족이라고 일 갈했다. 일본인들은 '화려하게 피어났다가 한 번에 떨어져 버리는 벚꽃같은 삶은 천황을 위한 것'라고 말한다. 벚꽃잎이 흩날리며 떨어지는 것을 '산화(散花)'라 했다. 전쟁에서 전사한 이들에게 '산화

남궁억과 무궁화(한서 기념관)

했다'라는 말은 일본인들의 말에서 비롯되었다. 선생은 우리민족은 벚꽃이 아니라 무궁화 같다고 말한다.

금수강산 삼천리에 각색 초목 번성하다

춘하추동 우로상설(雨露霜雪) 성장 성숙 차례로다

초목중에 각기 자랑 여러말로 지껄인다.

복사 오약 변화해도 편시춘(片時春)이 네 아닌가

더군다나 벗지 꽃은 산과 강에 변화해도

열흘 안에 다 지고서 열매조차 희소하다

울밑 황국(黃菊) 자랑스런 서리 속에 꽃 핀다고

그러하나 열매 있난 뿌리로만 싹이 난다

특별하다 무궁화는 자랑할 하도 많다

여름 가을 지나도록 무궁무진 꽃이 핀다

그 씨 번식하는 것 씨심어서 될뿐더러

접 붙여도 살 수 있고 꺼꽂이도 성하도다

오늘 조선 삼천리에 이 꽃 희소(稀少) 탄식말에

영원 번창 우리꽃은 삼천리에 무궁하다

대한민국 국화가 '무궁화'라는 사실을 모르는 이가 없을 것이다. 그럼 언제부터 무궁화가 국화가 되었을까? 또 언제부터 무궁화라 불렀을까? 무궁화를 국화로 삼은 이유는 무엇일까?

무궁화(無窮花)는 피고 지고 또 피어, 끝없이 피는 꽃이라는 뜻이다. 목근(木槿), 근화(槿花), 순(舜)이라 부르던 것이 조선시대부터 무궁화로 불렸다.

옛날 중국에서는 가을까지 계속 피는 모습을 보고 군자의 기상을 지녔다고 했으며, 기원전 4세기 고대문서에서 우리나라에 무궁화가 많다고 하여 근역(槿域)이라 하였다. 서양에서는 무궁화를 이상의 꽃인 '샤론의 장미'라 하여 인기가 있었다. 897년 신라 효공왕 때 최치원이 작성해 당나라에 보낸 외교문서에 '근화향(槿花鄉:무궁화의 나라)'을 언급하였고, 다른 중국 기록에서도 우리나라를 근화향이라 부르고 있다. 놀랍게도 이미 신라 때부터 무궁화는 나라꽃으로 인식되고 있었던 것이다.

조선시대 장원급제자 머리에 꽂은 어사화가 무궁화라는 이야기가 있다.(회화나무꽃이라는 설도 있다) 궁중 잔치할 때면 참가자들 머리와 음식에 꽃을 꽂았는데 무궁화였다고 한다. 물론 종이나 비단으로 만든 꽃이었다. 그래서 무궁화를 진찬화라고도 한다.

무궁화를 나라꽃으로 생각한 시기는 1897년 독립문 완공식에서 '무궁화 삼천리 화려강산~'이라는 기념사에서 시작되었다고 한다.

민족 단합의 상징물로 무궁화를 국화로 정하게 되었다고 한다. 무궁화의 흰색이 백의민족을 상징하고, 끝없이 피고 지는 모습이 우리 민족의 끈기와 닮았기 때문이다.

이런 사실을 알고 있었던 일본은 무궁화를 뽑아내거나, 불태웠고 꽃에 대한 헛소문을 퍼뜨렸다. 무궁화를 보거나 만지면 눈병이 난다거나, 피부에 닿으면 부스럼이 난다고 하였다. 화장실 울타리로나 심어야 한다고 애써 무시하였다.

남궁억 선생은 일제에 맞서 무궁화를 보급하려 애썼다. 무궁화는 한번 피기 시작하면 석 달 열흘 동안을 불볕더위에 맞서 찬란하게 피어나는 꽃이다. 어둠을 몰아내며 아침에 피고, 어둠을 피해 저녁이면 얼굴을 가리어 감추는 꽃이다. 생명을 다하여 땅에 떨어지더라도 시들어 보기 싫게 지는 것이 아니라 그 빛깔도 생생하게 고고한 모습으로 당당하게 생을 마감하는 꽃이다. 이런 모습은 우리나라 5천년 역사와 미래를 그대로 보여주는 것이기에 무궁화를 나라꽃으로 삼기에 충분하다는 결론을 얻어 이를 나라꽃으로 정하신 것이다.[29]

선생은 5백여 평의 무궁화 묘포장을 만들어 30만 주의 묘목을 전국의 사립학교와 교회를 통해 보급하였다. 일제의 감시를 피해 뽕나무 묘목 사이에 무궁화를 길렀다고 한다. 이런 남궁억의 활동을 예의 주시하던 일제경찰은 십자가당 사건을 빌미로 무궁화 묘표장을 쑥대밭으로 만들어버렸다.

---

29 한서 남궁억 기념관

십자가당 사건

1933년 4월 남궁억 선생의 영향을 받은 홍천 일대 기독교인들이 결성한 비밀 단체가 '십자가당'이다. 이들은 '공존공영의 지상천국 건설'을 목표로 삼았다. 하나님의 정의와 공의가 이 땅에 실현되는 '지상낙원'을 건설하는 것을 목표로 한 정당형태의 조직이었다. 십자가당은 점조직으로 조직을 확대해 가던 중 남궁억 선생을 감시하고 있던 일제의 감시망에 걸렸다. 당시 십자가당 일원이자 모곡학교 교사였던 김복동의 일기장을 압수하여 검토하는 과정에서 십자가당의 전모가 드러났다. 유자훈, 남천우, 이윤석, 김복동, 남궁식 등 십자가당 전원이 체포되었다. 1934년 8월 3일 유자훈, 남천우, 김복동, 남궁억이 최종적으로 공판에 회부되어 재판을 받았다. 1935년 1월 31일 유자훈과 남천우는 치안유지법 위반으로 각각 1년 6개월을 선고받았고, 남궁억은 10개월, 김복동은 6개월 형을 선고받았다. 남궁억 선생이 십자가당 결성에 관여한 것은 아니었다. 그러나 일제의 목표는 남궁억 선생이었고, 이것을 빌미로 선생이 벌인 무궁화 운동, 교육, 교회 등을 탄압할 구실을 찾았던 것이다.

선생은 70세 고령인 데다 일제의 잔혹한 고문과 투옥으로 몸은 만신창이가 되었다. 윤치호의 보증으로 석방되기는 했지만, 옥살이에서 얻은 병으로 눕게 되었다. 결국 선생은 다시 일어나지 못하고 1939년 4월 5일 77세의 나이로 숨을 거두었다. 선생은 아내의 장례식에서 이런 유언을 미리 남겼다. '내가 죽거든 무덤을 만들지 말고, 괴목(느티나무) 밑에 묻어 거름이나 되게 하라' 죽어서도 민족의 거름이 되고자 했던 남궁억 선생은 진정한 민족지도자였다. 선생의 지칠 줄 몰랐던 민족계몽과 무궁화 운동은 역동하는 대한민국의 소중한 거름이 되었다.

보리울에 가면

지금 보리울은 여전하다. 홍천강은 지금도 흐름을 멈추지 않고 있고, 손으로 감싸듯 마을을 둘러싸고 있는 산세는 아름답다. 보리울에는 한서 남궁억 선생의 기념관, 모곡예배당, 선생의 묘소, 기도터, 무궁화동산이 있다.

기념관으로 들어서면 나라를 위해서라면 누구보다 단호했던 선생이 무궁화를 들고 서 있다. 선생 부부의 사진도 있는데 아내의 팔짱을 끼고 환하게 웃고 있는 한서 선생이 매우 인상적이다. 인자한 내면을 지닌 분이었음을 알 수 있다. 선생의 개인편지, 서예 애국시, 직접 쓰신 한글 병풍, 사용하시던 안경, 심문받는 디오라마, 황성신문, 직접 만드신 노래 등 많은 자료가 전시되어 있다. 기념관 밖에는 무궁화동산이 꾸며져 있다.

기념관 옆에는 한옥으로 만든 모곡예배당이 복원되어 있다. 모곡예배당은 곧 모곡학교이기도 했다. 예배당은 우리나라 전통 건축처럼 좌우로 긴 평면을 하고 있다. 문을 열면 정면에 설교단이 있다. 가운데 휘장을 쳐서 남녀를 구분했다고 한다. 설교자는 남녀 모두 볼 수 있으나 참석자들은 서로 구분해서 앉았다. 디오라마로 만들어져 있어서 이해하기 좋다. 그밖에 기념관과 중복되는 자료들이 전시되어 있다.

기념관에서 멀지 않은 한서중학교 앞 길가에도 무궁화동산이 있다. 각종 무궁화가 자라고 있으며 여름 어느 때 가든지 피고 지고 또 피는 무궁화를 볼 수 있다.

한서초등학교 뒤에는 선생의 묘소가 있다. 묘비에는 '정삼품통정대부칠곡부사남궁공억지묘(正三品通政大夫漆谷府使南宮檍之墓) / 配淑夫人南原梁氏祔右(배숙부인남원양씨부우)'라 기록되어 있다. 부인을 남편에 좌측에 합사하는 전통적 관례를 따르지 않고 오른쪽에 모신 특이한 경우다. 선생이 순국하신 이후 제대로 모양을 갖추지 못하고 있다가 1977년에야 지금과 같은 모습으로 조성되었다. 무덤으로부터 한 단 아래에는 선생의 장남이자 전(前)뉴욕 총영사를 지낸 남궁염의 무덤이 있다. 남궁염은 미국에서 살면서 한인사회운동을 전개해 독립운동을 도왔다. 해방 후에는 뉴욕주재 영사가 되었다. 장손자 남궁준은 뉴욕에서 소수민족의 인권을 높이는 일에 힘썼

한서 기도처 조국의 독립을 간절히 간구했던 한서 선생

다. 선생의 둘째 손자 남궁진은 육종학의 대가로 우리나라 산림녹화에 큰 역할을 하였다.

무덤 뒤로 난 길을 따라 올라가면 앞서 설명한 선생의 기도처가 나온다. 이곳에는 기도하는 모습의 선생의 동상이 있다. 보리울(모곡)을 한눈에 조망할 수 있는 장소라 전망이 매우 좋다.

TIP 보리울 여행

▌한서남궁억기념관
강원도 홍천군 한서로 667 / TEL. 033-430-4488

보리울은 깊은 산중이다. 주변과 연계될 관광지가 전무하다. 보리울로 가는 길은 홍천의 산세를 만끽하면서 들어갈 수 있을 정도로 산굽이를 많이 돌아간다. 그래서 특별히 다른 관광지와 연계하지 않고 보리울만 산책해도 좋다. 홍천강이 보리울 옆구리로 흐르고 있어서 강변에는 유원지가 생겼다. 한서남궁억기념관 옆에는 모곡예배당이 복원되어 있으며, 기념관 주변으로 무궁화동산이 조성되었다. 한서중학교 앞에도 무궁화동산이 있다. 한서초등학교 뒤에는 남궁억 선생의 묘소가 조성되어 있다. 큰아들 남궁염의 묘소는 한 단 아래에 있다. 무덤 오른쪽으로 난 길을 따라 산을 조금만 오르면 선생께서 조국 독립을 간절히 염원하던 기도처가 있다. 기도하는 선생의 모습을 복원해 놓았다. 이곳에 서면 보리울이 시원하게 조망된다.

[추천 1]
한서남궁억기념관 → 한서중학교 앞 무궁화동산 → 한서초등학교 뒤 기도처

고성 '화진포의 성'

해당화 피는 화진포

강원도 고성군 화진포는 동해안에서 가장 큰 자연호수다. 아주 먼 옛날 강원도 북부 동해안은 서해안만큼은 아니지만 들쭉날쭉한 해안을 가지고 있었다. 시간이 흐르면서 모래가 조금씩 쌓여 둑이 되었고, 안으로 깊이 들어간 만(灣)을 막았다. 사구(沙丘:모래언덕)로 가로막힌 내부는 민물로 가득한 호수가 되었다. 이런 호수를 석호라 한다. 강릉에는 유명한 경포호와 주문진 향호가 있다. 속초에는 영랑호와 청초호가 있다. 청초호는 사구로 완전히 막히기 전에 항구로 개발되었다. 고성에는 송지호와 화진포가 유명하다. 그밖에도 크고 작은 호수가 해안을 따라 연이어 있다.

화진포는 호숫가에 해당화가 만발해 붙여진 이름이다. 멀리 금강산 일만이천봉 중 가장 남쪽 봉우리인 향로봉이 호수에 그림자를 드리우면 계절마다 날아드는 철새들이 넓은 갈대밭에 보금자리를 만든다. 호수 주변을 둘러싼 낮은 산에는 아름드리 금강송이 장관을

화진포 동해 최북단에 있는 석호 화진포. 바다와 호수를 한 눈에 볼 수 있는 최적의 장소다.

이룬다. 세찬 바닷바람도 너끈하게 견뎌낸 소나무가 내뿜는 피톤치드로 샤워하며 걷노라면 저절로 콧노래가 흥얼거려진다. 솔숲 너머에는 광활하게 펼쳐진 동해 물결이 파랗게 넘실거린다. 물마루에서 밀려온 파도가 햐얀 포말을 해안으로 밀어 올리면 가을동화 드라마 주인공이 되어 해안을 거닐게 된다. 동해안에는 유난히 명사(鳴砂) 십리가 많다. 모래를 밟으면 '쟁!쟁!' 소리가 난다고 하여 명사라 한다. 화진포 앞바다에는 거북을 닮은 바위섬 '금구도'가 있다. 이순신 장군이 만든 거북선을 닮았다.

이렇게 아름다운 자연 속에 인간의 손길이 없을 리 없다. 아주 오래전부터 사람들이 터 잡고 살았겠지만 그 흔적은 확인하기 어렵다. 그래서 지금 화진포에 가면 그리 오래되지 않은 김일성별장, 이승만별장, 이기붕별장이 있고 입장료를 별도로 받고 있다. 건물 자체보다는 건물이 품고 있는 내력이 더 매력적이기 때문에 입상료를 내고라도 둘러볼 만한 곳이다.

셔우드 홀의 '화진포의 성'

강원도 고성군에서 화진포를 관광지로 개발하면서 김일성별장, 이승만별장, 이기붕별장을 전면에 내세웠다. 흥밋거리를 좋아하는 세인(世人)들에겐 솔깃한 유혹이 틀림없다. '김일성별장이 화진포에 있다니!' 궁금하지 않을 리가 없다. 게다가 도저히 함께 할 수 없을 것 같은 이승만별장까지 있다니 말이다.

한국전쟁 후 바다로 침투하는 무장간첩을 막기 위해 해안을 철조망으로 가로막은 적이 있었다. 항구를 빼고는 대부분 해안이 철조망으로·단절되어 있었다. 그러다 보니 동해안 중에서 대부분이 민간인이 출입할 수 없는 곳이 되었다. 화진포해수욕장도 남쪽 구역은 민간인 출입 금지구역이었다. 대신 군인들 휴양촌으로 사용되었다. 지금도 해안에 붙어 있는 화진포콘도는 군인 전용 숙박시설이었다.

화진포해수욕장이 민간에 모두 개방되자 해안과 호숫가에 드문드문 자리한 돌로 지은 집에 대해서 조금씩 알려지기 시작했다. 김일성이 휴가를 보냈다고 해서 김일성별장, 이승만 대통령이 휴가를 보냈다고 해서 이승만별장, 자유당정권 시절 부정선거로 유명한 이기붕이 휴가를 보냈다고 해서 이기붕별장이라 이름 붙였다.

그러나 김일성별장과 이기붕별장은 그들이 지은 집이 아니다. 일제강점기에 선교사들이 휴양을 위해 지은 휴양촌이었다. 이승만별장은 1954년에 이승만대통령 별장으로 지은 것이니 이승만별장이

화진포 콘도

맞다.

　나는 오래전 지리산 노고단 선교사 휴양촌으로 답사 간 적이 있었다. 여러 사람이 주변에 있었는데 이런 수근거림이 있었다. "선교사들이 선교하러 왔다더니 노고단에다 별장을 짓고 호화롭게 살았구먼!" 썩 기분이 유쾌하지 않았다. 아는 것이 없어서 반박도 할 수 없었다. 내력을 알 방법도 없었다. 자료가 없었기 때문이다. 한국 기독교인들은 한국을 사랑했던 선교사들에 대해서 잘 모른다. 관심이 없었다. 사랑하면 알게 되고, 알면 보인다고 했다. 한국에 복음을 전하러 왔던 선교사들은 어린 자녀를 풍토병으로 잃어야 하는 아픔을 겪었다. 자녀들만이 아니라 부인과 본인도 세상을 떠나는 잃는 일이 수시로 발생했다. 이들의 목숨을 앗아가는 풍토병 또는 전염병은 여름에 창궐하였다. 선교사들은 궁여지책으로 인적이 드문 곳에 휴양촌을 짓고, 여름이 되면 안식과 휴식, 묵상의 시간을 가졌다. 복음을 더 힘차게 전하기 위해서 건강을 지키고 영적 충선 시간을 가졌던 것이다. 그래서 각 지역 선교본부는 적당한 곳을 물색해 휴양촌을 만들었고 화진포 휴양촌도 그중에 하나였던 것이다.

원산만에서 화진포로

화진포 선교사 휴양촌은 원래 원산만에 있었다. 그런데 일제가 원산만에 군사기지를 건설하면서 휴양촌을 강제수용하고 대신 내준 땅이 화진포였다. 원산만에서 남쪽으로 160km 떨어진 화진포는 금강산과 가까웠고, 아름다운 호수가 있어서 선교사들에게도 만족스러운 땅이었다. 크리스마스 씰로 유명한 셔우드 홀 선교사의 『닥터 홀의 조선회상』「화진포의 성」에 내막이 자세하게 기록되어 있다.

원산만에 작은 오두막을 짓고 가끔 머물며 휴식을 취하던 선교사들은 뜻하지 않게 화진포로 옮겨야 했다. 각자 적당한 거리에 터를 정하고 오두막을 옮겨 지었다. 오두막은 목재로 된 것이어서 인부를 동원해 옮길 수 있었다.

새 휴양지는 우리가 생각했던 것보다 훨씬 더 좋았다. 모래바닥에 파이프만 묻으면 깨끗한 음료수를 쉽게 얻을 수 있었고, 파도가 험한 날이면 바로 뒤에 있는 호수에서 뱃놀이를 즐길 수도 있었다.

번호를 뽑았다. 우리 대지는 호수에 면한 곳으로 나왔다. 우리는 원산 해변에서 즐겼던 그 파도치는 풍경을 잊을 수가 없었다. 이 구석 저 구석 살펴보니 바다에 면한 암벽 위에 대지가 될 만한 곳을 찾을 수 있었다. 누구도 암벽 위에 별장을 짓는 것을 원하지 않았다. 그

곳은 우리가 차지할 수 있는 곳이었다.[30]

셔우드 홀 부부는 바다와 호수가 조망되는 언덕을 선택했다. 새로 옮길 휴양촌에 대해 여러 생각을 하던 중 마침 독일인 베버가 직접 짓겠다고 나섰기에 일을 맡기고 병원 일에 전념했다. 그는 설계와 건축 과정도 직접하겠다고 했다. 단 재료값과 자기가 그동안 먹고 살 수 있는 생활비를 달라는 것이었다. 조선인 도우미의 인건비 정도를 부담하면 그리 어려운 일이 아니라는 설명을 보탰다. 얼마 후 화진포에 온 홀 부부는 놀라움에 입을 다물 수 없었다. 오두막이 아니라 작은 성을 건축해놨기 때문이었다. 베버는 해안에서 둥근 돌을 주워 와 독일식 성을 화진포 언덕에 재현해 놨던 것이다. 셔우드 부부는 무엇보다 건축비를 감당할 수 없을 것 같아 더 놀랐다.

며칠 동안 걱정에 싸여 멍한 상태로 지냈는데 갑자기 소년 때의 평양 친구였던 수잔 로(Susan Roe)의 모습이 떠올랐다. 그녀는 어머니 병원의 간호실장이었는데 지금은 은퇴해 있었다. 그녀의 동생인 우리는 미국 금광의 책임자와 결혼했었다. 나는 당장 평양으로 가서 내 곤경을 의논하고 싶은 충동을 느꼈다. 그녀는 항상 금전 문제를 해결하는 데는 능숙했었다. 내가 평양에 도착하자 수잔은 반색을 하며 맞아주었다. "그렇지 않아도 당신에게 전보를 치려던 참이었는데 이렇게 오다니 참 반가워요. 이제 그 일을 결정할 수 있겠네." "아니 무슨 일인데요?" "왜 당신 소유로 있는 땅이 있잖아요. 쓰지 않고 있

---

30 닥터 홀의 조선 회상

화진포의 성 김일성별장으로도 불리는 이곳은 셔우드 홀의 화진포의 성이다.

는 평양의 대지 말이에요."[31]

생각보다 적게 나온 건축비였지만 생각지도 않았던 비용이었다. 그런데 마침 평양에 갖고 있던 작은 토지가 수잔에게 매매되어서 건축비를 감당할 수 있었다고 한다. 아버지 윌리엄 홀이 평양 선교 중에 숨지자 생명 보험금이 나왔는데, 선교사 주택을 짓고 남은 돈으로 작은 토지를 사 두었던 것이다.

지금 김일성별장으로 알려진 곳은 셔우드 홀의 '화진포의 성'이었던 것이다. 내부에 들어가면 '윌리엄 홀과 로제타 홀,' '셔우드 홀과 메리언 홀'에 대한 이야기가 전시되어 있다. 그밖에 추가로 남북 관계 사진

31 위의 책

을 전시하고 있다, 옥상에 올라가면 호수와 바다, 금강산이 조망된다.

돌을 쌓아 만든 이기붕별장도 선교사의 오두막이었다. 낮은 자세로 호수를 바라보며 솔숲에 엎드려 있는 별장에서 이 집을 지었던 선교사들의 삶을 유추하게 된다. 내부에는 이기붕에 대해서 소개하고, 당시 사용하던 가구, 소품들을 전시해두었다.

그밖에 다른 오두막들은 목조로 된 것이어서 시련의 역사 속에서 사라지고 말았다.

해방 후 이 지역은 북한에 속하게 되었고 김일성이 아들 김정일을 데리고 와서 묵은 적이 있었다. 한국전쟁 후에는 남한 땅이 되었고 호수 언덕에 이승만별장이 추가로 들어서게 되었다.

이기붕 별장 "선교사 별장으로 지어졌으나 이기붕 별장으로 알려져 있다. 멀지 않은 곳에 이승만 별장이 있으니, 이기붕도 근처 집을 마련하고 별장으로 사용한 듯 하다."

화진포 해안과 호수, 솔숲을 거닐면서 땅끝에 나가 복음을 전하는 선교사들을 생각해본다. 이 땅에 왔던 선교사들의 아픔이나, 지금도 흩어져 복음을 전하고 있는 선교사들이 겪는 아픔은 동일하다. 그러나 내가 겪지 않으면 피상적 공감을 하게 된다. 화진포에서 저 아름다운 풍광 너머에 있는 선교사들의 땀과 눈물, 기도를 조금이나마 공감했으면 한다. 너무나 아름답기에 역설적으로 그 아픔이 더 크게 느껴지는지도 모른다. 선교를 마음에 품고 싶으면 화진포를 다녀오길 권한다.

윌리엄 홀과 로제타 홀

윌리엄 제임스 홀(William James Hall)의 생애는 짧았다. 1860년 캐나다에서 태어나 1894년 우리나라에서 죽었다. 그는 의사이자 목사로 은둔의 나라였던 우리나라에 1891년 2월에 왔다. 그의

윌리엄 홀과 로제타 홀 [사진:김일성 별장 전시관]

선교는 3년이 채 되지 않을 정도로 짧았지만 매우 강렬했다. 한복을 입고 한식을 먹었으며, 고통을 겪고 있는 민중들과 동고동락했다.

부인 로제타 홀은 그의 전기를 남겨서 짧은 생애를 살다간 윌리엄 홀을 세상에 전해주었다. "우리 주 예수 그리스도의 명령을 받아 조선에 파송된 우리들은 광범위한 선교활동을 개시하였다. 주님께서 '가라' 하시매 가본즉 거기에는 복음을 갈구하는 영혼들이 이미 기다

리고 있었다." 주께서 '가라' 하셨기에 순종해서 왔더니 이미 추수할 영혼들이 기다리고 있었다고 고백한다. 온유한 조선 백성들의 심령은 매우 가난해져 있었다. 말씀을 받아들일 준비가 되어 있었고, 스스로 찾아와서 믿음을 갖기 시작했던 것이다.

1892년 서울에서 연차 설교회가 열렸을 때 홀의 영혼은 더욱 불이 붙기 시작했다. 그는 평안하고 살기 좋은 서울의 선교 본부를 떠나, 멀리 미개척지에 가서 아직 복음을 듣지 못한 사람들에게 찾아갈 마음이 불일 듯 일어났던 것이다. -(중략)- 그는 기쁜 마음으로 이를 받아들여 놀랄 만한 성과를 거두게 되었다. 조선인들이 그를 믿어 주었기 때문이다. 그들은 홀이야말로 무서워할 줄 모르는 용감한 사나이, 정직하고 의롭고 필요할 때는 언제든지 자기를 희생시킬 수 있는 의로운 사람이라는 것을 알았기 때문이다.[32]

홀은 평양으로 갔다. 당시 평양 인구는 10만이었다고 한다. 평양에서 작은 병원을 열어 몸을 아끼지 않고 병자를 치료했다. 그러나 복음을 전하는 일은 여전히 어려웠다. 복음을 전하면 사형에 처해질 것이라는 평양감사의 협박도 있었다. 실제로 평양에서 복음을 전하던 마펫선교사와 몇몇 전도사가 잡혀서 고문을 받고 투옥되어 있었다. 홀을 도와 평양 선교에 나섰던 김창식도 잡혀갔다. 그는 의사였기 때문에 그것을 면할 수 있었다.

그해 청일전쟁이 발발했다. 청나라와 일본이 평양에서 시가전을

---

32 양화진 선교사 열전, 전택부, 홍성사

벌였다. 평양은 처참하게 파괴되었고 죽은 군인, 군마들이 흩어져 있었다. 전쟁으로 인한 희생은 군인만이 아니었다. 평양 시민도 죄없이 죽어 나갔다. 서울로 잠시 피신했던 홀은 평양으로 돌아와 영웅적으로 그들을 치료하고 위로했다. 낮에는 병원에서 환자들을 치료하고 밤에는 심방을 다니며 신자들을 위로하고 기도해주었다. 청일전쟁은 혹독한 전염병도 퍼뜨렸다. 혼신을 다해 병자를 돌보던 홀도 이질에 감염되었다. 투사에 가까운 헌신은 그의 몸을 무너뜨렸다. 40도가 넘는 고열에 시달렸다. 서울로 긴급 후송되었다. 서울에 도착한 1894년 11월 24일, 아내와 아이들을 두고 먼저 하늘나라로 떠나고 말았다. 그의 무덤은 양화진에 있다.

홀이 세상을 떠난 후 미국으로 돌아갔던 부인 로제타 홀은 한국으로 돌아왔다. 그녀가 한국에 처음 왔을 때가 1890년 10월 13일이었다. 그녀의 나이 25세였다. 그녀는 조선에 입국해서 여성전문병원이었던 보구여관 2대 의사로 활약했다. 1년 후 약혼자였던 윌리엄 홀이 한국에 도착했고 그와 서울에서 혼인을 했다. 1893년에는 동대문 볼드윈진료소를 개원했는데 훗날 이화의료원-이화여자대학병원으로 성장했다. 남편을 따라 선교지를 평양으로 옮겼다. 남편 윌리엄 홀이 이질에 걸려 세상을 떠났을 때 그녀에게는 두 살 난 아들 셔우드 홀과 태중에 딸 에디스가 있었다. 1898년 딸 에디스가 이질에 걸려 죽었다. 에디스는 아버지 윌리엄 홀의 무덤 곁에 안장되었다. 그러나 그녀의 선교는 멈춤이 없었다. 딸 에디스를 기념해서 어린이를 위한 '에디스마가렛기념병원'을 설립 운영했고, 여성병원인 광혜의원도 설립하였다.

로제타 홀의 병원 로제타 홀이 평양에 세운 병원

　그녀는 홀의 유산과 조의금으로 병원을 열었다. 이른바 '기홀병원'이다. 이 병원은 평양에 세워진 최초의 근대식 병원이었다. 로제타 홀은 한국인 여성 의사를 양성하는 것을 목표로 하였다. 그녀는 서울 정동에 있던 1890년에 이화학당을 다니던 김점동을 교육하여 통역 겸 간호사로 키운 적이 있었다. 김점동(박에스더)은 평양에 세워진 기홀병원에 와서 활약했으며 훗날 미국 유학을 다녀와 한국인 최초 여성의사가 되었다.

　로제타 홀은 시각장애인 교육과 청각장애인 교육에도 헌신하였다. 그녀는 어렸을 때 취미로 배워두었던 점자를 이용해서 시각장애인을 위한 기도문, 십계명, 초등 교과서 등을 만들었다. 남편의 전도로 첫 신자가 된 시각장애인 오봉래를 위하여 한글점자를 만들기 시작한 것이 시각장애인 교육으로 발전한 것이다. 이로써 한국에서도 시각장애인 교육이 시작되었다. 1906년에는 이익민이란 사람을 중국으로 보내 청각장애인 교육법을 배우게 했다. 그리하여 1907년에는 청각장애인 학교가 설립되었다.

그녀는 68세에 선교사직을 사임하고 미국으로 돌아갔다. 그리고 85세에 세상을 떠났다. 그녀의 유해는 한국으로 돌아와 양화진 남편 곁에 안장되었다. 그녀의 일기를 보면 그녀가 평생을 어떤 마음을 품고 한국을 사랑했는지 알게 된다.

예수님은 선교사의 완전한 표본이다. "하나님께서 나를 보내셨다"는 사실이 예수님의 마음에는 항상 있었던 것이다. 예수님은 자신을 위해서가 아니고 남을 위해 행하신다는 점을 모든 사람들에게 알리기를 원했다. 하나님이 나를 보내신 것같이 나는 너를 보낸다. 어째서 하나님께서는 아들을 보내셨는가? "하나님께서는 세상을 이처럼 사랑하사 독생자를 주신 것이다" 이 말은 하나님의 사랑을 표시하신 것이다. "하나님이 나를 세상에 보내신 것같이 나는 너희들을 세상에 보낸다" 우리의 사명은 예수님의 사명과 같은 것이 아니겠는가?[33]

셔우드 홀과 크리스마스 씰

윌리엄 홀의 아들 셔우드 홀은 1893년 11월 10일생으로, 윌리엄, 셔우드 홀 부부가 혼인한 다음 해 서울에서 태어났다. 그는 태어나자마자 부모 등에 업혀 평양으로 갔다. 그는 그곳에서 그를 신비롭게 바라보는 한국인들에게 둘러싸여 있었다.

나의 부모는 그 당시 외국인에게는 금지구역이었던 평양으로 처

---

33 닥터 홀의 조선회상, 셔우드 홀, 좋은 씨앗

음으로 의료와 교육 선교를 시작했습니다. 그때 나의 부모는 갓난아기였던 나를 병원 마당에 내놓고 자주 현지 주민들에게 '전시'했습니다. 서양 백인 아기가 어떻게 생겼는지 정말 궁금해하는 주민들의 호기심을 만족시켜주기 위해서였습니다.

이것이 내가 내 부모의 선교 사업을 도와준 시작이었습니다. 내 부모의 의료 선교 활동에 있어서 나는 훌륭한 홍보 역할을 담당했던 것입니다. -(중략)- 그래서 사람들은 치료를 받으러 왔고 그들의 병은 나았습니다. 그리하여 우리 구세주가 2천 년 전에 가르치신 기쁜 소식을 그들도 듣게 되었던 것입니다.[34]

윌리엄과 로제타의 아들 셔우드 홀은 그렇게 선교사로 활동을 시작했다. 그는 한국에서 태어났으며 한국을 무척 사랑했다. 아버지 윌리엄 홀이 죽자 미국으로 돌아갔던 그는 어머니와 한국으로 돌아와 성장했다. 공부할 나이가 되자 미국으로 들어가 의과대학을 졸업했다. 그리고 다시 한국으로 와서 16년간 헌신적인 의료선교를 했다.

셔우드 홀은 한국 사람들이 가장 고통스러워하던 폐결핵을 퇴치하기 위해 그의 삶을 전적으로 헌신했다. 그는 황해도 해주 지방에 우리나라 최초 폐결핵요양원을 세웠다. 1928년, 어머니 로제타 홀이 주춧돌을 놓은 곳이었다. 1932년 그는

크리스마스 씰 셔우드 홀이 결핵을 퇴치하기 위해 발행한 크리스마스 씰

---

34 위의 책

폐결핵 퇴치 기금 마련을 위해 '크리스마스 씰'을 발행했다. 씰을 발행하기 위해서는 적지 않은 돈이 필요했다. 게다가 일본의 식민지인 한국에서 과연 성공할 수 있을 것인가라는 확신이 없었다. 그래서 주변의 도움마저 미지근했다. 그러나 무슨 오기인지 셔우드 홀은 성공을 확신하고 흔들리지 않고 추진해 나갔다. 결국 첫 발행부터 적지 않은 비용을 모으는 성공을 거두게 되었고, 그 후로 씰은 결핵 퇴치를 위한 비용 마련에 유용한 도구가 되었다. 황해도 도지사는 씰 발행을 위한 캠페인 시무식에 참석해서 다음과 같은 연설을 하였다.

수많은 돈이 조선에서는 결핵으로 죽은 사람들의 장례 비용으로 쓰여지고 있습니다. 그러나 결핵을 방지하거나 치료하는 데 쓰이는 돈은 몇 푼 안 됩니다. 그것은 바로 씰을 사는 사람과 그의 가족, 그의 이웃들에게 건강을 보장해주는 것이나 마찬가지입니다. 자기 자신을 위한 것입니다. 그러므로 본인은 필요없는 장례를 없애주는 이 역사적인 운동의 시작을 이 자리에서 공표하게 된 것을 지극한 영광으로 생각하는 바입니다.[35]

셔우드 홀은 한국에서 결핵을 퇴치하기 위해 헌신을 하였다. 1940년이 되자 셔우드 가족을 비롯한 한국에 들어왔던 선교사들은 일제에 의해 일제히 추방되었다. 일본이 일으킨 전쟁에서 미국은 일본의 적이었다. 셔우드 홀 역시 일본의 탄압을 받다가 인도로 선교지를 옮겼다. 1963년 선교사에서 은퇴하고 캐나다로 돌아가 여생을 보냈

---

35 위의 책

다. 그도 아버지가 있는 양화진에 묻어 달라는 유언을 남겼다. 그리하여 1991년 9월 그리운 나라 한국 양화진에 묻혔다.

TIP 화진포 & 고성군 여행

화진포 내에 있는 김일성별장, 이승만별장, 이기붕별장은 입장료를 받는다. 입장권은 한 번만 구입하면 된다. 이 입장권으로 생태박물관도 관람할 수 있다. 화진포의 성:김일성별장과 이기붕별장은 가까운 곳에 있어서 한번에 관람가능하다. 이승만별장은 차를 타고 조금 이동해야 한다. 화진포해수욕장에는 울창한 송림이 있고 해양박물관도 있다.

화진포까지 왔다면 통일전망대도 가보자. 통일전망대로 가는 길 입구에 있는 통일안보공원에서 관람 신청해야 한다. 관람 신청을 하려면 신분증, 입장료가 필요하다. 전망대까지 개별 이동은 불가하다. 인솔자를 따라서 자신이 타고 온 차량으로 이동한다. 돌아올 때는 자유롭게 돌아올 수 있다. (자세한 것은 http://www.tongiltour.co.kr)

고성군에는 일반에는 잘 알려지지 않은 왕곡마을이 있다. 해안에서 1.7km 떨어진 이 마을은 산으로 둘러싸여 있으며 오래전부터 집성촌을 형성하여 왔다. 강원도 동해안 북부지역 전통 주택 구조를 살필 수 있는 괜찮은 민속마을이다.

고성에는 관동팔경으로 지정된 청간정이 있다. 속초 경계에 있으니 한번 둘러볼 만하다. 해안풍경이 아름다운 천학정도 좋다. 천학정 뒷산으로 약간 올라가면 수백 년 된 아름드리 소나무를 볼 수 있다.

[추천 1] 진부령 → 화진포 → 통일전망대

[추천 2] 화진포 → 왕곡전통마을 → 청간정

[추천 3] 하늬라벤더팜 → 화진포 → 백섬해상전망대

해 뜨는 고장 양양

금강산에서 울진에 이르는 지역은 대관령 동쪽이라 하여 영동 또는 관동이라 불렀다. 조선시대까지만 해도 관동은 강원도에 속했다. 송강 정철이 강원도 관찰사가 되어 도내를 순회하면서 지은 작품이 유명한 「관동별곡」이다. 백두대간이 동해에 바투 있는 까닭에 고개를 넘는 순간 급경사로 길이 이어지며, 가파른 산길을 내려가면 해안에 닿기 전에 농사지을 땅이 조금 있어서 예로부터 사람들이 모여 살았다. 내려가는 고개가 얼마나 가팔랐던지 대관령이 아니라 대굴령이라 불렀다. 다 내려오면 구르는 것을 면한다고 하여 동네 이름을 '굴면리'라 하였다.

영동지방을 대표하는 도시는 강릉이다. 아주 먼 옛날 신라 진골 귀족이었던 김주원이 일가를 이끌고 강릉으로 이주하면서 중앙 문화가 이곳에 이식되었다. 그 후로 큰 인물들이 연이어 나면서 영동 문화를 주도하는 고장이 되었다. 신라 때에는 동해안을 따라 내려가 서라벌로 들어가는 길이 주요 교통로였다면, 고려와 조선시대에는 대관령을 넘었다. 신사임당, 이율곡, 허난설헌, 허균 등 조선시대를

설악산 주전골 도적들이 숨어서 엽전을 주조했다고 하여 주전골이라 불리는 이곳은 설악산 골짜기의 비경을 다 품었다.

대표하는 인물들이 강릉에서 났다. 이들은 저마다 대관령에 이야기 보따리를 묻어 놓았다.

강릉 북쪽에 있는 양양은 예부터 이름난 고장이었다. 관동팔경의 하나인 낙산사가 있어 옛사람들이 금강산 가는 길에 들렀다. 낙산사 일출은 워낙 유명해서 시인묵객들이 많은 시를 남겼다. 일출이 유명한 양양(襄陽)은 한자 그대로 해를 돋우는 고장이다. 원래 양주(襄州)였다가 조선 태종 때에 주(州)가 들어간 고을의 지명을 바꾸라는 어명이 내려져 陽(양), 川(천), 山(산)으로 바꾸게 되었다. 그래서 우리나라에 세 글자가 들어간 지명이 많아지게 되었다.

설악동으로 들어가기 위해서는 속초를 지나야 한다. 그래서 설악산 하면 속초가 떠오를 정도로 설악산 관광의 일번지가 되었다. 그러나 속초는 역사가 오래된 도시가 아니다. 한적한 곳에 인구가 늘어난 것은 한국전쟁 이후였다. 북진하는 국군을 따라 고향에 갈 수 있으리라는 희망을 품고 온 피란민들이 더 이상 가지 못하고 눌러앉았기 때문이다. 그래서 불과 30년 전만 해도 실향민의 도시였다. 지금도 그 흔적이 남아 있는 것이 아바이마을이며 그곳에 오징어순대가 있다. 북한에서 개성을 직할시로 만들자, 남한에서 대응하는 차원에서 북한 땅이었다가 남한 영토가 된 속초를 급하게 시로 승격시켰다.

고성군은 강원도 최북단 지역이다. 동해안을 따라 쭉 올라가면 그 끝에 고성군이 있다. 금강산을 일부 포함하고 있기도 하지만 대부분 민통선구역이라 접근할 수 없는 아쉬움이 있다. 최북단에는 통일전망대가 있어서 그곳에서 금강산을 조망할 수 있다. 조선시대까지만 하더라도 북쪽에 고성현, 남쪽에 간성군으로 된 두 개의 행정구역이었다. 1896년 고성과 간성을 통합해서 간성군이 되었다. 1919년에는 간성군이 고성군으로 변경되었다. 해방 후 고성군은 북한에 속했다가 한국전쟁 후 일부는 북한에 남고, 일부는 남한 땅이 되었다. 그래서 고성군 중심이 간성으로 옮겨졌다. 고성군에는 유명한 화진포가 있고, 관동팔경의 하나인 청간정, 전통민속마을인 왕곡마을이 있다. 통일전망대에서 바라보는 금강산은 매우 아름답다.

📍

양양감리교회

조화벽 지사가 다녔던 교회

　서울-양양 고속도로를 타고 2시간이면 닿을 수 있는 양양은 북쪽에는 속초시, 남쪽에는 강릉시가 있다. 관광객들은 주로 두 도시에 머물기 때문에 양양은 비교적 한가한 편이다. 그러나 고속도로가 연결되면서 양양은 관광지로 급부상하고 있으며, 언제나 쉽게 도달할 수 있는 곳이 되었다. 그래서 양양이 품고 있는 관광지마다 도심에서 놀러 온 사람들로 넘쳐나게 되었다. 관광객 중에서 그리스도인들도 30%는 될 터이다. 그렇다면 신자들이 먼저 찾아가 봐야 할 곳은 바다가 아니라 교회가 아닐까? 내력이 깊은 교회라면 더더욱 말이다.

　양양에는 120년이 넘은 양양감리교회가 있다. 교회 마당에 들어서면 십자가와 두 개의 종탑, 뾰족지붕, 장미창이 특징인 고딕양식의 교회가 눈에 띤다. 층계를 올라가면 교회당 문 위에는 '하디선교사 기념예배당'이라 새겨두었다. 교회로 들어 가면 '하디홀', '김영학홀', '조화벽기도실', '하디어린이집' 등이 있어서 교회 역사 속에 뭔가 심상찮은 일이 있었음을 짐작하게 한다.

양양감리교회

하디의 회개에서 시작된 한국교회

양양 시내가 보이는 언덕에 우뚝 선 양양감리교회는 로버트 하디 선교사가 1901년에 설립한 교회다. 하디 선교사는 1901년 한 해 동안 강원도를 다섯 번이나 순회하며 전도하고 있었다. 동해안을 따라 오르내리며 전도한 결과 1901년 한 해에만 양양감리교회, 강릉중앙교회, 간성감리교회가 설립되는 결과를 얻었다.

당시 성내리교회라 불렸던 양양감리교회는 훗날 양양지역에 복음을 전하는 등불이 되었으며, 무지한 민중을 일깨워 독립운동, 민족운동에 나서도록 계몽하는 역할을 하였다. 하디 선교사는 한국 교회사에서 기념비적 인물이었으나 언더우드, 아펜젤러 등에 비해 덜 알려졌다.

로버트 하디(Robert A. Hardie, 한국명 하리영, 1865-1949)는 캐나다 토론토의과대학을 졸업하고 1890년 대학생 선교부의 파송을 받고 한국으로 왔다. 원산으로 가 시약소를 운영하면서 강원도 지역을 순회하는 선교여행을 하였다. 1898년 목사 안수를 받았고 1899년 원산으로 돌아와 의료사역에 힘썼다. 1902년 하디 선교사는 무력감에 빠져 있었다. 한국에 온 지 3년이나 되었지만 변변한 열매도 맺지 못한 상태였다. 교인의 집을 불시에 방문해 보니 술상을 펴놓고 모임을 하고 있었다. 교인들끼리 돈거래도 횡횡하고, 이 때문에 사기 사건도 빈번히 벌어지고 있었던 것이다. 강등, 제명, 예배 출석 정지 등 다양한 조치를 취했지만 달라지지 않았다. 하디가 선교본부에 보낸 보고서에 의하면 "원산 교인들의 영적 상태는 매우 실망스럽다"라고 적혀 있다.

1903년 여름, 선교사 휴양촌에서 기도회와 성경공부 모임을 하던 중 하디는 자신의 죄를 깨닫고 회심하는 기도를 하였고, 그곳에 있던 동료 선교사들에게도 고백하였다. '모태 신앙이었지만 진정한 믿음이 없었고, 예수님 안에 거하지 못했다는 것, 성령의 임재를 체험하지 못했다는 것, 조선 교인들을 오만과 교만으로 대했음'을 고백하고 회개하였다. 이 고백을 시작으로 성령의 대역사가 일어났다. 로버트 하디가 교인들 앞에서도 자신의 죄를 고백하고 회개하는 기도를 시작하자, 그곳에 모인 교인들도 자신의 죄를 회개하기 시작했다. 돈을 떼어먹고 갚지 않은 것을 회개한 후 갚았고, 사기 친 일을 고백하고 배상하였다. '이전 것은 지나갔으니 보라 새것이 되었도다(고전 5:17)'는 말씀이 이루어지는 회개가 이어졌다. 회개가 무엇인지 몰랐던 조선인들이 전정한 회개를 알게 되었고, 진정한 그리스도인으로 태어나는 일이 시작되었다. 이것이 원산대부흥의 밀알이 되었다.

회개운동은 원산에서 서울-개성-평양으로 이어졌다. 1907년 평양 대부흥은 이때 뿌려진 씨앗이 발아한 것이었다. 평양 대부흥은 한국 기독교의 기념비적인 사건이었다. 한국 기독교가 외래 종교가 아닌 토착화 할 수 있었던 사건이었다. 원산에서 평양으로 평양에서 전국으로 확산되었다. 대부흥을 이끈 하디는 감리교신학교의 전신인 협성신학교 학장, 피어선성경학교 교장을 역임하면서 신학교육에 힘썼다. 1936년 한국에서 은퇴하고 미국으로 돌아가 1949년 84세의 일기로 세상을 떠났다.

항일 투사 김영학 목사

1901년 하디에 의해 설립된 양양감리교회는 많은 인재를 길러내며 양양 지역 중심으로 우뚝 섰다. 항일운동에 앞장선 5대 김영학 목사, 8대 송정근 목사, 조화벽 지사가 양양감리교회 출신이었다.

김영학 목사는 3.1운동 당시 군중들에게 독립에 대한 감동적인 연설을 해서 양양군민들의 의기(義氣)를 이끌어 낸 인물이었다. 김영학은 황해도 금천 출신으로 30살이 되던 1907년 예수를 믿고 권서로 활동했다. 1915년 협성신학교를 졸업하고 목사가 되었다. 그리고 1918년 양양교회 5대 목사로 부임했다. 김 목사는 "예수 잘 믿고 나라를 사랑하라"는 메시지를 교인들에게 전했다. 3.1만세운동 때에 교인들을 독려하여 거리로 나갔다. 그는 군중들 앞에서 감동적인 연설한 후 시위대를 이끌었다. 이 일로 일경에 체포되어 6개월 투옥되었다가 풀려났다. 일제가 남긴 기록에 의하면 '야소교도를 중심으로 수백 명의 무리들이 만세를 주도했다' 고 되어 있다.

출옥 후 김 목사는 비밀단체인 '대한독립애국단' 강원도당 양양군단에 가입했다. 이 일이 발각되어 또 1년 6개월을 서대문형무소에 투옥되어야 했다. 출옥 후 감리교 연회에서 블라디보스톡으로 파송하였고, 그곳으로 가 복음을 전했다. 소련 공산당의 탄압에 힘들어하는 한인(韓人)들을 위로하고 애국심을 고취시켰다. 소련 공산당은 그런 그를 예수를 전한다는 이유로 체포해 총살해 버렸다.

오직 하나님만 붙들었던 송정근 목사

8대 담임이었던 송정근 목사는 일제에 저항하다가 목사직을 박탈당하고 투옥되었다. 일제는 1937년 이후 중국 침략, 태평양전쟁을 일으키면서 한민족 말살에 혈안이 되었다. 저들이 벌인 전쟁에 한국민을 동원하기 위해 이유를 끌어다 붙인 것이 '일선동조론(日鮮同祖論:한국과 일본은 조상이 같다)'과 '내선일체(內鮮一體:조선과 일본은 하나

양양감리교회 하디와 김영학 목사, 송정근 목사, 조화벽 지사를 기억하고 있는 양양감리교회

다)'이었다. 한국민들에게 '창씨개명'을 강요하고, 한국말 · 글 사용을 금지했다. '황국신민'을 강조하기 위해 '신사참배', '궁성요배', '황국신민서사(皇國臣民誓詞) 제창'을 강요했다. 전방위적인 협박이 통했는지 수많은 지식인, 독립투사들이 친일로 돌아섰다. 그뿐만 아니라 불교계, 기독교계에서도 일제의 기만적인 정책에 동조하고 나섰다.

반대하는 신학교를 폐쇄하고, 선교사들을 추방했다. 게다가 교회에는 신사참배, 동방요배, 구약 폐지, 찬송가 개정, 일본어 설교를 강요했다. 일본 천왕 아래 하나님을 두기 위해 혈안이 되어 있었다. 여기에 동조한 기독교계 지도자들은 강력하게 반대하는 목사들의 직을 박탈하였다. 송정근 목사도 목사직을 박탈당하고 황해도 시골로 들어가 농사를 지었다.

송정근 목사는 해방이 되자 무너진 교회를 다시 일으키는 데 전력을 다하였다. 그렇지만 일제보다 더 악랄한 공산당의 탄압에 시달려야 했다. 송 목사는 공산당 치하에서도 굽히지 않고 신앙을 지키다가 1950년 10월 공산군에 의해 살해되었다.

양양만세운동을 주도했던 조화벽 지사

조화벽(趙和璧 1895-1975) 지사는 양양감리교회 전도사였던 조영순의 외동딸로 태어났다. 1910년(16세) 원산 성경학교를 거쳐 루씨여학교에서 수학하였다. 1919년에 개성 호수돈여학교 재학 중 3.1만세운동이 일어나자 학생 비밀결사대원으로 참여하였다. 1919년 3월 5일 대대적으로 일어난 개성만세운동으로 학교는 폐쇄되었고 일제는 휴교령을 내렸다. 조화벽은 독립선언서를 숨겨서 원산을 거쳐 양양으로 돌아왔다. 천신만고 끝에 숨겨온 독립선언서를 교인이었던 김필선에게 전달하였다. 김필선은 면사무소 급사(잔심부름하는 역할)였기 때문에 면사무소 등사기로 태극기와 독립선언서를 등사할 수 있었다. 김영근 목사를 필두로 지역 유지인 이석범 이 앞장서 교회와 유림, 양양보통학교 동문, 농민들을 규합하여 4월 4일 양양 장날에 만세운동을 주도하기로 했다. 그러나 일제의 감시에 걸려서 몇몇은 체포되고, 태극기와 독립선언서가 압수되는 사태가 발생했다. 그러자 체포되지 않은 지도자들은 곳집(상여집)에 모여서 태극기를 제작했고, 조화벽 지사도 86매를 만들었다. 드디어 장날이 되자 약속대로 만세운동이 시작되었고, 조화벽 지사는 앞서서 만세를 주도하였다.

이 일 후 조화벽 지사는 신분을 숨기고 피신하였다가 개성 호수돈여학교로 돌아가 학업을 마쳤다. 졸업 후 공주 영명학교 교사로 부임했는데, 그곳에서 고아가 된 유관순의 두 동생을 돌보게 되었다. 이것이 계기가 되어 1925년 유관순의 오빠 유우석과 혼인하였다. 조화벽은 학교 교사로 부임하는 곳마다 학생들에게 독립정신을 고취하는데 멈춤이 없었다. 1932년에는 고향인 양양으로 돌아와 양양감리교회에 정명학원을 설립하여 가난한 아이들을 가르치는데 헌신하였다. 그녀가 13년 동안 배출한 학생은 600여 명이 넘었다. 조화벽 지사는 1982년 대통령 표창, 1990년 건국훈장 애족장을 받았다.

교회에서 멀지 않은 곳에 '조화벽 거리'가 있다. 이곳은 1919년 3.1 만세운동을 했던 거리였다. 거리 곳곳에 그날의 함성을 기억하기 위해서 벽화가 그려졌다. 골목 구석구석을 다니면서 양양감리교회 교인들이 주도했던 양양만세운동을 기억하고 추념해 보자.

1919년 4월 4일 양양 장날 만세운동은 일제의 조선 식민지배에 반대하여 독립만세를 부른 사건으로, 강원 영동지방에서는 가장 치열하게 일어났던 곳이다. 4일부터 9일까지 7개면 82개 마을 15,000여 명의 주민이 시위에 가담하였는데 일본 군, 경들이 총칼로 제지하였지만 조금도 굴하지 않고 일사불란하게 강력히 항거하다 12명이 현장에서 피살되고 43명이 부상을 입었다. - 조화벽 거리 안내문

TIP 양양감리교회 탐방

▌양양감리교회
강원도 양양군 양양읍 구성사잇길 9 / TEL. 033-671-8961

양양감리교회, 조화벽거리를 순례했다면 전통시장에 가보자. 걸어서 갈 수 있다. 장날은 4, 9일 장이다. 시장에는 양양에서 생산되는 다양한 농산물, 수산물을 구입할 수 있다. 가을에는 금강송 숲에서 나는 유명한 양양 송이를 볼 수 있다. 관동팔경의 하나인 낙산사는 시원한 풍광이 좋고, 기암괴석이 아름다운 하조대도 아름답다. 설악산 대청봉, 한계령, 오색약수와 주전골, 흘림골이 모두 양양에 있다. 가을이면 양양 남대천으로 연어가 거슬러 올라온다. 남대천변 갈대와 억새도 가을 구경거리다. 꼭 양양을 고집할 필요없이 속초와 연계해서 다녀와도 좋다.

[추천 1] 양양감리교회 → 조화벽거리 → 전통시장 → 하조대
[추천 2] 양양감리교회 → 조하벽거리 → 주전골(오색약수) → 한계령

산과 바다가 한 몸 동해 · 삼척

    강원도 동해시는 강릉과 삼척 사이에 있다. 1980년 강릉에서 묵호를, 삼척에서 북평을 떼어내서 동해시를 만들었다. 삼척과 강릉 경계에 새로운 도시를 만들어야 했던 것은 이곳에 괜찮은 항만이 있었기 때문이다. 이 항만은 이 지역에서 생산되는 시멘트와 석탄을 선적할 목적으로 사용되었다. 강릉과 삼척에 걸쳐 있는 항만이다 보니 여러 가지로 불편할 수밖에 없었다. 그래서 하나의 도시로 묶어버린 것이다. 동해시는 도심에 석회암동굴(천곡동굴)이 있을 정도로 석회암 지대로 되어 있다. 석회암을 채굴하여 시멘트로 가공하는 공장이 삼화동에 있다. 삼화동 골짜기에서 항만으로 연결되어있는 컨베이어벨트는 동해시 주력 산업이 무엇인지 알려준다. 시멘트를 채굴하는 삼화동으로 더 들어가면 무릉계곡이 입구 분위기와는 다른 별유천지를 보여준다. 수천 명이 넉넉히 앉을 무릉반석에는 봉래 양사언을 비롯해 수많은 시인묵객들이 저마다 감상을 바위에 새겼다. 계곡을 따라 4km나 이어진 길은 산행의 즐거움을 더해준다. 무릉계곡은 두타산과 청옥산을 배경으로 각종 비경을 만들어 놓았는데, 산행하는

삼척항

이들이 즐겨 찾는 곳이 되었다.

동해시에 우리가 꼭 보아야 할 교회가 두 곳 있다. 천곡동에 있는 '천곡교회'와 '북평제일교회'다. 천곡교회는 일제의 강압적인 신사참배를 거부하다가 대전형무소에서 순국한 최인규 권사가 다녔던 곳이고, 북평제일교회는 김한달 전도사가 눈물로 세운 교회이며 지역 근대화와 민족계몽운동에 앞장선 교회였다.

삼척은 두말할 필요 없는 강원도 동해안 남부를 대표하는 역사적 도시다. 관동팔경의 하나인 오십천변 죽서루가 유명하고, 태조 이성계의 5대조 묘가 준경묘, 영경묘라는 이름으로 보존되어 있다. 사실 무덤보다 주변을 둘러싸고 있는 소나무가 대단해서 일부러 찾아가 볼 만한 곳이다. 고려말 이승휴가 『제왕운기』를 썼다는 천은사도 있다. 고려의 마지막 왕 공양왕의 무덤으로 전해지는 공양왕릉이 있어

망국의 군주를 생각게 한다. 삼척은 석회암동굴이 무척 많다. 무려 82개나 된다고 하는데 정밀 조사하면 더 나올 가능성이 있다. 우리나라에서 가장 큰 규모를 자랑하는 환선굴, 기묘한 석회암 생성물과 동굴 속을 흐르는 계곡이 신비로운 대금굴이 있다. 대금굴은 한 달 전에 예약해야 할 정도로 인기가 높다. 삼척은 해안을 따라 드라이브를 즐기기만 해도 즐겁다. 새천년해안도로라 이름 붙인 곳은 눈이 쉴 틈을 주지 않는다. 눈시린 푸른 바다와 기묘한 암석들이 조화를 이루어 수시로 정차해 사진을 찍게 만든다. 장호항에서 즐기는 해상 케이블카도 유명세를 타고 있다. 덕봉산과 촛대바위해안 산책로도 새롭게 떠오르는 관광지다. 해안도로를 따라 한 굽이 돌 때마다 나타나는 해수욕장, 항구 등은 삼척이 무척 아름다운 곳이라는 생각을 갖게 해준다.

삼척에서 꼭 가 봐야 할 교회는 삼척제일교회다. 북평제일교회와 마찬가지로 눈물의 기도로 설립되었다.

삼척제일교회

바울의 영성을 품은 김한달의 눈물과 기도

지식인으로 살기 힘들다

삼척, 동해, 울진 지역 초기 기독교 역사에서 김한달 전도사는 매우 중요한 인물이다. 삼척 북쪽 지금 동해시에 속하는 북삼면 출신인 김한달 전도사의 초명은 원신(源愼)이고 한달은 아명이다. 어린 아이일 때 초명(初名)을 지어주고, 초명 대신 막 부르는 이름을 아명(兒名)이라 한다. 성명은 부모가 준 이름이기 때문에 함부로 부르지 않았다. 옛날에는 유아 사망률이 매우 높았다. 귀신이 시기했기 때문이라 생각했다. 그래서 오래 살기를 기원하면서 천한 이름을 지어 불렀다. 그것이 아명이다. 고종의 성명(본명)은 재황, 아명은 개똥, 초명은 명복이었다고 한다. 성인이 되면 자(字)를 지어주고 이름 대신 불렀다. 어른이 되면 호를 지어 불렀다. 김한달 전도사는 무슨 이유에서인지 아명을 이름처럼 사용했다.

일찍이 개화에 눈을 뜬 지식인 김한달은 1908년에 강릉에 기독교가 들어와서 교회를 세웠다는 소식을 들었다. 교회는 개화의 상징과 같았기 때문에 궁금하지 않을 수 없었다. 그는 홍순철이라는 청년에게 강릉에 가서 고재범을 만나 기독교에 대해 알아보라고 했다. 고재범은 제천 출신으로 강릉지역에서 기독교 복음을 전하며 성경과 기독 서적을 판매하는 권서인이었다. 훗날 고재범은 전도사가 되어 삼척제일교회(2대)와 옥계중앙교회(1대) 교역자로 사역했다.

강릉으로 갔던 홍순철은 고재범으로부터 성경을 받아 가져왔다. 김한달과 홍순철은 성경을 함께 공부하고 기독교 복음을 받아들이기로 마음먹었다. 예수를 영접한 김한달은 우선 우상을 버리기로 했다. 집 안에 있던 조상의 신주를 꺼내 불살랐고 제사를 버렸다. 지금은 '그것이 별거냐'라고 할지 몰라도, 당시로 돌아가면 모든 것을 뒤집어 버리는 일대 혁명이었다. 지금까지 살아온 삶 자체를 버리는 것이었다. 이제 예수의 제자가 되었다는 확신이기도 했다. 김한달은 개화의 상징으로 상투를 잘랐다. 그리고 진사를 지낸 큰댁에 가서 복음을 전하다 쫓겨났다. 유학을 배워 과거시험 소과에 합격하고 진사가 되었다는 것은 마을 지도자라는 뜻이다. 큰댁은 유학을 버린 김한달을 용서할 수 없었던 것이다. 결국 그는 가문의 핍박을 피해 지금의 삼척 시내로 이주했다.

한말에 김한달처럼 스스로 복음을 수용하는 이들을 적잖게 볼 수 있는데 무슨 이유일까? 특히 지식인에게서 그런 경향을 볼 수 있다. 당시 지식인들에게 가장 큰 숙제는 '무너져가는 조국을 어떻게 일으킬 것인가!' 또는 '일제의 폭압적인 통치로부터 해방되는 길은 무엇인가?'였다. 김한달 또한 같은 고민을 하고 있었고 개화의 상징인 기

삼척제일교회 온갖 어려움을 극복하고 오직 신앙의 길을 걸었던 김한달로부터 시작된 삼
척제일교회

독교와 성경에서 그 해답을 찾고자 했다. 노예에서 해방된 이스라엘
을 보았고, 모세, 느헤미야, 에스더처럼 민족을 구한 영웅들이 나타
나기를 기도했다. 이스라엘을 구원하셨던 것처럼 하나님이 우리 또
한 구원하실 것을 믿었다. 거기에 더해 그들이 주목했던 것은 한국
민의 무절제한 삶을 변화시킬 동력을 찾는 것이었다. 유교와 불교
는 그 생명을 다한 지 오래되었다. 더 이상 사람들의 정신세계를 다
스리지 못했다. 술과 노름 등 방탕한 삶으로부터 회개하고 돌아서게
해줄 방안으로 기독교를 선택한 것이었다. 그리스도인들이 제 역할
을 하지 못한다면 기독교 또한 같은 길을 걷게 될 것이다.

　김한달이 품었던 사회 개혁 꿈과는 달리 바닷가 지역은 혹독한 환
경만큼이나 미신에 대한 의존이 심했다. 바다는 먹거리를 내어주는

고마운 곳이기도 하지만 목숨을 앗아가는 무서운 대상이었다. 그렇기에 무엇인가에 의존하지 않으면 언제 닥칠지 모르는 재앙이 두려워 바다에 나갈 수 없었다. 그래서 마을마다 해(海)신당을 만들어두고 풍어(豐漁)를 기원하는 제사를 지냈다. 제사를 지냈음에도 재앙이 닥칠 경우 부정 탔기 때문이라 여기고, 부정의 원인을 찾아 제거하고자 했다. 풍어는 신의 선물이고, 재앙은 인간 스스로 신에게 불경한 짓을 했기 때문이라 해석했다. 그렇게라도 원인을 찾아 해결하지 않으면 마음의 안정을 구할 수 없었던 것이다. 그러니 '야소교'라는 이방 종교를 믿으면 부정 탈 것이고, 바다는 생(生)을 통째로 삼켜버릴 것이니 두려워서 거부했다. 자연환경이 혹심한 지역일수록 비슷한 경향을 보여준다.

김한달은 그런 어촌마을을 눈물로 기도하며 복음을 전했다. 눈물로 전도한 결과 조금씩 열매를 얻어서 집에서 예배를 드릴 수 있었다. 이것이 삼척교회의 시작이었다. 교회가 시작되자 그는 성경을 배우고자 서울로 떠났다. 그의 봇짐에는 짚신 여러 켤레가 매달려 있었다. 그가 어디에서 공부했는지는 알 수 없지만 공부를 마치고 집으로 돌아올 때는 성경과 찬송가 등 기독교 서적을 한 짐 가득 가지고 왔다. 그리고 장날에 책을 팔면서 전도하였다.

김한달이 전한 복음을 영접한 이들은 강원도 동해안 남쪽지방 복음화에 큰 역할을 하였다. 김성영은 전도사로, 김재영은 속장으로 헌신했다. 맏아들 김기정은 삼척지역 출신 최초의 목사가 되어 복음을 전했다. 천곡교회 최인규 권사에게 손을 내밀어 신앙의 길을 걷도록 한 인물이 김기정 목사였다.

지역 사회 등대로 선 교회

김한달이 문중과 이웃으로부터 온갖 냉대를 당하면서도 5년 동안 전도한 결실로 맺어진 교회가 삼척교회다. 교회의 시작은 1911년이다. 김한달 가족들이 모여서 예배를 드린 것이 이때였다. 아주 미약하게 시작된 교회는 삼척, 동해, 울진 일대로 복음이 확산되는데 중요한 역할을 했다. 그래서 삼척교회를 이들 지역의 모교회라 부른다.

1913년 성도가 늘자 3칸짜리 한옥을 구입해서 예배당으로 사용했다. 다음해인 1914년에는 6칸짜리 한옥을 구입해서 더 많은 성도를 수용했다. 1915년에는 고재범 전도사가 부임해서 교회를 이끌었다. 1920년에는 김한달 전도사의 장남인 김기정 전도사가 부임하여 가난한 이들을 보듬으며 헌신적인 사역을 했다. 이때는 성도들이 폭발적으로 늘어나서 삼척읍 성내리(죽서루 앞쪽)에 142m²(471평) 대지를 구입하고 2층으로 된 예배당을 건축했다. 목조 벽체와 함석지붕을 얹은 일본식 건물이었다. 새로운 예배당을 건축했다는 기쁨에 전도대회를 열어 32명의 새신자를 얻었다. 장임옥 성도 내외는 십일조를 내면서 서원했다. '돼지새끼 날 때마다 첫 것은 하나님께 바치겠다.'

1925년에는 삼척지역 최초의 교육기관인 삼성유치원(1945년 삼척유치원으로 개명)을 설립하여 지역 사회에 어린아이 교육의 중요성을 일깨웠다. 건물 1층은 유치원, 2층은 예배당으로 사용했다. 유치원 교육은 지역 복음화에 큰 역할을 하였다.

교회가 성장을 지속하고 삼척 일대에 북평교회, 천곡교회가 세워지자 이들과 연합으로 야외예배를 드렸다. 연합예배를 드린 곳이 추암리 능파정이었다. 촛대바위로 유명한 곳이다.

삼척은 일제강점기 광물자원을 수탈하기 위한 기지였다. 1930년
대부터 강원도 깊은 산중에 있던 광물을 캐서 삼척항, 북평항에서
실어나갔다. 금은동철뿐만 아니라 무연탄도 채탄해서 실어나갔다.
지금의 태백시는 그 당시 삼척에 속했었다. 한반도 어디나 마찬가지
였지만 목숨을 부지하는 것조차 힘겹던 때였다. 광산노동자들이 몰
려 들었고, 가난을 벗어날 길 없는 이들의 서러움이 가득했다. 교회
는 가난한 민중들을 돌보며 복음을 전하는 역할을 해야 했다. 예배
당 마루에 꿇어앉아 울면서 기도하였고 그때마다 성령의 위로를 체
험하면서 혹심했던 일제강점기를 견뎌낼 수 있었다.

1944-45년 일제의 신사참배 강요 등으로 핍박이 더욱 거세져 관
제교회만 남게 되었을 때, 삼척교회는 신사참배를 동참하기보다는
폐쇄의 길을 택했다. 일제는 예배당을 '강원도 토목관구 사무소'로
사용했다. 한기모 목사는 교회를
지키며 통분의 기도를 드리다가
붙잡혀 가 고초를 당하였다.

현재 교회 앞에는 1946년에 세
운 최인규 순교기념비가 있다.
1982년에 천곡교회로 이장될 때까
지 이곳에 있었던 흔적이다. 최인
규 권사가 대전형무소에서 순교했
다는 소식을 들은 조카 최종대는
한달음에 달려가 화장을 한 후 유

최인규 권사 순교비 삼척제일교회 마
당에 세워졌다. 최인규 권사 무덤이 삼
척제일교회에 있었었기 때문이다.

골을 모셔왔다. 광복이 되던 해 10월에 닫혔던 예배당을 열면서 삼척교회 입구에 묘소를 마련했다. 당시 삼척지역에 있었던 일곱 교회 이름으로 최인규 순교기념탑을 무덤 위에 세웠다. 비문은 한문으로 기록되었는데 해석은 이렇다.

눈서리 어리는 혹한이 푸른 대의 자태를 손상할 수 없고, 먼지 따위가 백옥의 빛을 변하게 할 수 없음과 같이 악한 법과 혹독한 고문이 필부의 뜻을 빼앗을 수 없도다. 돌아보니 오늘날 푸른 대나무와 백옥 같은 지조를 지키는 자 몇이나 있으랴. 오호라, 고(故) 권사 최인규는 강릉이 본관이며 인규는 그의 이름이로다.

입교 이래로 그 재산을 기꺼이 바치고 독실하게 교리를 믿었다. 병진년을 당하여 섬나라 오랑캐들이 어지러운 정치를 할 때, 소위 신사참배의 조로 얽어 매이는 것에 참여하지 않고 깨어 지키며 갖은 형벌을 받으나 십계명을 힘써 지키고 뜻을 굽히지 않았도다.

익년 임오년에 대전형무소에서 임종을 맞으니 때 12월 16일 오후 2시였나니 향년 63세더라. 오호라, 그 맑은 뜻을 지킴이여 엄동에 대나무와 먼지 속의 백옥에 비추어 부끄럼이 없으니 죽었으나 우리의 주께서 영광을 주리로다. 이에 돌을 깎아 그 사실을 기록하니 장차 올 세상의 믿음의 식구들이 모범으로 삼을 진저

주후 1946년 3월. 기독교 조선감리회 삼척구역. 삼척, 도계, 옥계, 삼화, 북평, 장성, 묵호에서 삼가세움

삼척교회는 1957년에 삼척제일교회로 이름을 바꾸었고, 1987년에는 지금의 자리로 이전했다.

북평제일교회

기도로 지킨 종을 간직한 교회

김한달이 세운 교회

북평제일교회는 1912년에 삼척제일교회를 설립한 김한달(1865-1930) 전도사가 1913년 북평에 설립한 교회다. 북평제일교회는 일제 강점기에 교육을 통해 민족정신을 일깨우는데 앞장섰던 교회다. 아이들 교육뿐만 아니라 노동야간학교를 설립해서 배움에 목마른 이들에게도 문을 열었다. 지속적인 계몽운동을 통해 북평제일교회에서는 많은 인물이 길러졌고 이들은 교회와 나라를 위해 삶을 바쳤다.

김원도는 3.1만세운동에 참여한 후 체포되어 옥고를 치렀다. 김한달 전도사의 차남 김기선은 배재학당에 다니던 중 3.1만세운동에 참여했다가 만주로 망명했다. 쉬지 않고 독립운동을 하던 중 반대파에 의해 암살당했다.

북평제일교회는 1922년에 기독청년회(엡윗청년회)를 설립했고, 1923년에는 남선교회와 여선교회, 소년회를 설립했다. 1924년에는

북평제일교회

배화여숙을 설립하고, 4명의 여자청년들을 서울에 있는 태화여자관
으로 보내 공부시켰다. 이들 학생 중 김송죽은 전도부인으로 복음
전하는 사역에 헌신했다.

교회는 일제의 삼엄한 감시에도 사회계몽운동을 통해 항일정신
을 고취하는 일을 멈추지 않았다. 1928년에는 청년회장 김원도는 금
주회를 조직하여 금주와 금연 운동을 전개했다. 이를 통해 지역사회
를 변화시켜 나갔다. 일제에 의해 민족말살정책이 추진되던 1940년
에는 '의법청년회'를 조직하고 문맹퇴치를 위한 야학을 운영하였다.

기도로 지킨 교회종

북평제일교회에는 일제강점기 중에 빼앗기지 아니한 종이 잘 보
관되어 있다. 예배당으로 들어가는 출입문 한쪽에 있는 큰 종이다.

이 종은 100여 년 전인 1921년에 평양에서 만든 것으로 무게가 거의 300 kg이나 된다. 북평제일교회에서는 이 종을 마련하기 위해 교인들뿐만 아니라 지역의 주민들과 일반인 심지어 공무원들로부터도 기부금을 받았다. 이 종은 평양에서 원산까지는 철도를 이용했고, 원산에서 양양의 기사문리까지는 배를 이용해서 운반했다. 기사문리에서 교회까지는 소달구지를 이용해서 3일 만에 가지고 왔다. 1923년에 종각을 세우고 종을 달았다. 예배를 알리는 종소리는 시계가 귀했던 당시 주민들에게 시간을 알리는 역할도 했다.

2차세계대전을 일으킨 일본은 전쟁물자가 부족해지자 한국에서 그것을 충당하고자 했다. 한국청년들을 징집하고, 한국노동자를 징용하고, 금속으로 된 것은 모두 무기 만든다고 쓸어갔다. 집집마다 가마솥, 밥그릇, 숟가락에 이르기까지 모조리 공출당했다. 종교계라고 예외는 아니었다. 사찰 종, 교회 종 등 예외 없이 금속으로 된 것이면 군수물자 조달을 위해 빼앗겼다. 일제 경찰은 북평예배당에 '시체수용소'라 간판을 붙이고 '큰 종을 헌납하라'고 독촉했다.

일제의 압박에 못 이겨 1945년 8월 12일 교인들은 종각에서 종을 내렸다. 평화와 안식의 종이 생명을 앗아가는 무기가 될 위기에 처한 것이다. 이것을 지켜보던 김성영 전도사는 슬픔을 이기지 못하고 인근 야산에 올라가 눈물로 기도했다. 그가 남긴 「해강록」에는 그 당시 기도문이 기록되어 있다.

하나님 아버지여 북평예배당 종을 평양 중복종주조소(平壤 中福鐘鑄造所)에 가서 조선 대특호로 주조하여 22년 동안 하나님 앞길을 가르쳐 주었는데, 지금 주재소에서 내일 종을 깨어서 싣고 간다 하오니 하나님 아버지시여, 종을 가지고 가지 못하게 하여 주소서

다음 날 삼화철산 화약고에서 폭발이 일어났다. 그 와중에 보관 중이던 화약 절반도 도둑맞았다. 삼척경찰서 경찰 대부분이 이 사건을 조사하기 위해 광산지대로 수색 나가는 바람에 북평교회 종을 가져가지 못했다. 이 일이 벌어지고 3일 후에 해방이 되어 북평교회 종은 지금까지 잘 보존되고 있다.

천곡감리교회
순교자의 영성으로 우뚝 선 교회

며느리에 의해 전해진 복음

동해시 천곡동에 있는 천곡교회는 1921년에 설립되었다. 당시까지만 해도 천곡마을은 조그만 마을이었다. 천곡마을 홍씨 집안에 김태봉이란 여인이 시집왔는데 한 알의 밀이었다. 어린 며느리 김태봉은 시어머니에게 조심스럽게 예수를 알려 주었고 차츰 가족들도 알게 되었다. 시어머니 권화선은 불교 신자였고, 주막을 운영하고 있었다. 예수를 영접한 권화선은 주막을 정리했다. 며느리가 무척 사랑스웠던지 시댁 식구들은 며느리가 다녔던 교회가 궁금해서 교회를 몇 번 방문하였다. 김태봉 여인은 시댁뿐만 아니라 마을 사람들에게도 복음을 전했다. 그리하여 열매가 맺어지게 되었는데 주일이면 마을 사람들과 함께 40리(16km)나 떨어진 북평읍에 나가 예배를 드렸다. 예배당은 비록 멀었지만 그들은 예배를 소홀히 하지 않았다. 주일 저녁예배, 수요예배는 참석할 수 없었지만 시시때때로 사랑방에

천곡교회 어린 며느리가 믿는 예수가 궁금했던 사람들에 의해 시작된 천곡교회

모여 찬송을 부르고 성경을 읽었다. 천곡마을에 교인들이 늘어나고 신앙이 단단하게 자리 잡자 감리교단에서는 이 마을에 교회를 설립할 것을 결의하고 최인규 권사(안수집사)를 보냈다.

거듭남의 삶

최인규는 몰락 양반 가문에서 태어나 남양 홍씨 여인과 혼인하였으나, 부인을 일찍 잃는 불운을 당했다. 신세를 한탄하며 술로 세월을 보냈는데 그에게 손을 내밀어준 이는 북평교회(현 북평제일감리교회) 김기정 목사였다. 실의에 빠져 있는 그에게 빛과 진리, 길이신 예수를 소개했다. 세상을 원망하며 살던 그가 예수를 만나자 전혀 다른 사람이 되었다. 예배와 기도가 일상이 되었고 성령이 이끄는 거룩한 삶으로 전환되었다. 세례를 받고 권사로 임직받았다. 예수를 만난 이후 금주, 금연을 물론 집안에서 섬기어 오던 우상을 깨뜨려 버렸다. 든든한 반석 위에 그가 서 있게 되자 하나님은 그를 천곡마을로 보냈다.(1933) 천곡마을로 보내기 위해 준비된 일꾼이었던 것이다. 하나님이 이끄시는 삶은 끝을 알 수 없지만 치밀한 설계가 있음을 보게 된다.

최인규 권사가 천곡교회로 보내지기 전 천곡교회의 부흥은 한 여인의 병고침에서 시작되었다. 마을 사람이었던 이창석은 그의 부인이 중병에 걸리자 교회에 나와 교인들과 3일간 집중 기도를 했다. 3일째 되던 날 예배를 드리며 기도하던 중에 여인은 병 고침을 받았다. 살아계신 하나님을 만난 교인들은 이 일 후에 더 열심히 예배, 기도, 전도에 힘썼다.

교인들이 늘어나자 천곡교회는 1932년에 예배당을 건축하기로 했다. 이 소식을 들은 이창석의 부친이 땅 200m²(68평)을 교회 부지로 헌납했다. 목재는 김원대 권사 소유의 산에서 가져왔다. 마루판은 동네에 있던 서낭당 나무를 베어다가 사용하였다. 서낭당은 수백 년 이상 마을 사람들이 섬겨오던 신앙의 터다. 지금도 시골에는 서낭당을 신성시하면서 일반인 접근을 불허하는 곳이 많다. 수백 년 된 나무를 당산나무라 하여 마을신으로 섬기기도 한다. 서낭목이나 당산나무를 보호하기 위해 '나무를 건들면 동티난다!' 고 소문을 퍼뜨린다. 천곡마을은 이제 그런 소문쯤은 아무렇지 않게 여기는 담대한 믿음을 소유하게 된 것이다.

이때 북평제일교회에서는 예배당 건립을 위해 애쓰는 천곡교회 성도들과 함께 기도하고 준비했다. 북평제일교회 최인규 권사는 1933년 11월에 천곡교회에 부임했다. 최인규는 설교와 교육 담당자로, 권화선 속장은 전도부인으로 교회를 섬겼다. 최인규는 전재산인 밭 1640m²(539평)과 논 4150m²(1,369평)를 교회 대지로 하나님께 드렸다. 교인들과 힘을 모아 드디어 8칸 초가 예배당을 건축할 수 있었다. 주민들은 기쁨으로 예배하고, 전도하고, 이웃을 위해 도움의 손길을 내밀었다.

신사참배 하지 않은 최인규

일제는 1937년 이후 중국침략, 태평양전쟁을 일으키면서 한민족 말살에 혈안이 되었다. 저들이 벌인 전쟁에 한국민을 동원하기 위해 이유를 끌어다 붙인 것이 '일선동조론(日鮮同祖論:한

최인규 권사 묘 신사참배를 거부하여 죽임을 당한 최인규 권사. 죽음 앞에서도 당당했던 그의 믿음은 깊은 울림을 준다.

국과 일본은 조상이 같다)'과 '내선일체(內鮮一體:조선과 일본은 하나다)'이었다. 한국민들에게 '창씨개명'을 강요하고, 한국말·글 사용을 금지했다. '황국신민'을 강조하기 위해 '신사참배', '궁성요배', '황국신민서사(皇國臣民誓詞) 제창'을 강요했다. 전방위적인 협박이 통했는지 수많은 지식인, 독립투사들이 친일로 돌아섰다. 그뿐만 아니

라 불교계, 기독교계에서도 일제의 기만적인 정책에 동조하고 나섰다.[36] 감리교단에서도 신사참배는 국가의례일 뿐이라고 결의했다.

최인규 권사는 1940년대 초반 일제로부터 신사참배를 강요당했으나 단호하게 거절했다. 천곡교회 최인규 권사, 북평제일교회 김성영 전도사, 동해감리교회 이수정 집사 등은 평소에도 신앙적인 교류를 하고 있었다. 이들은 민족 해방과 신사참배 등을 토론하며 저들이 주장하는 기만적인 민족말살정책의 저의를 파악하고 항일정신을 다졌다. 신사참배 요구가 교회까지 이르자 최인규 권사는 교인들 앞에서 단호하게 거부할 것을 선언하였다. 일제는 최인규 권사를 삼척경찰서로 끌고 가 갖은 구타와 고문을 자행했다. 일제는 최인규 권사에게 창피를 줄 목적으로 똥지게를 지고 동네를 돌아다니며 "나는 신사참배 하지 않는 최인규입니다" 라고 외치게 했다. 그러자 최인규 권사는 주저하지 않고 마을을 돌아다니며 자랑스럽게 "내가 예수 믿는 최인규올시다!, 내가 신사참배를 거부한 최인규입니다" 라 소리 질렀다. 마을 사람들은 주먹을 불끈 쥐고 최인규 권사를 응원했다. 부끄러운 똥지게가 아니라 자랑스러운 똥지게였다. 신앙고백의 똥지게였다. 최인규를 굴복시키지 못하자 일제는 최인규 권사를 강릉구치소에서 함흥형무소로 이감시켰다. 그는 함흥재판소의 판사 앞에서 일본이 멸망할 것이라고 경고했다.

너희는 내 말을 똑똑히 들어두라. 하나님을 믿지 않고 기독교를 없애려고 애쓰던 옛날의 바빌론과 로마는 이미 망했다. 너희 일본도

---

36 양양제일교회 참고

하나님을 믿고 회개하지 않으면, 그리고 우리나라를 악딜하여 시민지를 만들고 우리 민족을 못살게 하는 이 큰 죄를 회개하지 않고 계속 신자를 박해하면, 아무리 너희가 지금은 강대하다고 자랑할지라도 로마와 같이 반드시 멸망하고 말 것이다.

일제에 의해 탄압받던 민족지도자들은 한결같이 일본의 패망을 경고했다. 성경에 근거한 경고였다. 하나님의 정의와 공의를 헤치는 자들은 반드시 패망했다는 것을 알려 주었다. 1941년 11월 21일 최인규 권사는 불경죄로 징역 2년 형을 선고받았다. 그가 함흥형무소에서도 신사참배를 계속 거부하자 일제 경찰은 그를 정치범 수용소인 대전형무소로 이감했다. 그는 몸이 부서지는 고문을 당하면서도 신앙을 지켰다. 감옥에서도 늘 찬송을 불렀고 전도했다. 신사참배를 하겠다고 말하면 특별히 가출옥시켜 주겠다는 달콤한 유혹을 믿음으로 물리쳤다. 그럴때마다 혹독한 구타가 따랐고 독방에 던져졌다. 반복된 고문으로 음식을 제대로 먹을 수 없게 되었다. 그는 일본 경찰이 주는 음식을 먹지 않겠다고 선언하고 단식에 들어갔다. 급속하게 몸이 무너졌다. 일제는 그를 병감으로 이송하여 치료했다. 저들은 고문으로 죽였다는 소리를 듣기 싫었던 것이다. 그러나 병감에 이송된 지 3일 만인 1942년 12월 16일에 차가운 대전형무소에서 순교자의 반열에 올랐다. 그의 나이 63세였다.

그의 구속으로 교회는 폐쇄되고 교인들은 흩어졌다. 그의 유해는 조카가 가서 화장한 후 유골을 모셔 왔는데, 장례도 제대로 지내지 못하고 야산에 묻었다. 해방 후 강릉지방 7개 교회가 모여서 최인규 권사의 유해를 삼척제일교회 마당으로 이장하면서 순교비를 세웠다. 1950년 교인들이 샘실(현 동해시청앞)에 '최인규 기념예배당'을 마련했지만 도시계획으로 사라졌다. 1982년이 되어서야 지금의 자리에 천곡교회가 들어섰고, 삼척제일교회에 모셨던 그의 유해는 1986년 천곡교회의 요청으로 옮겨 모시게 되었다. 순교비는 최인규 권사가 직접 만들어 사용하던 강대상 모양을 본 따 만들었다. 순교비에는 십자가, 그의 일대기, 추모시, 사도행전 20장 24절이 기록되었다. "나의 달려갈 길과 주 예수께 받은 사명 곧 하나님의 은혜의 복음을 증언하는 일을 마치려 함에는 나의 생명조차 조금도 귀한 것으로 여기지 아니하노라" 삼척제일교회에도 순교비가 있으며, 동해시 송정동에는 그의 생가터가 남아 있다.

천곡교회에는 최인규 권사가 만든 강대상이 보존되어 있다. 최인규 권사는 똑같은 모양의 강대상을 세 개 만들어 하나는 직접 사용

최인규 권사 묘비

하고, 두 개는 북평교회와 옥계교회로 보냈다. 북평과 옥계로 보낸 것은 없어졌고, 천곡교회에서 사용하던 것은 교회가 폐쇄된 후 삼화교회(현 동해제일교회)에서 가져갔다. 해방 후 삼화교회에서 송정교회로 옮겨졌다. 1970년 송정교회에서 새 강대상을 마련하면서 원래 주인인 천곡교회로 넘겨주었다. 천곡교회에서도 처음엔 최인규 권사의 작품인 줄 몰랐다가 원로교인들의 증언으로 확인하고 반갑게 받았다.

TIP 동해 & 삼척 교회 탐방

▌ **삼척제일교회**
강원도 삼척시 중앙로 240 ☎ 033-572-0691

▌ **북평제일교회**
강원도 동해시 전천로 287-11 ☎ 033-521-0315

▌ **천곡감리교회**
강원도 동해시 항골길 7-11 ☎ 033-532-8012

동해와 삼척은 아름다운 해안과 시원한 계곡을 품고 있다. 동해시에 소재한 천곡교회, 북평제일교회를 순례했다면 주변을 더 둘러 보자. 동해 논골담길은 아기자기한 골목마다 벽화가 아름답고, 묵호등대로 올라가면 드넓은 동해바다를 조망할 수 있다. 눈시린 바다를 마당으로 끌어안은 아름다운 카페는 덤이다. 논골담길과 이어져 있는 도째비골 스카이밸리, 해랑전망대는 동해시 여행의 백미다.

삼척시 경계에 있는 추암촛대바위도 좋다. 파도에 깎인 석회암 절경을 감상하면서 둘레길을 산책해보자. 산으로 들어가면 무릉계곡이 있다. 무릉반석 위로 쏟아지는 투명한 계류를 만날 수 있고, 송림이 뿜어내는 피톤치드에 샤워할 수 있다.

삼척제일교회를 순례했다면 삼척의 다양한 관광지를 만날 수 있다. 관동팔경의 하나인 죽서루는 필수코스다. 관동팔경 중에서 유일하게 바다가 아닌 강가에 있는 곳이 죽서루다. 누각에 올라가서 바람을 쐬면 여행에 지친 심신이 깨어난다. 삼척은 석회암 동굴이 많다. 그중에서 환선굴, 대금굴이 유명하다. 대금굴은 예약제로 운영되며 기기묘묘한 석회암 생성물을 만나볼 수 있다. 새천년해안도로를 따라 드라이브하는 것도 좋다. 장호항 해상케이블카, 레일바이크도 유명하다.

[추천 1]

삼척제일교회 → 촛대바위,추암해수욕장 → 천곡교회

[추천 2]

삼척제일교회 → 논골담길, 도째비골스카이밸리 → 천곡교회

[추천 3]

삼척제일교회 → 논골담길, 도째비골스카이밸리 → 죽서루 → 새천년해안도로

[추천 4]

천곡교회 → 촛대바위, 추암해수욕장 → 무릉계곡

제 5 부

충청도

고마나루 공주

곰나루(熊津)라 불렸던 공주는 백제의 도읍이 된 이후 항상 중요 도시로 기능했었다. 백제는 북쪽으로 차령을 경계로 하여 남하해오는 고구려에 맞섰다. 금강변 높고 낮은 산에 의지하여 산성을 쌓고 새로운 도읍으로 삼았다. 문주왕-삼근왕-동성왕-무령왕-성왕에 이르기까지 64년간 백제의 도읍이 되었다. 성왕이 사비로 도읍을 옮긴 후에도 공주는 백제를 지켜주는 중요한 역할을 했다. 백제의 마지막 왕인 의자왕이 웅진성으로 피란 왔다가 성문을 열고 나가 항복했다. 통일신라 때에는 김헌창이 이곳에 웅거하며 난을 일으키기도 했다.

공주는 조선시대까지 매우 중요한 도시로 대접받았다. 도시 이름 뒤에 州(주)가 들어간 지방은 제법 격이 높은 곳이었다. 주에 파견되는 수령을 목사(牧使)라 불렀다. 고려 초 12목을 정할 때 공주목이 될 만큼 중요한 도시였다. 선조 36년(1603)부터 충청감영이 공주에 설치되었다. 이괄의 난이 일어나자 인조는 공주로 피난왔다. 그가 이곳에 와 있을 때 '인절미', '도루메기' 이야기를 남겼다. 1932년 대전으로 도청이 옮겨갈 때까지 공주는 충청도의 중심이었다.

공주 공산성 공산성은 공주가 겪어 온 수많은 이야기를 품고 있다. 공주가 궁금하다면 공산성에 올라가야 한다.

그래서 공주는 역사의 내력을 잔뜩 품은 고장이 되었다. 선사시대 유적인 석장리구석기유적, 백제 왕성이었다고 전하는 공산성, 백제 왕들이 잠들어 있는 송산리고분군, 웅진백제를 대표하는 문화유산인 무령왕릉, 토호세력의 무덤이 있는 수촌리고분군 등이 고대를 대표하는 유적이다. 조선시대에 흔적인 공주목 관아와 충청감영이 공주의 위상을 말해준다. 공주에는 '춘마곡 추갑사'라는 말이 있다. 봄날에는 마곡사가 좋고, 가을에는 갑사가 좋다고 한다. 마곡사는 세계문화유산으로 등재된 유명한 사찰이다.

공주는 백제 역사가 매우 강렬하다. 그래서 공주엔 백제밖에 없는 줄 안다. 그러나 아주 오래전부터 불교와 동학(우금티)이 무거운 흔적을 남겼고, 기독교도 공주가 걸어온 역사에서 결코 가볍지 않은 지분을 갖고 있다. 공주에서 기독교는 꽤 중요한 페이지에 있다. 충청감영이 공주에 있었기 때문에 수많은 천주교도가 처형당했다. 개신교는 공주 역사에서 막내다. 막내라고 해서 미미한 것이 아니다. 매우 당당하고 강렬하여 마지막 페이지까지도 손에 땀을 쥐게 만든다.

국고개 언덕 위에 있는 중동성당, 박해 시대에 천주교도들을 처형했던 황새바위, 독립운동과 민족계몽운동의 중심 역할을 했던 공주제일교회가 있다. 유관순, 조병옥이 다녔던 영명학교 등도 중요한 개신교 유적이다. 공주 답사에서 이들 유적만 둘러봐도 하루가 풍성하게 될 것이다.

언덕 위에 신비로운 집 양관

공주는 충청도의 중심이었다. 충청감영이 공주에 있었다는 것은 공주가 충청도 행정의 중심이라는 뜻이다. 따라서 미국 북감리교가 조선선교를 시작하던 때에 충청지역 선교 중심으로 공주를 주목했다. 1896년 수원과 공주를 한 구역으로 묶고 스크랜튼을 구역 담당자로 임명했다. 아직 선교사가 절대적으로 부족했던 때라서 상주하면서 복음을 전하기에는 어려움이 있었다. 스크랜튼을 비롯하여 존스, 스웨어러 선교사 등이 공주를 여러 차례 방문하여 선교 가능성을 타진하였다.

공주제일교회는 1902년 김동현 전도사를 통해 설립되었다. 김동현 전도사는 수원지역에 교회를 설립하려고 했다가 수원유수에게 체포되어 옥고를 치른 바 있었다. 그때 옥살이하던 중에 건강을 해쳐서 공주에 오래 머물지 못하고 곧 떠나야 했으나 그는 공주제일교회의 초석을 놓았다.

김동현이 놓은 초석 위에 1903년 미국 감리교 선교사인 맥길과 전도사 이용주가 초가 2채를 구입하여 예배당을 마련하고 예배를 시작했다. 의료 선교사였던 맥길은 서울 상동교회, 원산 등지에서 활동하다가 공주로 왔다. 그래서 초가집 한 동은 예배당으로 사용하고, 나머지 한 동은 진료소와 학교를 겸해 사용하였다. 맥길이 나눠 준 약을 먹고 열이 내리고 병이 낫는 등 빠른 효과를 보게 되자, '신기가 있는 무당이 왔다'는 소문이 퍼졌다. 불과 1년 만에 20여 명의 교인이 생겼고, 8명이 세례를 받았다.

맥길이 미국으로 돌아간 후 두 번째로 샤프(R. A. Sharp) 선교사가 공주로 들어왔다. 1903년 내한한 샤프는 공주로 오기 전 이화학당 교사로 있던 앨리스 해먼드(사애리시)와 결혼하고 정동제일교회, 배재학당에서 학생들을 가르치고 있었다.

샤프 선교사 부부

1904년 여름 공주로 내려온 샤프는 선교사들이 살 곳을 마련해야 했다. 다른 선교부와 마찬가지로 언덕 위를 선택해 집을 지었다. 지하 1층, 지상 2층짜리 붉은 벽돌 건물이었다. 1905년에 지어졌는데 충청도에서 처음 보는 '서양집'이었다. 샤프 선교사가 이전에 볼 수 없었던 양관을 짓자 공주 주민들이 구경을 왔다. 위생적이면서 멋진 집을 보고는 '당신들은 천국에 갈 필요가 없겠소, 여기가 천국이네'라는 농을 했다고 한다. 그 후 언덕 위에는 양관이 추가로 지어져 선교사촌을 이루었다. 지금 영명중·고등학교 일대가 옛 공주선교부가 있던 곳이다. 공주선교부는 이 언덕에 교회와 학교, 병원을 짓고 선교를 확대해 나갔다.

샤프 선교사는 새로 지은 양관에서 3개월밖에 살지 못했다. 1906년 2월 말 사경회를 인도하기 위해 논산으로 갔다가 발진티푸스에 걸려 갑자기 세상을 떠나고 말았다. 진눈깨비가 내리는 등 날씨가 좋지 않자 잠시 피한다고 들어간 집이 상여를 보관하는 곳이었다. 얼마 전에 발진티푸스로 죽은 이를 장사 지낸 상여였다.

샤프의 후임으로 윌리엄(F. E. C. Williams, 한국명 우리암) 부부가 1906년 공주에 왔다. 윌리엄은 1940년 일제에 의해 강제 추방당할 때까지 공주에 머물며 공주 선교를 위해 헌신하였다. 윌리엄이 공주로 온 후 스웨어러와 테일러(한국명 대리오), 케이블(한국명 기이부), 밴버스커크(한국명 반복기), 아멘트(한국명 안명도), 파운드(한국명 방은두), 보딩(한국명 보아진), 사우어(한국명 사월), 올드파더(한국명 오파도) 등이 합류하였다.

일제 말기 강제 추방당했던 선교사들은 해방 후 속속 한국으로 돌아왔다. 윌리엄은 해방 직후 미군정청 농림부 자문위원으로 돌아와 한국 정부를 세우는 데 역할을 하였고, 그의 아들 죠지는 해군 대령이 되어 돌아왔다. 부자(父子)는 공주 영명학교를 재건하는 일에도 지원을 아끼지 않았다.

선교사 묘원

영명고등학교 뒷동산에 오르면 선교사 묘지가 있다. 이곳 선교사 묘지는 독특하게도 한국식과 서양식을 절묘하게 조합한 방식으로 조성되었다. 무덤을 산에 마련한 것, 둥근 봉분을 사용한 것이 한국식이다. 밀집도가 높은 것과 묘비는 서양식이다. 무덤을 조성하는 것부터 한국 문화를 존중하고자 했던 초기 선교사들의 마음을 읽을 수 있다. 그런데 몇 해 전에 선교사 묘지라고 해서 봉분을 없애고 서양식 무덤 양식으로 바꿔 버렸다. 선교사들이 봉분을 수용한 이유를 헤아리지 못하고 서양식으로 바꾸는 것이 능사인 것처럼 해버렸다. 매우 안타까운 결정이었다.

이곳에 안장된 이들은 공주에 복음을 전하기 위해 헌신했던 선교사와 가족들이다. 공주 선교에 기틀을 다진 샤프 선교사 부부를 비롯해 선교사 2세들의 무덤이 여럿 있다.

샤프(Robert A. Sharp 1872-1906), 사애리시(Alice H. Sharp 1871-1972), 윌리엄 선교사의 딸 올리브(Olive, 1909-1917), 테일러 선교사의 딸 에스더(Esther 1911-1916), 아멘트 선교사의 아들 로저(Roger,

공주 선교사 묘원

1927-1928)가 이곳 잠들어 있다.

1994년에 안장된 죠지(George Zur, 1907-1994: 한국명 우광복)는 여동생 올리브가 죽어 묻힌 공주에 잠들길 원했다. 윌리엄 선교사는 아들 죠지의 한국식 이름을 우광복이라 했다. 그만큼 한국의 광복을 간절히 기도했던 선교사였다. 우광복은 광복 후 미군정 하지 사령관의 통역관을 역임하면서 대한민국 정부 수립에 기여했다. 그는 평생 군인으로 지냈는데 '나의 유해 한 줌은 바다에 뿌려주고, 나머지는 동생이 있는 한국에 묻어달라'고 유언했다.

선교사 옛집 양관

공주 선교부의 환경도 많은 변화가 있었다. 영명중·고등학교가 확장되면서 영명동산에 있던 옛 선교부 건물들은 사라졌다. 그럼에도 유일하게 남아 있는 한 채의 건물이 있다. 2006년 등록문화재 제233호로 지정된 '중학동 구 선교사 가옥'이다.

이 건물은 아멘트(Charles C. Amendt, 한국명 안명도) 목사의 집으로 알려져 있다. 아멘트 목사는 1919년부터 공주에서 활동했으며, 1940년에 일제에 의해 강제 추방당했다. 아멘트는 영명학교 발전에도 큰 영향을 미쳤고, 충청남도 천안·홍성 감리사이자 순회선교사로서 중요한 역할을 했다. 그는 지방 순회를 다닐 때마다 오토바이에 성경과 기독교 책자를 담은 상자를 싣고 다녀 한국인들에게 '책궤짝 감리사'로 불렸다. 아멘트가 미국으로 돌아가면서 양재순에게 집을 넘겼다. 영명학교 출신이면서 공제의원을 운영하고 있던 양재순은 이 집을 병원으로 사용하려 하였으나 여건이 맞지 않아 해방

공주 선교사 가옥

후 공주사범학교에 넘겼다. 사범학교는 학생 기숙사로 사용하다가 개인에게 팔았다. 집주인은 '일연암'이란 간판을 걸고 절집으로 사용했다. 선교사 사택이 절집으로 사용되는 것을 안타까워하던 중 1999년 기독교 선교 단체에서 재구입하여 보존하고 있다.

붉은 벽돌로 된 이 집은 지하 1층, 지상 3층으로 지어진 미국식 주택이다. 현관으로 들어가 반 층을 올라가면 1층, 반 층을 내려가면 지하층인 스킵 플로어(skip Floor) 구조다. 산기슭에 지은 집이라 1층에서도 공주 시가지가 훤히 보이는 전망 좋은 위치에 있다. 이 집을 지을 때 인천항을 통해 수입된 목재와 부재를 썼다고 전한다. 3층을 다락방으로 꾸몄고, 3층 외벽은 목재 비늘판벽으로 장식해서 특이하다. 건물 외벽 창호는 현관을 기준으로 대칭으로 배치하여 전체적으로 단정한 느낌을 준다.

영명학교와 유관순

공주제일교회에서 가장 먼저 눈에 띄는 것은 유관순 열사다. 유관순 열사가 공주제일교회와 무슨 연관이 있는 것일까? 1905년 샤프 선교사의 부인 사애리시는 공주에 명선여학당을 설립했다. 사애리시는 엘리사 샤프 또는 샤 부인으로 불렸다. 그녀는 1940년 강제 출국을 당할 때까지 공주에 머물며 선교사와 교육자로 헌신하였다.

유관순과 샤프 부부 선교사 가옥으로 들어가는 길에 조형물을 볼 수 있다. 유관순은 샤프 선교사를 만나 공주 영명학교, 이화학당에서 공부할 수 있었다.

사애리시와 명선여학당

그녀가 설립한 명선여학당은 보통과 4
년제로 초등교육을 실시하였다. 배움과
는 거리가 먼 여성들을 위해 연령이나 능
력을 보지 않고 학생으로 받아 주었다.

사애리시 선교사는 끼니를 거르기가
일수이고 빈 배 위에서 잠을 자도 어려
움에 처한 이웃들을 만난다는 기쁨을 가
슴에 간직하며 전도하였고, (중략) 문맹
자들을 위해 큰 소리로 성경을 읽어 주

사애리시 샤프라고도 불리는
사애리시는 충청도 일대에 큰
자취를 남긴 인물이다.

고 개심의 사건을 즐겁게 받아들였다고 한다. 그녀는 풍금 반주하
면서 서툰 한국말로 복음을 전하였는데 지역 주민들이 많이 몰려
복음을 들었다는 기록이 남아 있다.[37]

1923년 미국의 친구들이 사준 포드 자동차를 타고 정말 멀고 깊
은 곳까지 걸어 들어가 그곳 사람들과 만나고 봉사하기를 즐겼다.
특히 그녀는 한국의 산을 뒤덮은 진달래와 개나리 그리고 하얀색
라일락꽃의 풍경을 정말 좋아했다. 그곳의 모든 한국인들은 남녀노
소를 가리지 않고 그녀를 진심으로 흠모하고 존경했다.

후배 선교사 안나 채핀

1906년 윌리엄 선교사는 공주에 남학생을 위한 중흥학교(中興學

---

37 선교사 열전 앨리사 샤프, 고신뉴스KNC 기사

校)를 설립하였다. 중흥학교는 보통과(초등)를 4년제로 운영하였다. 1908년 3명의 첫 졸업생을 배출했는데, 초대 영명중·고등학교 교장, 해방 후 초대 충남도지사, 초대 군산해양대학장을 지낸 황인식이 있었다. 1909년 대한제국 정부로부터 학교 설립 인가를 받으면서 교명을 중흥학교에서 영명학교로 바꾸었다. 1912년에는 고등과를 신설했다. 1916년부터는 보통과를 폐지하고 고등과만 운영하였다.

사애리시 선교사가 세운 명선여학당은 1907년 영명여학교로 개칭되었다. 영명(永明)은 '영원히 밝게 빛나라'는 뜻이다. 현재 영명여학교 자리에 기숙사가 들어섰다. 그 후 영명여학교와 영명남학교가 통합(1934)되어 지금의 영명중·고등학교가 되었다. 영명학교 교장이었던 월리엄 선교사는 공주제일교회 목사이기도 했다.

지령리에서 유관을 만나다

공주 선교부는 충청도 지역을 순회하면서 전도하고, 설립된 교회를 돌보는 역할을 하고 있었다. 1914년 사애리시는 천안 지령리교회(현 매봉교회)로 갔다가 유관순을 만났다. 어린 소녀였지만 유난히 총명했고, 뚜렷한 신앙을 갖고 있었다. 소녀의 부모에게 그녀의 교육을 맡겠다고 부탁하여 공주로 데려왔다. 사애리시는 유관순을 양녀로 삼아 영명여학교에 입학시키고 후원을 아끼지 않았다. 그리고 2년 후인 1916년 서울 이화학당에 입학할 수 있도록 주선해 주었다. 유관순을 보통과 3학년에 편입시켜 고등교육을 받도록 하였다. 유관순이 공주에 있을 당시 공주제일교회에는 민족대표 33인 중 한 분인 신홍식 목사가 있었으며, 유관순의 오빠 유준석, 사촌 언니 유예도가

영명학교 공주 선교부가 있던 곳에 지금은 영명중고등학교가 자리하고 있다. 영명중고등학교는 교육의 도시 공주에서도 핵심적인 역할을 하였다.

함께 신앙생활하고 있었다.

유관순이 공주에 살 때 공주제일교회, 영명여학당을 오며가며 생활하였기 때문에 이 두 곳에는 유관순을 기억하는 여러 시설이 있다. 영명중·고등학교 정문 앞에 위치한 3.1중앙공원(구 앵산공원)에는 유관순 열사 동상이 세워졌다. 공원을 하늘에서 내려다보면 태극 모양인데, 한가운데 유관순 열사 동상이 있다. 양(陽)과 음(陰)을 나누는 벽에는 3.1만세운동 부조가 새겨져 있고, 사애리시 선교사 얼굴 부조를 부착하고 옆에는 약력을 새겼다.

유관순 열사가 다녔던 영명중·고등학교 정문은 공주독립운동기념관으로 사용되고 있다. 학교 정문 역할을 하면서도 기념관으로 사용되는 독특한 건물이다. 학교 안으로 들어가면 개교 100주년(1906-2006) 기념탑이 우뚝 서 있다. 학교 설립자인 윌리엄(Willams, 한국명 우리암) 교장 흉상이 그 앞에 놓여 있다. 기념탑 뒤에는 독립운동

중앙공원 유관순 동상 영명중고등학교 정문 앞에는 중앙공원이 있고, 그곳에 유관순 열사 동상이 있다.

가 황인식 교장, 영명학교 2회 졸업생 조병옥 박사 그리고 유관순 열사의 흉상이 나란히 있다.

공주 3.1만세운동을 주도한 영명학교

공주 구시가지가 내려다보이는 곳에는 유관순과 사애리시 선교사의 동상이 있다. 선생님과 제자의 다정하고 따뜻한 시선이 눈에 띄는 동상이다. 그 옆에는 〈영명학교-공주 3.1운동만세시위준비지〉라는 안내판이 있다.

이화학당에 재학중이던 박루시아는 귀향하여 이활란과 함께 영명여학생들의 독립운동 참여를 고취하였으며 동경 청산학교 재학중이던 오익표, 안성호 등이 귀국하여 영명학교 교사, 동문을 중심으로 독립운동을 확산함.

최초의 시위모임은 현석칠, 김관회, 현언동, 이규상, 김수철 등이 참석했음. 김관회는 김수철에게 영명학교 학생들과 함께 독립선언서 1,000매를 인쇄할 것을 부탁하고 김수철은 방학중 집에 가 있던 유우석, 노명우, 강윤, 윤봉균, 신성우 등 학생들에게 공주로 올 것을 통보하였으며 또한 이규상에게 태극기를 만들어줄 것을 부탁하여 대형 태극기 4개를 제작함.

　김수철과 학생들은 영명학교 기숙사에서 독립선언서 1,000매를 인쇄하였고 그 당시 서덕순, 김영배 등이 함께 도와줌.

　4월 1일 오후 2시경 공주읍내장터에서 김수철이 독립선언서를 낭독하고 만세를 불렀으며 참석인원은 대략 1,000명 정도 있었는데 만세시위에 앞장섰던 영명학교 교사와 학생들은 일본 순사에 의해 현장에서 체포(당시 충청남도 도청소재였던 공주에는 일본경찰서, 충남경찰부, 일본헌병대 등 주재)되었으나 곧바로 독립만세 시위 사건 연루자는 모두 석방(2년간 집행유예)되었고 사건은 종료되었다.

공주제일교회

제민천변에 세워진 충남 선교의 중심

　공주 구시가지 제민천변에 공주제일교회가 있다. 제법 너른터를 차지한 이 교회는 옛 예배당과 새로 지은 예배당 두 개가 있다. 교회 내부로 들어가지 않고 주변만 둘러보아도 교회가 걸어온 길이 만만치 않았음을 저절로 알게 된다. 역사관으로 사용되고 있는 옛 예배당, 3.1만세운동 민족대표로 활약한 신홍식 목사 동상, 샤프 선교사 동상, 유관순 열사와 사애리시 선교사, 공제의원 표석, 공주청년회관 표석 등이 있어 공주제일교회의 역사를 말해주고 있다.

　1903년 공주읍교회(공주제일교회)가 시작된 후 여러 계층의 사람들이 교회로 들어왔다. 대부분 교회들이 그러했듯이 처음에는 신분과 남녀 문제로 갈등이 많았다. 오래된 관습에 젖어 그것이 죄인줄 모르고 살았다. 부인이 아닌 다른 여자를 탐하고도 그것이 죄가 되는 줄 모르거나, 노름과 술에 젖어 살면서도 부끄러움을 몰랐다. 1907년 부흥회가 있었다. 교회가 거듭나려면 죄를 자복하고 하나님의 은혜를 덧입어야 했다. 그러나 죄를 자복하는 일에 익숙하지 않

공주제일교회역사관 옛 예배당은 역사관으로 사용되고 있다. 예배당 자체가 문화재로 지정되었다.

앉던 사람들은 오히려 다른 사람을 원망하여 분위기만 냉랭해졌다. 이때 안창호 전도사가 죄를 자복하고 실성할 듯이 통곡하였다. 이 눈물의 회개가 교인들의 마음을 움직였다. 그리하여 남을 원망하고 죄를 숨기기 급급했던 성도들이 죄를 회개하고 주께로 돌아섰다. 미워하고 시기한 것, 간음한 것, 속이고 도둑질한 것, 부모에게 불효한 것, 주를 입으로만 믿은 것, 목사를 속인 것 등을 차례로 자복하며 엎어졌다. (안창호 전도사는 도산 안창호와 다른 분이다.) 이로써 공주읍교회는 진정한 신앙공동체로 거듭나게 되었다. 이 회개는 영명학교로 확산되어 학생들이 죄를 자복하고 회복되는 일이 일어났다. 20일간 지속된 부흥회가 끝난 후 교인들의 삶은 완전히 달라졌다. 이들의 생활 자체가 전도 수단이 되었다. 부흥회를 시작할 때 50명이던 교인이 1년 후에는 200명이 되었다.

협산자예배당

신도가 늘어나 초가집으로는 감당할 수 없게 되었다. 교인들은 더 큰 예배당을 짓기로 했다. 그러나 여건이 여유롭지 못했기 때문에 기도만 하고 있었다. 교인들과 선교사들이 합심하여 기도하고 있을 때 미국에서 반가운 소식을 전해왔다.

미국감리교회 감독은 공주읍에 새 예배당이 필요하다는 선교사의 편지를 받고 건축비 지원 문제로 고심하고 있었다. 제한된 선교 본부 예산으로는 급증하는 한국 선교 요청에 모두 응할 수 없었다. 독지가를 찾지 못해 고심하던 어느 날, 마침 비가 오고 있었는데, 한 낯선 신사가 감독을 찾아와 감독과 대화하던 중 한국의 공주읍교회

협산자예배당　ㄱ자 모양 예배당이다. 선교사를 후원하는 것이 왜 중요한지 알려주는 아름다운 이야기다.

이야기를 듣고는 상당한 액수의 선교 헌금을 내놓았다.(『공주교회역사』, 1930)

'우산을 끼고 지나가던 사람'이 헌금을 하였다는 것이다. 누구인지 알 수 없으나 그의 헌금으로 교회는 건축될 수 있었다. 이때가 1909년이다. 누구인지 알 수 없었기 때문에 '협산자(挾傘者:우산을 낀)예배당'이라 이름 붙였다. 교인들은 ㄱ자 모양, 양철지붕, 벽돌건축의 예배당을 지었다. 300명 이상을 수용할 수 있는 규모였다고 한다. ㄱ자 모양으로 지은 것은 남녀칠세부동석(男女七歲不同席)이라는 한국 전통 풍습을 존중했기 때문이다. 남녀가 따로 앉아서 예배드릴 수 있게 함으로써 수백 년 습성에서 비롯된 거부감을 없앴다.

이 시기 선교사들은 영명여학교, 영명남학교를 세웠고 영아원과 유치원도 설립하였다. 또 전국 최초 우유급식소를 설치 운영하면서 학생들의 영양에도 최선을 다하였다. 영명여학교와 영명남학교는 충청지역 최초의 사립학교였다. 공주제일교회는 의료와 교육을 통하여 공주지역 근대화에 중요한 역할을 감당하였다.

협산자예배당을 마련한 후 교인들은 꾸준히 늘었다. 1915~1916년에 대대적인 부흥이 있어서 교인이 500명으로 늘었다. 게다가 3.1 만세운동 때에 교회가 주도적으로 나섬으로써 사회적 지지를 높여 청년들이 교회로 모여들었다.

제민천변으로 자리를 옮기다

교인 수가 점차 늘자 더 넓은 예배당이 필요하게 되었다. 그리하여 새로 지은 것이 지금 역사관으로 사용되고 있는 예배당이었다. 협산자예배당은 영명여학교에 팔았다. 그리고 지금의 제민천변으로 자리를 옮겼다. 이 자리는 아주 오래 전 백제 때에 대

공주제일교회 머릿돌

통사라는 절이 있던 장소였다. 이 예배당은 1931년에 완공되었다. 231m²의 예배당 1층은 교육관과 유치원 교실로, 2층은 예배당으로 사용했다. 1941년 일제가 일으킨 대동아전쟁 때에는 총동원이라는 명목으로 교회종을 떼어가 무기를 만들고, 예배당을 폐쇄하였다. 적국인 미국인이 주도하여 세운 것이라는 이유로 '적산(敵産)'으로 분류되었기 때문이다.

해방 후 예배당이 다시 열렸으나 한국전쟁 때에 큰 피해가 있었다. 공산군이 예배당을 보급창고로 사용했고, 미군은 이 사실을 알고 폭격했다. 교인들은 파괴된 교회를 복구하기 위해 직접 나섰다. 무너진 예배당 건물에서 쓸 수 있는 벽돌은 일일이 손으로 닦고 다듬어서 재사용했다. 부족하면 금강에 가서 모래를 실어 나르고 벽돌을 찍어 구웠다. 파괴된 정도로 본다면 완선히 새로운 교회를 지을 수 있었으나 복원을 선택한 것이다. 그래서 이 예배당은 문화재로 지정될 수 있었다. 머릿돌에는 '1930, 1955'라는 숫자가 뚜렷하게 새겨져 있다. 1930년에 머릿돌을 놓았고, 1955년에 복원했다는 뜻이다. '성

전개축 1979' 라는 머릿돌도 볼 수 있다. 복원과 개축 시에 교회당 모습은 조금씩 변했다. 1955년 복원 시에 제단과 출입구가 서로 바뀌었다. 종탑도 측면에 있던 것이 출입구 가운데로 옮겼다. 1979년에 개축하면서 종탑 아래에 현관을 두었고, 현관 좌우 창과 제단 뒤에 스테인드글라스를 장식하였다. 증개축을 거듭하면서 교회도 396m²로 늘었다.

공주제일교회는 역사의 고장 공주에서 막내다. 그러나 그 역사의 끝에서 결코 희미한 흔적이 아니라 당당하고도 임펙트 있는 지분을 지녔다. 역사는 사람의 이야기다.

공주제일교회와 관계있는 인물들의 면면을 보면 일제강점기, 해방과 한국전쟁 전후 교회가 공주에서 큰 역할을 하였음을 알게 된다.

역사관으로 사용되는 옛 예배당

역사관 안으로 들어가면 가장 먼저 눈에 띄는 것이 스테인드글라스다. 스테인드글라스는 대개 성당에서 접할 수 있는데, 공주제일교회 예배당에도 설치되어 있다. 스테인드글라스가 개신교 예배당에 설치된 최초의 작품이라 한다. 이 교회에 스테인드글라스를 설치한 이는 우리나라에서 스테인드글라스를 시작하고 이끌었던 이남규였다. 이남규는 공주제일교회 교인이었다. 예배당 현관을 들어서면 좌우 창이 스테인드글라스로 되어 있는데 성경에 나오는 포도송이와 물고기를 형상화한 것이다. 예배당 안으로 들어서면 정면에 스테인드글라스를 볼 수 있다. 이 작품은 삼위일체를 형상화한 것이다. 성부 하나님은 빛, 성자는 종려나무, 성령은 비둘기와 빨간 불로 상징

공주제일교회 역사관 내부

화했다.

박물관 내에는 샤프 선교사가 공주로 오면서 가져온 오르간이 있는데 100년 이상 된 것이다. 초가 예배당, ㄱ자 예배당, 1931년에 건축된 벽돌 예배당까지 모형으로 전시해 놓아서 교회의 변화과정을 알 수 있게 하였다.

1919년 평양에서 만세운동과 독립운동을 주도하다가 옥고를 겪고 1929년 공주제일교회로 부임해 와서 새로운 예배당을 완공했던 김찬흥 목사의 흉상도 있다. 박물관에 전시된 교회종은 1941년 일제가 교회종을 전쟁물자로 징발해 가자 정희병이 쌀 5가마를 봉헌해서 마련한 새 종이다. 정희병은 그녀 자신이 종소리에 끌려서 교회에 나왔기 때문이라고 한다. 종은 현관을 들어서면서 왼쪽에 있다. 현관에서 고개를 들어 천장을 쳐다보면 높은 곳에 종이 매달려 있는 것도 볼 수 있다.

유관순 열사가 사용하던 그릇도 전시되어 있다. 사애리시 선교사는 돌아가면서 대부분 물품을 교회에 기증했다. 많은 유품이 상실되었지만 일부는 남아 있어서 전시되어 있다. 그녀가 사용하던 그릇은 유관순 역시 함께 사용했을 것이기 때문에 전시해설을 그렇게 하고 있다. 역사관 천장은 목조로 된 골조를 그대로 노출시켜 옛 교회건축의 일면을 살펴볼 수 있게 했다.

공주청년회관

공주청년회관은 일제강점기 항일단체인 신간회 공주지회를 말한다. 신간회는 민족유일당운동으로 생겨난 단체다. 일제의 간교한 분열책동으로 독립운동 진영에서도 좌우익으로 나뉘고, 독립파와 타협파가 반목과 대립을 일삼았다. 그러던 중 6.10 만세운동을 계기로 민족주의 계열과 사회주의 계열이 하나로 단합될 수 있었다. 신간회는 그렇게 조직되었고, 전국적인 조직망을 갖추고 활동하였다. 1930년 신간회의 전국 지회는 140여 곳, 회원은 3만 9000명에 이르렀다.

각 지회에서 기독교 지도자들은 중요한 역할을 수행했다. 이는 교회라는 공간이 있었고, 신도들을 조직화하기 쉬웠기 때문이다. 지회들은 저들이 속한 지역을 근대화하는 데 큰 역할을 하였다. 시민 개개인의 실력 양성과 민족적 정체성을 일깨워 독립에 대한 당위성을 갖도록 일깨웠다.

공주청년회관

공주지역에서도 공주제일교회 목사들이 신간회 공주지회의 중요한 직책을 맡아 역할을 수행했다. 이들은 민중계몽을 위한 강연회, 야학회, 토론회, 연극회, 체육회, 민립학교설립 추진 등을 하였다. 예배당은 강연, 야학, 토론을 위한 장소가 되었다. 교회 지도자들은 신도들을 일깨워 여러 조직의 지도자가 될 수 있도록 인도하였다.

양두현, 지누두 기념비

공주제일교회 초대 교인이었던 양두현과 지누두는 부부였다. 부부는 강경에 나가 장사를 해서 큰돈을 벌었다. 지누두 부인은 목회자가 생활비가 없어 어려움을 겪는다는 이야기를 듣고 자기 몫으로

된 토지를 교회에 바칠 뜻을 가
졌다. 그러다가 1923년 갑자기
세상을 떠나게 되었다. 황망하
게 세상을 떠났지만 남편 양두현
은 부인의 뜻을 기려 부인 몫의
땅뿐만 아니라 자기 땅도 더하
여 교회에 내놓았다. 이 토지에
서 나온 도지로 목회자는 생활이
가능해졌고, 교회도 더 든든하게
세워질 수 있었다. 양두현, 지누

지누두 부부 기념비

두 부부는 가난한 사람들을 위한 기부활동과 구제 사업에 힘썼다.

당시 신문기사 내용이다.

"공주군 상반정 양두현씨는 작년 수해 때 소작료를 감면해 주어
소작민에게 칭송을 받던 중 또 빈민과 가련한 아이들에게 의복과 음
식을 많이 제공하므로 일반인들이 또 그를 칭송한다고"

홍누두라는 여인도 자기 몫의 땅을 교회에 내놓았다. 황화명이라
는 성도도 땅을 내놓았다. 그리하여 1938년 당시 공주제일교회가 소
유한 토지가 4만3천여 평에 이르렀다고 한다.

참고로 당시 여인들은 성만 있었고 이름이 없었다. 교회를 다니게
된 여인들은 선교사가 지어주는 이름을 사용하곤 했다. 성경에 등장
하는 여인들의 이름을 붙여 주었는데, 그 숫자가 많지 않다 보니 같
은 이름이 많다. 지누두, 홍누두는 '루디아'를 말한다. 루디아는 사도

바울이 마케도니아 빌립보 지역을 순회하며 복음을 전할 때 예수를 영접했고, 그 후 사도바울이 펼쳐가는 사역을 적극 후원하고 헌신했던 여인이었다.

공제의원

교회 앞에 공제의원(公濟醫院) 표석이 있다. 공제의원은 양재순 장로가 운영하던 의원이었다. 1927년부터 1988년까지 인술을 베풀던 병원이었다. 공주의 제중원이라는 의미에서 공제의원이라 했다. 공주의 양의사 1호인 양재순은 교회에 2만여 평 땅을 내놓았던 양두현의 아들이다.

공제의원 표석

공주에는 1920년대 노먼 파운드(한국명 방은두) 선교사가 세운 방은두병원이 있었다. 그러나 그가 1926년에 공주를 떠나자 폐원되었다. 양재순은 영명학교 재학 시절 3.1만세운동을 주도하다가 3개월 옥고를 치렀다. 1922년 연희전문학교 문리과에서 공부하던 중 좀 더 사회에 봉사할 수 있는 길을 모색하였다. 결과 1년 후 세브란스의학전문학교에 다시 입학하였고 1925년 의사가 되었다. 졸업 후에는 함흥과 군산에서 선교사가 운영하던 병원에서 근무하였다. 1926년 공주로 돌아와 공주 최초의 서양식 병원인 공제의원을 개원하였다. 그는 선교사들을 도와 시약소와 영아관에서 무보수로 봉사하기도 했다. 1940년 전후 선교사들이 강제 추방되자 그들이 남겨두고 간 영명학교 운영에 나섰다가 옥고를 다시 치렀다.

충청도 유일의 서양병원이었기 때문에 '공주의 양의사'로 소문나서 많은 환자들이 치료받기 위해 몰려들었다. 그러다 보니 돈을 모으는 것과는 거리가 멀었다. 목회자나 경찰, 공무원 가족들은 진료비를 받지 않았다. 가난한 사람들이 찾아오면 그냥 치료해주었다. 해방 후에도 한동안 공주 유일의 양병원이었다. 그의 병원에는 늘 사람이 많았다. 양재순은 7남 4녀를 두었는데 아들 셋을 의사로 키웠다. 양재순 장로는 1988년 아흔을 바라보는 나이에 은퇴하였다. 그가 은퇴하자 공제의원도 폐원되었다. 1998년 그의 소천 후 가족들은 유품을 공주기독교박물관에 기증하였다.

공제의원 건물은 영명학교 친구였던 강윤(姜允)이 지어준 것이었다. 강윤은 한국 근대건축의 아버지로 평가받는 인물이다. 영명학교 다닐 때 3.1만세운동을 주도하다가 함께 옥고를 치르기도 했다. 교회를 확장하면서 공제의원 건물을 철거해서 안타깝게도 확인할 수 없게 되었다.

율당 서덕순 선생 집터

일제강점기 민족계몽 운동가이며 초대 충남도지사를 지낸 독립운동가이자 선각자였던 서덕순 선생이 공주제일교회 옆에 살았다. 선대(先代)로부터 대지주가 되어 경제적으로 풍족하였다. 그는 일본 유학에서 돌아와 공주 영명학교 교사를 지냈다. 영명학교에서 3.1만세운동을 준비하자 여러 가지로 지원하였다. 그는 신간회 공주지회 부회장직을 맡았고 그의 집은 항일단체인 신간회가 간부회의를 하던 장소로 사용되었다. 한글을 지키고자 1927년 결성된 정음연구회가 그의 집에서 결성되었다. 임시정부 밀사들이 국내로 잠입하면 서덕순의 집에 숨어지내거나 그의 후원을 받았다.

서덕순은 도지사로 재임하던 1948년 중등교사 양성을 위한 도립 사범대학을 공주로 유치하는 데 결정적인 역할을 하였다. 이로써 공주는 오랫동안 교육도시로 명성을 날렸다. 한국전쟁 시 민간인 신분으로 관민대표인 공주시국대책위원장과 임시수도인 부산에서 민간봉사차원의 충남피난

서덕순 집터

민연락사무소장을 맡아 전쟁의 혼란을 수습하는 데 힘을 다하였다. 일제에 의해 폐교된 영명학교를 다시 일으키기 위해 조직된 후원회 간사장을 맡아 재정자립을 위해 노력하였다.

공주지역 독립운동의 산실이자 독립운동가의 집이었던 서덕순 선생의 집은 한국전쟁 중에 소실되고 말았다. 공주제일감리교회에서 그의 집터를 알리는 표석을 세웠다. 표석 뒷면에는 "선한 일을 하다가 낙심하지 말지니 포기하지 않으면 반드시 거둘 때가 오리라(갈 6:9)"라는 성경 구절이 기록되어 있다.

'빼앗긴 들에도 봄은 오는가'의 시인 이상화가 서덕순의 여동생 서온순과 혼례식(1919)을 올린 곳은 공주제일교회 앞 서덕순의 집이었다. 서덕순과 서온순이 공주제일교회를 다니고 있었다.

1938년 5월 20일 공주제일교회에서 시인 박목월과 유익순이 혼례식을 올렸다. 유익순은 공주제일교회에 다니고 있었다. 두 사람의 만남은 운명적이었다. 공

박목월과 유익순

주제일교회 기독교 박물관에 이와 관련된 내용이 소개되어 있다.

1937년 크리스마스 날 박목월이 진주까지 선을 보러 가기로 약속이 되어 있어 기차를 타게 되었다. 이때 우연히 한 처녀와 동석하면서 인사를 나누고 헤어졌다. 다음날 진주로 선을 보러 간 목월이 시간이 늦어 진주에서 묵게 되었는데, 그때 꿈에 한 노인이 나타나 아

내 될 사람의 성이 '유'씨라고 말해주었다.

　이듬해 봄, 화창한 일요일 오후였다. 목월은 혼자 불국사 경내를 산책하다 직장동료와 그 일행을 만났다. 그 일행 중에는 동료의 처제가 있었다. 처제는 공주에서 올 봄 여학교를 졸업한 18세 처녀였는데, 그녀가 바로 진주행 기차에서 동석한 그 여인이었다. 이때 목월은 그녀의 이름이 유익순이란 것을 알게 된다. 그리고 진주에서의 꿈을 다시 떠올린다. 꿈에서 노인은 분명 아내 될 사람의 성이 '유'씨라고 했다. 기차에서의 동석, 그리고 화창한 봄날의 재회, 유익순이란 이름! 목월은 이 모든 일들이 단순한 우연이 아니라 운명이라 확신한다. 목월은 어머니께 조심스럽게 자신이 겪은 운명 같은 이야기를 전한다. 목월의 어머니 역시 신부감이 기독교를 믿는 집안의 규수라는 사실에 흡족해 했다.

 공주제일교회 탐방

｜ 공주제일교회
공주시 제민천1길 18 / TEL.041-853-7009

　공주제일교회는 구도심에 있다. 주차 조건은 좋은 편이다. 교회 앞에 주차하고 둘러보면 된다. 공주기독교박물관에는 해설사가 있으나, 미리 예약해야 한다 교회가 들어선 자리는 원래 백제 성왕 때에 창건되었다고 전하는 대통사라는 절이 있던 곳이다. 지금도 절터에 당간지주가 남아 있다.

　교회와 절터 사이에 서덕순 선생 집터 표지석이 있다. 제민천 옆에는 하숙마을이 있어 숙박도 가능하다. 교회에서 멀지 않은 곳에 있는 공주사대부설고등학교는 원래 충청감영터였다. 그래서 학교 정문이 옛 관아문처럼 되어 있다. 학교 옆에는 나태주 시인의 풀꽃문학관이 있다. 제민천 건너가면 언덕 위에 영명중고등학교가 있다. 걸어가는 것도 좋지만 차를 타고 이동하는 것이 좋겠다. 학교 앞에 주차 가능하다.

휴일에는 학교 내부에도 주차 가능하다.(휴일엔 관광버스도 가능) 유관순 열사 동상이 있는 중앙공원을 둘러보고 학교 내부로 들어가면 된다. 학교 운동장 뒤 산기슭에 있는 선교사 묘지, 선교사 가옥을 둘러보자.

[추천 1]

공주제일교회,역사관 → 서덕순 집터 → 하숙마을 → 나태주 문학관 → 영명중고등학교

[추천 2]

공주제일교회,역사관 → 영명중고등학교, 중앙공원, 선교사묘지, 선교사가옥 → 송산리백제고분군(무령왕릉)

[추천 3]

공주제일교회,역사관 → 영명중고등학교, 중앙공원, 선교사묘지, 선교사가옥 → 공산성

무심천에 뜬 배 청주

청주는 오랫동안 충청도 중심의 지위를 누려왔다. 충청도라는 지명이 충주+청주에서 나온 만큼 충청도를 대표하는 도시였다.

청주는 현존하는 세계최초의 금속활자본 '직지심체요절'을 인쇄한 곳으로 밝혀져 '고인쇄박물관'을 운영하고 있다. 우리나라는 목판인쇄, 금속활자를 세계 최초로 개발하고 시작한 나라다. 인쇄술의 발전은 책을 소유하고자 하는 욕망에서 비롯된다. 즉 우리 민족이 예부터 책을 소유하고자 하는 욕망이 강했다는 것을 뜻한다. 책을 소유하고 읽는다는 것은 문화민족의 척도가 된다. 병인양요 때에 강화도를 침략했던 프랑스군이 남긴 기록에 보면 '이 나라에서 우리의 자존심을 상하게 하는 것이 있으니 집집마다 책이 있다는 사실이다.'라고 하였다. 이 땅에 종교의 자유가 허용된 이후 매서인(賣書人)들은 성경을 팔거나 나눠주면서 복음을 전했다. 그것이 가능했던 것은 글을 읽을 줄 아는 이들이 많았기 때문이며, 지식 탐구에 대한 욕망이 강했기 때문이다. 우리나라에 교회가 많이 세워질 수 있었던 것은 모두 성경을 읽을 수 있는 능력, 새로운 지식에 대한 탐구심이 많았

청주상당산성 청주를 내려다 보는 산정에 축조되었다. 가볍게 산책하기에 좋다.

기 때문이다. 매서인들로부터 성경을 구입하거나 선물로 받아 읽으면서 잠들었던 신앙심이 생겼던 것이다.

청주는 예부터 '무심천에 뜬 배'의 형국이라 하였다. 배의 형국에 있으면 부자가 된다고 하는데 그럴려면 배가 잘 떠가야 한다고 믿었다. 그래서 청주 시내 가운데 철기둥이 서 있는데 돛대라고 한다. 용두사라는 절에서 세웠던 '철당간'이었으나 풍수적으로 해석되었던 것이다. 훗날 어느 때인가 풍수적으로 해석되어 청주인들이 보호하여 왔다.

청주는 세종대왕이 왔던 초정약수, 대통령들이 휴가 왔던 청남대, 대청호에 수몰될 문화재를 모아 놓은 문의문화재단지가 있어 관광지로도 인기가 있다.

신대교회
주막에서 드린 예배

    충북에서 그리고 청주에서 가장 먼저 시작된 교회는 외부 도움 없이 설립된 신대교회인데 자생교회였다. 때는 1900년, 이 지역 선비이자 농민 오천보와 문성심, 오삼근은 농한기인 겨울이 되면 서울을 오가며 행상을 하고 있었다. 그러던 중 경기도 죽산(안성 지역)에 들렀다가 둠벙리교회에서 열리고 있던 사경회에 참석하였다. 사경회는 성경을 읽으면서 각 구절에 담긴 뜻을 풀이하는 집회였다. 책을 읽으면서 뜻풀이하는 방식은 유학자들이 책을 읽는 방법과 비슷했다. 비록 농사를 지으며 행상을 하고 있지만 양반이었기 때문에 생소한 모습은 아니었다. 성리학에서 우주를 관통하는 진리를 理(이)라는 모호한 개념으로 설정했는데, 성경은 명확하게 '하나님'이라 한 것에서 눈이 번쩍 뜨였다. 이들은 성경을 읽고 풀이하는 과정에 믿음이 조금씩 생겼고, 성리학에서 얻을 수 없었던 근본에 대한 지식을 알게 되어 기뻤다.

신대교회

주막에서 모인 예배

　이들은 신대리로 돌아와 오천보 집에서 모임을 시작했다. 성경공부와 전도를 병행했다. 이에 사람들이 오천보 집으로 몰려들었다. 그러던 어느 날 누군가가 "사람들이 많이 모이는 주막으로 자리를 옮기자." 하여 나루 근처 주막을 빌려서 예배를 드리기 시작했다. 광목에 십자가를 그려서 걸고는 집회를 하였다. 많은 사람이 호기심을 가지고 모였으며, 주막 주인은 술손님이 많아진다고 좋아했다. 이때를 충북 최초교회이자 신대교회의 시작일로 삼는데, 1900년 10월 3일이다. 이들은 아직 기독교에 대한 지식이 없었다. 그랬기 때문에 주막집 막걸리를 마셨고, 뱃노래에 성경적인 내용을 개사해 찬송을 불렀다.

1900년 경기 남부지역 선교를 담당해 순회 전도를 하고 있던 밀러 (Federick S. Miller, 한국명 민노아) 목사는 청주 신대지역에 사람들이 많이 모인다는 소식을 접했다. 얼마나 반가웠을까? 힘껏 전도해도 열매 하나를 얻기 어려운데, 이미 많은 사람이 모여 예배를 드리고 있다니 반가울 수밖에 없다. 그러나 사실인지 알아볼 필요가 있었고, 예배는 제대로 드리고 있는지 알아봐야 했다. 밀러 목사는 신대리 주막으로 갔다. 예배 장소를 빌려준 주모를 보고 미소 지으며 등을 두드려 주니까 주모는 자기를 좋아하는 줄 알고 정성을 다해 대접했다. 그런데 밀러 목사가 설교를 하면서 "술을 먹으면 집안 망하고 죽어서 지옥 간다"라고 하자 주모는 화가 나서 빗자루를 휘둘러 쫓아냈다.

밀러 목사는 이찬규 조사(지금의 전도사)를 보내 예배를 인도하게 하고 교인들을 지도하게 했다. 이찬규 조사는 신앙생활의 잘못된 점을 바로잡기 위해서라도 주막을 떠나야 한다고 했다. 이에 교회는 오천보의 집으로 돌아왔다. 이때가 1901년이었다. 신대교회 공식 설립일이다. 교인들은 예배당을 짓기 위해 헌금을 했다. 오래되지 않아 가까운 곳에 세 칸 초가집을 구입해서 예배당으로 사용할 수 있게 되었다. 이때 신도가 16명이었다. 밀러 목사는 신대교회에 대해 다음과 같이 평가했다.

이곳 학습교인들이 지난 11개월 보여준 진보가 경기 남부 사람들이 6년 동안 이룬 것보다 앞섰다. 이것은 부분적으로 이 지역 사람들의 교육 수준이 더 높다는 사실에 기인하고, 이들이 수도권 사람들보다 더 신실하고 점잖으며, 이곳에서 우리를 찾는 사람들이 더 나은 계층의 주민들로 유복한 농민들이라는 사실에 기인한다. 청주 신대리에는 조사 한 사람이 학습인 16명을 지도하고 있는데 그들은 자체적으로 예배당 건물을 마련하였고 거의 매일 저녁 모여 기도하고, 공부하거나 '그리스도신문'을 읽는다.

신대교회는 글을 읽을 줄 아는 지식인들의 모임이었다. 신대리 주민 대부분을 구성했던 이들이 해주 오씨들로 양반이었기 때문이다. 이찬규 조사 후임으로 왔던 윤홍채(尹鴻彩) 조사는 청주에만 머물지 않고 보은군, 괴산군 등지를 다니며 복음을 전했다. 이때 법주리교회, 공림리교회가 설립되었다. 신대리에서 발화된 복음의 불꽃이 충청도 구석구석까지 번지고 있었던 것이다.

1904년 밀러 목사가 청주로 내려와 자리 잡으면서 교회는 본격적으로 성장하기 시작했다. 1905년 11월 오천보를 신대교회 제1대 장로로 장립하면서 조직을 갖춘 교회가 되었다. 오천보의 부인 이춘성(李春成)도 남편을 통해 예수를 믿고 열성적인 신앙생활을 했다. 밀러 목사는 이춘성의 신앙을 보고 1910년 평양신학교에 추천했다. 평양신학교에서 체계적인 신학교육을 받고 돌아온 이춘성은 충청지역을 전도하는 데 주력했다. 이춘성은 정신병 환자를 치료하는 은사가 있었다. 키는 작았지만 매우 당찼으며, 불꽃 튀는 눈초리로 호령하면 귀신이 모두 도망쳤다는 것이다. 치료 은사를 경험한 이들이 예수를 믿겠다고 결심한 것은 당연한 일이다.

이춘성은 밀러 목사와 함께 충청도 일대를 순회하며 전도 여행을 다녔다. 충북뿐만 아니라 충남 일대로 전도 영역이 확대되었다. 선교사들은 이춘성을 '전도부인(The Bible woman)'이라 불렀다. 일제강점기 청주지역 선교사 보고에서 "뛰어난 전도부인"으로 언급되는 '오씨 부인(Mrs. Oh)'이 이춘성이다. 그녀는 교인들과 가족들에게는 매우 자상한 여인이었다.

교회가 들어서자 마을이 변화되었다. 교인들은 '청서학교'를 설립해 신식교육을 실시했고, 이 학교 출신 박태영, 오춘석, 장기대, 방준일 등이 평양 숭실로 유학가서 공부하였다. 또 신대리로 시집온 여자들은 의례 한글 정도는 읽고 쓸 줄 알게 되었다. 교회가 들어서자 마을이 개화되었다.

해주오씨 집성촌

신대리는 해주 오씨들이 사는 집성촌이다. 이들은 충북 옥천에서 살다가 어느 해인가 청주 신대리로 이주해 마을을 이루었다. 신대(新垈)라는 마을 이름도 '새 터'라는 뜻을 담았으니 해주 오씨가 마을 입향조인 것이 틀림없다.

이들이 터 잡은 마을은 미호천과 무심천이 합류하면서 만들어낸 넓은 들녘 한쪽이다. 산에 기대는 전통적 마을 입지와는 달리 강가에 터 잡은 것이다. 장마철마다 강물이 범람해 농경지에 비옥한 영양을 공급했다. 기름진 터전이라 농사가 잘되었지만 장마철이 되면 물난리를 겪는 수난을 당해야 했다. 언젠가 미호천에 큰 홍수가 나 신대리 일대가 물에 잠기자 터전을 잃은 일부 주민들이 강 건너 국사리로 옮겨갔다. 오천보 장로와 문성심, 오삼근 가족도 그때 신대리

신대리마을 신대리마을에 옛 예배당과 신축 예배당이 함께 있다.

를 떠났다. 신대리 건너편 국사리에 있는 국사교회는 당시 이사 간 신대리 주민들이 세운 교회다. 매년 홍수 위협에 시달리던 미호천변에 제방이 건설된 것은 1921년이었다. 신대마을은 높은 제방과 논으로 둘러싸여 있는 매우 비좁은 형상이다.

신대리 마을로 들어가는 길은 제방 따라 났다. 제방 위에서는 마을이 내려다보이는데 그 가운데 교회가 있다. 오래된 예배당과 새로 지은 예배당이 가까운 거리에 있어 한눈에 보인다. 새로 지은 예배당으로 가면 마당에 비석 하나와 종탑이 있다. 비석은 1985년 한국기독교선교100주년기념사업회 충북협회가 세운 '十기독교전래기념비'다. 1985년 사용하던 예배당은 집들과 논으로 둘러싸여 있었다. 예배당 주변 공간이 매우 협소하였다.

신대리강변　미호천 어디엔가 첫예배를 드린 주막이 있었을 것이다. 강 건너 국사리에 교회가 보인다.

　이치로 따지자면 기념비는 신대교회 마당에 세워야 했지요. 그런데 교회 터가 너무 좁아 비를 세울 수 없어 마을 주민들에게 협조를 요청했습니다. 처음에 별로 반응이 없었는데, 도지사가 돈을 내고 비석 제막식에 참석한다니깐 '마을이 생긴 이래 도지사가 찾아오는 것은 처음'이라며 마을 노인들이 나서서 비석 세울 땅을 내놓았지요.[38]

　옛 예배당 마당에는 두 개의 비석이 있다. '十 李春成傳道婦人功德碑(이춘성 전도부인 공덕비)'와 일제강점기와 해방 직후에 교회를 지킨 '十 吳乙錫長老追念碑(오을석 장로 추념비)'이다. 언젠가 이 비석도 새로 지은 예배당 앞으로 옮겨질 것으로 본다.

　예전엔 배를 타고 미호천을 건넜기 때문에 나루가 강가에 있었을

38　충청도 선비들의 믿음 이야기, 이덕주, 도서출판 진흥

것이고, 주막 역시 그곳에 있었을 것이다. 제방이 건설되고 다리가 놓이면서 나루도 사라지고 주막도 없어졌다. 강변 어딘가 그곳이라는 이야기만 전할 뿐이다.

🔍 **TIP** **신대교회 탐방**

▎ 신대교회
충북 청주시 흥덕구 미호로403번길 27 / TEL.043-260-0436

신대리 마을은 강가 제방 아래 있다. 대형버스로 탐방한다면 버스는 제방 위에 세워야 한다. 마을 내부 도로는 매우 좁아서 승용차 한 대 겨우 다닐 정도다. 제방에서 교회가 멀지 않으니 걸어가도 된다. 승용차로 탐방한다면 교회 앞에 주차가능하다. 마을 주민들이 다니고 있으니 조심스럽게 운전해야 한다. 제방에 서서 강 건너편을 바라보면 국사교회도 보인다.

청주제일교회

진영 터에 세워진 교회

청주읍교회(청주제일교회)가 설립된 때는 1904년 11월 15일이었다. 밀러 목사(Federick S. Miller)와 김흥경은 1900년부터 경기 남부와 충청도를 순회하며 전도하고 있었다. 결과 청주에서는 김원배, 방흥근, 이영균, 김재호, 이범준 등 몇몇 청년들을 얻었다. 1904년, 7명의 청년은 청주성(淸州城) 남문(南門)인 청남문(淸南門) 밖에서 첫 예배를 드렸다. 미국북장로교 선교본부에서 충북 선교부 객관으로 마련해둔 방 여섯이 있는 초가집이었다. 객관은 선교사나 조사(전도사), 매서인, 전도부인들이 순회 전도할 때 머물 수 있는 숙소였다. 훗날 객관은 청주 탑동으로 옮겨가고 객관이 변하여 청주읍교회가 되었다.

당시는 을미사변 – 아관파천 – 대한제국선포 – 러일전쟁 – 을사늑약으로 이어지던 암울한 시기였다. 한편으로는 서구문화가 들어와 신문화로 자리 잡기 시작하고 있었다. 시대 변화에 민감한 청년들은 정치 · 사회적 개혁의 필요성을 인식하고 있었으나 분출하고

청주제일교회

실천할 방법이 없었다. 기존 유교사회가 그것을 담아내지 못하고 있었기 때문이다. 이러한 배경에서 청주지역 청년들은 기독교를 주목했다. 수백 년 고루한 습성에 찌든 나라를 변화시킬 유일한 대안으로 찾았던 것이 교회였다. 변화를 갈망하는 청년들이 교회로 몰려들어 교회 설립 1년 만에 50명의 교인이 생겼다. 청주제일교회를 이해하는 포인트는 청년들의 갈망이고 이 움직임은 해방 후 청주지역 민주화운동으로 이어진다.

학교를 세우다

청주읍교회가 설립되던 해(1904) 김원배, 방홍근, 김태희 등은 방홍근의 집에서 학교를 열었다. 청주 청남학교(淸南學校)가 방홍근의 작은 사랑방에서 시작되어 지금까지 교육을 담당하고 있다. 설립당시에는 '광남학교(廣南學校)'였다가 4년 후 '청주청남학교'로 개칭하였다. 다른 지역처럼 청주에서도 교회와 학교가 함께 출발하였다. 1908년에는 학교 설립을 인가받고 설립자 겸 교장에 밀러 목사가 취임하였다.

교인들이 늘어나자 6칸 초가집은 예배당으로 사용하기 어렵게 되었다. 더 넓은 부지에 더 넓은 예배당을 지어야 했다. 1905년 교회 설립자였던 김원배가 임종하면서 1백 원을 교회에 기부하였다. 이를 계기로 교인들은 건축헌금을 하였다. 교회를 위해 기도하던 중 마침 초가 예배당에서 멀지 않은 곳에 1천 5백여 평의 넓은 부지가 나왔다.

군영 터에 세운 교회

이곳은 청주성 밖에 있었던 진영(鎭營)터였다. 청주는 경상도와 전라도로 이어지는 교통의 요충이자 군사요충지다. 임진왜란 한 해 전(1591)에 서산 해미에 있던 병영(兵營)과 옥천에 있던 진영(鎭營)을 청주로 옮겨 혹시 있을지 모를 왜의 침략에 대비했던 것이다. 병영을 지휘하는 군사령관을 병마절도사라 하고 각 도(道)에 배속된 군대를 지휘했다. 병영 아래 소규모 부대인 진영은 군사요충지에 설치한 군대를 말한다. 각 진영 대장인 진영장(鎭營將)은 영장이라고도 했다. 청주성 내에 병영이 설치되었고, 성 외(外)에 진영이 설치되어 있었다.

청주제일교회 청주관아 군영터에 세워졌다.

　청주 진영은 충청도의 다섯 진영 중 하나로 중영(中營)이라고도
했다. 청주읍교회가 새로운 부지를 마련한 곳이 진영이 있던 곳이었
고 이곳에는 각종 진영장 관사(官舍)를 비롯해서 죄인을 가두는 옥
사(獄舍)등의 건물이 있었다. 충청도 전역에서 잡혀 온 중대 죄인들
은 이곳에 갇혀 있다가 재판받았고, 사형수들은 무심천 모래밭에서
처형되었다. 청주가 충청도 군사령부가 있었던 곳인 만큼 다양한 죄
수들이 수감되었다. 특히 조선 후기에 천주교인들이 많이 잡혀 왔다.
박해가 반복될 때마다 충청도 각지에서 잡혀 온 '사학죄인'들은 청주
옥사에 수감되었다. 서해안을 끼고 있는 충청도는 유난히 천주교인
들이 많았다. 정조 23년(1799) 당진 출신 배관겸이 잡혀 와 팔다리가
부러지고 살이 터지는 고문을 겪은 후 형장에 끌려 나가 매를 맞고
죽었다. 신유박해(1801) 때 덕산(예산) 출신 김사집과 골롬바가 잡혀
와 곤장을 맞고 죽었다. 기해박해(1839)에 많은 교인이 끌려 와 고문

을 당한 후 공주로 이송되어 죽었다. 병인박해 때에는 진천 출신 오반지가 청주 형장에서 교수형 당했다. 천주교 박해가 일어날 때마다 몇몇 지방관에게는 생사여탈권을 부여했는데, 청주가 그런 곳이었다. 청주성 진영은 천주교인들이 흘린 순교의 피로 젖은 땅이었다.

1905년 청주읍교회는 천주교 순교의 땅에 세워졌다. 100석 규모의 예배당을 건축하고 선교 영역을 확장하였다. 예배당 규모가 커진 만큼 청남학교를 교회로 옮겼고, 청신여학교(淸信女學校)를 추가로 세워 여성교육도 시작했다. 양관 언덕에 있던 소민병원 진료소를 교회에 두고 환자들이 언덕을 오르는 수고를 덜어 주었다. 상당유치원, 청주성경학원도 설립하였다. 기독교청년회(YMCA)와 기독청년들의 초교파모임인 면려회도 조직되었다. 이제 청주제일교회는 청주 신문화 운동의 중심으로 우뚝 섰다.

교인들이 폭발적으로 늘자 1913년에 200석 규모의 함석지붕 목조 단층 예배당을 신축했다가 그것도 부족해지자 1939년~1941년 500석 규모 2층 벽돌예배당을 건축했다. 지금 사용하고 있는 예배당이 이때 건축된 것이다. 교회 기단에는 '1939년 定礎'와 '1950 ㅅㅜㄴㄱ ㅗㅇ' 두 개 정초석이 있다. 1939년에 준공한 예배당이 비좁자 1950년에 북쪽으로 두 칸을 늘리는 증축 공사를 했다. 공사 중에 전쟁이 발발하여 피란을 갔다가 돌아와서 완공했다. 전쟁 중에 폭탄이 예배당 옆에 떨어졌다. 예배당 건물에 떨어졌더라면 증축 중이던 건물이 무너질 뻔했다.

정면에서 바라보면 중앙첨탑을 뾰족하게 둔 전형적인 고딕식 벽돌건물이다. 가운데 첨탑을 기준으로 좌우 대칭으로 출입문과 층계

청주제일교회머릿돌

를 두었으며, 첨탑 아래에는 1층으로 들어가는 통로를 내었다. 2층으로 올라가면 대예배당이 된다. 첨탑에는 예서체로 "淸州第一敎會禮拜堂"이라 새긴 돌판 9개가 아치형으로 박혀 있는데, 청주 명필로 꼽히던 오의근(吳義根) 장로가 썼다. 1층은 여러 칸으로 나눠서 사무실, 학교, 유치원 등 다양한 용도로 사용하였다.

교회 북쪽 출입문은 밀러관(민노아 선교사)으로 이어진다. 출입문 옆 벽에는 두 개의 동판이 붙어있다. 〈청주제일교회는 대한기독교장로회 제42회 총회를 개최한 교회입니다. 1957.05.24.~28〉〈청주제일교회는 대한기독교장로회 제106회 총회를 개최한 교회입니다. 2021.09.28.~29〉

청주읍교회에서 청주제일교회로

초창기 교회들은 전도 열정이 대단했다. 교회가 설립되면 주변 지역으로 순회 전도를 다녔다. 결심자를 얻게 되면 조사(전도사)를 보내 지도했다. 그리고 그 지역에 교인들이 많아지면 예배당을 짓고 예배를 드리게 했다. 청주 주변지역도 그렇게 확장되었다.

충청도에서는 청주제일교회를 충청도의 모교회라 부른다. 충북에서 가장 먼저 교회가 세워진 곳은 신대리였지만 선교부가 청주읍에 있었고, 청주읍교회를 중심으로 활동하였기 때문에 그렇게 인식되었다. 청주읍교회는 충북지역에 복음을 전하는데 소홀하지 않아서 덕촌교회(1909), 오죽교회(1911), 우암교회(1920), 황청교회(1921), 청주중앙교회(1934), 대전제일교회(1938), 북문교회(1952), 남산교회(1956)를 차례로 개척하고 지원했다. 1935년 청주읍 서문쪽에 청주 제2교회(지금 청주중앙교회)가 개척되면서 청주읍교회를 청주제일교회로 개칭했다.

신교육 기틀을 놓은 청주제일교회

앞서 설명한 것처럼 교회 설립과 동시에 학교도 세웠는데 '광남학교'였다. 광남학교는 현재 청남초등학교로 이어지고 있다. 1909년에는 청신여학교를 세워 청주에서 여성교육도 시작했다. 1922년에는

여성교육 청주제일교회는 근대학교를 설립하고 여성교육도 담당하였다.

교회지도자 양성을 목표로 청주성경학원를 시작했고, 청신야학을 설립해 교육의 기회를 넓혔다. 1928년 아동성경학교, 1930년 상당유치원을 설립 운영하였다. 1941년 청주성경학원, 1949년 세광중학교, 1953년 세광고등학교를 설립했다. 1953년 청신고등공민학교 인수해서 초·중등교육을 받지 못한 일반인들에게도 교육 기회를 제공했다. '너희는 세상의 빛이라'는 예수님의 가르침에 따라 설립한 학교가 '세광(世光)'이다.

마당에서 읽는 교회역사

교회 마당은 주차장으로 이용되고 있다. 마당 가장자리를 따라 화단이 있고, 화단 곳곳에는 여러 표지석과 비석, 안내판이 설치되어 있다. 망선루를 제외한 나머지 내용은 교회 마당에 세워진 안내판을 그대로 옮겨 적는다.

망선루는 청주목 관아 객사에 딸린 누각이었다. 청주목 관아는 청주성 내부에 있었으며, 지금 청주중앙공원이 있는 자리가 그 곳이다. 망선루는 정면 5칸, 측면 3칸으로 된 누각이었다. 누각은 공공집회를 목적으로 관아에서 관리하는 건물이었다. 진주 촉석루, 평양 부벽루, 밀양 영남루, 삼척 죽서루, 남원 광한루 등이 동일한 목적으로 세워진 누각이었다. 관찰사가 순회할 때 이곳에서 잔치를 열거나, 지역 양반의 민원을 청취하기도 하였다. 경로잔치를 열거나, 효자를 위로하는 등 지역민들 하나로 묶어내는 역할도 하였다.

망선루의 처음 이름은 취경루(聚景樓)였다. 고려 공민왕이 홍건적의 난을 피해 안동으로 피란했다가 돌아오는 길에 한동안 청주에

망선루 청주 관아가 있던 중앙공원으로 옮겨진 망선루

머물렀다. 이때 지역민들을 위해 과거시험을 실시했고 합격자 방을 취경루에 걸었다고 한다. 조선 세조 때 대대적인 수리가 있었고, 한명회가 망선루(望仙樓)라 이름을 고쳤다.

일제강점기 청주성 내에 도청을 비롯해 여러 건물이 들어섰다. 청주목 관아가 이때 헐렸다. 1921년 일제는 망선루를 허물고 경찰 체력 단련장인 무덕전을 세웠다. 마침 함태영 목사가 청주읍교회로 부임해왔다. 그는 독립운동가로 3.1만세운동에 적극 가담하셨던 분이었다. 헐려 없어질 위기에 처한 망선루를 교회로 옮겨 살리기로 했다. 독립운동가이며 청주청년회 회장이었던 김태희를 중심으로 교회 청년이었던 김종원, 김정현, 이호재 등이 앞장섰다. 기독교인들뿐만 아니라 청주시민들도 적극 동참했다. 함태영 목사는 구입 자금을 마련하기 위해 서울까지 다녀와야 했다. 청년회에서도 자금을 모아 보탰다. 그리하여 도청 뒤에 버려진 채 쌓여 있던 목재와 기와를 당국으로

부터 구입할 수 있었다. 교인들이 나서서 건물 자재를 교회로 날랐다.

교회 마당에 세워진 망선루는 청주지역 최초의 근대적 교육기관인 청남학교 교사로 사용되었다. 누각은 원래 아래층, 윗층이 모두 개방된 구조다. 교회로 와서 복원된 망선루는 누각이 아닌 2층 건물이 되었다. 기둥과 기둥 사이에 벽체를 설치하고 창문을 달았다. 옛것을 복원하고 보존하는 데 그친 것이 아니라, 새롭게 재사용하려한 것이다. 청남학교뿐만 아니라 청신여학교, 상당유치원, 야학 등 청주읍교회에서 주도했던 민족교육운동, 한글강습회, 각종집회 및 강연회 등의 장소로 사용되었다.

1949년 세광중학교가 망선루에서 개교하였고, 1954년에는 세광고등학교가 망선루로 옮겨오게 된다. 또한 청신고등공민학교, 청주간호학교 등 인재 양성소 역할도 하였다. 그러나 워낙 오래된 건물인

망선루　청주제일교회에서 교사로 사용하던 시절

데다 학교로 사용되면서 1960년대가 되면 낡고 기울어져 무너질 위험까지 있게 되었다. 교회는 교회부지 200평, 유치원 건물, 전도관 건물 등을 매각한 비용으로 망선루를 대대적으로 수리하였다. 그 후에도 보존을 위해 각고의 노력을 기울였으나 1990년이 되면 도저히 유지할 수 없을 만큼 심각한 현상이 지속적으로 발생하였다. 그리하여, 교회와 청주시, 청주시민, 각 분야 단체들이 협력하여 원래 모습대로 복원하기 위한 운동을 전개했다. 옮겨 복원할 위치는 청주 중앙공원으로 결정되었다. 원래 자리로 옮겨 복원하는 것이 가장 좋은 방법이나 이미 다른 건물이 밀집해 들어선 상황이라 중앙공원으로 결정되었다. 이곳은 망선루가 있었던 원래 위치와도 가깝고, 청주목 관아들이 있었던 장소이기도 해서 역사적 의미도 있었다.

서울 사람들에겐 광화문, 평양 사람들에겐 부벽루, 삼척 사람들에겐 죽서루가 상징적인 장소다. 청주 망선루는 그런 곳이었다. 헐려 없어질 위기에 처한 망선루를 지켜낸 청주읍교회였다. 지금 망선루는 중앙공원으로 옮겨져 시민들 품으로 돌아갔다. 청주시민들은 망선루를 바라볼 때마다 청주제일교회를 떠올릴 것이다. 또 망선루에서 교육받는 이들은 모교로 떠올릴 것이다.

청주제일교회는 군부 독재 항거에 동참하며 민주주의 수호를 위해 노력하였다. 어려움 속에서도 1987년 6월 민주항쟁의 청주지역 진원으로 역할을 하였다. 이를 기려 지난 2007년 "6월 민주항쟁 20년 사업 충북추진위원회"에서 **민주화운동 기념비**를 세웠다.

청주제일교회 출신의 최종철 열사는 기독교 정신을 바탕으로 1979년 부마민주항쟁, 1980년 5월 민주화운동에 앞장서며, 지역 청년들의 계몽을 위해 헌신하던 중 신군부 세력의 탄압으로 젊은 나이에 소천하였다. 1999년 5월 5.18민주 유공자로 추서되었다. 그를 기리기 위해 **최종철열사 추모비**가 교회마당에 세워졌다.

교회 남쪽 담장에는 **천주교 순교성지 표지**가 있다. 청주 진영은 조선시대 충청도의 다섯 진영 중 하나로 천주교 박해 때마다 신자들을 체포하여 심문하고 사형 판결을 내리던 관청이었다. 1866년 병인박해 때 이곳 진영에서 천주교 신자인 복자 오반지 바오로가 "만 번 죽더라도 예수 그리스도를 배반할 수 없소"라는 말을 남기고 순교하였다. 또한 하느님의 종 최용운 암브로시오, 전 야고보, 김준기 안드레아도 1866-1868년 이곳에서 순교하였다. 1892년 한국으로 파송된 미국 북장로회 소속 민노아 선교사는 자신이 태어난 해에 일어난 병

천주교 순교 유적 청주제일교회 마당에는 천주교 순교 성지를 알리는 표지가 있다.

인박해의 순교역사를 기억하고자, 1905년 남문 밖에 있던 청주제일
교회를 청주 진영 순교지로 이전하였다. 2017년 천주교 청주교구는
청주제일교회의 협조와 배려로 순교지 기념 표지석을 이곳에 세웠다.

로간 부인은 밀러 선교사의 부
인 도티 여사와 함께 학교 교사반,
여성 전도반, 여성 지도자반 등을
지도하면서 충북 지역의 선교와
여성교육의 초석을 놓았다. 이에
청주를 비롯한 충북에서 행한 그
녀의 활동과 공적을 기리기 위해,
청주제일교회 여신도회가 중심이
되어 1921년 6월 '로간부인긔렴비'
를 세웠다. 이 비석은 청주지역 최

로간부인 기념비

초 순수한글비석이다. 특별히 일제 강점기에 세워진 순수 한글비라
는 특징은 기독교와 한글, 민족수호운동의 연관성을 살필 수 있어
역사적 가치가 높다.

아메리가나신부인됴션에건너오셔

(아메리카에서 나신 부인 조선에 건너오셔서)

봉승ᄒ샹졔명영진튱갈역ᄒ엿네

(봉승한 상제 명령 진충갈력하였네)

우리민족구원ᄒ려교육구제힘다해

(우리 민족 구원하려 교육구제 힘 다해)

십이년여일죵ㅅ됴션셰뎐당으로

(십이여 년 섬기고 조선에서 별세하여 천당으로)

기독청년정신에 뿌리를 둔 청주제일교회는 이를 계승하여 지역 계몽 운동에도 앞장섰다. 또한 충북지역 기독청년운동, 기독여성운동, 민주화운동의 요람으로 교회 공간을 개방하고, 후원함으로 기독운동의 중심적인 역할을 하였다. 충북기독교교회협의회, 청주 YMCA, CJDWNYWCA, 충북기독교청년동지회에서는 이 역사를 기리며 본교회 백주년을 맞이하여 **충북기독운동기념비**를 세웠다.

청주제일교회는 초창기부터 여성들의 교육, 사회, 선교 활동을 적극 지원했고, 1913년에는 한국장로교단 가운데 최초로 '부인 전도회(현 여신도회)'를 조직하였다.

여신도회 창립 100주년 기념비는 창립 100주년을 맞이하여 전체 여신도회 증경회장단, 당시 임원단, 최초 여성 장로가 뜻을 모아 세웠다.

TIP 청주제일교회 탐방

▌ **청주제일교회**
청주시 상당구 상당로 13번길 15 / TEL. 043-256-3817~8

교회는 청주에서 매우 복잡한 육거리 근처에 있다. 교회 앞에는 육거리시장이 있어서 시장을 출입하는 사람들이 교회 마당을 가로질러 간다. 교회 주차장은 평시에는 유료주차장으로 개방되어 있다. 버스는 출입하기가 어렵다.

탑동 양관

언덕 위에 늘어선 서양집

　충청북도 청주시 상당구 탑동에 있는 일신여자중 · 고등학교 안팎에는 오래된 서양식 건물 6동이 흩어져 있다. 6동 모두를 합하여 '탑동 양관'이라 부르는데 학교 내부에 4동, 학교 밖에 2동이 있다. 각 건물은 번호를 붙여 1호, 2호, 3호, 4호, 5호, 6호 양관으로 부른다. 학교 밖에 있는 양관은 1호 양관, 2호 양관이다.

　지명(地名)이 탑동인 이유는 먼 옛날 이곳에 절이 있었기 때문이다. 절이 사라진 후에는 석탑만 남아 있어 이 골짜기를 상징하고 있었다. 옛날 지도에도 탑촌(塔村), 탑골(塔谷) 또는 탑동(塔洞)으로 표기되어 있어 이곳에 탑이 있었다는 사실을 알 수 있다. 1980년대만 하더라도 이곳은 한적한 농촌이었다. 청주시가 확장되면서 주택이 들어서게 되었고, 도시개발 과정에 이곳에 있던 탑 일부를 충북대학교 박물관으로 옮겼다.

　일신여자중 · 고등학교는 주변보다 높은 언덕에 있다. 우암산(353m) 한 줄기가 남쪽으로 뻗어 내린 능선 위에 자리하고 있기 때

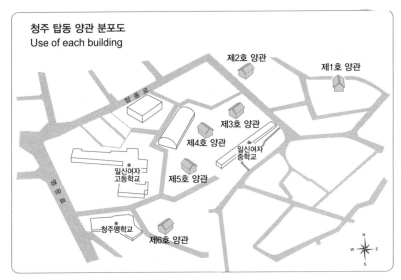

청주 탑동 양관 분포도
Use of each building

제2호 양관

제1호 양관

탑 동 로

제3호 양관

제4호 양관

일신여자
중학교

일신여자
고등학교

제5호 양관

영 동 로

청주맹학교

제6호 양관

N
W　E
S

탑동 양관 배치도

문이다. 1904년, 미국에서 온 프레드릭 밀러(Federick S. Miller, 한국명 민노아, 1866-1937) 목사는 청주에 도착해 선교활동을 시작하였다. 그는 5만 5천여 평 부지를 차례로 매입하고 1906년부터 1932년까지 '양관'이라 부르는 선교사 사택, 학교, 병원, 성경학교 시설을 건축해나갔다. 언덕 위에 지어진 붉은 벽돌 건물은 청주 사람들에겐 신기한 건축물이었다. 언덕 위에 있기에 당시 청주 중심가 어디서나 볼 수 있었다. 이방인의 활동을 예의주시하며 긴장된 눈으로 지켜보았을 것이다. 선교사들은 이 언덕이 선교의 요람이 되기를 기도했다. 높이 올려진 등불처럼 이 언덕이 어두운 한국을 밝혀주는 구원의 빛이 되기를 기도했을 것이다.

밀러 목사가 이 양관을 지을 때 비가 억수같이 왔다. 그는 그 와중에 '주의 말씀 듣고서 준행하는 자는 반석 위에 터 닦고 집을 지음 같아 비가 오고 물 나며 바람 부딪쳐도 반석 위에 세운 집 무너지지 않네~ 잘 짓고 잘 짓세 만세 반석 위에다 우리 집 잘 짓세♬'라는 가사로 '주의 말씀 듣고서'라는 찬송가를 만들었다. 탑동 양관을 소개하는 안내문을 보자.

청주에 서양의 건축양식이 도입된 것은 1904년 청주 장로교회의 선교사인 민노아 목사가 선교를 위해 청주에 온 후부터이다. 이 건물은 당시 선교사들의 주거용 건물로 1904년 부지를 매입하기 시작하여 1906년부터 1932년까지 6동의 건물을 완성하였다. 탑동 양관은 지어진 시기에 따라 서로 다른 건축적 특징을 나타내며, 서양식 건축 양식이 도입되던 초기의 특징이 잘 나타나 있다. 당시의 기록에 의하면 양관 부지 내에서 기와와 벽돌을 굽기 위한 질 좋은 점토가 발견되었고, 이를 파내어 굽기 위해 50명 이상의 사람들이 고용되어 일을 하였다.

석재는 주로 지하실 외벽 축조에 사용되었다. 이 중 제4호 양관의 기초석은 가톨릭 순교자들이 갇혀있던 형무소의 벽에서 가져다 사용하고, 벽돌 및 화강석의 접착제로는 석회에 모래를 섞어 물로 갠 석회 모르타르를 사용하였다. 양관의 건립 당시 국내에서 생산하지 못한 유리와 스팀보일러, 벽난로, 수세식변기, 각종 창호 철물류 등에 많은 수입자제가 사용되었다.

탑동 언덕에 여러 동의 건물이 차례로 지어진 것은 지속적인 청주 선교를 위해 필요한 부분이었다. 1904년 밀러 목사가 청주에 들어온 것은 충북 선교를 위한 첫 열매였다. 그가 청주로 들어와 자리를 잡

자 1905년부터 후속 선교사들이 청주로 부임하려 했으나 건강 문제
로 돌아가는 불운이 이어졌다. 1907년 가을에 카긴 목사가 부임하고,
1908년 의사 퍼비안스(W. C. Purvrance) 부부와 쿡 목사 부부, 여선
교사 도리스(A. S. Doriss)가 청주로 왔다. 1905년 여선교사 데이비스
(G. Davis), 로간(J. V. Logan)부인이 합류했다. 이제 청주 탑동은 충북
지역을 담당하는 선교부로서 모양을 갖추게 되었다.

서양식 건물이라 양관이라 부르기는 하지만, 한국 건축양식도 수
용한 결과 탑동 언덕에 독특한 건물군이 형성되었다. 2호 양관을 제
외한 각 건물에 도입된 한국 건축양식은 기와지붕이다. 기와는 한국
식 기와를 썼고, 지붕선도 전통 한옥 곡선을 살렸다. 건물은 ㅁ자 평
면을 기본으로 하면서 돌출된 공간을 다양하게 설치해서 복잡한 평
면과 지붕 구조를 보여준다. 창문 윗부분은 아치형으로 벽돌을 쌓아

탑동 양관 각 지역 선교부는 언덕 위에 있었으며, 어디서 보아도 양관은 특이했다. 한국인
들은 양관을 구경하기 위해서라도 선교사들을 만나야 했다.

버티는 힘을 강화했다. 재미있는 점은 6동 건물 모두가 바라보는 방향이 다르다는 것이다. 한국 주택은 남향으로 짓는다는 것을 밀러 목사는 몰랐던 것 같다.

탑동 언덕을 올라 양관에 담긴 선교사들의 다양한 이야기를 듣자. 그리고 건물 구조 하나하나 살펴보자. 그러면 한국에 들어와 살았던 선교사들의 수고와 우리 민족을 사랑하신 하나님의 마음을 읽을 수 있지 않을까 싶다.

제1호 양관 – 솔타우(소열도) 기념관

이 건물은 1921년에 청주에 와서 18년 동안 활동한 소열도(T. S. Soltau:蘇悅道) 목사가 살았던 곳이다. 그는 선교와 교육에 헌신 봉사하다가 1937년 일제의 신사참배 강요를 반대한 이유로 강제 출국당하였다. 해방 이후에는 청주성경학교 원장으로 활동한 허일(Hary J, Hill:許一) 목사가 1947년부터 1959년까지 거주하였다.

훗날 일신학원 설립과 운영을 위한 자금 마련을 위해, 선교사들이 사들였던 부지와 일부 건물을 매각하였다. 이때(1988년) 1호 양관이 매각되어 6동의 양관 중 유일하게 개인 소유가 되었다. 1호 양관의 건축연대는 확실하지 않으나 1921년 청주에 와서 활동했던 소열도 목사가 이 집에서 살았다고 하니 그가 오던 즈음 건축된 것이 아닌가 한다. 지붕에 한국식 기와를 얹은 것을 보면 1932년에 지어진 2호 양관보다 오래된 것으로 보이고, 화강암을 배제하고 붉은 벽돌로만 현관이나 창문을 장식한 것을 보면 일신여학교 내에 있는 다른 양관 건물보다 늦은 시기의 것으로 짐작된다.

학교 내에 있는 포사이드 기념관에서 바라보면 주택들 사이에 붉은 벽돌 건물이 보인다. 문은 항상 잠겨 있어서 들어갈 수 없는 것이 흠인데, 건물에 대한 소개 글이 대문 밖에 있다. 언젠가 이 건물이 개방되기를 기다려본다.

제2호 양관 – 부례선 목사 기념 성경학교

제2호 양관도 학교 밖에 있다. 맞은편에 동산교회가 있어서 어렵지 않게 찾을 수 있다. 여섯 동의 양관 중에 가장 늦은 시기인 1932년에 지은 건물인데 부례선 목사를 기념하기 위해 지었다. 부례선(Jeson G. Purdy L:富禮善) 목사는 충북 남부지역 선교와 농촌 봉사를 하던 중 장티푸스에 감염되어 1926년 순직하였다. 당시 나이 29세, 한국에 온 지 3년 만이었다. 그의 죽음을 안타까워한 미국 친지·교우들이 그를 추모하기 위해 헌금하여 이 건물을 건립하였다. 건물은 지하 1층과 다락을 포함하여 3층이며, 평면을 T자 모양으로 내었다. 지붕은 먼저 지은 양관과 달리 함석을 입혔다.

건물 외벽 머릿돌에는 준공된 해를 알리는 '1932'가 새겨져 있으며, 현관 좌우에는 한글로 '부례선 목사 긔렴 성경학교'와 영어로 'JASON G. PURDY MEMORIAL BLBLE INSTITUTE'라 새긴 머릿돌을 넣었다. 제5호 양관을 지을 때 '성경학교'를 열기 위해 건축했으나 선교사들이 대거 들어오면서 주거용으로 사용하게 되었다. 그렇기 때문에 제2호 양관을 '성경학교'로 새로 건축하게 된 것이다.

이 건물은 현재도 '청주성서신학원'으로 사용되고 있으며, 충북노회 사무실로도 사용하고 있다. 건물 정면 벽에는 '한국 기독교 사

제2호 양관 부례선 목사 기념 성경학교

적 제9-4호' 동판이 붙어 있다.

다른 양관에 비해 큰 규모이지만 외관에서 풍기는 느낌은 무미(無美)하다. T자형 서양식 건물답게 ㅅ자 모양 박공(博栱)이 정면에 있다. 건물 정면에 중첩된 박공의 딱딱함을 중화시켜주는 것은 둥글게 마감한 현관이다. 벽체를 구성한 벽돌도 다른 양관에 비해 어두운색이라 더 묵직한 느낌이다. 지붕도 기와 대신 함석을 얹어 곡선이 사라졌다. 건물 측면에는 창문을 많이 설치해서 건물 내부를 밝게 한 것이 특징이다. 담쟁이넝쿨이 건물 전면을 덮을 때면 묵직하고 딱딱한 느낌이 한결 덜어질 것 같다. 이곳에서 영화 '덕혜옹주', '대장 김창수', '오늘의 탐정' 등을 촬영했다.

1970년 도시로 개발되기 전에는 학교 내에서 이곳까지 건너오는 구름다리가 있었다. 선교사 부부가 손을 잡고 건너는 모습은 청주 사람들의 부러움을 샀고, 모두들 이 다리를 거닐어 보고 싶어했다고 한다.

제3호 양관 – 밀러(민노아) 기념관

제3호 양관은 청주에서 초기부터 활동하며 탑동 언덕에 양관을
건축하였던 밀러 목사가 가족과 함께 살았던 집이다. 1911년에 지어
진 건물로 지하 1층, 지상 2층이다. 붉은 벽돌 건물이며 지붕은 전통
한옥처럼 검은 기와를 덮었다. 지붕은 다각형 모양으로 복잡한 구조
다. 남동쪽 지붕은 박공 3개가 나란하고, 박공 사이로 눈썹지붕을 달
아서 빗물을 받았다. 남동쪽에서 보면 지하실이 1층처럼 보이고, 1층
이 2층처럼 보인다. 지하층은 화강암으로 쌓았고, 1층부터 붉은 벽돌
을 이용했다.

제3호 양관 민노아 기념관

제4호 양관 - 포사이드 기념관

6개의 양관 중 가장 먼저(1906년) 지어진 제4호 양관은 포사이드 기념관으로 불린다. 청주 첫 선교사였던 밀러 목사는 방 여섯 개짜리 초가집 한 채를 짓고 선교를 시작했다. 얼마 후 작은 기와집 두 채를 추가로 지어 주택겸 예배당으로 사용했다. 1906년 미국 시카고에 있던 포사이드 부부가 후원금 3천 달러를 보내주었기에 벽돌과 기와를 구워 양관을 짓고 기거하였다. 포사이드 기념관이라 한 것은 후원자 이름을 붙인 까닭이다.

붉은 벽돌로 벽을 쌓았으며, 전통 기와를 사용하여 지붕을 덮었다. 서까래와 주춧돌도 전통 한옥과 비슷하여 양관을 짓되 한국문화를 적극 수용한 밀러 목사의 마음을 읽을 수 있다. 목재는 백두산에서 난 것을 사용하여 더 튼튼하게 되었다.

제4호 양관 포사이드기념관

내부는 온돌 대신 스팀 난방과 벽난로를 설치하였고, 실내 화장실도 갖추었다. 건물을 지을 무렵 청주 관아 감옥이 철거되었는데, 거기서 나온 화강석을 가져와 지하층과 초석을 놓을 때 사용하였다. 청주 옥사(獄舍)는 천주교 신자들이 고난받은 장소였기 때문에 의미 있는 재활용이었던 셈이다.

청주 시내가 훤하게 내려다보이는 언덕에 지어진 양관은 청주 사람들에겐 이색적인 구경거리였다. 양관뿐만 아니라 거기에서 생활하는 선교사와 가족들도 구경거리였다. 한때는 양관을 구경하겠다고 500명이나 몰려왔다고 한다. 포사이드 기념관이 완공될 무렵인 1906년 청주 무심천에 홍수가 나서 가옥 4~500채가 유실되고, 50여 명이 물에 빠져 죽는 참사가 일어났다. 청주 주민들은 홍수를 피해 탑동 언덕으로 피난하였다. 밀러 목사는 이재민들에게 쉴 곳과 음식을 제공해주었다. 이 홍수를 겪고 난 후 청주 주민들은 탑동 양관을 따뜻한 눈으로 바라보게 되었다. 훗날 청주읍교회 장로가 된 대목수 이동욱도 이때 교인이 되었다.

밀러 목사는 탑동 언덕에 다른 양관을 차례로 짓고 다른 곳으로 옮겨갔다. 그 후 포사이드 기념관은 독신 선교사나 초임 선교사들이 거처하였다. 1910-1920년대 카긴(E. Kagin), 쿡(W. T. Cook)이 살았고, 일제말기와 해방 후에는 언더우드(원요한), 헌트(B. F. Hunt), 클라크(A. D. Clark) 등이 기거하였다.

포사이드 기념관은 현재 '충북기독교역사관'으로 활용되고 있다. 이곳에는 밀러 목사가 사용했던 책상, 여행가방, 1899년 6월에 만들어진 난로 등을 볼 수 있다.

선교사 묘역

포사이드 기념관 앞뜰에 '충북선교사묘역'이 있다. 본래 다른 곳에 있었으나 땅이 팔리면서 학교 내로 옮겨오게 되었다. 이곳에는 청주 선교의 대부 밀러 목사의 묘가 있는데, 그는 '내가 사랑하는 땅 청주에 묻어달라'는 유언을 남겼다. 그밖에 부례선 선교사. 청주에서 활동했던 메리 리 로간 부인의 묘비도 있다. 솔타우 목사의 딸 데오도로 그레이스 솔타우의 묘도 이곳에 있다. 묘역 한쪽에는 밀러 목사가 작사한 '주의 말씀 듣고서' 찬송가비도 있다.

프레드릭 밀러(Federick S. Miller, 민노아, 1866-1937) 선교사는 미국 펜실베니아에서 출생하였으며, 유니언 신학교를 졸업했다. 1892년 11월 미국북장로교 선교사로 한국에 들어왔다. 초기에는 '예수교학당장', '통합공의회 찬송가위원회'에서 활동했다. 1893년 서울 경신학교 교사로 지내면서 도산 안창호 선생을 길러내는 등 기독교 교육

청주 선교사 묘역

에 힘썼다. 1898년 11월 첫아들을 얻었으
나 8개월 만에 세상을 떠났다. 1902년 3
월에 태어난 둘째 아들도 하루 만에 세
상을 떠났다. 1903년에는 사랑하는 아내
도 38세의 나이로 세상을 떠나는 슬픔을
겪었다. 두 아들과 아내는 양화진 묘지에
묻었다. 이만하면 선교지를 떠날 법도 하
나 그는 좌절하지 않았다. 사람들은 그

밀러 선교사

에게 물었다. "예수가 누구이기에 가족마저 잃으며 힘들게 사는가?"
그는 대답 대신 찬송가를 지었다. 그가 지은 찬송가는 〈예수님은 누
구신가〉 〈맘 가난한 사람〉 〈예수 영광 버리사〉 〈주의 말씀 듣고서〉
〈공중 나는 새를 보라〉 등이다.

그는 '전도지의 왕', '소책자의 사도'라고도 불리며 한국 문서 전도
의 창시자다. 40여 종의 각종 책자를 발간해 복음의 불모지에 기독교
를 소개하는 데 유용하게 사용했다.

그는 1904년에 청주로 들어와 선교를 시작했는데 청주에 들어온
최초의 선교사였다. 그가 청주로 내려올 때 "너의 발로 밟는 곳을 내
가 다 너에게 주겠다"는 하나님의 음성을 들었다. 그는 33년 동안 청
주에 머물며 교회 개척, 교육, 의료, 문서선교, 여성교육, 근대문화 도
입, 양관 건립 등 매우 다양하고도 열정적인 활동을 하였다. 그를 기
억하는 홍청흠 장로의 증언이다.

주일 예배 때 장로가 대표 기도를 정도 이상으로 길게 하면, 민로

아 목사는 기도하는 도중이라도 큰 소리로, '이 장로, 기도 그만하오. 그런 식으로 기도하면 아니 되오' 하고 기도를 중단시켰지요. 한국인들을 상대로 성경을 가르치다가 설명하기 어려운 대목이 나오면 주저없이 '이 문제, 나 모르오.'하고 솔직하게 말했습니다. 자존심 강한 선교사들에게 찾아보기 어려운 솔직한 면이 그에게 있었어요.[39]

1936년 정년 은퇴 후 필리핀, 중국 등 선교지를 방문하였다가 청주로 돌아와 1937년에 세상을 떠나 이곳에 묻혔다. 그가 걸었던 행적처럼 '충북 선교의 아버지', '중부권 선교의 아버지'로 불리며 존경받는 선교사로 기억되고 있다.

데오도라 그레이스 솔타우(1920-1922)는 소열도 목사의 딸이다. 소열도(T. S. Soltau, 1890-1970) 목사는 청주 선교부에 부임해 1937년까지 18년간 청남학교 교장 등을 역임하며 많은 공적을 남겼다. 데오도라는 1920년에 만주에서 태어나 1921년에 청주선교부에 부임하는 부모를 따라 청주에 왔다. 그러나 안타깝게도 이듬해에 풍토병으로 세상을 떠났다. 청주선교부는 열악한 환경에서 희생당한 어린아이를 기억하기 위해 묘지 앞에 묘비를 세웠다.

부례선 선교사(1897-1926)는 미국 오하이오에서 출생하여, 메리빌 대학과 프리스턴 신학대학을 졸업하고 목사로 임직 후, 1923년 9월 부인 에밀리 몽고메리와 함께 청주 선교부에 부임했다. 1926년 남부 농촌 지역을 순행하며 영동 조동에 머물던 중, 장티푸스에 감염

---

39 충청도 선비들의 믿음 이야기, 이덕주, 도서출판 진흥

되어 29세의 젊은 나이로 순직하였다. 부례선 선교사의 순직 소식을 들은 미국교회는 성금을 모아 보내왔으며 이 성금으로 1932년에 '부례선목사 기념 성경학원(2호 양관)'을 건립하였다.

메리 리 로간(1856-1919)은 미국 켄터키 출신으로 센트럴 대학에서 YMCA와 YWCA 지도자로 활동하였고, 1909년 자비량 선교사로 내한하여 로간 부인으로 불렸다. 1910년 10월에 청주선교부에 부임하여 10년 동안 활동했는데, 청주 사람들은 그녀를 '자애로운 어머니'라 불렀다. 그녀는 교회학교 교사반, 여성지도자반 등을 육성하여 청주지역 여성교육의 초석을 놓았으며, 여성 근대화의식 형성에도 크게 기여했다. 1919년 세상을 떠나 양화진에 안장되었고, 청주에서는 로간 부인을 기리며 묘역 모습을 본따서 조성하였다.

언덕 위 우물

3호 양관과 4호 양관 사이에 우물이 하나 있다. 시멘트로 발라버려서 우물인 줄 모르게 해놓았지만, 울타리를 쳐 놓아 뭔가 중요한 것임을 알 수 있다. 선교사들이 청주에 자리 잡은 후 식수에 어려움을 겪었다. 처음에는 근처 개울물을 길어다 먹었다. 언덕을 내려가 길어와야 하는 고단함이 있었다. 그러나 병원에서 쓸 물은 달라야 했다. 위생 문제를 걱정한 선교사들은 탑동 언덕에 우물을 파기로 했다. 그러나 언덕에서 우물을 파려니 비용이 많이 들었다. 이런 사정을 들은 뉴욕의 코핀(H. B. Coffin)박사 부부가 1백 달러를 보내주었다. 평지나 산 아래 있는 우물에 익숙했던 청주 사람들에게 언덕

언덕 위 우물

위에 있는 우물은 신기한 구경거리였다.

제5호 양관 로우(노두의) 기념관

　5호 양관은 4호 양관 남쪽에 있다. 이 건물은 미국 캔자스 주 위치
타에 살던 매클렁 부부가 일찍 세상을 떠난 두 아들을 기념하기 위
해 8백 달러를 기부한 것에서 시작되었다. 밀러 목사는 토착 전도인
양성을 위한 성경학교 건물로 사용하기 위해 건축하고 '맥클렁 성경
학원'이라 불렀다. 그러나 1910년 청주로 들어온 선교사들이 급격하
게 늘어나자 그들의 살림집으로 사용할 수밖에 없었다. 이 건물은
소민병원에 근무하던 의사와 간호사 등 선교사의 가족들이 사택으
로 사용하였다. 퍼비안스의 뒤를 이어 팁톤(S. P. Tipton)과 맬콤슨(O.

제5호 양관 노두의 기념관

K. Malcomson)부부, 특히 노의사라고 불리던 소민병원 노두의(盧斗
義:D.S Lowe)가 1937년 일제의 신사참배 강요를 반대하여 강제 출국
당할 때까지 거주했다. 그밖에도 많은 선교사가 이곳에 거주하였다.
이 건물은 경사진 언덕을 그대로 사용하면서 지었기 때문에 보는 방
향에 따라서 높이가 다르다.

제6호 양관 – 소민병원

1908년 미국의 던컨 부인이 병원 건축을 위하여 써달라고 7천 달
러를 기부하여 1912년에 완성되었다. 청주 최초의 근대적 면모를 갖
춘 병원이 되었다. 지하 1층과 지상 2층의 붉은 벽돌집으로, 선교사
들은 던컨 기념병원이라 불렀으나, 청주 주민들은 소민병원(蘇民

제6호 양관 소민병원

病院)이라 불렀다. 이 병원은 진료실과 수술실을 갖추고 병상 20개를 가진 청주 최초의 현대식 병원으로, 주로 어려운 처지에 있는 환자들을 진료하였다. 밀러 목사가 청주에 내려와 건축했던 2동의 한옥은 입원실로 사용되었다. 그런데 문제는 병원이 언덕 위에 있다는 것이었다. 환자들이 언덕까지 찾아오기엔 어려움이 많았다. 그리하여 1917년에 소민병원 진료소가 제일교회 옆에 마련되자 이 건물은 주로 입원실로 사용되었다.

┃ 탑동양관
충북 청주시 상당구 영운로 126 일신여중고등학교

탑동양관은 일신여중·고 내부에 4개 동, 밖에 2개 동이 있다. 탐방을 할 때는 학교 내외를 살펴서 찾아야 한다. 평일에 탐방한다면 학교 내부 주차는 불가하다. 학생들 수업이 있기 때문이다. 평일에는 동산교회 주변에 주차하고 걸어서 탐방해야 한다. 방학 또는 주말이나 휴일에 탐방할 경우 학교 내부에 주차가 가능하다.

청주 기독교유적 탐방은 신대리교회 – 청주제일교회 – 탑동양관 – 삼일공원 순서로 둘러보면 된다. 청주제일교회를 탐방할 때는 바로 앞에 있는 육거리시장도 다녀오자. 삼일공원에는 충북 출신으로 3.1 만세운동 민족대표로 나선 독립운동가 동상이 있다. 기독교 대표 신석구 목사와 신홍식 목사, 천도교 대표인 손병희, 권동진, 권병덕 등 5인의 동상이 있다. 정춘수 목사의 동상도 있었으나 친일파로 변절했기에 철거되었다.

시간 여유가 된다면 청주를 대표하는 관광지 상당산성을 둘러볼 것을 권한다. 산성(山城)이라 하지만 자동차로 가까이 접근할 수 있으니 어렵지 않다. 산성에 올라서면 청주시를 내려다볼 수 있다. 멀리까지 조망되는 풍경이 일품이다. 청주 수암골은 달동네 도시재생으로 탄생한 곳이다. 벽화 골목, 아기자기한 카페, 전시관 등이 있고, 청주 시내를 내려다볼 수 있다. 4월 초에 탐방한다면 무심천 벚꽃이 유명하다. 단 교통체증은 각오해야 한다. 청주에서 멀지 않은 청남대, 문의문화재단지도 유명한 관광지다.

[추천 1] 신대교회 → 청주제일교회 → 탑동양관 → 중앙공원(망선루)
[추천 2] 청주제일교회 → 육거리종합시장 → 탑동양관 → 상당산성

호두과자로 유명한 천안(天安)

　호두과자로 유명한 천안은 큰 인물을 많이 배출했다. 임진왜란 3대첩 중 하나인 진주대첩을 이끈 김시민 장군, 조선시대 실학자 홍대용, 대한민국 임시정부 의정원 초대의장을 지낸 이동녕, 독립운동가 유관순과 그 일가, 독립운동가이자 정치가 조병옥, 아우내 만세시위를 주도한 조인원 등이 있다.

　930년 고려 태조 왕건이 이곳 지세를 살핀 후 성을 쌓았다. 그리고 '비로소 천하(天下)가 평안(平安)해졌다' 한 것에서 천안(天安)이 유래되었다. 천안에 호두가 유명한 이유는 고려 말로 거슬러 올라간다. 류청신이라는 분이 원나라에서 충렬왕을 모시고 올 때 어린 호두나무 묘목과 씨앗을 가져왔다. 묘목은 천안 광덕사에 심고, 씨앗은 집 뜰에 심었다. 광덕사에 심은 호두나무는 지금까지 수세가 왕성하다. 그가 가져올 때 씨앗이 복숭아와 비슷하다고 하여 오랑캐(胡:호) 나라에서 가져온 복숭아(桃:도)나무라 하여 '胡桃(호도)'라 불렀다. 호도를 우리말로 읽을 때는 호두라 한다. 지금도 천안, 공주, 아산 일대에 호두나무가 많다.

아우내만세운동

천안은 천안삼거리 흥타령으로도 유명하다. 천안삼거리는 한양, 경상, 전라로 이어진 길이 있었기에 만남과 헤어짐의 장소였다. 이런 곳에는 주막이 있고, 주막은 여행객들이 피곤한 몸을 누이는 여곽이 있었다. 한양으로 가는 이들 중에는 과거시험에 뜻을 둔 이들이 많았다. 전라도 선비 박현수 역시 과거를 보기 위해 한양으로 가는 길이었다. 그는 삼거리 주막 처녀 능소를 만나 사랑을 주고 받았다. 두 손 굳게 잡고 혼인을 약속하였다. 시간이 흘러 약속대로 사랑은 맺어졌고, 기쁨에 불렀다는 흥타령은 유명한 노래가 되었다.

천안 목천에는 독립기념관이 있다. 너무 거대한 규모로 만드는 바람에 관람하다 지쳐서 한 번 가고 두 번 가지 않는 장소가 되었다. 잘한다고 한 것이 너무 과하게 되었다. 그럼에도 독립기념관은 우리가 꼭 봐야 할 곳이다. 독립운동사를 배우는 것도 있지만 시시로 변하는 사계절이 아름다우니 산책 삼아 다녀오는 것도 괜찮을 듯하다. 천안에 독립기념관이 건립된 이유는 교통 때문이다. 전국에서 모여들기 쉽기 때문이다. 그리고 유관순, 이동녕, 조병옥 등 독립운동가들의 고향이기 때문이다. 독립기념관에서 멀지 않은 곳에 세 분의 생가가 있으니 겸해서 찾아가 보자.

매봉교회

유관순 일가가 세운 교회

    유관순 열사가 다녔던 교회로 유명한 매봉교회는 매봉산 아래 있다. 유관순 열사가 교회를 다닐 때는 매봉교회가 아닌 '지령리교회'였다. 교회가 설립된 때는 정확하지 않다. 1899년 미감리회 선교사 스웨어러의 전도활동으로 교회가 세워진 것으로 되어 있다. 또는 스

지령리와 매봉   매봉 아래 유관순 열사 생가가 있는 지령리 마을이 아늑하게 자리하고 있다. 지령리교회가 세워지고 마을은 기독교인으로 가득차게 되었다. 지령리교회는 3.1만세운동의 핵심이 되었다.

웨어러의 지도를 받은 박해숙이 전도 활동하여 교회가 시작된 것으로도 되어 있다. 어떤 것도 정확한 기록은 아니다. 앞서 설명한 부분이 정확히 지령리교회를 설명한 것인지 아니면 병천지역에 있던 다른 교회를 설명한 것인지 알 수 없기 때문이다. 참고로 지령마을은 용두리에 속한다. 그래서 지령리예배당 또는 용두리예배당이라 불렀다.

유빈기의 기도

지령리에 교회를 개척한 이는 이 마을 출신 유빈기로 짐작된다. 그는 유관순의 할아버지 유윤기와 사촌 형제로 1883년에 태어났다. 어려서부터 한학을 공부하였으며, 19살이 되던 해인 1901년에 한해나와 혼인하였다. 유빈기는 불법과 불의를 참지 못하는 성격이었다. 1899년 일본인의

유빈기

천안 직산금광 점령, 1904년 러일전쟁이 발발, 1904년 일진회와 일본인의 아우내 시장 점령, 그리고 일본인과 일진회의 악랄한 토지 수탈 등이 그를 분노케 했다. 유빈기는 아내와 아들을 고향에 남겨둔 채 방랑하였다. 그러던 중 공주에 머물 때 케이블 선교사를 만났고 전도를 받아 교회를 다니기 시작했다. 그는 기독교가 어떤 종교인지, 기독교인의 신앙생활은 어떠해야 하는지 케이블 선교사로부터 배웠다. 그의 지사적 성격은 기독교로 무장된 신앙생활만이 도탄에 빠진 나라와 국민을 구할 수 있을 것이라는 확신을 가지게 했다. 유빈기의 이러한 신앙적 체험은 당시 지식인들이 가졌던 공통된 경험이

었다. 특히 안성, 천안, 진천, 청주 등지에 살던 사람들에게 기독교는 힘 있는 종교라는 경험적 인식이 있었다. 청일전쟁, 러일전쟁 와중에 서양 선교사들이 있는 기독교는 치외법권처럼 보호되고 있었던 것이다. 이를 악용한 사례들도 있었으나 일본인과 일진회의 불법에 손 놓고 있는 대한제국 정부보다는 힘있는 기독교의 보호를 받고 싶어 했다. 스스로 기독교인이 되고자 찾아오는 경우도 많았다. 결과 1899년 이들 지역에서 1명에 불과했던 기독교인이 1907년이면 1만 6천 명이 되기에 이르렀다.

유빈기는 고향으로 돌아와 교회를 세웠다. 이때가 1906년 또는 1907년으로 보인다. 그는 사촌형 유윤기(유관순 할아버지)를 전도했다. 유관순의 숙부 유중무도 아버지 유윤기를 따라 교회를 나가기 시작했다. 교회를 설립한 지 얼마 지나지 않아서 지령리교회는 일시에 부흥하였다. 1907년이면 100여 명이 예배를 드리는 부흥이 있었던 것이다. 마을은 대부분 유관순 열사의 친척들로 이루어진 집성촌이었기에 유씨 집안이 대부분이었다. 유관순의 할아버지 유윤기와 손자 유우석, 손녀 유관순, 유관순의 작은 아버지 유중무와 아내, 자녀 유경석, 유예도가 함께 출석했다. 유빈기와 그의 부인, 유빈기의 부친 유영도, 유빈기의 자녀 유중영, 유뱃세 등이 출석하였다. 그리고 그들 집안의 종들도 함께 교회를 다니기 시작했다. 이들은 자칭 타칭 '예수파'가 되었다. 교회를 다니지 않는 사람들은 '글쎄 종들이 형님 형님하고 또 종더러 누님 누님 불러야 하니 집안 다 망했다' 빈정거렸다. 신분제는 해방되었지만 여전히 전통적 관념에서 벗어나지 못하고 있었기에 빈정거림은 당연한 것이었다. 교인들은 기금을 모아 예배당을 세웠다. 주일이면 공주에서 나귀 타고 온 선교사가 설교하였다. 신도들은 선교사의 권유를 받아 자녀들을 공주 또는 서울로 보내 신학문을 배우도록 했다.

1907년 8월 16일 자 〈대한매일신보〉에 실린 「국채보상의연금 수입광고」에 지령야소교당(芝靈耶蘇敎堂) 교인 82명의 명단이 실려있다. 이 정도 인원이면 전교인이 참여한 것으로 봐도 무방하다. 나라를 구하기 위한 국채보상운동에 금액의 크고 작은 여부와 관계없이 참여하고 있었던 것이다.

의병 활동과 교회

1907년(정미년) 고종황제가 강제 퇴위당하고, 대한제국 군대가 해산당하였다. 전국에서 의병이 궐기하였다. 정미의병이라 한다. 대한제국 군대가 의병부대에 합류하자 의병은 조직화되었고 정예화되었다. 일본은 전국에서 일어나는 의병을 토벌한다는 이유로 의병이 활동하는 지역 주변 마을을 초토화시켰다. 의병들에게 협조하였다는 이유로 죄없는 주민들을 살해하고 가옥을 방화하는 만행을 저질렀다. 당시까지만 하더라도 충청북도 진천, 목천 일대에는 산골에 교회가 많았다. 의병들의 근거지가 산악지역이었기 때문에 교회도 교인들도 일본군의 만행에 참화를 입어야 했다. 이때 천안 아내(병천)에 있는 '아내교회' 예배당 15칸이 전소되는 일이 있었다. 이 교회가 병천에 있는 교회를 말하는 것으로 보이나 정확히 '지령리교회'를 지칭하는 것인지는 알기 어렵다. 당시 병천과 가까운 곳에 있었던 교회는 서원말교회 또는 지령리교회이기 때문이다.

케이블 선교사는 이 일대를 다니면서 고난에 빠진 교인들을 위로하는 예배를 드렸다. 지역을 순회하며 위로 예배와 부흥예배를 올리던 중 놀라운 영적 체험을 하고 있었다. 1908년 1월 지령리교회에서도 성령의 임재를 경험하는 영적 체험이 일어났다.

이번 집회는 시작부터 끝까지 놀라웠습니다. 하나님의 능력이 나타나서 그 앞에 있는 모든 것을 휩쓸었습니다. 집회에 참석한 남녀들은 극악한 죄를 깨닫게 되자 격렬하게 울부짖고 극심하게 괴로워하며 자신들의 죄를 고백했고, 용서와 자비를 위해 기도했습니다.

우리는 제단 앞에서 교인들이 서로 끌어안고 서로 용서를 구하는 것을 보았습니다. 부모들에게 순종하지 않던 어린이들은 일어나 집회를 참석한 사람들 중에서 부모를 찾았습니다. 그리고 부모 앞에 무릎을 꿇고 용서를 빌었습니다. 서로에게 잘못을 저지른 형제들은 자신들의 잘못을 고백한 후 형제에게 용서를 구했습니다. 물건을 훔친 사람들은 죄를 고백하고 훔친 것을 돌려주었습니다. 첩을 둔 남자들은 죄를 고백하고 합의하에 첩과 이혼을 하였습니다.[40]

이 부흥회에서 경험된 영적 체험은 지령리 교인들에게 구체적인 삶의 방향을 제시해 준 것으로 보인다.

1908년 1월 부흥회는 유관순 가의 사람들이 품고 있던 민족주의와 평등주의가 신앙에 의해 조명되는 시간이었다. 민족과 평등이라는 개념이 신앙과 만나면서 자기 갱신이라는 구체적인 형태로 발현

---

40 KMEC, 1908, 40-41

되었다. 이때 유관순
가 의 기독교인들은
평등주의에 입각한
기독교 민족주의를
형성했다.[41]

지령리마을 벽화

조병옥 박사의 부
친 조인원도 이때부
터 교회에 참여하였

고, 1910년에는 진명학교를 세워 민족교육에 힘썼다. 유중무는 이 부
흥회 이후 크게 달라진 길을 걸었다. 1909년 미감리회 조선연회에서
북충청지방 권사로 파송을 받아 전도에 열중하였다. 1912년에는 진
천과 목천 지역의 교회 담임자로 파송받아 주변 산중 교회를 찾아다
니며 교인을 돌봤다. 지령리교회 설립자 유빈기가 가족들을 이끌고
공주로 이사한 후에도 그는 지령리교회를 지켰다. 3.1만세운동 이후
3년간 수감되었다 돌아온 후에도 교회를 지켰다. 유중무는 자신의
이름에 거룩할 '聖(성)'를 넣어 유성관으로 개명했다. 거듭난 거룩한
삶을 살겠다는 결단과 의지의 표현이었다. 그의 당숙이었던 유빈기
도 유성배로 개명하였다. 지령리교회 뿐만 아니라 주변 지역에서도
개명하는 결단들이 있었다. 부모가 지어준 이름을 바꾼다는 것은 거
듭났다는 뜻이 된다.

41　유관순 가의 사람들, 이덕주,최태욱, 신앙과지성사

조병옥 박사 생가　지령리 맞은 편에 조병옥 박사 생가가 있다. 매우 가까운 거리에 있어서 지령리교회에 출석할 수 있었다.

선각자 유중권

유관순의 아버지 유중권은 교회에 다니지 않았다. 유중권의 아버지 유윤기, 동생 유중무가 교회에 다니고 있었으나 그만은 교회를 다니지 않고 집안 제사를 도맡아 지냈다. 보수적일 것 같았던 유중권은 "우리가 나라를 잃어버린 것은 모든 것이 남에게 뒤떨어진 까닭이며, 나라를 되찾으려면 서양문명을 받아들이고 서양식 교육을 시켜야 한다"라고 생각했다. 그렇기에 자녀들이 교회에 출석하는 것을 방해하지 않았다. 선각자적인 아버지를 둔 유관순은 귀밑머리, 황새머리, 조랑머리를 세 갈래로 땋고 사내처럼 동네를 휘젓고 다녔다. 한글을 스스로 깨우친 후 성경을 읽고 외웠다. 유중권은 병천에 설립된 흥호학교 운영에 참여하였다. 이곳에는 아들 유우석이 다니고 있었다. 일제의 방해로 학교가 재정적 어려움을 빠지자, 토지를 팔아 후원하였다가 적지 않은 빚을 지게 되었다.

아우내 만세시위

우리나라에는 두 물이 합수(合水)한다고 하여 붙은 지명이 여럿 있다. 남한강과 북한강이 어우러지는 두물머리(양수리), 송천과 골지천이 어우러지는 아우라지(정선 여량), 한강과 임진강이 어우러지는 어을매(교하, 交河), 천안 아우내(병천), 평창 엇개(횡계) 등이 그것이다.

유관순 열사가 '대한독립만세'를 목청껏 불렀던 아우내는 한자로 병천(竝川)이라 부른다. 그날은 1919년 4월 1일 아우내 장날이었다. 병천면에는 그날의 함성을 기억하도록 아우내독립만세기념공원이 조성되어 있다. 공원 옆 카페 앞에 줄 서는 이는 많아도 이 공원을 둘러보는 이는 없다. 요즘 병천하면 순대가 워낙 유명해서 병천이 아우내라는 사실조차 모르는 이도 많다.

1919년 3월 1일 서울에서 만세시위에 참여했던 유관순은 일본군에 체포되었다가 풀려났다. 일제가 학교에 휴교령을 내리자 3월 13일 사촌언니 유예도와 함께 고향으로 내려왔다. 마을 사람들은 서울에서 벌어진 상황에 주목하고 있었고, 유관순이 들려주는 서울 이야기를 들었다. 그리고 유관순과 유예도는 아우내 장날에 일어날 만세운동을 준비했다. 천안 주변에서 이미 만세운동이 시작되었다는 소식도 들려왔다. 아우내에서 잡화상을 경영하던 조인원(조병옥 박사 부친)의 협조를 얻어 만세를 부르기로 했다. 지령리교회는 아우내만세운동을 준비하는 곳으로 사용되었다. 유관순은 조인원, 유중무 등

아우내전경

과 함께 주변 지역을 다니며 협조를 끌어냈다. 주로 교회가 있는 지역을 중심으로 협조를 끌어냈다. 교회 신도들을 중심으로 협력하면 만세운동이 순조롭게 진행될 수 있기 때문이었다.

준비가 끝나자 유관순은 4월 1일에 있을 아우내 독립만세 시위를 고무시키기 위해 3월 31일 밤 매봉산에서 횃불을 들어 올렸다.

오 하나님, 이제 시간이 임박했습니다. 원수 왜(倭)를 물리쳐 주시고 이 땅에 자유와 독립을 주소서. 내일 거사할 각 대표들에게 더욱 용기와 힘을 주시고 이 민족의 행복한 땅이 되게 하소서. 주여, 이 소녀에게 용기와 힘을 주옵소서

유관순과 유예도는 장터로 들어오는 사람들에게 태극기를 나눠 주었다. 오후 1시경 조인원이 "조선독립만세!"를 선창하자 주민들이 일제히 호응하였다. 수천 명의 군중이 태극기를 흔들며 조선독립만

세를 외쳤고 질서 있게 행진했다.

행진은 헌병주재소에 이르렀다. 폭압의 상징 헌병주재소 근처에 이르렀을 때 만세 소리는 더 커졌다. 주재소 소장 고야마(小山)는 부하들에게 발포해서라도 시위군중을 진압할 것을 명령했다. 만세행렬이 주재소를 둘러싸자 헌병들은 주민들을 향해 총을 발사하고 칼을 휘둘렀다. 유관순의 아버지 유중권이 머리와 옆구리에 총탄을 맞고 쓰러졌다. 김상헌은 현장에서 즉사했다. 유중무와 조인원, 유관순, 김용이, 조병호 등 40명이 유중권, 김상헌을 메고 주재소로 들어가려고 했다. 이소제는 남편 유중권이 빈사상태에 빠진 것을 항의하면서 헌병에게 달려들었다. 이때 소장 고야마가 권총을 쏴 이소제를 살해하였다. 유관순은 부모가 살해당하자 화가 난 나머지 "내 나라를 되찾으려고 하는 정당한 일을 하고 있는데 어째서 무기를 사용

매봉정상 횃불 기념탑　1919년 3월 31일 밤, 유관순은 매봉에 올라 횃불을 들었다.

하여 민족을 죽이느냐?"고 달려들었다. 일본군은 칼을 뽑아 그녀의
옆구리를 찔렀다. 유관순은 다친 옆구리를 치료받지도 못한 채 체포
되어 구금, 고문, 재판을 받아야 했다. 시위는 점차 격화되었다. 수백
명의 주민이 주재소로 몰려들었다. 이에 헌병들은 재차 발포하였다.
이번엔 조인원이 쓰러졌다. 천안에서 헌병이 증파되었다. 그러자 주
민들은 흩어졌다. 일본헌병대는 흩어져 도망가는 주민들에게 조준
사격을 가했다. 수십여 명의 주민이 학살당하는 비극이 있었다.

　일본군은 시위 주모자를 색출하기 시작했다. 유중무, 유관순, 유
예도, 조병호 등 지령교회 교인들이 핵심이었다. 조병호는 유관순
의 집에서 숨이 끊어져 가는 유중권 옆을 지키다가 체포되었다. 유
관순과 유예도는 유경석의 도움을 받아 이리저리 숨어다녔다. 일제
는 유관순의 집과 마을을 밤낮 감시했다. 그러던 어느 날 유관순은

아우내 만세운동

집으로 돌아왔다. 아버지 유중권이 죽고, 함께 만세를 불렀던 주민들이 '저년 때문에 사단이 났다'고 수근거렸기 때문이다. 몸을 숨긴다고 될 문제가 아니라고 생각했다. 그러다 유관순은 체포되었다. 유중무와 그의 부인도 체포되었다. 유관순은 공주로 이송되어 법원으로 가는 중에 형무소로 들어가는 오빠 유우석을 만났다. 오빠 유우석은 공주에서 만세를 주도하다가 체포되었다.

3.1만세운동 후 지령리교회

그날 이후 지령리교회는 풍비박산이 났다. 교회를 이끌었던 유중무(유성관)는 3.1만세시위를 주도하였다는 죄목으로 체포되어 3년을 선고받고 수감되었다. 몇 명의 교인은 일본헌병대에 의해 학살당했고, 열 명이 넘는 교인이 체포되어 수감되었다. 또 많은 수의 교인이 일본 헌병의 체포를 피해 다른 지방으로 도피해야 했다. 그럼에도 남은 지령리교회 교인들은 교회를 지키기 위해 애썼다. 유경석과 노마리아를 비롯한 몇몇 교인들이 교회를 지키는 눈물겨운 시간을 보내고 있었다.

유중무는 1923년에 출옥하여 교회로 돌아왔다. 그가 돌아왔지만 교인은 속절없이 줄어들었고 교회는 위축되어 있었다. 엎친 데 덮친 격으로 미국 경제공황 여파로 한국선교비 지원이 줄어서 교회마다 재정난을 겪고 있었다. 목사, 전도사, 전도인 등이 소작농 생활을 하거나

유중무 3.1만세 후 지령리교회를 끌어안고 기도했던 유중무

무보수로 사역을 감당하는 처지가 된 것이다. 지령리교회라고 별다른 수가 있는 것도 아니었다. 3.1만세운동으로 교인 수가 줄어든 데다 선교비 지원마저 사라지니 유중무와 교인들의 눈물겨운 교회 지키기도 한계에 달하고 있었다. 만세운동을 주도한 교회였기에 일제의 감시와 탄압이 심했다. 무엇보다 '교회 때문에 집안 망했다', '여자를 교육시키면 집안 망한다'는 주위의 빈정거림이 더 큰 문제였다. '유관순이 부추겨서 우리 집도 망했다'라 하며 원수처럼 바라보았다. 유관순의 어린 두 동생도 버려지다시피 했다. 두 동생은 공주까지 걸어갔다. 그곳에서 선교사와 조화벽 지사의 도움을 받아 살았다. 3.1만세운동 후 많은 교회가 겪었던 시련이었으나, 지령리교회는 유독 더 심했다. 교인 대부분이 유관순 일가인 데다 만세운동에 교인들 대부분이 참여했기 때문에 한 가문이 풍비박산 나는 수준이었다. 게다가 서울에서 공부한 유관순과 유예도가 만세운동을 주도한 것에서 여자를 교육시키면 집안 망한다는 시선이 만들어진 것이다. 거기에 더해서 만세시위 중 대규모 학살이 자행되자 적잖은 충격을 받은 주민들이 교회를 향해 원망을 쏟아내고 있었던 것이다.

그럼에도 유중무는 교회를 유지하려고 애썼다. 그러나 미감리회 천안지방회에서는 1929년 지령리교회 예배당을 판매하기로 결정했다. 지령리예배당뿐만 아니라 병천리와 매송리예배당도 이때 매각되었다. 25년 동안 유지되던 지령리교회가 이때 문을 닫았다. 유중무는 지령리교회를 끝까지 지켰던 마지막 교인이었다.

해방 후에도 마을 사람들의 인식이 크게 달라지지 않았고, 친일파가 득세하는 세상에서 유관순 열사 가문이 다시 일어설 일도 없었다. 폐쇄된 교회가 다시 세워질 분위기가 아니었다. 1966년이 되어서야 이화여자고등학교에서 유관순 열사가 다녔던 교회를 재건하고 매봉교회라 하였다. 1998년, 낡은 교회를 재건축하여 오늘에 이르고 있다. 교회 1층에 교육관과 사택, 2층에는 예배당이 있다. 지하 1층에는 유관순 열사 전시관이 마련되어 이곳을 찾는 사람들에게 교회 역사를 알려주고 있다. 그러나 찾는 이들이 없어 먼지만 쌓여 있다.

교회 옆에는 유관순 열사 생가도 복원되었다. 유관순 열사 생가 앞 기와집은 관리사라 부른다. 1919년 4월 1일 아우내독립만세운동 이후 유관순 열사의 가족은 거처할 곳이 없었다. 1977년 정부에서 한옥으로 건축하여 열사의 가족에게 유관순 열사의 생가지를 관리하면서 거처하도록 하였다. 유관순 열사의 남동생인 유인석씨 가족이 거주하였었으나 현재는 비어 있다.

민족의 아픔을 안고 기도했던 지령리교회

지령리교회 교인들은 민족의 아픔을 보듬어 안고 기도하고 행동했던 이들이었다. 아픔을 아픔으로 끝내지 않고, 신앙으로 끌어안고 신앙으로 승화시켰던 아픔이었다. 그들은 예수를 믿고 실질적인 순종의 삶을 살았고 믿음의 길을 걸었다. 전통적 사고를 깨뜨리고 종과 머슴을 놓아주었고, 첩을 두는 것을 그만두었다. 아들과 딸을 구분하지 않고 교육시켰다. 새로운 시대를 준비하는데도 소홀하지 않았다. 그렇기 때문에 아이들을 지령리가 아닌 공주, 서울 등에 보내서 신학문을 배우도록 했던 것이다.

도대체 그들은 어디에서 용기를 얻었을까? 무엇이 그들을 움직이

유관순 열사 생가와 매봉교회

게 했을까? 죽음 앞에서도 당당할 수 있었던 담대함은 어디에서 온 것일까? 그 근원은 무엇일까?

그들은 노예였던 유대민족을 구원해내는 장면에서 한민족의 구원을 보았다. 모세와 같은 민족지도자를 보내주실 것이라는 믿음도 생겼다. 그리스도의 섬김과 사랑을 배웠고, 그것을 실천하는 삶이 독립운동으로 이어졌다. 이웃과 공동체, 민족이 겪고 있는 고난에 동참하며 앞장서서 헤쳐 나갈 인도자가 되고자 했다. 지령리교회 교인들뿐만 아니라 당시 한국교회 성도들은 예수 그리스도의 정신으로, 학대받는 민족을 위해 독립을 외쳤다. 기도하였고 응답받았고 확신이 있었기 때문에 두려워하지 않았다.

우리는 유관순뿐만 아니라 잊지 말아야 할 이름이 더 있다. 유빈기, 유윤기, 유중무, 유중권, 이소제, 조인원, 조병하, 유예도, 유우석, 유경석, 노마리아

▌ **매봉교회**
천안시 동남구 병천면 유관순생가길 18-4 / TEL. 041-564-1813

유관순 열사가 태어난 마을 뒷산이 매봉산이다. 매봉산 정상에 서면 아우내가 훤하게 조망된다. 이 산 아래 유관순 열사 추모각, 기념관 (휴관일 없음), 동상이 있다. 유관순 열사 기념관에서 매봉산으로 조금 올라가면 초혼묘가 있다. 유관순 열사 무덤은 이태원 공동묘지에 조성되었으나 훗날 흔적도 없이 사라졌다. 그래서 열사의 고향 매봉산에 초혼묘를 조성해두었다. 초혼묘에서 조금만 더 올라가면 산 정상이 된다. 정상에는 기념탑이 있는데, 유관순 열사가 거사 하루 전에 횃불을 올렸던 장소다. 정상에서 아우내를 바라보며 1919년 만세를 불렀던 그날을 생각해보자. 산 반대로 내려가면 유관순 열사의 생가와 매봉교회가 있다. 산을 넘지 않고 차를 이용해서 매봉교회로 갈 수도 있다. 매봉교회에서 1 km 거리에 독립운동가 조병옥 박사의 생가도 있다. 조병옥 박사의 아버지 조인원, 형 조병호가 매봉교회에 다녔고, 유관순 열사와 함께 아우내 만세시위를 주도했다. 아우내에서 가까운 곳에 독립기념관이 있다. 독립기념관은 우리나라 역사, 독립운동사를 알려주는 내용으로 채워져 있다.

[추천 1]
매봉교회, 유관순생가 → 유관순 기념관 → 아우내장터 → 독립기념관

[추천 2]
조병옥 생가 → 매봉교회, 유관순생가 → 아우내장터 → 유관순기념관 → 초혼묘, 봉화기념탑

젓갈향 가득한 강경

　충청남도 논산시 강경읍은 젓갈로 유명한 고장이다. 강경읍내로 들어가면 여기도, 저기도 죄다 젓갈 판매점뿐이다. 바닷가도 아닌 내륙인 강경이 젓갈로 유명해진 이유는 무엇일까? 금강(錦江)이 읍의 서쪽에 있으며, 동북쪽으로 강경천과 논산천이 유장하게 흐르면서 드넓은 논밭을 펼쳐놓았다. 강경천은 읍의 동쪽에서 북향으로 흐르다가 논산천을 만나 서쪽으로 방향을 틀어 금강으로 들어간다. 그래서 강경읍은 금강과 강경천 사이에 자리하고 있는 형국이 되었다.

　강은 비옥한 농경지를 펼쳐놓을 뿐만 아니라, 중요한 교통로 역할도 했다. 그래서 예부터 교통 요충지에는 사람이 모여들었다. 사람과 물산이 모여드니, 돈도 흥청거렸다. 강아지도 지폐를 물고 다닐 정도였다고 한다. 무엇이 강경 부(富)의 토대가 되었을까?

나라 안 3대 시장

　서해에서 나는 풍부한 해산물이 금강을 따라 강경까지 들어와 내륙 곳곳으로 팔려나갔다. 웬만한 수산물은 죄다 강경에서 흩어졌다.

강경과 금강　금강과 강경천, 논산천이 휘돌아 가는 곳에 자리한 덕에 수로교통이 발달했다.

충청도와 전라도 일대에서 생산된 질 좋은 농산물이 배에 실려 나라 안 곳곳으로 흩어졌다. 이러한 요지(要地)에 물산과 사람이 모여드는 시장이 서고 도시가 번성함은 당연한 것이라 하겠다.

강경은 내륙에 있는 항구다. 대부분 항구가 바닷가에 있는데 강경은 내륙에 있는 몇 되지 않는 항구다. 이런 지리적 이점으로 인해 평양, 대구와 더불어 나라 안 3대 시장으로 이름을 떨쳤다. 한창 번성할 때는 하루 유동 인구가 10만 명에 달할 정도였다. 1870년 무렵에는 점포 수가 100여 개에 달했다고 한다. 신미양요 후에는 서해와 중국에서 생산된 소금이 강경을 통해 내륙으로 팔려나갔다. 수백 명 직원을 거느린 소금 객주는 대금업과 수산물까지 도매하여 막대한 부를 축적할 수 있었다. 박범신의 소설 '소금'은 이런 강경을 배경으로 탄생했다. 대한제국기에 금강 하구에 군산항이 개항되자 서양 물건이 들어오기 시작했다. 내륙교통이 발달하지 않았던 시기였기에 군산항에 하역된 물건이 금강을 따라 들어와 강경에서 내륙 깊숙이 흩어졌다.

특히 서해바다 해산물이 내륙으로 많이 팔려나갔다. 내륙이지만 비린내가 진동하는 항구가 된 것이다. 많이 팔리기도 했지만 팔고 남은 해산물을 처리하는 게 골칫거리였다. 요즘처럼 냉동·냉장 시설이 없었기 때문이다. 마침 소금 거래가 많았던 강경이었다. 그래서 소금에 절이는 젓갈을 만들기 시작했다. 덕분에 강경은 젓갈이 새로운 상품이 되었다. 이래저래 강경엔 사람들을 끌어당기는 요인이 많아졌다.

이에 일제는 강경을 주목하였고 그들의 식민지정책에 따라 일본인들이 들어와 살기 시작했다. 그리하여 일찌감치 근대화 시설물이

조선식산은행 강경은 나라 안 3대 시장이었기 때문에 금융관련 기관이 20개가 넘었을 정도였다.

들어섰다. 일제는 강경을 논산평야와 호남평야에서 생산되는 쌀을 수탈하기 위한 기지로 이용하였다. 신식 도정공장을 세워서 벼를 도정했다. 그리고 수위(水位)와 관계없이 배를 정박할 수 있는 갑문을 설치하고 쌀을 일본으로 실어 갔다. 갑문은 강경 시내를 관통하는 대흥천에 설치되었다. 금강을 거슬러 온 배들이 대흥천을 따라 시내로 들어와 물건을 싣거나 하역하는 작업을 하였다. 썰물이 되면 수위가 낮아져 작업하기 불편하였다. 갑문은 수위를 조절하는 역할이다. 썰물 때에는 갑문을 닫아 수위를 유지하였고, 밀물이 되어 만수위가 되면 갑문을 열어 배가 나갈 수 있게 하였다. 시설이 갖추어지자 일본인들이 계속 모여들었다. 한때 1,500명이나 되는 일본인들이 강경에 자리 잡고 살았다. 일본이 만든 관청, 공공건물, 신사, 학교, 점포, 일본식 주택들이 빼곡하게 들어섰다. 돈이 모이고 사람이 모이니 근대화의 상징인 은행들도 여럿 들어섰다.

그러나 기차가 놓이고 도로가 좋아지면서 뱃길을 이용한 물류 유통은 서서히 저물어갔다. 그리고 1990년에 금강하구둑이 완성되면서 바다로 나갈 수 없게 되어 강경의 번성은 저물었다. 지금은 인구 3,000명 정도 되는 소도시가 되었다. 오직 강경젓갈만이 명성을 유지하고 있어서 젓갈을 사고 싶은 이들이 모여들고 있을 뿐이다.

강경 근대화거리를 걷다 보면 타임머신을 타고 100년 전으로 돌아간 듯하다. (구)강경상고 교장관사, 스승의날 발원지(강경여중고), 구연수당 건재약방, 본정통거리, 대동전기상회, 객주촌, 남일당한약방, 식산은행(강경역사관) 등 수많은 건축물이 있어 시간여행을 돕는다. 옥녀봉 아래에는 박범신의 소설 '소금'을 주제로 한 소금문학관이 세워져 강경을 이해하는 데 도움을 준다.

옥녀봉(강경산)

강경 서쪽으로는 금강이 흐르고, 동쪽과 북쪽으로는 논산천, 강
경천이 시내를 휘감으며 금강에 합류한다. 강경은 ∩자 지형을 하고
있다. 강경천과 금강이 휘도는 까닭이다. ∩자형 꼭지에는 작은 산봉
우리가 있어서 금강이 들이치는 것을 막아준다. 이 산을 옥녀봉이라
한다. 해발 44m 낮은 산이지만 이곳에 오르면 전망이 매우 탁월하여
강경 제일 경치를 자랑한다. 특히 노을이 아름다워서 해질녘이면 옥
녀봉으로 구경꾼이 하나둘 모여든다.

옥녀봉에서 바라본 금강 옥녀봉은 노을맛집이라 한다. 저녁 노을을 보기 위해 저녁시간이
면 사람들이 모여든다.

바위로 이루어진 옥녀봉에는 여러 유적이 모여 있다. 봉수대, 침례교회터와 침례교 최초 예배터(지병석의 초가), 3.1만세운동기념탑, 박범신의 소설 '소금'의 배경인 소금집, 1860년 밀물과 썰물에 대해서 암각한 해조문(海潮文) 등이 있다. 이 산꼭대기에 봉수대가 있는 것으로 미루어 보아 지리적으로 매우 중요한 산이었음을 알 수 있다. 산 아래에는 박범신의 소설 '소금'을 테마로 '소금문학관'이 들어섰다.

일제강점기 이 산에 신사(神社)가 세워졌다. 당시 일본인들이 모여 사는 곳이면 어디든지 신사가 세워졌다. 처음 세워졌을 때는 일본 민간인들이 저들의 전통에 따라 세운 것이라 한국인들과는 상관없었다. 그러나 일제가 민족말살정책을 추진하면서 한국을 일본화하는 수단으로 신사참배를 강요하였다.

옥녀봉에서 강경읍을 내려다보면 큰 교회들이 매우 많은 것을 볼 수 있다. 강경제일감리교회, 강경성결교회, 강경침례교회, 강경성당 등이 다른 건물보다 높이 솟아 있어서 어디서나 잘 보인다. 작은 소읍에 이렇게 큰 교회들이 당당히 자리하고 있고, 그 교세를 유지하고 있는 것은 하루 이틀에 만들어진 것은 아닌 듯하다. 강경이 품은 기독교 역사가 꽤 묵직할 것이라는 느낌이 든다.

옥녀봉 침례교회터
일본신사에 빼앗긴 예배당

옥녀봉에 오르면 제법 넓은 공터가 보인다. 이곳은 일제강점기 일본 신사(神社)가 있던 곳이며, 그 전에 한국 최초 침례교회가 있었다. 해방 후 신사는 사라지고 터만 남았다. 한국침례교단에서는 이곳이 가진 의미를 되새겨 사적으로 지정하고 교회 터를 보존하고 있다. 교회터는 잔디밭이 되었지만 안내 표지판에 'ㄱ'자 모양 예배당 사진을 붙여 두었다. ㄱ자 모양의 교회는 당시 교회 건축에서 가장 많이 채용된 것이었는데, 이곳 강경침례교회가 최초의 경우라 한다. ㄱ자 모양으로 교회를 지은 것은 남녀칠세부동석이라는 전통적 관념이 확고하던 시대였기에 융통성 있게 한국문화를 수용한 선교사들의 혜안이었다.

침례교회터 옆으로 조금만 가면 ㄱ자 모양의 초가집 한 채를 만날 수 있다. 이 초가집은 한국 최초 침례교 예배터이다. 이곳은 침례교인 지병석의 집이었다. 1895년 인천을 오가며 포목장사 하던 지병석은 파울링 선교사에게 전도를 받고 예수를 믿었다. 이듬해인 1896

지병석의 집 우리나라 최초 침례교 신도 지병석의 집이다. 이곳에서 최초로 예배를 드렸으며, 훗날 침례교 선교사들의 거처가 되었다.

년 2월 9일(주일)에 지병석은 파울링 선교사를 집으로 초대해 첫 예배를 드렸다. 함께 예배드린 이들은 모두 5명이었다. 파울링 선교사 내외, 아만다 가데린 선교사, 지병석 내외였다. 그 후 이 집은 강경에 복음을 전하기 위해 파송되는 선교사들의 집이 되었다. 파울링이 1899년까지 기거하였고, 후임으로 온 스태드만이 잠깐 머물렀으며, 펜윅이 자택으로 사용하였다.

1896년 첫 예배를 드린 후 1897년 옥녀봉에 새 터를 마련하고 교회를 건축하였다. 앞서 언급한 ㄱ자 모양의 교회였다. 1906년 펜윅 선교사는 전국 31개 교회를 모아 침례교 최초로 총회를 열었으며 당시 개설한 성경학교는 대전에 있는 '침례신학대학교'로 발전하였다.

1919년 강경지역 3.1운동이 옥녀봉을 중심으로 들불처럼 일어나

침례교회 ㄱ자 예배당 ㄱ자 모양으로 지은 것은 남녀가 유별하다는 한국의 전통적 관습을 수용한 것이다. 일제는 신사를 짓는다고 강제로 빼앗고 태워버렸다.

자, 일제는 이곳에 신사를 세울 계획을 세웠다. 지역민들의 구심점을 없애겠다는 노림수였다. 그러나 신사를 세우겠다는 장소에 예배당이 있자 저들은 다른 곳으로 옮길 것을 요구하였다. 교인들은 거부했다. 교회가 자리를 내주는 것을 거부하자 전치규 목사, 김재형 목사를 비롯하여 32명의 교인이 헌병대로 끌려가 구타당하고 투옥되었다. 전치규 목사는 옥중에서 순교했다. 결국 거듭된 일제의 강압에 증여 형식으로 교회와 주변 땅을 넘겨주어야 했다. 일제는 그곳에 신사를 세웠으며 교회를 불태워버렸다.

강경성결교회

신사참배를 거부한 믿음

옥녀봉 아래에 한옥교회 한 채가 있다. (구)강경성결교회다. 강경
성결교회는 1918년에 시작되었다. 경성성서학원을 갓 졸업한 정달
성이 이곳으로 내려와 전도사역을 시작한 것이 1918년이었다. 이듬
해 3월 20일 동양선교회(성결교) 초대감독이었던 영국인 존 토머스
목사가 강경을 방문했다. 그는 경성성서학원 원장과 감독직을 겸하
고 있었다. 그가 강경으로 내려온 목적은 예배당 부지를 매입하기
위해서였다.

그런데 1919년이면 3.1만세운동으로 온 나라가 들끓던 때였고, 강
경도 만세운동이 한창이었다. 토마스 목사와 일행은 옥녀봉 아래 예
배당 부지를 살펴보고 있었다. 그때 강경 시민 수백 명이 옥녀봉에
집결한 후 강경시내로 행진하며 만세를 불렀다. 토마스 목사와 일행
은 뜻하지 않게 만세운동에 나선 시민들과 어우러지게 되었다. 만세
를 부르며 행진하는 이들을 폭력적으로 진압하던 일본 헌병과 경찰
은 토마스 목사와 일행을 연행하려 했다. 토마스 목사는 여권과 여

(구)강경성결교회

행 증명서를 보여주며 아니라고 했으나, 경찰들은 그것을 던져버리고 무차별 구타했다. 일경은 토마스 목사 일행이 만세운동을 지원하러 온 서양인이라 여겼던 것이다. 경찰서에 구금되었던 토마스 목사는 병원으로 실려 가 치료받았는데 무려 29군데 골절이 있었다. 이 문제는 영국 정부와 일본 정부 간에 외교 문제로 비화(飛火)되었다. 영국 정부는 배상으로 5만 불을 요구했다. 일본은 배상은 하되 대신 토마스 목사의 추방을 요구했다. 이에 토마스 목사는 배상을 안 받아도 좋으니 추방을 막아 달라고 영국 정부에 요청했다. 그러나 영국 정부는 배상을 받았고, 토마스 목사는 추방되었다. 기독교가 일제의 한국 지배에 적대적인 데다가 선교사들이 한국민들을 계몽하여 저항하게 만들고 있다는 일본의 판단이 있었다. 선교사들은 미국이나 유럽에서 온 이들이었기 때문에 일본으로서도 함부로 대할 수 없었다. 그러니 온갖 핑계를 만들어 추방하려 했던 것이다. 이 사건은 강경 주민들로 하여금 교회를 바라보는 눈을 바꾸게 하였다. 일본 경찰에게 당했다는 사실이 알려져 교회나 선교사들을 우호적인 눈으로 바라보게 되었다. 일확천금을 꿈꾸고, 물질에 대한 욕망으로 꿈틀거렸던 강경 땅에 교회가 자리 잡는데 사용된 중요한 사건이었다.

매값을 보탠 예배당

토마스 목사는 영국으로 돌아가면서 매값 일부를 교회에 헌금하여 교회를 짓는 데 사용하도록 했다. 예수님 핏값으로 교회가 세워졌다면, 강경성결교회는 토마스 목사 매값이 더해진 교회였다. 이리하여 1923년 36평 한옥 예배당이 지어졌다.

강경은 우리 조선에서 포구로는 제일로 굴지하는 곳이라. 인구는 만여 호 물화의 출입이 번성하니만치 죄악도 만흔 곳이라. 1918년 가을에 정달성을 파송하야 조선집 두 간을 세로 얻어 가지고 동년 12월부터 집회를 시작하니 최초로 예배에 출석하는 자는 녀학생 한 사람이더라. 전도자가 나가서 전도하고 북정 예배당으로 오라하면 듯는 사람이 말하기를 '여보시오. 렴치도 업지. 그런 곳으로 누구더러 오라 하시오 하엿더니 1923년에 조선식으로 례배당을 새로 건축하니라[42]

그런 누추한 곳으로 초대하는 것을 염치없는 짓이라 손가락질했

---

42 조선예수교 동양선교회 성결교회사 약사 1929, 이명직

(구)강경성결교회 예배당 내부 내부는 마루바닥이며, 가운데 휘장을 쳐서 남녀를 구분하였다. 한국 전통문화를 존중했던 일면을 볼 수 있다.

던 이들을 초대하기 위해 새 예배당이 지어졌다. 일제에 함께 저항하며 동지 의식이 생긴 주민들이 기꺼이 교회 문을 열었다.

교회는 출입문을 두 개 만들었다. 남녀가 다른 문으로 출입하게 하기 위해서였다. 예배당 안에는 칸막이를 설치하여 남녀칠세부동석을 수용했다. 옥녀봉 위에 설립된 침례교회는 ㄱ자 모양의 예배당을 지어 구분했다면, 성결교회는 예배당 내부에 칸막이를 치는 것으로 구분했다. 내부는 비교적 잘 보존되어 있다. 바닥은 마루로 되어 있으며 마루 가운데 기둥 두 개가 있다. 이 기둥은 칸막이를 설치해서 남녀를 구분하는 데 사용되었다. 강대상 앞에는 기둥을 생략하여 양쪽 칸에 앉은 이들이 설교자를 바라보는 데 불편하지 않도록 했다.

(현)강경성결교회

강경성결교회를 개척했던 정달성 전도사는 1921년에 다른 교회로 옮겨갔고, 1922년 이인범 전도사가 부임해 와 지금의 한옥예배당을 완공하였다. 이때 이인범 전도사와 함께 부임해 온 이가 백신영 전도사였다.

전국 최초 신사참배 거부

강경성결교회는 일제강점기 최초로 신사참배를 거부한 교회로 유명하다. 1924년 10월 11일 옥녀봉 신사(神社)에 강경공립보통학교 학생들이 단체로 신사참배를 할 예정이었다. 그런데 62명이 신사참배를 거부하겠다고 나선 것이다.

강경성결교회 집사였던 김복희 교사와 주일학교 학생 57명, 그리고 일반학생 몇 명이 거부한 것이다. 초등학교에서 그것도 공립학교

신사참배거부선도비

에서 신사참배 거부가 일어난 것이다. 몇몇 학생은 저항의 의미로 학교에 나오지도 않았고, 신사까지 간 학생 중에서 많은 수가 참배를 거부한 것이다. 반대 이유는 명확했다.

신사참배는 미신이며 우상숭배는 하나님 앞에 큰 죄가 되므로 절대 절하지 않겠다.

일제는 부모들을 설득해 신사참배 시킬 요량으로 학부모 회의를 열었다. 그러나 학부형도 아이들을 옹호했다.

우리도 조상 제사가 있는데 아이가 교회를 다닌 이후로 제사를 거부해서 때려 보기도 하고, 달래보기도 했지만 소용없었다. 그렇다고 아이들의 행실이 나빠진 것이 아니라 오히려 더 성실해졌다. 공부도 열심히 하니 우리들은 책망할 마음이 없다.

아이들이 교회 출석 후 제사를 거부했지만, 부모의 미움을 받은 것이 아니라 지지를 받았다. 아이들의 달라진 모습 때문이었다. 가장 훌륭한 설득은 말씀대로 순종하며 실천하는 것이다. 빛과 소금은 구호로 되는 것이 아니다. 오늘, 지금, 당장, 가장 작은 것부터 순종하며 실천하는 것에서 이루어진다. 강경성결교회 주일학교 아이들의 신사참배 거부는 작은 순종에서 시작되었다.

이 사건으로 김복희 교사는 면직되었다. 학교에서 권고사직시키려 하자, '내가 왜 권고사직이냐?' 하며 스스로 그만두었다. 그 후 끝까지 저항한 학생 7명은 퇴학당했다. 이 일로 인해 일제가 추진했던 신사참배는 10년이나 후퇴하게 되었다. 이 사건은 '황천'이라는 기독교 잡지를 통해 세상에 알려지게 되었고, '동아일보'에서 대서특필했다.

전 국사편찬위원장 이만열 교수는 '강경성결교회의 이 거부운동은 유일하게 어린이들에 의해 이뤄진 신사참배 거부로 신앙적 동기와 애국적 동기가 결합돼 나온 결과'라고 강조했다.

백신영 전도사

강경성결교회에서 무슨 일이 있었던 것일까? 누가 이들에게 굳건한 믿음과 민족의식을 심어주었을까? 당시 강경성결교회에는 백신영 전도사가 시무하고 있었다.

그녀는 1917년 경성성서학원(서울신학교) 졸업 후 개성성결교회에서 전도사로 사역을 시작하였다. 1919년 3.1운동 후 '대한민국애국부인회'가 조직되자 결사부장(決死部長)으로 활동하다가 대구형무소에 투옥되어 혹독한 고문을 받았다. 대한민국애국부인회는 수감 중인 애국지사를 후원하고, 군자금을 모아 상해임시정부에 보내는 역할을 하였다. 백신영 전도사는 수감 중에 병을 얻어 출감하였고, 곧바로(1920) 강경성결교회에 부임하였다. 그러니 강경성결교회 성도들은 그녀의 애국적 신앙에 영향을 받지 않을 수 없었다. 그녀는 한때 교사를 지낸 적이 있었기 때문에 교회 학교(주일학교)에 각별한 신경을 썼다. 주일학교 학생들이 백신영 전도사에게 강력한 영향을 받을 수밖에 없었던 것이다.

환원소사

1943년 성결교회는 총독부로부터 해산 명령을 받았다. 신사참배를 거부했기 때문이었다. 1940년대엔 일제에 의해 민족말살정책이 강력하게 시행되던 때였다. 그런데 신사참배 반대를 고수하고 있었으니 교회 폐쇄라는 강경책을 쓴 것이다. 교회가 폐쇄되자 교인들도 흩어졌다.

해방 후 교회는 다시 문을 열고 예배를 드렸다. 한국전쟁 때에도 쉬지 않고 예배를 드렸다. 폭격기가 폭탄을 투하하여 강경시내에 큰 피해가 있었는데, 이때 폭탄 하나가 지붕을 뚫고 들어와 마루에 박혔는데 터지지 않았다. 교회는 부흥하여 300명이 모였다. 한옥예배당으로는 감당할 수 없어 구 강경한일은행 건물을 사서 교회로 사용하였다. 지금까지 사용하던 한옥예배당은 매각되었다. 한 천주교 신자가 사서 공장으로 사용하려다가 하나님의 진노하심이 두려워 사용하지 못하고 재매각하였다. 이때 감리교회에서 사서 '북옥감리교회'로 이름을 바꿔 달았다. 하지만 50년 동안 목회자만 22번 바뀌는 등 교회는 성장하지 못하고 점점 쇠퇴하였다. 22대 강덕기 목사는 동흥동으로 교회를 옮기기로 결정하고 교회를 매물로 내놓았다. 이때는 이미 문화재로 지정된 후였다. 문화재로 지정된 건물을 살 사람은 아무도 없어 매각에 어려움을 겪던 중 성결교회에서 역사적 중요성을 인식하고 다시 매입하였다. 2012년의 일이었다. 다시 성결교회 품으로 돌아간 것이다.

신사참배 거부 선도 기념비

현재 강경성결교회는 강경읍 계백로 219번길에 있다. 교회는 붉은색 벽돌건물로 강경읍 어디서나 보일 정도로 우람하다. 교회 마당에는 2006년에 제작된 신사참배 거부 선도비가 세워져 있다. 익산 함열'에서 나는 유명한 황등석으로 제작되었다. 흰색은 순결, 믿음, 평화, 승리를 상징한다. 크기가 다른 두 개의 돌은 두루마리 성경을 상징한다. 탑에는 백신영 전도사, 김복희 교사 그리고 주일학교 학생들이 신사참배를 거부한 사실을 조각하였다. 바닥에 세워진 64개의 돌기둥은 신사참배를 거부했던 김복희 교사와 학생들 그리고 백신영 전도사를 상징했다. 이 기념비 주변을 둘러싸고 있는 물은 예수님으로부터 공급되는 생명수를 상징한다.(현재는 물 대신 흙을 덮고 꽃잔디를 심었다) 기념탑 평면은 로마시대 박해받았던 성도들이 상징으로 사용하던 익투스(물고기 모양: 예수 그리스도는 하나님의 아들이시며 구원자시다)를 나타낸다.

병촌성결교회

순교자의 영성으로 기도하는 곳

충청남도 논산시 성동면 개척리, 병촌리, 월성리 일대는 드넓은 농경지가 있어 풍요롭다. 비단을 펼쳐놓은 듯 아름다운 금강(錦江)과 지류인 강경천이 만나는 까닭이다. 봄에는 파릇한 새싹이 반갑고, 여름에는 싱그러운 벼가 바람에 흔들린다. 가을엔 잘 익은 곡식이 있어 보기만 해도 배부르고, 겨울이면 빈 들에 철새가 날아든다. 이렇게 아름답고 풍요로운 마을에 순교자의 피가 뿌려진 병촌성결교회가 있다.

신사참배 거부로 폐쇄된 예배당

병촌교회는 1933년에 강경성결교회의 도움으로 세워졌다. 병촌리 일대 성도들은 걸어서 강경읍내에 있는 교회를 다녔다. 당시는 교통이 불편했기 때문에 먼 강경까지 가서 예배드리는 게 쉽지 않았다. 이에 이곳 성도들을 위한 교회가 마을에 필요했다.

병촌교회의 모교회인 강경성결교회는 전국 최초로 신사참배를

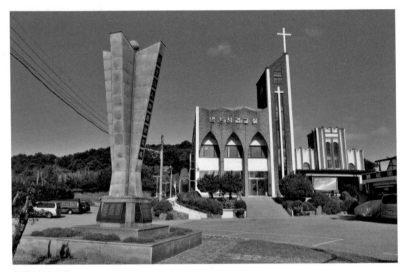

병촌성결교회

거부할 만큼 단단한 신앙을 가진 교회였다. 훗날 병촌교회도 신사참
배 요구가 닥쳤을 때 일제의 회유와 협박에 굴하지 않고 과감히 거
부했다. 병촌교회 성도들은 이미 강경성결교회에서 신사참배를 거
부했던 주인공들이었다. 그러자 일제는 교회를 강제로 폐쇄해 버렸
다.(1942) 예배당은 강제로 닫혔지만, 성도들은 가정으로 흩어져 가
정예배를 드리며 신앙을 지켰다.

한국전쟁과 66명의 순교

1945년 해방이 되자 예배당 문을 열고 기쁨으로 예배를 드릴 수
있게 되었다. 그러나 그 기쁨도 잠시 한국전쟁이 터졌고 논산, 강경
지역도 공산군의 손아귀에 들어갔다. 풍요로운 이곳을 점령한 공산
군은 농작물을 강제로 빼앗으며 그들의 요구에 따르지 않는 사람들

을 반동이라 하여 고문하고 살해하였다. 1950년 9월 유엔군이 인천 상륙작전을 성공하자 북으로 후퇴하게 된 공산군은 이 지역 지주, 경찰관, 군인 가족들을 잔인하게 학살하였다. 이런 와중에 병촌교회 성도들은 '반동분자'로 낙인찍혀 9월 27일과 28일 이틀간 66명이 학살당하였다. 살해 위협에 처한 정수일 집사(여, 31세)는 10명의 가족과 둘러앉아 기도와 찬송을 했다. 죽이려는 이들에게 "회개하고 예수를 믿으라"고 외쳤다. 지금이라도 예수를 버리면 살려주겠다는 저들의 회유를 거부하고, "주여, 내 영혼 받으소서"라고 기도하며 오직 하나님만 바라보았다.

순교자 66명은 죽음 앞에서 영원한 천국만 바라보았다. 교회 성도 74명 중 66명이 순교했다. 남녀노소 모두 믿음의 경주를 다하였다. 8명(어린이 포함)의 성도만 살아남았다. 김주옥 집사는 반동분자를

순교자 묘

심문하고 고문하던 감찰계장 앞에서 당당하게 '나는 예수를 믿는 신자'라고 밝혔다. 죽음을 두려워하지 않는 김주옥 집사의 담대함에 눌린 감찰계장은 더 이상 고문을 하지 않고 감옥에 가두었다. 그러던 중 감시가 소홀한 틈을 타 탈출하여 살아남게 되었다. 그는 훗날 병촌교회 제1대 장로가 되었다.

용서와 사랑으로 재건

살아남은 8명의 성도는 저들이 물러난 후 교회를 재건하는 일을 서둘렀다. 공산 세력에 가담했던 마을 사람들을 용서하고 포용하며 교회를 재건하였다. 십자가에서도 용서를 보여주셨던 예수님 사랑을 순종하며 따랐다. 그리하여 용서와 사랑으로 교회는 성장할 수 있었다. 1956년 마을 사람들은 힘을 합하여 순교자 기념교회를 세웠다.

병천성결교회로 들어서면 여러 기념물이 있어 예사롭지 않은 곳이라는 것을 직감하게 된다. 교회는 2동으로 되어 있다. 오른쪽에 있는 순교자기념교회, 왼쪽에는 1981년에 건립한 새예배당이다. 오래되어 낡은 순교자기념교회를 그대로 두고 새예배당을 지은 마음이 읽혀져 뭉클하다. 주차장 옆에는 순교자 기념탑이 있으며, 기념탑 곁에는 순교자 묘가 있다. 죽음 앞에서도 당당했던 성도의 무덤을 보고 있자면, 존경스러우면서 순교자의 영성을 갖지 못한 자신이 부끄러워진다.

전우치가 심었다고 전해지는 은행나무가 수백 년 연륜을 자랑하고 있는 그 옆에는 순교자기념관이 있다. 내부로 들어가면 순교자들 이름이 나무패에 기록되어 있다. '故 무명유아 성도 / 1950년생

병촌성결교회 순교자 기념관

~1950.9.28.'도 있다. 하나님 품에서 영원한 안식을 누리고 있으리라 믿는다.

　은행나무 아래 걸터앉아 교회를 바라보며 순교에 대해 묵상해본다. 천국에 가는 그 순간까지 우리는 어떤 길을 걷게 될지 알 수 없다. 우리 삶 앞에 어떤 난관이 닥칠지 모른다. 1950년 같은 상황이 없으리라는 보장이 없다. 과연 그런 상황에서 어떤 선택을 할 수 있을까? 어느 날 갑자기 순교자 신앙이 만들어지지 않는다. 일제강점기부터 하나님 외에 어떤 것에도 믿음을 굽히지 않았던 성도들이었기에 1950년 공산군 위협에도 굴복하지 않을 수 있었던 것이다. 순교자의 삶은 오늘 나에게도 요구되는 실제적인 신앙이다. 나에게 주어진 오늘의 삶에서 내 의지와 생각을 내려놓는 것부터 시작해야 하지 않을까?

▌병촌성결교회
충남 논산시 성동면 금백로 475 / TEL.041-732-6251

▌강경성결교회
충남 논산시 강경읍 계백로 219번길 40-1 / TEL.041-745-3164

병촌성결교회에는 예배당, 순교기념관, 순교자 묘원이 한 곳에 있어 탐방하기 좋다. 강경읍내에는 강경성결교회가 있다. 교회 마당은 넓어서 버스 주차가 가능하다. 교회에 연락하면 (구)강경성결교회 한옥예배당도 함께 관람할 수 있다. 교회 앞에는 김대건 신부가 강경으로 들어와 유숙했던 장소가 있다. 성결교회에서 조금만 걸어가면 강경근대화거리가 된다. 강경에 사람이 몰려들어 매우 흥성거렸을 때 은행, 노동조합, 음식점, 극장 등이 들어서 있었는데 지금도 그 일부를 직접 볼 수 있다. 강경 옥녀봉에는 침례교회터, 침례교회 최초예배터, 구강경성결교회(한옥교회), 봉수대, 밀물과 썰물에 대해서 암벽에 기록한 해조문 등이 있다. 옥녀봉 아래 박범신 작가의 '소금문학관'이 있다. '소금'이라는 작품은 강경을 배경으로 하고 있다. 강경은 눈에 보이는 가게는 죄다 젓갈이다. 간판도 매우 큼직해서 애써 찾을 필요가 없을 정도로 잘 보인다.

[추천 1]
병촌성결교회 → 강경성결교회 → 한옥예배당 → 옥녀봉 침례교회터, 지병석 가옥 → 옥녀봉 봉수대 → 박범신의 소금문학관

[추천 2]
강경성결교회 → 한옥예배당 → 옥녀봉 침례교회터, 지병석 가옥 → 옥녀봉 봉수대 → 박범신의 소금문학관 → 강경 근대문화거리

- 유관순가의 사람들 / 신앙과지성사 / 이덕주, 최태욱
- 새로 쓴 개종 이야기 / 한국기독교역사연구소 / 이덕주
- 닥터 홀의 조선회상 / 좋은씨앗 / 셔우드 홀 지음, 김동열 옮김
- 한국기독교성지순례50 / 키아츠 / 김재현 외
- 충청선교 130년 성전의 고백 / 공주기독교박물관
- 믿음의 땅, 순례의 길 / 두란노 / 유성종, 이소윤
- 충청도 선비들의 믿음 이야기 / 진흥 / 이덕주
- 대한민국 기독문화유산 답사기 / 강같은평화 / 유정서
- 근대의학과 의사 독립운동 탐방기 / 역사공간 / 연세대학교 의과대학 의사학과
- 한국을 사랑한 메리 스크랜튼 / 이화여자대학교출판부 / 이경숙, 이덕주 외
- 양화진 선교사 열전 / 홍성사 / 전택부
- 전도부인 / 베드로서원 / 김경한
- 한국교회 처음 이야기 / 홍성사 / 이덕주
- 한국기독교문화유산답사기 / 지식공감 / 김헌
- 이덕주 교수가 쉽게 쓴 한국 교회 이야기 / 신앙과지성사
- 개화와 신교의 요람 정동이야기 / 대한기독교서회 / 이덕주
- 우리암과 우광복 이야기 / 밀알북스 / 서만철, 임연철
- 새문안교회 홈페이지
- 연동교회 홈페이지
- 공주기독교박물관 자료
- 상동교회 홈페이지